eXamen.press

eXamen.press ist eine Reihe, die Theorie und Praxis aus allen Bereichen der Informatik für die Hochschulausbildung vermittelt.

Joachim Hertzberg · Kai Lingemann
Andreas Nüchter

Mobile Roboter

Eine Einführung aus Sicht der Informatik

 Springer Vieweg

Joachim Hertzberg
Universität Osnabrück und
DFKI RIC, Außenstelle Osnabrück
Deutschland

Andreas Nüchter
Jacobs University Bremen gGmbH
Deutschland

Kai Lingemann
Universität Osnabrück
Deutschland

ISBN 978-3-642-01725-4   ISBN 978-3-642-01726-1 (eBook)
DOI 10.1007/978-3-642-01726-1

Die Deutsche Nationalbibliothek verzeichnet diese Publikation in der Deutschen Nationalbibliografie; detaillierte bibliografische Daten sind im Internet über http://dnb.d-nb.de abrufbar.

Springer Vieweg
© Springer-Verlag Berlin Heidelberg 2012

Gedruckt auf säurefreiem und chlorfrei gebleichtem Papier

Springer Vieweg ist eine Marke von Springer DE.

Springer DE ist Teil der Fachverlagsgruppe Springer Science+Business Media

www.springer-vieweg.de

Vorwort

Seit einiger Zeit arbeiten einige Gruppen in Forschung und Lehre in der Informatik mit autonomen mobilen Robotern, die das früher nicht getan hatten und die sich selbst auch gar nicht als Robotik-Gruppen verstehen. Dafür gibt es viele Gründe. Mobile Roboter und die Software, sie zu kontrollieren, sind zum einen wissenschaftlich aktuell und stellen interessante Probleme quer durch Informatik-Teilgebiete: Künstliche Intelligenz, Softwaretechnik, Entwurf sicherer Algorithmen, Echtzeitsysteme, bis hin zu Themen für die Technische Informatik. Zum zweiten liegen viele dieser wissenschaftlich interessanten Probleme nah an Anwendungen in der Automatisierung, und zwar nicht nur nah etwa an klassischer Automation, sondern auch an innovativen Ideen zur Automatisierung von Abläufen in Kooperation mit Menschen in Alltags-Umgebungen.

Für die Lehre, drittens, sind mobile Roboter attraktiv, weil sie dazu zwingen, integrierte Gesamtsysteme aus Hardware, Betriebssoftware und Steuerungssoftware zu betrachten, die in aller Regel komplexer sind als eine einzelne Person überblickt. Dadurch kommen all die Anforderungen an Kooperation im Systemdesign, an Dokumentation, Algorithmenentwurf, an Verwendung von Patterns und Bibliotheken ins Spiel, von denen wir wollen, dass Studierende der Informatik sie im Studium kennen und nutzen lernen. Und viertens machen es Robotikprojekte in der Lehre wie in der Forschung leicht, Außenstehenden attraktive Systemvorführungen zu geben – ein Vorteil in Zeiten, da Öffentlichkeit und Wissenschaft aufeinander zugehen und die Informatik großes Interesse hat, Nachwuchs aktiv zu rekrutieren. Schließlich sind Roboterplattformen für Forschung und Lehre inzwischen erschwinglich, und für die Kontrollsoftware stehen freie Bibliotheken mit Anbindung an diese Roboterplattformen zur Verfügung, die den Einstieg in die produktive Arbeit drastisch verkürzen.

Will man Studierende an Robotikprojekte heranführen und bietet dafür regelmäßig einführende Veranstaltungen an, wird offenbar, dass sie zusätzlich

zur Verfügbarkeit von Roboterhardware und Komponenten für die Kontrollsoftware ein breites Spektrum an Wissen brauchen, um die ersten Schritte
in der Robotik mit Spaß und Erfolg zu gehen. Selbst wenn ein Roboter nur
autonom von A nach B fahren soll und Bausteine für die Kontrollsoftware
dazu vorhanden sind, erfordert es einiges Wissen in Mathematik, Informatik
und Technik allgemein, um zu verstehen, warum der Roboter bei B ankommt
(oder auch nicht).

Diese Anforderung an die Breite von relevantem Wissen ist für die Lehre
von Vorteil. Sie machte es uns aber schwer, unter vorhandenen, teilweise sehr
guten Robotik-Lehrbüchern eines zu finden, das genau die Stoff-Mischung mit
dem Fokus kompakt darstellt, den wir für unsere Studierenden haben wollen.
Darum haben wir dieses Buch geschrieben. Und weil es zudem seit [Neh02]
anscheinend kein Lehrbuch zu mobilen Robotern mehr auf Deutsch gab, haben
wir es auf Deutsch geschrieben.

Dieses Buch ist aus Robotik-Einführungsvorlesungen entstanden, die wir an
den Universitäten Osnabrück, Koblenz und der Jacobs University, Bremen,
im Informatik-Bachelorstudium gehalten haben. Für Kommentare, Anmer-
kungen und Fragen zum Stoff haben wir unseren Hörerinnen und Hörern,
Mitarbeitern und Kollegen zu danken. Für intensive Kommentare zu Vorver-
sionen des Textes danken wir besonders Dorit Borrmann, Henning Deeken,
Jan Elseberg, Martin Günther, Johannes Pellenz, Sebastian Stock, Nils Rosemann und Andreas Wichmann. Dem Springer-Verlag danken wir für die
Geduld und das tapfere Vertrauen, wenn wir den Fertigstellungstermin ein
weiteres Mal zugunsten der nächsten Überarbeitung verschoben.

Wir hoffen, mit diesem Buch die eine oder den anderen anzustecken mit der
Faszination und auch mit dem Spaß, den wir beim Arbeiten an mobilen Robotern empfinden; und auch mit dem Gefühl „Aber das müsste doch irgendwie
gehen ..." bei den ungeklärten Fragen, die ihre Programmierung heute noch
birgt.

Osnabrück,   *Joachim Hertzberg*
Dezember 2011   *Kai Lingemann*
                                                          Andreas Nüchter

Inhaltsverzeichnis

1

Zum Einstieg: Worum geht es?

Das zentrale Thema dieses Lehrbuchs sind Methoden und Algorithmen zur Steuerung mobiler Roboter. Roboter sind künstliche, von Menschen entworfene und gebaute technische Objekte. Was also liegt für Informatiker näher als dieses Buch zu beginnen mit einer Reihe von Definitionen, welche die wesentlichen Begriffe klären?

Es stellt sich heraus, dass es so einfach nicht ist: Tatsächlich gibt es keine allgemein akzeptierte Definition des Begriffs *Roboter*, die seiner üblichen Verwendung entspricht. Der folgende Abschnitt dient dazu, diesen Begriff und damit das Thema dieses Buches dennoch hinreichend zu klären. Danach (1.2) nennen wir einige typische, aktuelle Beispiele mobiler Roboter. Abschnitt 1.3 skizziert die Themen der nachfolgenden Kapitel.

1.1 Was ist ein Roboter?

Es gibt derzeit keine Definition, die den Begriff *mobiler Roboter* in einer Weise präzisiert, die trennscharf genau auf alle die Objekte passt, die nach allgemeinem Verständnis mobile Roboter sind. Das mag für einen technischen Begriff verblüffen; bei näherem Hinsehen stellt man aber fest, dass diese Unschärfe meist nicht stört. Zudem ist sie nicht außergewöhnlich, denn in vielen Wissenschaften sind zentrale Begriffe unscharf: Fragen Sie zum Beispiel Biologen, was *Leben*, und Psychologen, was *Intelligenz* ist. Für jedes einzelne Forschungs- oder Entwicklungsprojekt muss natürlich das technische Ziel der Arbeiten klar gestellt sein; Begriffe oder Ideen aber, welche die Arbeit leiten („Intelligenz", „Leben"), dürfen oft ihre Unschärfe aus der Alltagsverwendung behalten. *Mobiler Roboter* ist auch so ein Begriff.

Auch ohne Präzision zu erreichen, können wir aber eingrenzen, was in der Robotik mit *Roboter*, insbesondere mit *mobiler Roboter* gemeint ist. Der übliche Startpunkt dazu ist die Definition aus der VDI-Richtlinie 2860 von 1990:

> Ein Roboter ist ein frei und wieder programmierbarer, multifunktionaler Manipulator mit mindestens drei unabhängigen Achsen, um Materialien, Teile, Werkzeuge oder spezielle Geräte auf programmierten, variablen Bahnen zu bewegen zur Erfüllung der verschiedensten Aufgaben.

Für die *mobilen* Roboter, um die es in diesem Buch geht, passt diese Sprachregelung allerdings nicht recht. Sie zielt eher auf Handhabungsroboter, wie sie in der Automatisierungstechnik verwendet werden, also etwa Schweiß- und Lackierroboter in der Automobilfertigung oder Kommissionierroboter in der Logistik. Die genannten programmierten Bahnen sind dort möglich und sinnvoll, weil der Arbeitsprozess, dessen Teil der Roboter ist, gemeinsam mit dem Roboter und seiner Programmierung gestaltet wird: Die Umgebung, in welcher der Roboter arbeitet, ist vollständig bekannt und kontrolliert. Ein Schweißroboter in der Automobilfertigung funktioniert wie ein Rädchen im Uhrwerk, nicht wie ein selbständiger Mitarbeiter im Team oder wie ein Fußballspieler in seiner Mannschaft: Alle seine Aktionen, bis hin zur Frage, wann er sich wie und entlang welcher Bahn wohin bewegt, sind vorab bekannt.

Mobile Roboter, um die es hier geht, unterscheiden sich davon grundsätzlich in der Hinsicht, dass alle ihre Aktionen von ihrer aktuellen Umgebung abhängen, die im Detail erst zum Zeitpunkt der Ausführung dieser Aktionen bekannt ist. Dazu müssen diese Roboter die Umgebung mit Sensoren erfassen, deren Daten auswerten und schließlich ihre Aktion entsprechend wählen. Damit ist ein mobiler Roboter eher dem Fußballspieler als dem Rädchen im Uhrwerk vergleichbar. In einer zuvor nicht bekannten und generell nicht kontrollierbaren Umgebung kann eine Robotersteuerung nicht fest programmierte Bahnen oder Aktionsfolgen verwenden, sondern muss in jedem Augenblick umgebungsabhängig operieren. Das bedeutet nicht, dass sie regellos oder zufällig arbeitet – nur sind die entsprechenden Regeln „weicher" als etwa das Bahnsteuerungsprogramm eines Schweißroboters.

Als Beispiele für umgebungsabhängige Aktionen stellen Sie sich (1) eine Einparkvorrichtung eines PKW vor, die den Wagen automatisch in eine Parklücke setzen soll (sofern diese groß genug ist); (2) einen Roboter, der Roboterfußball spielt; und (3) einen automatischen Rollstuhl, der einen gehbehinderten Fluggast auf dem Flughafen zum Flugsteig fährt. In allen Beispielen ist die Umgebung im Detail unbekannt, unkontrollierbar und zumindest in Teilen eigendynamisch: Fußgänger beim Einparken, Mitspieler beim Fußball, andere Fluggäste im Flughafen. Wie gesagt, bedeutet Unbekanntheit der Umgebung nicht Regellosigkeit oder Zufälligkeit: Roboterfußball, Straßen- und Flughafenverkehr folgen Spielregeln, Verkehrsregeln, sozialen Regeln (die eingehalten werden sollen, aber verletzt werden können und regelmäßig verletzt werden) und sie folgen den Gesetzen der Physik und der Geometrie (die unwandelbar sind). Innerhalb dieses Rahmens aber herrscht im Detail Unvorhersagbarkeit: Wie groß ist die Parklücke? (Die, neben der ich gerade stehe, passt!) Läuft

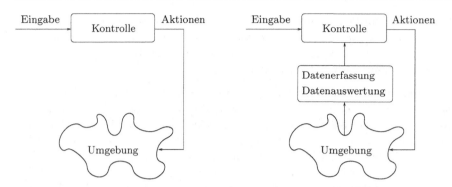

Abbildung 1.1: Links: Offene Steuerung. Rechts: Geschlossene Regelung unter Rückkopplung von Umgebungsdaten.

ein Kind ins Parkmanöver? (Hart bremsen!) Fliegt eine Wolke Herbstlaub ins
Parkmanöver? (Ist egal!) Wie bewegen sich die Roboterfußballgegner? (Frei-
laufen!) Steht eine Reisegruppe im Weg? (Um sie herumfahren!) Steht der
Flughafenaufwischroboter im Weg? (Über WLAN beiseite kommandieren!)

Technisch formuliert, ist der wesentliche Unterschied zwischen üblichen Hand-
habungsrobotern und üblichen mobilen Robotern der zwischen offener *Steuerung* (engl. *open-loop control*) und geschlossener *Regelung* (*closed-loop control*), siehe Abbildung 1.1. Das typische Kontrollprogramm eines Roboters in
der Automatisierung läuft in offener Steuerung, ohne Sensordaten aus der Umgebung des kontrollierten Prozesses zu berücksichtigen. Das ist übrigens kein
Makel und keine Schwäche dieser Roboter, sondern die Konstrukteure einer
Fertigungslinie und der zugehörigen Prozesse sind zu Recht stolz darauf, wenn
jeder einzelne Roboter darin komplett oder weitgehend ohne Umgebungsdaten
auskommt: Prozesssteuerungen dieser Art sind es, die für den früher unvor-
stellbaren Durchsatz vollautomatisierter Fertigungen sorgen, und man sollte
sie einsetzen, wo immer es geht. Sie haben nur ihre Grenzen – nämlich da, wo
der Prozess in seiner Umgebung von Ereignissen oder Parametern abhängt,
die nicht kontrollierbar und/oder vorab nicht bekannt sind.

Unter einem *Roboter* verstehen wir im Rest dieses Buches

> eine frei programmierbare Maschine, die auf Basis von Umgebungs-
> sensordaten in geschlossener Regelung in Umgebungen agiert, die zur
> Zeit der Programmierung nicht genau bekannt und/oder dynamisch
> und/oder nicht vollständig erfassbar sind.

Der Zusatz *mobiler* Roboter betont die Tatsache, dass die betrachteten Maschinen sich in den meisten Fällen in Grenzen frei in ihrer Umgebung bewegen
können, was einen besonderen Reiz ausmacht; tatsächlich behandelt ein großer
Teil dieses Buches Fragen, die genau mit dieser Mobilität zusammenhängen
(zum Beispiel Fortbewegung und Lokalisierung). Mobilität ist für einen Ro-

boter nach dem Verständnis dieses Buches allerdings nicht strikt erforderlich: Ein Kickerautomat, der mittels automatischer Steuerung gegen einen Menschen spielt, ist ein perfektes Beispiel für solch einen Roboter, obwohl er als Gesamtsystem überhaupt nicht mobil ist.[1]

Die Literatur bezeichnet die Roboter der genannten Art oft als *autonome mobile Roboter*. Der Zusatz *autonom* soll die Tatsache betonen, dass der mobile Roboter ohne Fernsteuerung, insbesondere ohne physische Kabelverbindung für Daten- oder Energieübertragung agiert. Für typische Roboterbeispiele, die wir im Folgenden betrachten, ist das in der Tat der Fall. Der Zusatz *autonom* gibt aber immer wieder Anlass zu Missverständnissen, denn unterschiedliche Autoren verstehen in unterschiedlichen Kontexten ganz unterschiedliche Eigenschaften oder Leistungen unter Autonomie: Zum Beispiel die Abwesenheit einer Kabelverbindung, das automatische Ausweichen vor Hindernissen bei der Fahrt oder die algorithmische Planung eines Weges von der aktuellen Position zu einer Zielposition. Wir vermeiden den Begriff Autonomie hier – für eine Einführung in mobile Roboter aus Sicht der Informatik kommt man gut ohne ihn aus, wenn man *mobiler Roboter* so versteht, wie oben genannt. Die Literatur verwendet in ähnlicher Bedeutung weiterhin zuweilen die Begriffe *Kognitive Roboter* oder *Kognitive Technische Systeme*. Das betont besonders den Unterschied zu Robotern in offener Steuerung, der in „höheren", „kognitiven" Leistungen eines Roboterkontrollprogramms liegt und die zum Beispiel Umgebungsdateninterpretation einschließt, wie wir sie in Kapitel 8 skizzieren. Da diese Aspekte nur einen relativ geringen Anteil des vorliegenden Buches ausmachen, bleiben wir bei dem Begriff *mobiler Roboter*, ohne damit einen Gegensatz zu *kognitiven Robotern* zu meinen.

1.2 Beispiele für mobile Roboter

Mobile Roboter zu bauen, ist derzeit aus wissenschaftlich-technischen Gründen interessant wie auch aus wirtschaftlicher Perspektive. Primär aus wissenschaftlichem Interesse wurde und wird zum Beispiel in der Forschung zur *Künstlichen Intelligenz* (KI) an der Entwicklung mobiler Roboter gearbeitet. Bereits in der Frühgeschichte der KI wurden Roboter als technische Zukunftsvisionen formuliert, oder die Vorstellung eines physischen Roboters lag Gedankenexperimenten zu intelligenten Leistungen des Wahrnehmens, Schlussfolgerns und Handelns zu Grunde. Einen ersten Durchbruch auf dem Weg zum Bau mobiler Roboter stellte SHAKEY dar (siehe Abbildung 1.2), der 1966–72 am Stanford Research Institute (SRI) entwickelt wurde; diese Entwicklung leistete wichtige Beiträge außer in der Robotik auch in der KI, nämlich zur Handlungsplanung und zum Lernen. In vielerlei Hinsicht setzte SHAKEY den

---

[1] Tatsächlich gibt es solche Kickerautomaten, in deren Entwicklung viel Knowhow aus der Robotik eingeflossen ist, siehe http://www.informatik.uni-freiburg.de/~kiro/ .

Abbildung 1.2: Der mobile Roboter SHAKEY im Bauzustand Ende 1968. [Nil84,SRI]

Stand der Technik für die Kontrollprogrammierung mobiler Roboter über rund 20 Jahre – was in einem Teilgebiet der Informatik nicht vielen Projekten gelungen ist. Wir werden später auf SHAKEY zurückkommen.

Von wissenschaftlichem Interesse abgesehen, ist es offensichtlich, dass mobile Roboter und die hinter ihnen stehende Technik großes Marktpotenzial haben. Verkürzt gesagt, versprechen sie, Automatisierung aus Fabriken heraus in die Alltagswelt zu bringen. Daher sind in den letzten Jahren eine recht große Zahl von Forschungs- und Entwicklungsprojekten zu mobilen Robotern primär aus Anwendungsinteresse durchgeführt worden. Die Literatur nennt mobile Roboter in diesem Kontext meist *Dienstleistungs-* oder *Serviceroboter*, entsprechend der Tatsache, dass diese Projekte in der Regel darauf zielen, Roboter zur Verrichtung oder Unterstützung von Dienstleistungsaufgaben zu entwickeln. Erhebungen bzw. Prognosen über den Markt für Serviceroboter sowohl in professionellem Einsatz wie auch in Privathaushalten werden im Namen der UN-Wirtschaftskommission für Europa (UNECE) seit Jahren durchgeführt und bestätigen das vermutete Marktpotenzial, siehe Abbildung 1.3.

Aus dieser Abbildung gehen auch wichtige Anwendungsfelder für mobile Roboter hervor, die sich derzeit abzeichnen, nämlich Reinigung, Landwirtschaft und Gartenbau (beide auch in Privathaushalten), Militär, Bewachung, und schließlich Transportaufgaben etwa in Krankenhäusern oder generell in der Logistik. Besonders japanische Autoren betonen die Pflege von alten und/oder dementen Menschen als ein Anwendungsfeld mobiler Roboter – wir Europäer

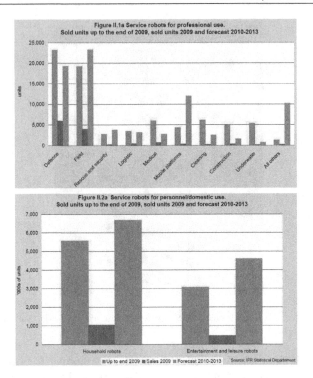

Abbildung 1.3: Erhebung bzw. Schätzung der Zahl von Dienstleistungsrobotern weltweit in professionellem Einsatz (nach Anwendungsfeldern sortiert, oben) und im Einsatz in Privathaushalten (unten). [UNE10]

tun uns offenbar schwer damit, diese Anwendung offensiv zu betreiben. Alle genannten Bereiche sind aber nur Beispiele für solche Anwendungen, die sich derzeit abzeichnen oder aktiv untersucht werden. Wäre es erst einmal verstanden, wie mobile Roboter in Alltagsumgebungen robust funktionieren, dann vermuten wir, dass dasselbe geschähe, das schon mit PCs und Händis geschehen ist: Dass sie sich rasant in Lebensbereiche der Menschen ausbreiteten, an die bei ihrer Entwicklung gar niemand gedacht hatte.

Wir sind dabei gar nicht sicher, ob die Frage nach eingesetzten Dienstleistungsrobotern wie in den Unece-Studien das Potenzial der dahinter stehenden Technik angemessen erfasst. Die automatischen Staubsauger, die in Abbildung 1.3 (unten) gezählt sind, werden von ihren Eigentümerinnen und Eigentümern vermutlich primär als Staubsauger, nicht als Roboter wahrgenommen – ebenso wie ein modernes Auto als Auto wahrgenommen wird, und nicht als multi-mikroprozessorgesteuerte Transportmaschine, obwohl es das tatsächlich ist und ein Auto ohne seine Vielzahl an Prozessoren mit insgesamt erheblicher Rechenleistung nach modernem Standard gar nicht mehr denkbar wäre.

Abbildung 1.4: Auswahl aktueller Staubsaugerroboter oder autonomer Staubsauger: Cleanmate von Infinuvo [Inf], RoboCleaner RC 3000 von Kärcher [Alf], Roomba® 560 von iRobot® [iRo] und Trilobite™ 2.0 von Electrolux [Ele].

Den potenziellen Anwendungsnutzen der Technologie mobiler Roboter sehen wir darin, dass diese Technologie in Geräte und Maschinen des alltäglichen oder professionellen Bedarfs eingeht, deren Funktionalität verbessert oder erweitert, aber selber dahinter verschwindet. Wir halten es eher für unplausibel, dass es in absehbarer Zeit im Kaufhaus große Roboterabteilungen geben wird: Es dürfte weiterhin die Abteilungen Haushaltsgeräte, Spiele, Elektronik und viele andere, funktional beschriebene geben – und hinter einigen der Geräte wird sich einiges von der Technik verbergen, die derzeit in ihren Grundlinien am Beispiel mobiler Roboter entwickelt wird, nämlich auf Basis von Umgebungssensordaten in geschlossener Regelung in Alltagsumgebungen zu funktionieren. Das Thema werden wir im Abschlusskapitel dieses Buches aufnehmen.

Bevor wir nun in diese Technik im Detail einführen, skizzieren wir einige Beispiele von mobilen Robotern, die in neuerer Zeit aus Forschungs-, Anwendungsinteresse oder beiden entwickelt wurden und in Einsatz waren oder sind. Am Ende dieses Lehrbuches werden Ihnen viele der Methoden und Algorithmen, die darin verwendet werden, zumindest in den Grundzügen klar sein – und auch viele der technischen Probleme, die sich beim Bau solcher Roboter stellen und die nicht immer offensichtlich sind.

1.2.1 Staubsauger„roboter"

Als erstes Beispiel dienen die bereits genannten automatischen Staubsauger, die in Abbildung 1.3 (unten) als Roboter gezählt werden. Abbildung 1.4 zeigt einige Modelle, ohne Anspruch auf Vollständigkeit oder Aktualität. Sie arbeiten allesamt ohne Kabel, also mit Energieversorgung über Akku. Ihre Grundfunktion besteht darin, mit eingeschaltetem Kehr- und Saugmechanismus auf zufälliger Bahn durchs Zimmer zu fahren, bis sie an Wänden oder Möbeln sanft anstoßen, dann die Richtung zu wechseln, weiterzufahren und so weiter. Mit einem solchen *random walk* wird jeder zugängliche Teil eines Zimmers nach hinreichend langer Zeit irgendwann überfahren und folglich auch gereinigt sein. Erreicht nach einiger Arbeitszeit die Batterieladung eine kritische

Abbildung 1.5: Der Marserkundungsroboter *Spirit* in den „Columbia Hills" auf dem Mars. Synthetisches Bild aus Bildmaterial, das von *Spirit* auf dem Mars aufgenommen wurde, und einem maßstäblich passenden Bild von *Spirit* von der Erde. (Freigegebenes Bild der NASA, Quelle: [NASb])

Untergrenze, dockt der Staubsauger automatisch an einer Ladestation an, die an zugänglicher Stelle stehen muss und die permanent ein Peilsignal aussendet, mit dessen Hilfe er sie jederzeit finden kann.

Diese Grundfunktion ist schlicht, wenn man sie mit dem vergleicht, was die Kontrollprogramme mobiler Roboter leisten, die wir später in diesem Buch betrachten werden. Die Rückkopplung zwischen Umgebungsdaten und Staubsauger/Roboteraktion ergibt sich dabei im Wesentlichen beim Anstoßen an ein Hindernis. Aktuelle automatische Staubsauger verwenden allerdings weitere Sensordaten: Zum Beispiel verarbeiten sie Peilsignale von Baken, die dazu dienen, den Zugang zu Regionen abzusperren, die nicht befahren werden sollen, also etwa das Kinderzimmer mit den herumliegenden Spielzeugteilen oder den Zugang zur Kellertreppe; weiter haben sie Sensoren, die den aktuell eingesaugten Schmutz messen und bei hoher Konzentration einen anderen Fahrmodus einschalten, also etwa langsam in einer Spiralbahn fahren – weitere Rückkopplungen zwischen Kontrollprogramm und Umgebungsdaten. Möglich wird solch ein automatischer Staubsauger also erst durch das Kontrollprogramm eines mobilen Roboters, selbst wenn es schlicht ist.

1.2.2 Marserkundung: Spirit und Opportunity

Im Juni/Juli 2003 startete die NASA zwei Marssonden, die je einen Marserkundungsroboter (*Mars Exploration Rover*, MER) an Bord hatten, um sie in unterschiedlichen Zielgebieten abzusetzen; die baugleichen Roboter wurden später *Spirit* (Abbildung 1.5) und *Opportunity* genannt. Nach Landung und Betriebsstart der Roboter sollten diese über eine Funkstrecke Daten vom Mars auf die Erde übertragen, aufgrund derer vom Kontrollzentrum von der

Erde die nächsten Roboteraktionen entschieden und zum Mars zurückgesandt werden. Die Roboter sind Radfahrzeuge mit flexiblem Fahrgestell und haben jeweils neben einer Panoramakamera einen Manipulator und Sensoren zur Untersuchung des Gesteins und Erdbodens an ihrem aktuellen Aufenthaltsort an Bord; entsprechend bestehen mögliche Roboteraktionen darin, zu fahren oder an vorgegebener Stelle Proben zu nehmen und zu untersuchen.

Die ursprünglich geplante Lebensdauer der Roboter betrug 90 Marstage nach ihren Landungen im Januar 2004. Tatsächlich endete die Mission von *Spirit* erst am 22.3.2010, also nach 2210 Marstagen und fast 8 km Strecke; zur Zeit der Schlussredaktion an diesem Text (Ende 2011) arbeitet *Opportunity* nach über 2700 Marstagen, also dem Dreißigfachen der ursprünglich geplanten Dauer, immer noch und hat inzwischen eine Fahrstrecke von rund 34 km zurückgelegt. In ihren sechs bzw. acht Jahren Operation auf der Marsoberfläche haben sie große Mengen an Daten erhoben und übermittelt; von der Website [NASa] der NASA kann die Mission aktuell verfolgt werden.

Spirit und *Opportunity* werden zwar bezüglich wichtiger Entscheidungen über ihre Aktionen von der Erde aus ferngesteuert: Wohin auf welcher Strecke sollen sie fahren, von welchen Stellen sollen sie Proben nehmen und wie untersuchen? Dennoch ist ein „Automatik-Modus" ein unverzichtbarer Bestandteil der Roboterkontrolle: Die Roboter müssen kurzfristig, also ohne Signaltransferzeiten auf unerwartet Ereignisse wie das Wegrutschen von Rädern reagieren können, um jederzeit in einem sicheren Zustand zu bleiben; auch haben sie immer wieder längere als sicher beurteilte Fahrstrecken ohne Kontrolleingriff von der Erde zurückgelegt, um insgesamt schneller voranzukommen; schließlich müssen sie auch längere Zeiten ohne Funkkontakt sicher und sinnvoll überstehen. Wegstreckenmessung, Kartierung, Pfadplanung, Umgebungsdateninterpretation und Handlungsplanung sind Bausteine ihrer Kontrollprogramme, die im Rest dieses Buches wieder auftauchen werden und für die es algorithmische Lösungen oder Ansätze gibt. *Spirit* und *Opportunity* auf der Marsoberfläche sind allerdings so wertvolle Roboter, dass die NASA aus gutem Grund kritische Entscheidungen ihrer Kontrollprogramme derzeit an Menschen delegiert.

1.2.3 Wüstenrallye: Stanley

Beim nächsten Roboter hingegen war eine vollständig automatische Roboterkontrolle Teil der Spielregel – „Spielregel" übrigens im Wortsinn verstanden, denn es geht um einen Roboterwettbewerb. Der Wettbewerb war die DARPA *Grand Challenge* 2005. Er fand im Oktober 2005 in der Mojave-Wüste in den USA statt und bestand darin, dass Fahrzeuge ohne Eingriff von Menschen eine festgelegte, aber nicht eigens markierte Strecke von rund 213 km über Weg, Piste und Wüstenboden von einem definierten Start- zu einem definierten Zielpunkt fahren mussten. Die Strecke führte unter anderem durch felsige oder sandige Bereiche und durch Wasserläufe.

Abbildung 1.6: *Stanley*, der Roboter, der die DARPA *Grand Challenge* 2005 gewonnen hat. Stanley ist ein modifizierter VW Touareg, dem Sensoren zur Umgebungswahrnehmung und Bordrechner zur Bearbeitung des Kontrollprogramms eingebaut wurden; Standardkomponenten wie die Wegstreckenmessung wurden modifiziert. (Quelle: [The])

Ihre grobe Position konnten die Fahrzeuge einfach mittels GPS bestimmen. Das Problem lag aber darin, unter allen Umständen sicher festzustellen, wo der Fahrweg jeweils weiter verläuft. Menschen fällt eine solche Aufgabe in der Regel leicht; dass sie für Roboter problematisch ist, sieht man allein daran, dass bei einer ersten, ähnlichen Version des Wettbewerbs 2004 der beste Teilnehmer gerade etwa 12 km gefahren war, und etliche schafften es weder 2004 noch 2005 so weit. Der Sieger Stanley schaffte den Parcours 2005 in knapp unter 7 Stunden, was einer Durchschnittsgeschwindigkeit von gut 30 km/h entspricht. Vier weitere Roboter kamen damals durch (davon einer deutlich über dem Zeitlimit von 10 Stunden).

Stanleys wichtigste Umgebungssensoren waren mehrere Laserscanner (die in Abbildung 1.6 auf dem Autodach montiert zu sehen sind) und eine Kamera. Laserscanner, die wir später im Detail behandeln, messen in einer Abtastebene mit hoher Abtastrate, Auflösung und Genauigkeit Entfernungen zu den nächsten Objekten. Richtet man sie in unterschiedlichen Neigungswinkeln schräg vorwärts auf den Boden wie im Bild teilweise zu erkennen, ergibt sich in Fahrt des Roboters ein Profil der Bodenoberfläche voraus, das zusammen mit Kamerabildern desselben Bereichs verwendet werden kann, um befahrbaren Untergrund voraus zu erkennen. Ein Problem unter vielen bei dieser Form der Roboterkontrolle steckt in der Echtzeitanforderung: Um im Schnitt mit über 30 km/h zu fahren und vor plötzlich sichtbaren Hindernissen oder Schlaglöchern rechtzeitig bremsen oder ausweichen zu können, muss eine Vielzahl von Daten extrem effizient und robust ausgewertet werden. „Hindernis" ist übrigens leichter geschrieben als erkannt: In einem Laserscan ist Buschwerk auf der Bahn (bremsen oder ausweichen!) nicht ohne Weiteres von einem über dem Boden tanzenden Mückenschwarm (durchfahren!) zu unterscheiden. Ohne ein

Abbildung 1.7: Links: Ein Tribot-Roboter Stand 2008, ohne Verkleidung. Deutlich zu sehen sind die zwei Ballführungszapfen vorn am Boden, dazwischen die Schussmechanik, dahinter der Kontrollrechner (Laptop), darüber die nach vorn gerichtete Kamera und ganz oben die Rundumkamera mit ihrem parabolischen Spiegel. Rechts: Spielszene, Nummer 7 beim Torschuss. Die dreieckige Grundform der Tribots ist klar zu erkennen. (Quelle: [Mac])

Mindestmaß an Interpretation der Sensordaten kommt man im Kontrollprogramm eines Roboters bei einer anspruchsvollen Aufgabe meist nicht aus.

1.2.4 Roboterfußball: Tribot

Wettbewerbe unterschiedlicher Art spielen derzeit in der Robotikforschung eine wichtige Rolle. Die DARPA *Grand Challenge* ist ein Beispiel dafür; ein weiteres Beispiel ist Roboterfußball. Tatsächlich ist Roboterfußball nicht nur ein einziger Wettbewerb, sondern jährlich werden Meisterschaften in Ligen (z.B. Radfahrzeuge unterschiedlicher Größen, humanoide Roboter, Simulationsliga) in nationalem und internationalem Rahmen ermittelt. Warum diese Betonung von Turnieren? Wollen die Robotiker unbedingt in ihre Tageszeitungen kommen?

PR ist zwar ein willkommener Nebeneffekt von Wettbewerben: Wenn es der Öffentlichkeit schon schwer zu erklären ist, warum Universitäten Steuergeld für mobile Roboter ausgeben – unter einem Weltmeistertitel im Roboterfußball kann sie sich zumindest im Prinzip etwas vorstellen. Das Motiv für Roboterwettbewerbe in der Forschung ist aber ursprünglich ein anderes. In vielen Fällen ist es schwierig oder unmöglich, technische oder algorithmische Komponenten von Robotern in ihrer Leistung zu vergleichen. Mehr noch: Über die Qualität einzelner Komponenten hinaus spielt für die Qualität des „Gesamtverhaltens" eines Roboters die technische und konzeptuelle *Integration* aller Teile eine Rolle. Zum Beispiel ist nicht nur wichtig, ob ein Algorithmus zur Positionsbestimmung bei gegebenen Umgebungsdaten korrekt rechnet, sondern auch, ob er es bezogen auf die Datenrate der angeschlossenen Sensoren in Echtzeit tut, ob er sich von einmal gemachten Fehlern lösen kann, ob er unvollständige oder verrauschte Daten toleriert und dergleichen. Sollen dann funktional gleiche Komponenten auf unterschiedlichen Robotern in unterschiedlichen Umgebungen verglichen werden, kommen leicht aussagelose Ergebnisse heraus.

Robotik als Wissenschaftsgebiet ist also methodisch darauf angewiesen, auf Experimente zurückzugreifen, die vergleichbar sind. Es gibt viele Arten des experimentellen oder empirischen Vergleichs von Robotern und ihren Komponenten; Wettbewerbe sind eine davon. Sie haben zudem den Charme von Öffentlichkeit und Gleichzeitigkeit: Ein Wettbewerbsroboter muss zum Zeitpunkt des Wettbewerbs funktionieren, und alle können sehen, ob er es tut. Diese Anforderung fördert offenbar das Bestreben nach robusten und einfachen Lösungen, die in der grundlagenorientierten Forschung sonst nicht immer so belohnt werden, wie sie es verdient hätten.

Ein Beispiel für Roboterfußball ist die Robocup *Mid size*-Liga. Es gibt andere Ligen im Robocup, und es gibt eine andere Fußballroboter-Organisation, die FIRA. Die *Mid size*-Spielregeln sind abgeleitet von den „normalen" FIFA-Fußballregeln für Menschen. Sie werden von Jahr zu Jahr variiert, um immer höhere Schwierigkeit zu erzeugen und langfristig immer weniger von den originalen FIFA-Regeln abzuweichen. Nach Stand 2009 bestand eine Robotermannschaft aus bis zu fünf Spielern einschließlich Torwart; jeder Spieler hat eine Grundfläche zwischen 30×30 und $50 \times 50\,\mathrm{cm}^2$ bei einer Höhe von $40 - 80\,\mathrm{cm}$. (Torhüter dürfen sich kurzfristig „strecken".) Das Spielfeld ist $18\,\mathrm{m} \times 12\,\mathrm{m}$ groß, die Tore $1\,\mathrm{m} \times 2\,\mathrm{m}$; der Boden ist plan und von grüner Farbe mit den üblichen weißen Markierungen. Gespielt wird 2×15 Minuten mit einem normalen, orangefarbenen FIFA-Ball der Standardgröße 5. Abbildung 1.7 (rechts) gibt einen Eindruck des Spielfelds. Außer einem Startsignal zum Spielbeginn und einem Stoppsignal zur Unterbrechung oder dem Ende des Spiels jeweils per Funk dürfen die Roboter nicht von außen gesteuert werden; die Spieler einer Mannschaft dürfen kommunizieren.

Außer Maximalmaßen legen die Regeln über den Aufbau der Roboter praktisch nichts fest. Aus dem Regelwerk, dem Stand der Technik in Robotik und der Erfahrung aus den Wettbewerben, die es seit 1997 gibt, ergeben sich aber jeweils typische Robotermodelle, die sich wiederum mit der Entwicklung der Technik und des Regelwerks über die Jahre wandeln. Derzeit haben viele *Mid size*-Roboter folgende Komponenten:

- Radantrieb, der erlaubt, aus dem Stand direkt in jede beliebige Richtung zu fahren;

- Ballschussmechanismus mit einer Vorrichtung zur Ballführung;

- Rundumkamerasystem, das oft der einzige Umgebungssensor ist;

- handelsüblicher Laptop als Kontrollrechner.

Eine international erfolgreiche Turniermannschaft der letzten Jahre in der Robocup *Mid size*-Liga war wohl die Brainstormers Tribots von der Osnabrücker (seit 2009 Freiburger) Arbeitsgruppe Neuroinformatik, unter anderem mit Weltmeistertiteln 2006 und 2007 und einem dritten Platz 2008. Ein Tribot-Feldspieler ist auf Abbildung 1.7 (links) zu sehen. Der Forschungsschwerpunkt der Erbauer liegt in Verfahren zum maschinellen Lernen, insbesondere Reinforcement-Lernen und Lernverfahren in Neuronalen Netzen. Aus Ergebnissen dieser Methoden beziehen die Roboter wesentliche Aspekte ihrer Spielstärke. So wurden die Programme zur elementaren Bewegungssteuerung, also beispielsweise zur Feinkoordination der Antriebsmotoren und zur Ballführung (Dribbeln, Annehmen des rollenden Balls in flüssiger Bewegung) durch Lernverfahren optimiert.

Dieses Beispiel soll schon zu Beginn dieses Buches klar machen: Bei Robotern, wie sie hier verstanden werden, ist die Kontrollsoftware eine Komponente, auf die es ankommt! Das bedeutet nicht, dass gute Sensoren, leistungsfähige Elektronik und robuste Mechanik unwesentlich wären – gerade ein Robocup-Fußballturnier mit zuweilen körperbetontem Spiel hält kein Roboter durch, der nicht physisch stabil ist, wobei „physisch" Mechanik, Elektronik ganz allgemein, aber auch Elementares wie Lötstellen und Steckerverbindungen umfasst. Stimmen bei einem Roboter die Hardware oder die Systemprogramme nicht, dann bleibt er einfach liegen, egal, welch clevere Kontrollsoftware er an Bord hat. In der Entwicklung der Kontrollsoftware aber, einschließlich der Integration von Hardware- und Softwarekomponenten, liegt derzeit das Potenzial, aus ordentlich funktionierenden Robotern herausragende Roboter zu machen. Und gerade auch Algorithmen zur Roboterkontrolle sind es, die aus der Technologie mobiler Roboter in zukünftige automatisierte Alltagsgeräte übertragen werden können.

1.2.5 Simulierte Roboter: Zum Beispiel KURT

Der letzte Roboter auf unserer kurzen Beispielliste ist gar kein Roboter, sondern die Simulation eines Roboters. Simulation spielt in der Robotik eine wichtige Rolle. Dafür gibt es methodische und praktische Gründe. Ein methodischer Grund ist Wiederholbarkeit und Bewertbarkeit von Experimenten: Die Situation eines realen Roboters in einer realen Alltagsumgebung ist wegen der zahlreichen Unwägbarkeiten einer Alltagsumgebung schwer genau reproduzierbar; Experimente mit dem Roboter sind damit im strengen Sinn nicht wiederholbar, und die Qualität seines Verhaltens ist damit schwer quantifizierbar. Man kann sich mit statistischen Aussagen über eine größere Zahl von Experiment-Durchläufen behelfen („1000 Durchquerungen der Eingangshalle von Terminal X des Flughafens Y an einem Werktag-Vormittag"), um zu verlässlichen Aussagen über Roboterperformanz zu kommen. Doch an der Stelle setzt ein praktisches Problem ein: Große Zahlen von Experimenten mit realen Robotern sind enorm zeitaufwändig. Trotzdem sind sie natürlich zuweilen nötig, wenn zum Beispiel die Funktion und Robustheit einer Roboterkontrollsoftware unter realen Bedingungen nachzuweisen ist. Die Verwendung von Simulationen hilft aber, in der Entwicklungsphase Aufwand mit Tests von neuen Modulen der Roboterkontrollsoftware zu reduzieren.

Damit das funktioniert, muss die verwendete Simulation eine Reihe von Anforderungen erfüllen:

- Die Umgebung muss hinreichend gut simuliert sein. Die Simulation einer Flughafenterminal-Halle muss zum Beispiel „zufällig" umherlaufende Fluggäste mit Gepäck und Transportkarren umfassen.

- Der Roboter in seiner Funktionalität muss hinreichend gut simuliert sein. Das betrifft seine Aktionen wie auch seine Sensorik.

- Relevante Ungenauigkeit technischer Sensoren und Effektoren muss abgebildet werden. Kann zum Beispiel im realen Bild einer Kamera auf dem Roboter ein Orientierungspunkt im Gegenlicht der Fensterfront unsichtbar werden, muss die Simulation diesen Effekt reproduzieren.

- Die „Wahrheit" im Simulator ist tabu! Natürlich ist im Simulator der Zustand jedes simulierten Objekts präzise bekannt, einschließlich der Position, Richtung und Geschwindigkeit des Roboters. Die Roboterkontrollsoftware darf hierauf nicht zugreifen, um Information über die Umgebung zu erhalten – das geht nur über die simulierten Sensoren. (Für die externe Bewertung des Roboterverhaltens ist der Vergleich zwischen der Wahrheit im Simulator und der Information in der Roboterkontrollsoftware aber erlaubt.)

- Der Simulator sollte für den simulierten Roboter die identische Schnittstelle wie der reale Roboter zwischen Roboterkontrollsoftware einerseits und Robotersensorik und -aktuatorik andererseits verwenden; die Roboterkontrollsoftware soll also code-identisch für den realen oder den simulierten Roboter verwendet werden.

Es bleibt natürlich dabei: Der reale Roboter ist durch keinen noch so guten Simulator ersetzbar, und in der Robotik zählt am Ende das reale Verhalten eines realen Roboters. Aus diesem Grund werden KURT-Roboter, die später in diesem Buch auftauchen, übrigens meistens reale, physische Roboter sein.

Nicht nur für Forschung und Entwicklung sind Simulatoren interessant, auch für Robotiklehre. Auf der Website zum Buch, `http://www.mobile-roboter-dasbuch.de`, gibt es einen Bereich, auf dem Software zur Simulation eines Roboters vom Typ KURT abzuholen ist; einige Übungsaufgaben in diesem Buch können unter Verwendung dieser Simulation bearbeitet werden. Wir greifen dabei zurück auf den Simulator USARSIM (*Unified System for Automation and Robot Simulation*). Der Simulator liegt als freie Software vor. Er nutzt seinerseits die Physik- und Grafik-*Engines* des Computerspiels Unreal Tournament. Details dazu finden sich auf der Website.

Abbildung 1.8: Bild aus dem Simulator USARSIM: Ein KURT-Roboter in einer Robocup-Rescue-Arena. Im Bild sind auch Messstrahlen eines simulierten Laserscanners dargestellt, die von einem realen Laserscanner nicht im sichtbaren Spektrum liegen, die aber ansonsten im Wesentlichen realistisch simuliert werden.

USARSIM ist übrigens im Zusammenhang einer weiteren Robocup-Liga entstanden: der Rescue-Liga. Dabei geht es darum, einen Roboter durch eine stark zerfurchte und verschüttete Umgebung zu steuern (als Vorbild dienen Gebäude, die durch ein Erdbeben stark beschädigt sind) und dabei „Opfer" zu finden, das sind entsprechend zurecht gemachte Schaufensterpuppen. Abbildung 1.8 zeigt einen simulierten KURT-Roboter in einer USARSIM-Simulation einer Rescue-Umgebung. Der Simulator entstand ursprünglich zur Unterstützung der Arbeit in der Liga mit realen Robotern. Inzwischen gibt es bei Robocup aber auch eine Rescue-Simulationsliga, und übrigens auch eine Fußball-Simulationsliga. Da in der Robotik, wie sie in diesem Buch verstanden wird, die Herausforderung darin liegt, Agenten mit geschlossener Regelung in unbekannten, dynamischen und unvollständig erfassbaren Umgebungen zu realisieren, können auch in Simulationen höchst anspruchsvolle Wettbewerbe ausgetragen werden.

1.3 Übersicht

Am Schluss dieser *tour d'horizon* zu mobilen Robotern steht der Überblick über den Rest des Buches. Die genannten Beispiele vermitteln einen Eindruck vom großen Ganzen, um das es bei der Entwicklung eines mobilen Roboters geht: um den kompletten Roboter aus Hardware und Software, die beide gut aufeinander abgestimmt sein müssen, damit am Ende ein gut funktionierender Roboter daraus wird. Wie aus der Einleitung zu entnehmen, geht es hier im

Wesentlichen um die *Softwareseite* der Roboter. Dennoch beginnt der Rest dieses Buches mit einem Hardware-Thema: Sensoren.

Kapitel 2: Sensorik.

Die Verwendung von Sensordaten aus der Umgebung spielt für mobile Roboter eine zentral wichtige Rolle. Ein Grundverständnis der technischen Sensoren ist daher auch dann erforderlich, wenn es im Folgenden primär um die Verarbeitung ihrer Daten geht. Das Kapitel stellt die wichtigsten Sensorarten skizzenhaft vor, die auf Robotern eingesetzt werden.

Kapitel 3: Sensordatenverarbeitung.

Elementare, schnelle Verfahren zur Vorverarbeitung von Sensordaten, wie beispielsweise Datenfilter, werden auf den Datenstrom, der physisch vom Sensor geliefert wird, fast immer angewendet – praktisch unabhängig davon, wofür die Sensordaten anschließend verwendet werden. Das Kapitel führt einige gängige Verfahren ein, und zwar für zwei besonders häufige Typen von Sensordaten: Entfernungsdaten und Bilddaten.

Kapitel 4: Fortbewegung.

Dieses Kapitel fasst einige Themen zusammen, die sich technisch und methodisch recht weit unterscheiden, aber allesamt Aspekte eines gemeinsamen Grundthemas sind: Fortbewegung – für mobile Roboter eine geradezu definitorische Funktion. Es geht hier um mechanische, sensorische und algorithmische Grundlagen, Fortbewegung zu bewirken und in ihrer Wirkung abzuschätzen. Das Kapitel führt zudem eine Klasse von Algorithmen ein, deren Verwendung in der Robotik weit über das Thema Fortbewegung hinausgeht: Bayes- und Kalman-Filter.

Kapitel 5: Lokalisierung in Karten.

Viele mobile Roboter sollen, je nach Anwendungszweck, jederzeit wissen, wo sie sich in Bezug auf ein vorgegebenes Referenzsystem, eine *Karte*, gerade befinden: Sie sollen sich lokalisieren können. Das Kapitel führt unterschiedliche Arten von Karten für Roboter ein, streift klassische Verfahren der Triangulation, die in der Robotik eingesetzt werden können, und beschreibt ausführlich Algorithmen zur Lokalisierung.

Kapitel 6: Kartierung.

Nachdem die Verfahren des vorangegangenen Kapitels voraussetzen, dass ein Roboter die Karte bereits hat, in der er sich lokalisieren soll, geht es nun um die Frage: Wie kann ein Roboter eine Karte seiner Umgebung mit seinen Sensoren aufbauen? Es stellt sich heraus, dass hier ein Henne-und-Ei-Problem zu lösen ist: Wenn der Roboter jederzeit genau wüsste, wo er ist, dann könnte er die Karte leicht bauen; um das aber zu wissen, braucht er eine Karte – siehe voriges Kapitel. Das Problem ist weniger aussichtslos als es klingt; tatsächlich gibt es Algorithmen, die es sehr zuverlässig lösen.

Kapitel 7: Navigation.

Das Thema Navigation umfasst in der Robotik-Literatur meist die Probleme Lokalisierung, Pfadplanung und das eigentliche Abfahren des geplanten Pfads, einschließlich der Vermeidung von dynamischen Hindernissen. Lokalisierung wurde bereits in Kapitel 5 gesondert behandelt; hier geht es um den großen Rest des Themas. Über Pfadplanung hinaus behandeln wir kurz das Thema Handlungsplanung für Roboter.

Kapitel 8: Umgebungsdateninterpretation.

Die Themen der bisherigen Kapitel sind notwendig für einen mobilen Roboter in dem Sinn: Wenn man annimmt, es gehöre zur Grundfunktion eines Roboters, nach Karte gezielt von Position A nach B fahren zu können, dann kommt man um alle diese Themen nicht herum. Hier nun streifen wir ein Thema, das über diese Notwendigkeiten hinaus an den Rand aktueller Forschung führt: die Frage, ob und wie weit ein Roboter eigentlich „versteht", also auf einer semantischen Ebene interpretieren kann, was er vermittels seiner Sensoren an Daten seiner Umgebung bekommt. Interessant ist auch die Frage, ob er es überhaupt „verstehen" muss, beziehungsweise worin der Nutzen davon läge, wenn er es könnte.

Kapitel 9: Roboterkontrollarchitekturen.

Roboterkontrollsoftware ist Software von einer speziellen Art. Sie muss sehr heterogene Grundfunktionen zusammenbringen, von denen die vorangegangenen Kapitel handelten: Pfadplanung, die komplexe Algorithmen in langen Zeitzyklen ausführt, mit Hindernisvermeidung, die bei schneller Fahrt sehr rasch auf Sensordaten reagieren und dabei den geplanten Pfad verlassen muss, mit Lokalisierung, die fortlaufend mit mittlerer Priorität und mittlerer Komplexität mitlaufen muss – und etliches Anderes. Es stellt sich heraus, dass der Kontroll- und Datenfluss dieser Roboterkontrollsoftware, die *Architektur,* durch wechselseitige Abhängigkeiten, unterschiedliche Zeitzyklen und zusätzliche Echtzeitanforderungen nicht trivial ist. Das Kapitel skizziert grundlegende Architekturschemata und führt ein in ein aktuell verbreitetes Roboter-Betriebssystem: ROS.

Kapitel 10: Ausblick.

Wir getrauen uns nicht vorherzusagen, was Roboter in X oder Y Jahren können oder (was wir viel interessanter und relevanter fänden) in welchen Stücken Alltagstechnik sich die Algorithmen wiederfinden werden, die wir hier beschrieben haben. Dennoch endet das Buch mit einem kurzen Ausblick.

Anhänge: Grundlagen aus Mathematik, Algorithmen und Regelungstechnik.

Robotik-Vorlesungen in Informatik, für die dieses Buch gedacht ist, bedienen oft Studierende mit ganz unterschiedlichen Vorkenntnissen. Drei Anhänge führen ganz knapp elementare Begriffe und Konzepte aus anderen Gebieten als der Robotik ein, welche die Robotik benutzt, die aber Hörerinnen und Hörer unserer Vorlesungen zuweilen nicht kennen oder mangels aktiver Verwendung wieder vergessen haben. Diese Anhänge ersetzen keine systematischen Einführungen in die Themen, sondern können nur zur Auffrischung oder vorläufigen Erklärung dienen; intensivere Arbeit in Robotik setzt intensiveres Verständnis dieser Grundlagen voraus.

Leserinnen und Leser, welche die erforderliche Mathematik präsent haben, sollten trotzdem vorab einen kurzen Blick in die Anhänge werfen, um die Notationen und Konventionen zu sehen, die wir verwenden.

Bemerkungen zur Literatur

Einen Roboter samt Kontrollsoftware zu bauen, stellt, wenn man es gut machen will, Probleme quer durch die Informatik: Mechatronik, Systemprogrammierung, Softwaredesign, Algorithmik – alles spielt eine Rolle. Daher sind Robotikprojekte an Hochschulen so beliebt: Studierende (und Lehrende) können sich um kein Informatikthema herumdrücken. Zusätzlich lehren Robotikprojekte die Mühsal der *Integration*: Die Lösung eines einzelnen, lokalen Designproblems beim Bau eines Roboters ist nur so gut, wie sie zu den Lösungen aller anderen Designprobleme passt.

Dieser Querschnittscharakter der Robotik macht es andererseits unmöglich, robotikrelevante Literatur klar abzugrenzen: Eigentlich ist die gesamte Informatik relevant – und nicht nur die, sondern Messtechnik, Werkstofftechnik und viele andere, aber auch geschickte mathematische Problemformulierungen liefern potenziell Beiträge, welche die Performanz des kompletten Roboters signifikant verbessern können. Jede überschaubare Robotik-Einführung muss entsprechend ihren Fokus wählen, und unterschiedliche Einführungen tun das plausiblerweise unterschiedlich, sind also nur in Grenzen vergleichbar.

Die vorliegende Einführung „aus Sicht der Informatik" betont algorithmische Aspekte, bemüht sich aber dabei, den Blick für das Zusammenspiel mit Roboterkontrollsoftware und Roboterhardware (Mechanik, Sensorik) zu behalten. Damit ähnelt sie am ehesten dem Lehrbuch von Dudek und Jenkin [DJ00]. Das von Siegwart und anderen [RSNS11] behandelt Mechanik und Sensorik von Robotern weitergehend als dieses Buch. Nehmzow [Neh02] überdeckt das Thema in ähnlicher Weise, stellt es aber eher nach Fallstudien orientiert vor.

Einige Lehrbücher setzen ihren Fokus auf bestimmte methodische Aspekte. Beispiele sind die von Thrun, Burgard, Fox [TBF05] über Robotik aus der Perspektive probabilistischer Methoden und das von Arkin [Ark98] mit Schwerpunkt auf verhaltensbasierter Roboterkontrollarchitekturen (siehe Kapitel 9). Pfeifer und Scheier [PS99] erweitern Arkins Perspektive verhaltensbasierter Roboterkontrolle auf das komplette Design von Robotern, einschließlich der Mechatronik und Sensorik. Wir halten ihre Schlussfolgerungen daraus für falsch, was die Rolle, oder besser: Nicht-Rolle von KI in der Robotik angeht, aber das Buch ist auch 12 Jahre nach Erscheinen noch anregend zu lesen.

Einen umfassenden und derzeit aktuellen Überblick über die Robotik gibt auch das *Springer Handbook of Robotics* [SK08]. Es berührt auch die Robotik im Sinne der Automatisierungstechnik und eignet sich somit besonders gut zur punktuellen Ergänzung des vorliegenden Buches.

Auf technische Themen, die in diesem Kapitel angeklungen sind, gehen später folgende Kapitel im Detail ein. Die folgenden generellen Hinweise sollen aber hier nicht fehlen. Roboterwettbewerbe spielen in der Disziplin Robotik zur Zeit, wie oben gesagt, eine wichtige Rolle. Für Einsteiger in das Gebiet bieten sie die Möglichkeit, auf einfache Weise einen Eindruck von Leistungen und Grenzen mobiler Roboter nach Stand der Wissenschaft zu bekommen. Prominente und interessante Wettbewerbe sind die diversen Ligen von Robocup [Robb], die Roboterfußball-Ligen der Fira [FIR] und die *Grand Challenge*-Wettbewerbe der Darpa [DAR]. Allen mit einem Minimum an Interesse an Raumfahrt sind die Webseiten der Nasa zur Marsrobotermission zu empfehlen [NASa]: Neben Daten zur Marsmission selber und zum Mars finden sich dort auch Links zu Lehr- und Lernmaterialien zur Robotik. Eines der besonders einflussreichen frühen Projekte zu mobilen Robotern in Deutschland war das Rhino-Projekt [BBC$^+$95]; darin wurde insbesondere ein großer Teil der Grundlagen für probabilistische Roboterkontrolle gelegt.

Manches Robotikbuch beginnt mit einer mehr oder minder ausladenden Darstellung der Ideen-, Technik- und Wissenschaftsgeschichte der Robotik: Von

Werken des Griechengotts Hephaistos über sprechende Automaten der Barockzeit bis zum ersten Industrieroboter Unimate; Roboter in Literatur und Film sind weitere faszinierende Kapitel. All das lassen wir aus, denn es sprengt den Rahmen dieses Buches. Stattdessen verweisen wir auf das Buch von v. Randow [Ran97], das eine solche Darstellung als Teil eines populärwissenschaftlichen Einstiegs in die Robotik bringt. Eine Ausnahme zur Abstinenz von Robotik-Geschichte empfehlen wir jedoch dringend: Das SHAKEY-Projekt, siehe Abschnitt 1.2. Unter [SRI] stehen außer einem empfehlenswerten Film von 1969 sämtliche relevanten Publikationen zur Verfügung; eine nachträgliche Strukturierung und Zusammenfassung der Publikationen bietet [Nil84].

Aufgaben

Übung 1.1. Lesen Sie das vorliegende Buch bis zu Ende und lösen Sie dabei folgende Aufgabe über erschwingliche Roboter[2]:

Welchen Roboter, welche Dienstleistung von einem Roboter wünschen Sie sich? Welchen Roboter würden Sie *sofort* kaufen, wenn Sie ihn in einem Schaufenster sehen und er nicht zu teuer ist?

Wie wäre es mit

- einem Roboter, der Bücherregale abstaubt, für 299 Euro?

- einem „Wo-war-doch-gleich"-Radar für 199 Euro, das alle Objekte in Ihrem Haus verfolgt und immer aufzeichnet, wo die Gegenstände gerade sind. Damit lassen sich immer verlegte Schlüssel, Brillen oder Pantoffeln auffinden.

- einem Fliegenklatschenroboter für 49 Euro, der Sie in der Nacht vor lästigen Fliegen und Stechmücken beschützt?

Skizzieren Sie eine Idee für einen erschwinglichen Roboter und erstellen Sie dazu eine Präsentation mit drei Folien. Die erste Folie soll den Namen der Erfindung und die Entwickler angeben. Die zweite Folie muss eine Zeichnung des Roboters und eine Beschreibung in Form einer Aufzählung enthalten. Dabei sollen die zur Verfügung gestellten Funktionen und Dienstleistungen beschrieben werden. Die dritte Folie enthält Informationen über eine mögliche Umsetzung der Idee und die anfallenden Kosten.

Ihr Vorschlag muss die folgenden Kriterien erfüllen:

1. Sie sollten eine Idee beschreiben, die über eine gewisse Schöpfungshöhe verfügt.

---

[2] Diese Aufgabe war Teil des *Affordable Robots*-Ideenwettbewerbs, der von Erwin Prassler auf der ICAR 2009 in München durchgeführt wurde. Die Webseite `http://www.affordable-robots.org/submissions.html` enthält die Einreichungen zu dieser Konferenz.

2. Der Service sollte ökonomisch sinnvoll sein und keine ökologischen Nebeneffekte besitzen. (Außer möglicherweise für die Mücken im Fall des
   Fliegenklatschenroboters.)

3. Die vorgeschlagene Idee sollte eine realistische Chance haben, umgesetzt
   zu werden.

4. Schätzen Sie die Kosten für Ihre Idee ab. Der Preis des Endprodukts sollte
   1000 Euro nicht übersteigen.

Think the unthinkable!

2

Sensorik

2.1 Allgemeines

Mobile Roboter interagieren mit ihrer Umgebung, die sie mit Sensoren wahrnehmen. Roboterprogrammierung erfordert folglich das Verarbeiten von Sensordaten. Der Aufbau und die Funktionsweise von Sensoren haben einen entscheidenden Einfluss auf die Konzeption der Programme. Daher skizziert dieses Kapitel die gebräuchlichsten Sensoren für mobile Roboter. Abbildung 2.1 zeigt zwei Roboter des Typs KURT und kennzeichnet einige Sensoren, z.B. eine einfache Kamera und Distanzsensoren. Daneben werden häufig auf Robotern Impulsgeber, Beschleunigungssensoren und/oder Lagesensoren eingesetzt, die sich im Inneren des Chassis befinden können und somit von außen nicht sichtbar sind. Abbildung 2.2 zeigt exemplarisch weitere übliche Robotersensoren.

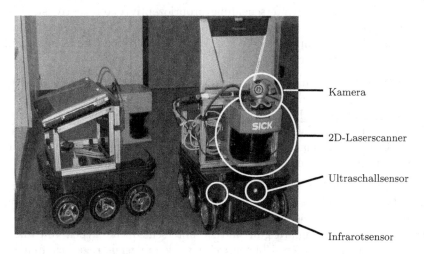

Abbildung 2.1: Beispiele für Sensoren auf einer KURT-Plattform.

Abbildung 2.2: Von links nach rechts: (1) Encoder HEDS 5540 500 Impulse 3 Kanal der Firma Maxon. (2) Digital-Kompass-Sensor Typ PW6945-8 der Firma Pewatron. (3) Neigungssensor ADXL202/ADXL210 der Firma Analog Devices. (4) Infrarotsensor GP2D12 von Sharp. (5) Abstandssensor UNDK 30U6103 von Baumer.

Tabelle 2.1: Klassifikation von Sensoren.

Sensor	propriozeptive (P) vs. exterozeptive (E)	aktive (A) vs. passive (P)
Kontaktsensor	E	P
Inkrementalgeber	P	P
Gyroskop	P	P
Kompass	E	P
GPS	E	P
Sonar	E	A
Infrarotsensoren	E	A
Laserscanner	E	A
Kamera	E	P

Sensoren auf mobilen Systemen lassen sich wie folgt klassifizieren: Propriozeptive Sensoren messen „nach innen", d.h. sie bestimmen eine Messgröße des Roboters selbst, während exterozeptive Sensoren Daten in Bezug auf die Umgebung aufnehmen. Die Unterscheidung propriozeptiv/exterozeptiv ist nicht scharf: Aus propriozeptiv gemessenen Radumdrehungen und bekanntem Radumfang lässt sich die zurückgelegte Strecke, also eine Kenngröße in Bezug auf die Umgebung, direkt errechnen.

Eine weitere Klassifikationsmöglichkeit ist aktiv versus passiv. Ein aktiver Sensor sendet Energie in seine Umgebung aus und misst zurückkehrende Signale. Passive Sensoren hingegen messen ausschließlich Signale aus der Umgebung. Auch diese Klassifikation ist unscharf: Eine an einer Kamera angebrachte Beleuchtung macht aus einer passiven Kamera einen aktiven Sensor. Tabelle 2.1 klassifiziert einige Sensoren.

Datenblätter enthalten erste Informationen über Sensoren. Die Abbildungen 2.3 und 2.4 zeigen zwei Datenblätter gebräuchlicher Robotersensoren. Bereits diese beiden Beispiele verdeutlichen, dass es für Datenblätter keinen allgemein gültigen Standard gibt und sie unterschiedliche Typen von Informationen enthalten können. Üblicherweise werden folgende Eigenschaften gelistet:

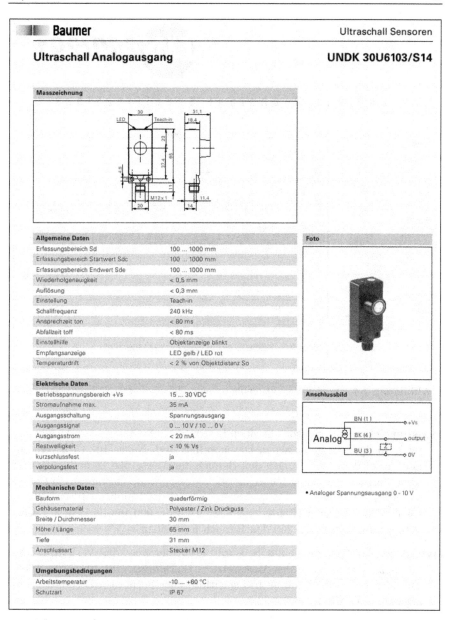

Abbildung 2.3: Datenblatt des Ultraschallsensors UNDK 30U6103 der Firma Baumer.

LMS 200/291 Technical Specifications

	LMS 200	LMS 291
General		
Range	Maximum 80 m (262.5 ft)	
Angular Resolution	0.25°/0.5°/1.0° (selectable)	
Response Time	53 ms/26 ms/13 ms	
Measurement Resolution	10 mm (0.39 in)	
System Error (environmental conditions:		
good visibility, Ta = 23°C (73°F),	Typ. ± 20 mm (mm-mode), range 1...8 m (3.2...26.2 ft)	Typ. ± 60 mm (mm-mode), range 1...4 m (3.2...13.1 ft)
reflectivity 10%...10,000%)	Typ. ± 4 cm (cm-mode), range 1...20 m (3.2...65.6 ft)	Typ. ± 35 mm (mm-mode), range 4...20 m (13.1...65.6 ft)
Statistical Error, Standard Deviation (1 sigma)	Typ. ± 5 mm (at range ≤ 8 m / ≥ 10% reflectivity / ≤ 5 kLux)	Typ. ± 10 mm (at range 1...20 m / ≥ 10% reflectivity / ≤ 5 kLux)
Electrical		
Data Interface	RS 232/RS 422 (configurable)	
Transfer Rate	9.6/19.2/38.4/500 kBd	
Switching Outputs, Standard Variants	3 x PNP; typ. 24 V DC; OUT A, OUT B maximum 250 mA, OUT C maximum 100 mA	
Supply Voltage (scanner-electronics)	24 V DC ± 15% (maximum 500 mV ripple), current requirements maximum 1.8 A (including output load)	
Power Uptake	Approx. 20 W (without upload)	
Electrical Protection Class	Safety insulated, protection class 2	
Interference Resistance	According to IEC 801, part 2-4; EN 50081-1/50082-2	
Ambient Temperature (Operating / Storage)	0...50°C (32°...122°F) / -30°...70°C (-22°...158°F)	
Mechanical		
Enclosure Rating	IP 65	
Weight	Approx. 4.5 kg	
Dimensions	185 x 156 x 210 mm (7.3 x 6.1 x 8.3 in); with cables: 185 x 156 x 265 (7.3 x 6.1 x 10.4 in)	
Vibration Fatigue Limit	According to IEC 68 part 206, table 2c, frequency range 10...150 Hz, amplitude 0.35 mm or 5 g single impact IEC 68 part 2-27, table 2, 15 g/11 ms permanent vibration IEC 68 part 2-29, 10 g/16 ms	
	Shock absorbers are recommended for heavy vibration and impact demands (e.g. AGV applications).	

Abbildung 2.4: Ausschnitt des Datenblattes eines SICK LMS 200/291 Laserscanners.

Messbereich. Jeder Sensor hat einen bestimmten Ausgabe- oder Anzeigebereich, in dem die gemessenen Daten valide sind. Nach DIN 1319 versteht man unter dem Messbereich den Bereich der Messgröße, in dem gefordert wird, dass die Messabweichungen oder Messgerätefehler innerhalb festgelegter Grenzen bleiben. Beispielsweise besitzt der Baumer Ultraschallsensor den Messbereich (Erfassungsbereich) 100–1000 mm, ein SICK Laserscanner des Typs LMS 200 den Bereich 5 cm–80 m.

Dynamik. Als Dynamik eines Sensors bezeichnet man das Verhältnis von Ober- zu Untergrenze des Messwerts, z.B. Baumer US: 10; SICK: 1600. Zuweilen wird die Dynamik in logarithmischer Form als dB (relativ) angegeben, z.B. US 10, SICK 32.

Auflösung. Das Auflösungsvermögen, kurz Auflösung, bezeichnet die Fähigkeit eines Sensors, physikalische Größen voneinander zu trennen. Sie gibt den kleinsten messbaren Unterschied zweier Messwerte an. Dabei kann es sich um Spannungen, Winkel, Entfernungen, Pixel, Frequenzen oder beliebige andere Größen handeln.

Wird die gemessene analoge Größe anschließend digitalisiert, so geht der Diskretisierungsfehler der A/D-Wandlung in die Auflösung des Sensors ein. Beispielsweise korrespondiert eine 8-Bit Darstellung des Messintervalls 0–5 V mit der Auflösung von 19.6 mV. Dies ist natürlich nur korrekt, wenn der eigentliche Sensor, der das analoge Ausgangssignal erzeugt, eine feinere Auflösung besitzt. Fälschlicherweise findet man zuweilen die Untergrenze des Messbereiches als Angabe für die Auflösung.

Linearität. Unter der Linearität eines Sensors versteht man die Abhängigkeit des Messwerts von der tatsächlichen Größe. Durch Kalibrieren eines Sensors stellt man Linearität her. Das Kalibrieren umfasst hierbei die notwendigen Tätigkeiten zur Ermittlung des Zusammenhangs zwischen den ausgegebenen Werten eines Messgeräts und den bekannten Werten der Messgröße unter bekannten Bedingungen. Sensoren, die die Messdaten vorverarbeiten, sind oft ab Werk kalibriert und benötigen kein weiteres Kalibrieren (z.B. übliche Laserscanner).

Messfrequenz/Zyklus-/Ansprechzeit. Mit Frequenz bzw. Zyklus- und Ansprechzeit bezeichnet man allgemein die Anzahl von Messungen innerhalb eines bestimmten Zeitraums. Der Zeitabstand einzelner Messungen voneinander wird Periode genannt. Der Baumer Ultraschallsensor arbeitet beispielsweise mit einer Messfrequenz von 12.5 Hz, der SICK LMS 200 mit 75 Hz.

Sonstige Kenngrößen. Weitere wichtige Kenngrößen, die im Datenblatt zu finden sind, geben Auskunft über den Spannungs- und Energiebedarf, Maße und Gewicht des Sensors. Die Kosten sind ebenfalls eine wichtige Kenngröße, stehen aber meist nicht im Datenblatt.

Sämtliche Messungen sind fehlerbehaftet. Darauf muss die Steuerung des Roboters Rücksicht nehmen. Folgende Größen sind mit Bezug auf Sensorfehler interessant:

Empfindlichkeit. Die Änderung des Werts der Ausgangsgröße eines Sensors bezogen auf die sie verursachende Wertänderung der Eingangsgröße wird nach DIN 1319 als Empfindlichkeit bezeichnet, d.h. die Änderung des Messwerts bei Änderung des gemessenen Parameters.

Eine hohe Empfindlichkeit von Sensoren ist erstrebenswert; leider geht damit oft eine hohe Störanfälligkeit einher, also eine Verfälschung des gemessenen Werts durch Umgebungseinflüsse. Beispielsweise lässt sich mit einem Fluxgate-Kompass eine Auflösung im Bereich 0.1 ° erzielen, jedoch ist so ein Kompass praktisch unbegrenzt störanfällig, da er von sämtlichen Magnetfeldern beeinflusst werden kann. Hingegen ist ein Laserscanner relativ störunempfindlich.

Messfehler. Als Messfehler oder absoluten Fehler bezeichnet man die Differenz des gemessenen Wertes m und des tatsächlichen Wertes v, d.h.

$$\text{err} = m - v \,. \tag{2.1}$$

Bei dem tatsächlichen Wert v handelt es sich um einen „ideellen" Wert, der in aller Regel nicht bekannt ist.

Genauigkeit. Die Genauigkeit oder der relative Fehler ist der prozentuale Wert einer Abweichung in Bezug zum tatsächlichen Wert, d.h.

$$\text{acc} = 1 - \frac{\mid m - v \mid}{v} \, . \tag{2.2}$$

Die Messfehler selbst lassen sich nach zwei Arten unterscheiden:

Systematische Messfehler. Systematische Messabweichungen haben zur Folge, dass eine Messung grundsätzlich unrichtig wird. Abweichungen, denen deterministische Prinzipien zu Grunde liegen, zählen hierzu. Sie lassen sich prinzipiell modellieren und haben einen Betrag und Vorzeichen. Ein Beispiel für einen systematischen Messfehler ist die Temperaturdrift eines Ultraschallsensors, da die Schallgeschwindigkeit deterministisch von der Lufttemperatur abhängt. Bestimmte der Roboter zusätzlich die Temperatur, könnte er die Temperaturdrift des Ultraschallsensors kompensieren.

Zufällige Messfehler. Zufällige Messabweichungen bewirken, dass eine Messung immer unsicher ist. Abweichungen, denen stochastische Prozesse („Rauschen") zu Grunde liegen, zählen hierzu. Dies bedeutet, dass selbst bei Wiederholungen unter gleichen Bedingungen die Messwerte streuen werden. Die Abweichungen haben einen schwankenden Betrag und Vorzeichen.

Aus Sicht des Roboters sind die beiden Fehlerarten nicht zu unterscheiden, und es wird der Einfachheit halber in der Regel mit einem einzigen Fehlermodell gearbeitet. Dieses Fehlermodell ist oft eine Gaußverteilung, also unimodal und symmetrisch. Tatsächliche Fehler sind tatsächlich allerdings meist multimodal und asymmetrisch. Sensorfehler sind unvermeidbar.

Als allgemeine Regel für den Bau und die Programmierung von Robotern halten wir fest: Beim Bau eines Roboters bzw. der Auswahl seiner Sensorkonfiguration sorge man dafür, die Sensorfehler so gut wie technisch irgend möglich zu reduzieren. Bei der Roboterprogrammierung andererseits gehe man davon aus, dass Sensordaten immer und grundsätzlich fehlerbehaftet sein können.

2.2 Bewegungsmessung

2.2.1 Drehwinkelmessung

Zur Messung von Drehwinkeln werden so genannte Impulsgeber verwendet. Die Grundidee hierbei ist, an der Drehachse eine kodierte Scheibe fest anzubringen, so dass diese sich mitdreht. Die Scheibe ist so aufgebaut, dass sich

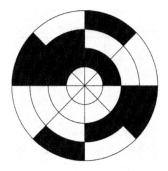 

Abbildung 2.5: Links: Standard-Binärabsolutimpulsgeber zur Messung der Rotation mit einer Genauigkeit von 3 Bit. Der innere Ring entspricht dem höchstwertigen Bit (Kontakt 1, vgl. Tabelle 2.2), schwarz gekennzeichnete Sektoren dem Wert *wahr* (1). Auf der linken Seite befindet sich die Null-Position. Eine Binärzählung ergibt sich, wenn die Scheibe im Uhrzeigersinn dreht. Rechts: Binärabsolutimpulsgeber mit Graycode. Hier wird jeweils nur ein Bit verändert.

Signale von einer Seite zur anderen übertragen lassen. Einfache Lösungen verwenden Schleifkontakte, die mechanisch elektrischen Kontakt herstellen und somit als Schalter fungieren. Da diese jedoch einer hohen Abnutzung unterliegen, werden die Signale meist optisch durch eine Photodiode bzw. magnetisch durch eine magnetisierte Scheibe übertragen.

Drehwinkelmessung durch Absolutimpulsgeber

Absolutimpulsgeber erzeugen ein eindeutiges Signal für verschiedene Achsenstellungen. In die Scheibe des Impulsgebers wird ein komplexes binäres Muster eingebracht. Rotiert die Scheibe, werden Kontakte geschlossen und die entstandene Kombination aus geschlossenen und offenen Kontakten kann gemessen werden. Das Muster ist so konstruiert, dass verschiedene Winkelpositionen eindeutige Binärkombination erzeugen.

Abbildung 2.5 zeigt links eine Scheibe eines Absolutimpulsgebers mit Standardbinärkodierung und 3 Bit Auflösung. Die möglichen Binärkombinationen und die zugehörigen Winkelpositionen sind in Tabelle 2.2 angegeben.

Ein Standardbinärimpulsgeber zählt binär, wenn die Scheibe rotiert. In der Praxis sind die Kontakte allerdings fehlerbehaftet. Im Fehlerfall lässt sich mit dem Standardbinärmuster die Position nicht mehr bestimmen. Folgendes Beispiel verdeutlicht das Problem: Wenn die Achse und die Rotationsscheibe von 179.9° nach 180.1° (von Sektor 4 nach 5) rotieren, ändern sich die Wahrheitsweite von *falsch-wahr-wahr* nach *wahr-falsch-falsch*. Detektiert ein Schalter einen fehlerhaften Wert, oder der Wechsel der Wahrheitswerte geschieht nicht gleichzeitig, kann fälschlicherweise jede Achsstellung detektiert werden. Dieses Problem wird mit Graycode-Impulsgebern vermieden.

Tabelle 2.2: Impulsgeber mit Standardbinärkodierung.

Sektor	Kontakt 1	Kontakt 2	Kontakt 3	Winkel
1	0	0	0	$0° - 45°$
2	0	0	1	$45° - 90°$
3	0	1	0	$90° - 135°$
4	0	1	1	$135° - 180°$
5	1	0	0	$180° - 225°$
6	1	0	1	$225° - 270°$
7	1	1	0	$270° - 315°$
8	1	1	1	$315° - 360°$

Tabelle 2.3: Impulsgeber mit Graycode.

Sektor	Kontakt 1	Kontakt 2	Kontakt 3	Winkel
1	0	0	0	$0° - 45°$
2	0	0	1	$45° - 90°$
3	0	1	1	$90° - 135°$
4	0	1	0	$135° - 180°$
5	1	1	0	$180° - 225°$
6	1	1	1	$225° - 270°$
7	1	0	1	$270° - 315°$
8	1	0	0	$315° - 360°$

Ein Graycode-Impulsgeber ist ein binärer Absolutimpulsgeber, bei dem sich pro Positionsübergang nur ein Bit verändert. Abbildung 2.5 zeigt rechts eine Kodierungsscheibe mit 3 Bit Genauigkeit. Die zugehörigen Winkelpositionen sind in Tabelle 2.3 angegeben.

Drehwinkelmessung durch Inkrementalgeber

Wesentlich häufiger als absolute Impulsgeber werden Inkrementalgeber benutzt. Statt eines Binärmusters wird eine Scheibe mit Inkrementen verwendet (vgl. Abbildung 2.6). Der Sensor nimmt je nach Rotationsgeschwindigkeit rechteck- oder sinusförmige Impulse wahr. Die zeitliche Dauer der einzelnen Impulse hängt von der Drehgeschwindigkeit ab.

Inkrementalgeber gibt es in zwei Varianten. Ein-Kanal-Inkrementalgeber, auch Tachometer genannt, werden in Systemen eingesetzt, bei denen die Rotationsrichtung der Achse nicht bestimmt werden muss. So genannte Quadratur-Inkrementalgeber besitzen zwei Kanäle, die um $90°$ phasenverschoben sind. Die beiden Ausgabesignale bestimmen die Rotationsrichtung durch das Detektieren der steigenden bzw. fallenden Flanke und ihrer Phasenverschiebung.

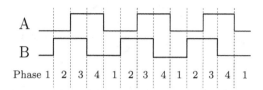

Abbildung 2.6: Links: Messscheibe für einen Ein-Kanal-Inkrementalgeber mit Nulldurchgangsbestimmung. Rechts: Rechtecksignale eines Quadratur-Inkrementalgebers. Durch die Phasenverschiebung wird mit der Drehgeschwindigkeit die Richtung bestimmt.

Für die Drehung im Uhrzeigersinn ergibt sich somit die Sequenz $00 \rightarrow 01 \rightarrow 11 \rightarrow 10$ und entgegen des Uhrzeigersinns $10 \rightarrow 11 \rightarrow 01 \rightarrow 00$ (vgl. Abbildung 2.6, rechts). Zusätzlich besitzen Inkrementalgeber oft einen Indexpuls, damit sich neben der Drehgeschwindigkeit noch die Position schätzen lässt.

Inkrementalgeber bestimmen Impulse („Ticks") pro Umdrehung (engl. *Cycles Per Revolution*, CPR), die von digitalen Zählern aufgenommen und der Motorkontrollsoftware zugänglich gemacht werden.

2.2.2 Beschleunigungssensoren

Eine inertiale Messeinheit (engl. *inertial measurement unit*, IMU) bestimmt die Roboterorientierung und Geschwindigkeit in Bezug auf die ruhende Erde. Bewegungen werden über die Massenträgheit bei Beschleunigungen gemessen und über die Zeit integriert, daher spricht man auch von Trägheitsmessung. Dreh- und Linearbeschleunigungen müssen betrachtet werden – im allgemeinen Fall beide bezüglich dreier Raumachsen.

Eine IMU detektiert jeweils die aktuelle Drehbeschleunigung bezüglich des Roll-, Nick- und Gierwinkels mit einem Gyroskop bzw. Kreiselinstrument. Abbildung 2.7 zeigt ein mechanisches Gyroskop. Es ist ein geschlossenes System, was zur Folge hat, dass sämtliche Impulse konstant bleiben. Versucht eine äußere Kraft, die Drehachse des Kreisels zu kippen, resultiert dies in einem Drehmoment. Um den Gesamtimpuls zu bewahren, kippt sich die Kreiselachse senkrecht zur angreifenden Kraft.

Auf Robotern kommen oft so genannte MEMS-Sensoren (engl. *Micro Electronic Mechanical System*) für die Beschleunigungsmessung zum Einsatz. Hierbei wird die Auslenkung einer schwingenden Siliziummasse bestimmt, die durch

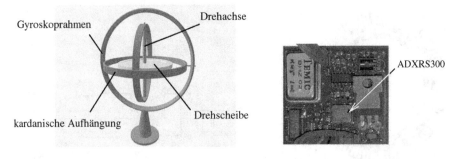

Abbildung 2.7: Links: Mechanisches Gyroskop. Eine drehende Scheibe bewahrt in dem abgeschlossenen System ihr Drehmoment. Wirkt eine äußere Kraft, verändern sich die Winkel der kardanischen Aufhängung. Rechts: MEMS-Gyroskop ADXRS 300 der KURT-Roboterplattform.

elektrostatische Prozesse zum Vibrieren angeregt wird. Rotiert man den Sensor im rechten Winkel zur Schwingungsebene, greift an der Masse die Corioliskraft an, die zu einer Auslenkung proportional zur Geschwindigkeit führt. Die Auslenkung geschieht senkrecht zur Rotationsachse und zur Schwingungsrichtung und wird über elektrische Kapazitäten gemessen.

Neben MEMS-Sensoren kommen piezo-elektronische Bauteile zum Einsatz. Ein piezo-elektronisches Gyroskop besitzt keine beweglichen Teile und ist kompakter, leichter, zuverlässiger und benötigt weniger Energie. Auch das Piezo-Gyro nutzt den Effekt der Corioliskraft. Dazu werden auf einer Metallplatte zwei gleich große Piezokristalle fixiert. Bei einer Auslenkung um die Längsachse wird in einem Piezo-Kristall eine Spannung proportional zur Auslenkung erzeugt.

Faseroptische Gyroskope schließlich ersetzen die Messung einer mechanischen Auslenkung durch Messung der Laufzeit bzw. Phasendifferenz von zwei Laser-Lichtwellen. Dazu werden die Laser-Lichtwellen in entgegengesetzter Richtung durch eine Glasfaserspule geschickt. Eine Laufzeitdifferenz entsteht, wenn die Spule um ihre Längsachse rotiert.

2.3 Ausrichtungsmessung

Neben der Beschleunigungsmessung gibt es mehrere Sensorarten, die die Ausrichtung bzw. die Lage des Roboters im Raum bestimmen. So bestimmt ein Kompass die Ausrichtung zum Nordpol und ein Inklinometer die Orientierung zum Erdmittelpunkt.

2.3.1 Kompasse

Viele Kompasssensoren bestehen aus zwei rechteckigen Spulen, in denen das Magnetfeld der Erde feinste Spannungen erzeugt. Je nach Position und Richtung sind diese Spannungen unterschiedlich hoch. Ein nichtmagnetischer Widerstand liegt zwischen beiden Spulen und nimmt die feinen Spannungsänderungen auf. Mit jeder neuen Position ändern sich die Werte, die der Widerstand misst.

Des Weiteren gibt es Kompasssensoren, die den Hall-Effekt ausnutzen. Wenn ein elektrischer Strom durch einen Leiter fließt, der einem Magnetfeld ausgesetzt ist, wird der Strom abgelenkt und es entsteht ein Spannungsunterschied im leitenden Material. Die Spannung wird Hall-Spannung genannt und ist proportional zum angelegten Strom und der Magnetfeldstärke. Benutzt man zwei bzw. drei Hallsensoren, lässt sich die Richtung des Magnetfeldes bestimmen. Kompasse, die auf Hall-Sensoren basieren, erzielen Genauigkeiten von bis zu $\sim 1\,°$.

Fluxgate-Kompasse bestehen aus einem kleinen magnetisierbaren Kern, der mit zwei Drahtspulen umwickelt ist. Ein sich änderndes magnetisches Feld wird durch eine Wechselspannung in einer Spule erzeugt. Der Kern wird zyklisch magnetisiert, entmagnetisiert und invers magnetisiert. In der zweiten Spule entsteht dadurch ein Induktionsstrom, der gemessen werden kann. Wenn kein äußeres Feld anliegt, sind die Ströme in beiden Spulen gleich. Da der Kompass aber dem Erdmagnetfeld ausgesetzt ist, lässt sich der Kern leichter in Richtung des Erdmagnetfeldes magnetisieren und die Ströme in den Spulen sind phasenverschoben. Durch eine Messung dieser Verschiebung erzielen Fluxgate-Kompasse Genauigkeiten von bis zu $\sim 1\,°$.

2.3.2 Inklinometer

Inklinometer oder Neigungsmesser sind Sensoren zur Messung des Neigungswinkels zur Erdanziehungsrichtung. Technisch bestehen die meisten Sensoren aus einer leitfähigen Flüssigkeit wie Quecksilber, die in einem Gefäß je nach Ausrichtung eine Widerstandsbahn überbrückt. Diese Widerstandsveränderung kann gemessen werden und bestimmt den Roll- und Neigewinkel. Zuverlässige Messwerte erhält man oftmals nur, wenn der Roboter steht.

2.4 Globale Positionsbestimmungssysteme

Zur Bestimmung der Position in einem globalen Bezugssystem gibt es integrierte Sensoren.

Abbildung 2.8: Links: Navstar Satellit. Quelle: U.S. Air Force (public domain). Rechts: Gps-Empfänger Garmin-Usb mit SiRF-III Chipsatz wie er auf Kurt verwendet wird.

2.4.1 Gps

Ein weit verbreitetes Sensorsystem für mobile Roboter ist das globale Positionsbestimmungssystem (engl. *global positioning system*, Gps). Der Begriff Gps wird aber im Allgemeinen für das Navstar-Gps (engl. *Navigational Satellite Timing and Ranging – Global Positioning System*) des US-Verteidigungsministeriums verwendet, das seit 1995 zur weltweiten Positionsbestimmung und Zeitmessung verwendet werden kann. Abbildung 2.8 zeigt einen Navstar-Satelliten und einen Gps-Empfänger.

Satellitensignale von mindestens vier Satelliten werden mit kleinen und mobilen Empfangsgeräten detektiert. Um die Laufzeiten der Signale gering zu halten, befinden sich die Satelliten im erdnahen Orbit, decken aber nur einen kleinen Teil der Erdoberfläche ab. Mindestens 24, besser 32 Satelliten werden benötigt, um eine vollständige Abdeckung zu erreichen.

Bei der Standortbestimmung misst man die Laufzeit zu mindestens vier Satelliten. Jede dieser Entfernungen definiert eine Kugeloberfläche um den zugehörigen Satelliten, auf der sich der Empfänger befindet. Zwei Kugeln schneiden sich in einem Kreis, drei Kugeln ergeben maximal zwei Punkte als Schnittmenge, wenn man vom geometrischen Fall mit gleichem Radius und Mittelpunkt absieht, was in der Praxis nie erreicht werden kann. Verwendet man Hintergrundwissen und verwirft den weniger wahrscheinlichen Schnittpunkt, lässt sich die Position bestimmen.

Die Gps-Satelliten kennen ihre momentane Position. Zusätzlich verwenden sie eine genaue Uhr. Uhr und Position werden regelmäßig mit der Bodenstation abgeglichen. Für die Laufzeitmessung sendet jeder Satellit seine Position und einen Timecode. Durch den Vergleich mit einer eigenen Uhr weiß der Sensor, wie lange das Signal bis zu ihm gebraucht hat. Bedingt durch die hohe

Tabelle 2.4: Fehlerquellen für das GPS. Quelle: Wikipedia.

Quelle	Zeitfehler	Ortsfehler
Satellitenposition	6 – 60 ns	1 – 10 m
Ionosphäre	0 – 180 ns	0 – 90 m
Troposphäre	0 – 60 ns	0 – 10 m
Zeitdrift	0 – 9 ns	0 – 1.5 m
Mehrwege-Effekt	0 – 6 ns	0 – 1 m

Lichtgeschwindigkeit müsste der Empfänger Messungen mit einer Genauigkeit von 30 Nanosekunden ausführen, um auf etwa 10 Meter genau die Position bestimmen zu können. Da dies wegen diverser Fehlerquellen nicht möglich ist, wird ein weiteres GPS-Signal verwendet, um den Zeitabgleich durchzuführen. Daher sind 4 Satelliten notwendig, um mit GPS eine Positionsbestimmung durchzuführen.

Position und Zeit werden als so genannte P- und Y-Codes verschlüsselt zur Erde gesendet. Durch Veränderung dieser Codes ist es möglich, die Genauigkeit des Systems zu manipulieren. Moderne Auswertchips, wie der häufig eingesetzte SiRFstar-III-Chipsatz, entschlüsseln den P/Y-Code direkt und liefern eine Position in WGS-84 Koordinaten, einem standardisiertem dreidimensionalen Koordinatensystem zur Positionsangabe auf der Erde.

GPS unterliegt prinzipiell Messfehlern aus mehreren Quellen. Tabelle 2.4 zeigt mögliche Ursachen und die daraus resultierenden Abweichungen. Besonders interessant sind die so genannten Mehrwege-Effekte, die dadurch entstehen, dass die Signale reflektiert werden, beispielsweise an Häuserwänden. Dadurch sind GPS-Werte beispielsweise in Innenstädten trotz hinreichendem Satellitenempfang in der Regel ungenau. Mehrwege-Effekte treten genau dort auf, wo mobile Roboter üblicherweise agieren.

2.4.2 Differentielles GPS

Um die Genauigkeit des GPS zu erhöhen, verwendet man ein zusätzliches Differentialsignal (engl. *Differential Global Positioning System*, DGPS). Ein DGPS fügt einem GPS eine Funkbasisstation hinzu, deren geografische Position mit sehr hoher Genauigkeit bekannt ist. Die Basisstation empfängt die GPS-Signale und errechnet daraus ein Korrektursignal, das mit konventioneller Funktechnik ausgesendet wird.

Ein DGPS-Empfänger enthält einen normalen GPS-Empfänger und detektiert zusätzlich das Referenzsignal der Basisstation. Damit erzielt er wesentlich höhere Genauigkeiten als mit „reinem" GPS, da Fehlerquellen wie Satellitenposition, Ionosphäre, Troposphäre und Zeitdrift ausgeglichen werden.

EGNOS (engl. *European Geostationary Navigation Overlay Service*) ist solch
ein DGPS-System. 32 Basisstationen empfangen die GPS-Positionssignale und
berechnen Korrektursignale. Diese werden an geostationäre Satelliten weiter-
geleitet und von dort ausgestrahlt. EGNOS verwendet zwei Inmarsat-Satelliten
sowie den Forschungssatelliten Artemis.

Das amerikanische Äquivalent zu EGNOS ist das WAAS (engl. *Wide Area Aug-
mentation System*). In Japan gib es das MSAS-System, in Indien GAGAN.
Alle vier Systeme sind protokollkompatibel und werden von aktuellen Systemen, wie z.B. dem SiRFstar-III-Chipsatz, empfangen. EGNOS/WAAS-taugliche
GPS-Empfänger erreichen Genauigkeiten von bis zu unter 1 m.

2.4.3 GLONASS, Galileo und Compass

Das von den USA seit den 1970ern entwickelte GPS-System löste das Transit-
Satellitennavigationssystem ab, das der US-amerikanische Vorgänger ist. GPS
hat etliche Konkurrenten. Zwei Jahre nach dem Start des ersten Navstar-GPS-
Satelliten startete die ehemalinge Sowjetunion einen Uragan-Satelliten für ihr
Konkurenzprodukt GLONASS. GLONASS löste das dortige satellitengestützte
Tsikada-Programm ab, das zuvor zur Positionsbestimmung verwendet werden
konnte. GLONASS funktioniert ähnlich wie GPS, unterliegt militärischer Kontrolle und wurde 1995 fertiggestellt. Durch die Auflösung der Sowjetunion war
das System lange Zeit nicht einsatzbereit. Seit 2001 jedoch wird an der Wie-
derinbetriebnahme durch Russland gearbeitet. Russland wird hierbei durch
Indien unterstützt.

Galileo ist der Name des europäischen Satellitennavigationssytems. Galileo
soll weltweit Daten zur genauen Positionsbestimmung liefern und funktioniert
ähnlich dem US-amerikanischen Navstar-GPS und dem russischen GLONASS-
System. Galileo ist ein hauptsächlich für zivile Zwecke konzipiertes System.
Neben den Europäern beteiligen sich noch viele weitere Länder an dem Pro-
jekt. Die Regierungen Indiens und China entwickeln zusätzlich ihre eigenen
Systeme, um ihre Länder besser abzudecken. Diese Satellitennavigatinssyste-
me heißen IRNSS und Compass.

2.5 Entfernungsmessung

Den Abstand Null zu einem soliden Objekt kann ein mobiler Roboter durch
Kontaktsensoren oder Stoßleisten erkennen. Um die Entfernung zu Objekten
vor einer Kollision zu messen, benutzt man Sensoren zur Entfernungsmessung. Diese gibt es gemäß drei wesentlichen Messprinzipien, die wir zunächst
beschreiben.

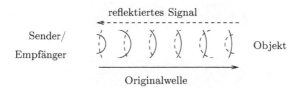

Abbildung 2.9: Prinzip des aktiven Laufzeitmesssystems. Signale, die vom Empfänger ausgesandt und am Objekt reflektiert werden, detektiert der Empfänger.

2.5.1 Messprinzipien

Laufzeitmessungen

Unter einer Laufzeitmessung versteht man die Zeitmessung zwischen ausgesendetem Signal und empfangenem Echo. Aus dieser gemessenen Zeit t lässt sich mit Hilfe der Ausbreitungsgeschwindigkeit v der zurückgelegte Weg s bestimmen:

$$s = v\,t\,. \tag{2.3}$$

Da in der Regel der Sender und Empfänger in enger Nachbarschaft angebracht sind, kann man davon ausgehen, dass die Strecke Sender/Objekt gleich der Strecke Objekt/Empfänger ist (vgl. Abbildung 2.9). Somit errechnet sich die Entfernung D zum Objekt als

$$D = v\,\frac{t}{2}\,. \tag{2.4}$$

Die Geschwindigkeit v für Schall in der Luft bei Zimmertemperatur beträgt $v = 343\,\mathrm{m/s}$, für Licht im Vakuum $v = c = 299792458\,\mathrm{m/s}$.

Bedingt durch die hohe Geschwindigkeit des Lichts benötigt man für Laufzeitmessungen von Lichtsignalen sehr präzise Zeitmessungen. Um einen Entfernungsunterschied von 1 cm auflösen zu können, muss die Messung im Pikosekundenbereich liegen:

$$\Delta t = \frac{\Delta s}{c} = \frac{0.010\,\mathrm{m}}{299792458\,\mathrm{m/s}} = 33.4 \times 10^{-12}\,\mathrm{s}\,. \tag{2.5}$$

Phasendifferenzmessung

Über Phasendifferenzmessungen können ebenfalls Entfernungen bestimmt werden. Sie sind eine spezielle Form der Laufzeitmessungen. Hierbei wird eine

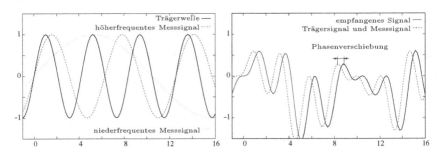

Abbildung 2.10: Phasenmodulationsverfahren. Links: Trägersignal, niederfrequentes und höherfrequentes Messsignal (gestrichelt). Rechts: Überlagerung des Trägersignals mit den Messsignalen, resultierendes Signal, sowie reflektierte Welle.

kontinuierliche Welle, beispielsweise kontinuierliches Laserlicht im Infrarotbereich abgestrahlt. Das Trägersignal wird mit Sinussignalen mit unterschiedlicher Frequenz, den so genannten Messsignalen, in der Phase moduliert. Das an einem Objekt reflektierte (resultierende) Signal wird vom Sensor empfangen und mit demjenigen verglichen, das aktuell vom System erzeugt wird. Aus einem Vergleich der beiden Signale kann eine Phasenverschiebung $\Delta\varphi$ ermittelt werden, die proportional zu dem vom Signal zurückgelegten Weg D ist, d.h.

$$\begin{aligned}
D &= \frac{\Delta\varphi\,\lambda}{4\pi} \\
&= \frac{\Delta\varphi\,v}{4\pi f}\ .
\end{aligned}$$

(2.6)

Dabei sind λ die Wellenlänge des modulierten Signals und f die zugehörige Frequenz. Das Trägersignal selbst wird nicht ausgewertet, da die Wellenlänge extrem klein ist und die Entfernung immer nur relativ zur Signalwellenlänge λ bestimmt werden kann.

Es ist nicht möglich, den gesamten zurückgelegten Weg zu bestimmen, da die Phasenverschiebung immer nur ein relatives Verhältnis der Signale bezüglich einer ganzen Wellenlänge λ angibt. Deshalb moduliert man mit zwei Wellenlängen: Einem hochfrequenten Anteil für großes Auflösungsvermögen und einem niederfrequenten zweiten Messsignal, über das viel größere Entfernungen bestimmt werden können. Abbildung 2.10 veranschaulicht das Prinzip. Ein Messsignal mit hoher Frequenz wird hier mit 2 Signalen moduliert.

Triangulation

Bei Entfernungsmessung durch Triangulation wird von einer Quelle ein Signal ausgesandt. Am Empfänger, der in einem Abstand L vom Sender angebracht ist, wird das Signal unter einer Auslenkung x detektiert.

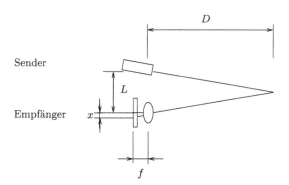

Abbildung 2.11: Triangulationsprinzip zur Entfernungsmessung. Die Parameter L (Parallaxe) und f (Brennweite) charakterisieren die Messapparatur.

Aus der gemessenen Auslenkung wird die Entfernung errechnet:

$$D = f\frac{L}{x} \, . \tag{2.7}$$

Abbildung 2.11 verdeutlicht, warum (2.7) gilt: Nach dem Strahlensatz ist offensichtlich $D/f = L/x$.

Die Abbildung macht zudem ein grundlegendes Problem der Triangulations-Entfernungsmessung deutlich: Um den Nahbereich erfassen zu können, müssten Brennweite f und Parallaxe L möglichst klein sein (der Entfernungssensor hat bei großen f, L einen weiten Blindbereich); andererseits müssten f, L möglichst groß sein, um Entfernungsunterschiede auch in großer Distanz noch zu aufzulösen (der Sensor hat bei kleinen f, L schwache Tiefenauflösung). Entfernungsmesser, die auf Triangulation beruhen, müssen praktisch unterschiedlich gebaut oder eingerichtet werden, je nachdem, ob sie für den Nah- oder Fernbereich gedacht sind.

2.5.2 Ultraschall-Entfernungsmesser

Ultraschall-Entfernungsmesser, kurz Ultraschallsensoren genannt, senden zyklisch einen kurzen, hochfrequenten Schallimpuls aus. Dieser verbreitet sich mit Schallgeschwindigkeit in der Luft. Trifft er auf ein Objekt, wird er dort reflektiert und gelangt als Echo zurück zum Ultraschallsensor. Die Zeitspanne zwischen dem Aussenden des Schallimpulses und dem Empfang des Echosignals entspricht der Entfernung zum Objekt, und der Sensor gibt diesen Wert geeignet codiert aus (z.B. als Spannungssignal analog oder digital).

Da die Entfernung zum Objekt über eine Schalllaufzeitmessung und nicht über eine Intensitätsmessung bestimmt wird, haben Ultraschallsensoren eine ausgezeichnete Hintergrundausblendung. Nahezu alle Materialien, die den Schall

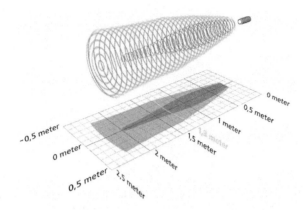

Abbildung 2.12: Messbereich eines Ultraschallsensors. Abbildung mit freundlicher Genehmigung der microsonic GmbH, Dortmund.

reflektieren, werden detektiert – unabhängig z.B. von ihrer Farbe. Selbst glasklare Materialien oder dünne Folien stellen kein Problem dar, auch nicht Staub und Nebel. Handelsübliche Ultraschallsensoren erlauben Entfernungsmessungen bis 10 m und können den Messwert mit millimetergenauer Auflösung erfassen.

Ultraschallsensoren haben einen Blindbereich, d.h. einen Bereich nahe am Sensor, in dem nicht gemessen werden kann, und Messungen finden nur innerhalb eines Öffnungswinkels statt. Abbildung 2.12 zeigt den Messbereich eines Ultraschallsensors. Die dunkelgrauen Bereiche werden mit einem dünnen Rundstab mit definiertem Durchmesser ausgemessen und zeigen den typischen Bereich des Sensors, in dem Abstände zuverlässig bestimmt werden. Um die hellgrauen Bereiche zu erhalten, wird eine Platte definierter Größe von außen in die Schallfelder geführt. Hierbei wird immer der optimale Winkel der Platte zum Sensor eingestellt. Dies ist somit der maximale Erfassungsbereich des Sensors. Außerhalb der hellgrauen Schallkeulen ist eine Auswertung von Ultraschall-Reflexionen nicht mehr möglich. Abbildung 2.13 veranschaulicht die Vorgehensweise. Dies zeigt, dass bei Ultraschallsensoren nicht nur die Entfernung zu Objekten, sondern auch der Auftreffwinkel des Schalls und somit die Form der Objekte relevant ist. Dies erschwert die Auswertung der Messwerte.

2.5.3 Infrarotsensoren

Infrarotabstandsmesser für Roboter arbeiten meist mit dem Triangulationsprinzip. In der Vergangenheit wurde eine separate Infrarot (IR) LED-Einheit in Kombination mit mehreren Empfangseinheiten verwendet. Je nach Ansprechverhalten der Empfänger konnte die Entfernung über Triangulation ermittelt

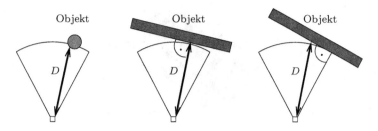

Abbildung 2.13: Bestimmung des Arbeitsbereiches eines Ultraschallsensors (vgl. Abbildung 2.12). Nur die Objekte im linken und mittleren Teil werden erkannt. Das Objekt rechts befindet sich außerhalb des Messbereichs.

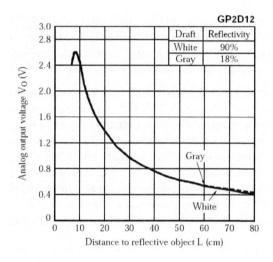

Abbildung 2.14: Kennlinie eines Infrarotsensors (Sharp Gp2D12).

werden (vgl. Abbildung 2.11). Heute übliche Sensoren, wie die Sharp Serie GP2DXX (vgl. Abbildung 2.2), sind kompakter aufgebaut. Sie bestehen aus einer Sende-LED und einem linearen CCD-Feld, das Reflexionen des Signals detektiert. Die Empfangseinheit befindet sich dabei hinter einer Linse, die eine genaue Projektion gewährleistet. Die kompakte Bauweise sorgt für gute Rauschunterdrückung.

Abbildung 2.14 zeigt die Kennlinie eines Sharp-Sensors, die die Entfernung zum Objekt mit der Ausgabespannung korreliert. Wie Ultraschallsensoren haben Infrarotsensoren einen Blindbereich. Des Weiteren ist zu sehen, dass es einen Bereich in der Nähe des Sensors gibt, in dem nicht eindeutig die Entfernung bestimmt werden kann, da derselbe Spannungswert mit zwei Abstandswerten korrespondiert.

Abbildung 2.15: 1-D Laserabstandsmesssystem Leica Disto.

2.5.4 Laserscanner

Im letzten Jahrzehnt haben sich Laserscanner in der mobilen Robotik durch-gesetzt, trotz ihres relativ hohen Gewichts, Energiebedarfs und Preises. La-serscanner erlauben akkurate Entfernungsmessungen über größere Distanzen.

Sie basieren jeweils auf einem Laserabstandsmesssystem, das einen Laserstrahl in einer Richtung aussendet und über Lichtlaufzeitmessung oder Phasendif-ferenzmessung die Entfernung bis zum nächsten Objekt in Laufrichtung misst. Solch ein Basis-Messgerät ist gewissermaßen ein 1D-Laserabstandsmesssystem, weil es die Entfernung zu einem Raumpunkt misst. Sie sind aus dem Heim-oder Handwerkerbereich bekannt, s. Abbildung 2.15. Dort verwendet man La-serlicht im sichtbaren Spektralbereich, um den Raumpunkt sehen zu können, zu dem gerade die Entfernung gemessen wird. Solche 1D-Sensoren werden auf mobilen Robotern üblicherweise nicht eingesetzt, verdeutlichen aber das Messprinzip.

2D-Laserscanner

2D-Laserscanner erweitern 1D-Laserentfernungssensoren. Zum Erzeugen einer einzelnen Zeile wird ein Spiegel rotiert, an dem der Laserstrahl reflektiert wird. Dadurch entstehen verschiedene Scanbereiche, üblicherweise 90°, 180° oder 270°. Diese Bereiche werden mit Winkelauflösungen von 1°, 0.5° oder 0.25° abgetastet. Abbildung 2.16 zeigt mehrere 2D-Laserscanner-Modelle der Firma SICK, die häufig auf Robotern eingesetzt werden. Diese Scanner wurden als Sicherheitssensoren entwickelt. Die ausgesandten Laserstrahlen weisen dafür eine Strahlaufweitung auf (vgl. Abbildung 2.17, links), die einen relativ großen Durchmesser des Laserstrahls verursacht. Für einen Sicherheitssensor ist das sinnvoll, um möglichst viele Objekte im Scanbereich zu erfassen. Sicherheitsla-serscanner erlauben die Definition von so genannten Schutz- und Warnfeldern: Befindet sich ein Objekt innerhalb dieser definierten Bereiche, werden digita-le Ausgänge geschaltet. So kann beispielsweise ein Notstopp hart verdrahtet werden. Der rechte Teil der Abbildung 2.17 zeigt Scanbereich, Warn- und Schutzfeld eines SICK S300 2D-Laserscanners mit Öffnungswinkel 270°.

Abbildung 2.16: Laserscanner der Firma SICK. Von links nach rechts: LMS 200, LMS 291, S3000 und S300.

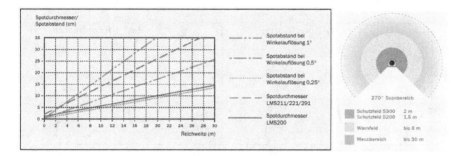

Abbildung 2.17: Strahldurchmesser und Schutzfelder eines SICK LMS200 Laserscanners.

Abbildung 2.18 zeigt exemplarisch einen 2D-Laserscan. Der linke Teil der Grafik stellt die Messdaten in Polarkoordinaten als (φ, r) dar. r sind die gemessenen Entfernungen. Der Scanner scannt von rechts nach links, also gegen den Uhrzeigersinn. Rechts ist die korrespondierende (x, z)-Darstellung angegeben, und zeigt einen schräg gescannten Büroflur. Aus den Messdaten lassen sich Abstände direkt ablesen, beispielsweise die Breite des Büroflurs. Polarkoordinaten werden bekanntlich durch

$$x = r\cos(\varphi)$$
$$z = r\sin(\varphi)$$
(2.8)

in kartesische Koordinaten umgerechnet. Abbildung 2.19 zeigt eine Serie von Laserscans in derselben Umgebung bei Bewegung des Scanners und Dynamik in der Szene.

Bemerkung: Von einem 2D-Laserscanner werden in der Regel nur Abstandswerte übertragen; die zugehörigen Winkel sind implizit über die Nummer des Scanwerts und die verwendete Winkelauflösung gegeben.

Wie bereits erwähnt, verwenden Sicherheitslaserscanner einen relativ stark aufgeweiteten Messstrahl. Dies hat zur Folge, dass an Sprungkanten der Mess-

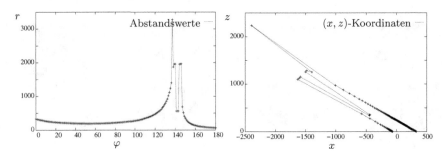

Abbildung 2.18: 2D-Laserscan. Links: Polare (φ, r)-Darstellung. Rechts: zugehörige Darstellung in kartesischen Koordinaten (x, z); die Scanposition ist als Koordinate $(0, 0)$ definiert.

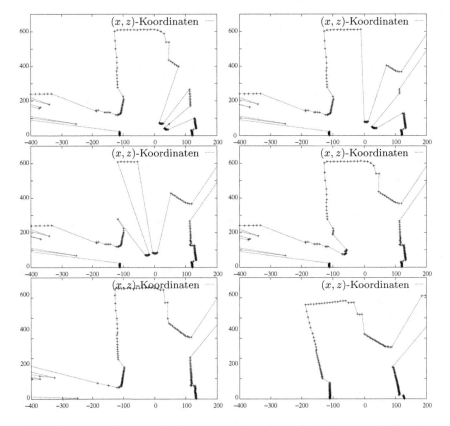

Abbildung 2.19: Folge von 2D-Laserscans in kartesischer Darstellung, der Nullpunkt ist jeweils der Bezugspunkt auf dem mobilen Roboter. In den oberen vier Grafiken ist eine Person zu erkennen, die durch den Sichtbereich läuft, während der Roboter steht: Die beiden Beine sind zu erkennen. Unten: Der Roboter fährt in die Szene.

Abbildung 2.20: Von links nach rechts: Sicherheitslaserscanner der Firmen Schmersal und Leuze; Messsysteme Hokuyo URG und PBS. Zu beachten ist, dass die Hokuyo-Scanner eine Größenordnung kleiner sind als die beiden ersten Scanner.

strahl mehrere Objekte trifft. Hier können als Messwert die Entfernung zum nächsten Punkt, zum weitesten Punkt, sowie alle Zwischenwerte auftreten. Dieser Nachteil wird im Sicherheitsbereich bewusst in Kauf genommen, um zu garantieren, dass *alle* Objekte im Scanbereich erfasst werden. Laserscanner, die ausdrücklich als Messsysteme entwickelt werden, verwenden einen deutlich geringeren Strahldurchmesser. Abbildung 2.20 zeigt weitere übliche 2D-Laserscanner.

3D-Laserscanner

3D-Laserscanner messen Entfernungen zu Objekten im dreidimensionalen Raum. Dabei wird einem 2D-Laserscanner entweder ein zweiter Drehspiegel hinzugefügt, oder ein kompletter 2D-Scanner wird gedreht. Tabelle 2.5 zeigt die möglichen Anordnungen eines 2D-Scanners, um 3D-Daten aufzunehmen. Je nach Aufbau entstehen verschiedene Vor- und Nachteile, die die Verteilung der gemessenen 3D-Raumpunkte betreffen. Abbildung 2.21 zeigt zwei 3D-Messpunktwolken, die durch unterschiedliche Abtastungen entstanden sind. Deutlich zu sehen sind die unterschiedlichen Punktdichten und die durch das Scanverfahren implizierten Schnittebenen, die sich als Linien zeigen.

Neben der Sicherheitstechnik ist die Vermessungstechnik ein Einsatzbereich von 3D-Laserscannern. Dort werden sie häufig als LIDAR (engl. *Light Detection and Ranging*) oder LADAR (engl. *Laser Detection and Ranging*) bezeichnet. Das terrestrische Laserscanning (TLS) hat sich zu einem eigenständigen Messverfahren in der Geodäsie entwickelt. Alle Arten von Umgebungen und Objekten werden digital in 3D erfasst. Die Scanner drehen dabei ebenfalls eine 2D-Abtasteinheit, die wiederum einen 1D-Abstandssensor mechanisch erweitert. Scanner, die mit Phasendifferenzmessung arbeiten, erreichen sehr hohe Genauigkeiten und hohe Datenraten. Der IMAGER 5006 der Firma Zoller+Föhlich erfasst bis zu 500.000 Messpunkte in der Sekunde. Messsysteme,

Tabelle 2.5: Konfigurationsmöglichkeiten mit einem SICK-Scanner.

Modus	Symbol	kontinuierlich drehend	geschwenkt	Vor- und Nachteile
Yaw				⊕ komplette 360° Rundumscans ⊕ Gute Punktverteilung bei Verwendung eines Scanners mit 90° Öffnungswinkel ⊖ hohe Punktdichte oben und unten
Yaw-Top				⊕ kurze Scanzeit, da halbe Umdrehung für Messung ausreichend ⊕ hohe Messwertdichte in Blickrichtung des Sensors ⊖ nur Halbraum erfassbar
Roll				⊕ kurze Scanzeit, da halbe Umdrehung für Messung ausreichend ⊕ hohe Messwertdichte in Blickrichtung des Sensors ⊖ nur Halbraum erfassbar
Pitch				⊖ hohe Messwertdichte an den Seiten ⊖ nur kleine Raumausschnitte erfassbar

Abbildung 2.21: Links: 3D-Punktwolke gescannt mit einem nickenden 2D-Scanner. Rechts: 3D-Punktwolke gescannt mit einem auf einer Hochachse gedrehten 2D-Scanner.

Abbildung 2.22: Links: 3D Scanner der Firma Riegl. Rechts oben: 2D-Scan. Die Scanpunkte wurden mit der Textur versehen, die mit einer kalibrierten Kamera aufgenommen wurde. Rechts unten: 3D-Darstellung der Szene.

die mit einem gepulsten Laser arbeiten und die Entfernung durch Laufzeitmessungen bestimmen, können für sehr große Entfernungen eingesetzt werden. Der Riegl-Scanner LMS-Z420i detektiert Objekte bis zu einer Entfernung von 1000 m. Abbildung 2.22 zeigt einen 3D-Laserscanner der Vermessungstechnik und eine zugehörige Aufnahme.

Wegen der hohen Anschaffungskosten werden LIDAR-Systeme nur selten, bzw. nur auf hoch spezialisierten Robotern eingesetzt. Ein aktueller Trend in der Vermessungstechnik ist kinematisches Laserscanning (k-TLS). Hierbei wird ein Laserscanner auf einer mobilen Plattform montiert und im so genannten Profiler-Modus betrieben, d.h. der Laserscanner rotiert *nicht* um die vertikale Achse. Die zusätzliche Dimension für die Erzeugung von 3D-Daten wird durch die lineare Bewegung der Plattform erzeugt. Dadurch wird die Umgebung in Profilen abgetastet. Die Genauigkeit der 3D-Daten hängt hierbei von der Genauigkeit der Positionsinformation der Plattform ab.

Projektionsscanner und strukturiertes Licht

Projektionslaserscanner arbeiten mit dem Triangulationsprinzip. Hierbei wird ein Muster in die Szene projiziert und das Abbild über eine Kamera aufgenommen. Wenn dieses Muster ein Laserpunkt ist, erhält man einen 1D-Abstandssensor, wenn es eine Laserlinie ist, entsteht ein 2D-Laserscanner, und falls es sich um ein flächiges Muster handelt, ergibt sich ein 3D-Laserscanner. Abbildung 2.23 zeigt das Prinzip und Abbildung 2.24 veranschaulicht die Anwendung in einem Roboter, der in Abwasserkanälen navigieren soll.

Die Tiefe wird mit Formel (2.7) berechnet. Dazu muss der Projektionsscanner kalibriert sein, d.h. die extrinsischen und intrinsischen Parameter der Kamera bezüglich der Lichtquelle müssen bekannt sein (vgl. Kapitel 2.6). Alternativ lässt sich bei einem 2D-Projektionsscanner die Tiefe über den bekannten

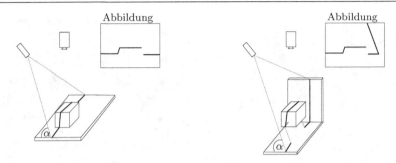

Abbildung 2.23: Anwendung von strukturiertem Licht für einen 2D-Laserscanner. Links: Die in die Szene projizierte Linie wird durch das Objekt verformt und von der Kamera aufgenommen. Rechts: Wenn der Winkel α unbekannt ist, hilft es, eine definierte Ecke zu scannen.

Abbildung 2.24: Links: Der Kanaluntersuchungsroboter MAKRO. Rechts: Projiziertes Laserkreuz in einem Abwasserkanal.

Winkel α errechnen (vgl. Abbildung 2.23):

$$H = x \, \tan(\alpha) \, , \tag{2.9}$$

wobei x die Auslenkung im Kamerabild ist und H die Höhe des Objekts, das von der projizierten Ebene geschnitten wird.

Ist die Lage der Kamera bezüglich der Projektionslichtquelle unbekannt, muss zusätzliche Information dazu verwendet werden, die Ebene zu errechnen. Dies kann zu Beispiel dadurch geschehen, dass sich das zu scannende Objekt vor einer Ecke befindet. Dadurch erhält man im Bild immer die Abbildung der Ecke und kann anhand deren Projektion die Laserebene errechnen. Eine weitere Möglichkeit, die Beziehung Kamera/Laserscanner herzustellen, ist, zwei orthogonale Laserlinien zu verwenden.

3D-Projektionsscanner entstehen durch Projektion eines 2D-Musters in die Szene. Preiswerte Scanner verwenden einen SVGA-Projektor (Beamer) und

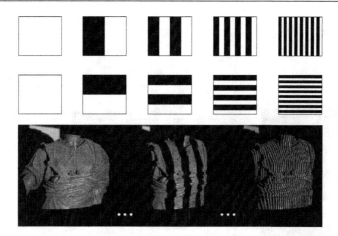

Abbildung 2.25: Oben: Binärcodemuster für Projektionslaserscanner. Unten: Anwendung der Streifenmusterprojektion auf ein Objekt.

eine Digitalkamera. Nach dem Kalibrieren projizieren sie meist Binärcode als horizontale und vertikale Streifen in die Szene. Im ersten Durchlauf werden Muster mit senkrechten Streifen mit steigender Anzahl in die Szene projiziert, anschließend waagerechte Streifen. Die Kamera nimmt ein Foto je projiziertem Muster auf. Jeder Punkt auf der zu scannenden Oberfläche erhält so einen eindeutigen Binärcode, der sich auch auf dem Foto zeigt. Dadurch ist eine einfache Korrelation zwischen Projektorpixel und Kamerapixel möglich und somit auch die Entfernungsbestimmung über Triangulation.

2.5.5 Radar

In der letzten Zeit werden auch Radarsensoren (engl. *Radio Detection and Ranging*) in der mobilen Robotik eingesetzt. Hierbei wird ein Signal in Form einer elektromagnetischen Welle ausgesandt und zurückkehrende Energie gemessen. Die Abhängigkeit der empfangen Leistung P_r ist gegeben durch

$$P_r = \frac{P_t\, G^2\, \lambda^2\, \sigma}{(4\pi)^3\, D^4 L}\;, \tag{2.10}$$

mit der ausgesandten Leistung P_t, der Antennenverstärkung G, der Wellenlänge λ, dem Systemverlust L, dem Radarrückstreukoeffizient σ und der Distanz D zum reflektierenden Objekt. Besondere Bedeutung beim Radar hat die Antenne für die Abstrahlung der Energie. Der Antennenaufbau ist von der verwendeten Wellenlänge abhängig, und bei einem großen Öffnungswinkel können empfangene Signale nur grob geortet werden. Die empfangenen Signale werden durch Objekte in der Umgebung erzeugt, wobei Größe, Material, Oberflächenform und -eigenschaften die Signale beeinflussen. So kann

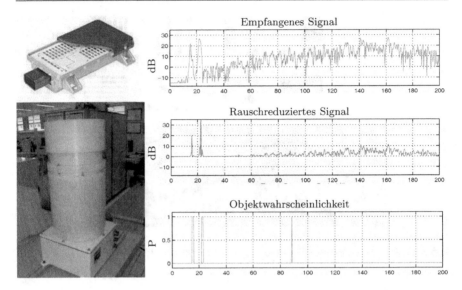

Abbildung 2.26: Links, oben: Radarsensor der Firma Continental. ($\lambda = 12\,\text{mm}$), Links unten: Zeilenweise scannendes Radarsystem ($\lambda = 3.89\,\text{mm}$). Rechts: Auswertung eines Empfangssignals.

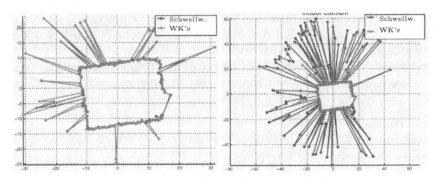

Abbildung 2.27: Umgebungsscans mit Radarsensoren. Der rechte Teil zeigt die gleiche Innenraumumgebung wie der linke Teil, die ausgesandte Energie wurde aber erhöht. Ein Schwellwert- und ein wahrscheinlichkeitsbasiertes Verfahren (WK) werden verwendet, um aus dem empfangenen Signal den Raum zu rekonstruieren.

ein Radar beispielsweise durch Objekte wie Wände hindurchscannen. Das empfangene Signal muss aufwändig ausgewertet werden, um Abstände zu bestimmen. In der Robotik verwendet man üblicherweise Wellenlängen im Millimeterbereich. Abbildung 2.26 zeigt im linken Teil zwei Sensoren und rechts das empfangene Signal, auf das Auswertealgorithmen angewandt werden, um Wahrscheinlichkeiten für das Vorhandensein von Objekten zu bestimmen.

2.6 Kameras und Kameramodelle

Der Sensor Kamera nimmt einzelne Bilder mit Pixelsensoren auf und stellt sie dem Roboter in digitaler Form zur Verfügung. Ein Pixel oder Bildpunkt bezeichnet das kleinste Element einer Rastergrafik. Der Anschluss von Kameras an den Steuerrechner erfolgt üblicherweise mit Hilfe von Usb oder Firewire.

Die Bildaufnahme läuft in verschiedenen Schritten ab. Zuerst muss das Bild „scharf" gestellt werden. Kameras mit Autofokus erledigen dies mit Hilfe einer Entfernungsmessung selbst, ansonsten muss manuell scharf gestellt werden. Anschließend wird der Bildsensor mit einer definierten Belichtungszeit mit Umgebungslicht, das durch eine Linse, bzw. Linsensystem fokussiert wird, bestrahlt. Der Bildpixel wandelt die Lichtintensitäten in elektrische Signale um, die durch einen Analog-Digital-Wandler quantisiert werden. Die errechneten digitalen Signale entsprechen den Helligkeiten und werden im letzten Schritt von der Kamera an den Steuerrechner übertragen.

CCD-Bildsensoren bestehen im wesentlichen aus einer Matrix mit lichtempfindlichen Zellen, jeweils ähnlich wie Fotodioden. Die Erweiterung zur Fotodiode besteht darin, die Ladungen zu sammeln, um sie anschließend schrittweise zur Ausleseeinrichtung zu verschieben. Das Ausgangssignal des Sensors ist also seriell. CMOS-Bildsensoren verschieben hingegen nicht die Ladung zu einem einzigen Ausleseverstärker, sondern wandeln die durch das einfallende Licht gelösten Ladungen direkt in eine analoge Spannung um. Hier entspricht jedem Pixel ein Signalverstärker, der aus vielen Transistoren besteht und dem Analogsignalprozessor ein Eingabesignal zur Verfügung stellt. Obwohl CMOS-Technologie aufwändiger zu sein scheint, sind die Produktionskosten geringer, da gängigere Halbleitermaterialien verwendet werden können. Des Weiteren lassen sich weitere Funktionen integrieren, wie beispielsweise Belichtungskontrolle, Kontrastkorrektur und Analog-Digital-Wandlung. Nachteil ist, dass durch die integrierte Elektronik die zur Verfügung stehende Sensorfläche geringer wird, und man nicht so lichtempfindliche Bauteile produzieren kann. Webcams basieren in der Regel auf CMOS-, Digitalkameras auf CCD-Technik.

Das Lochkameramodell und projektive Abbildungen

Die Abbildungsfunktion in einer Kamera lässt sich in erster Näherung durch das Lochkameramodell (vgl. auch Kapitel 2.5.1) beschreiben. Fällt Licht durch ein kleines Loch in eine Box auf eine Projektionsfläche, entsteht auf der dem Loch gegenüberliegenden Seite eine perspektivische Abbildung (siehe 2.29). Durch den Abbildungsvorgang schneiden sich parallele Geraden in der Projektion. Abbildung 2.28 zeigt ein Beispiel für einen Fluchtpunkt. Die Abbildung im Lochkameramodell folgt dem Strahlensatz, wie in Abbildung 2.29 dargestellt. Alle Strahlen laufen durch den Brennpunkt O, also das Loch der

Abbildung 2.28: Als Folge der projektiven Abbildung schneiden sich parallele Geraden in Fluchtpunkten.

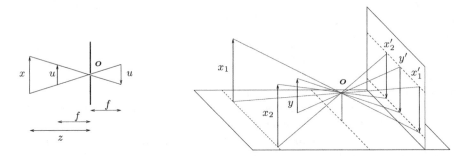

Abbildung 2.29: Abbildungsverhältnisse im Lochkamera-Modell.

Lochkamera. Gleich große Objekte, die sich in der gleichen Distanz zu O befinden, werden gleich groß abgebildet.

Ein Punkt p im dreidimensionalen Raum habe, bezogen auf das optische Kamerazentrum c, die Koordinaten $(^cx, {}^cy, {}^cz)$. Er wird auf einen Bildpunkt p' in der Bildebene abgebildet, der die Koordinaten (u, v) hat. Die letzteren Koordinaten beziehen sich auf das Bildzentrum c', das durch den Schnittpunkt der optischen Achse mit der Bildebene definiert wird (vgl. Abbildung 2.30). Der Zusammenhang zwischen den 3D-Koordinaten im Kamerakoordinatensystem und den Bildkoordinaten bei einer Brennweite f ist gegeben durch:

$$-\frac{f}{^cz} = \frac{u}{^cx} = \frac{v}{^cy} \ . \tag{2.11}$$

Die Verwendung homogener Koordinaten (vgl. A.1.3) ermöglicht es, das Abbildungsgesetz zu linearisieren und in Matrixform zu schreiben. Die Transformationsmatrix für die projektive Transformation von homogenen 3D-Koordinaten

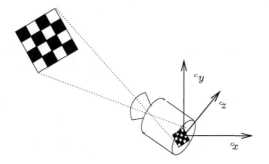

Abbildung 2.30: Das Kamerakoordinatensystem ist an die Kamera gebunden und wird durch die optische Achse und das Bildzentrum definiert.

in homogene 2D-Bildkoordinaten ist dann durch folgenden Zusammenhang gegeben:

$$\begin{pmatrix} u' \\ v' \\ w' \end{pmatrix} = \begin{pmatrix} f & 0 & 0 & 0 \\ 0 & f & 0 & 0 \\ 0 & 0 & 1 & 0 \end{pmatrix} \begin{pmatrix} {}^c x \\ {}^c y \\ {}^c z \\ 1 \end{pmatrix}. \tag{2.12}$$

Die Bildkoordinaten (u, v) errechnen sich anschließend durch

$$\begin{aligned} u &= u'/w' \\ v &= v'/w' \, . \end{aligned} \tag{2.13}$$

In der Regel schneidet die optische Achse die Sensorfläche in den Koordinaten (u_0, v_0). Des Weiteren liegt oft eine Scherung s des Sensors vor und die Brennweite kann nur in Pixeleinheiten $\alpha_x = f/k_x$ und $\alpha_y = f/k_y$ bestimmt werden. Die Konstanten k_x und k_y beschreiben die Pixelgrößen der Kamera. Dadurch ändert sich (2.12) zu

$$\begin{pmatrix} u' \\ v' \\ w' \end{pmatrix} = \begin{pmatrix} \alpha_x & s & u_0 & 0 \\ 0 & \alpha_y & v_0 & 0 \\ 0 & 0 & 1 & 0 \end{pmatrix} \begin{pmatrix} {}^c x \\ {}^c y \\ {}^c z \\ 1 \end{pmatrix}. \tag{2.14}$$

Die Einträge der Projektionsmatrix in (2.14) heißen *intrinsische* Parameter und lassen sich durch Kamerakalibrierung bestimmen. Neben diesen intrinsischen Parametern gibt es die *extrinsischen*, die die Lage und Orientierung des 3D-Weltkoordinatensystems ($^w x$, $^w y$, $^w z$) bezüglich des 3D-Kamerakoordinatensystems beschreiben. Die extrinsischen Parameter sind durch eine Rotationsmatrix und einen Translationsvektor gegeben. Es gilt:

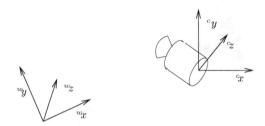

Abbildung 2.31: Das Weltkoordinatensystem beschreibt Objekte im Raum und muss in das Kamerakoordinatensystem transformiert werden.

$$
\begin{pmatrix} {}^{c}x \\ {}^{c}y \\ {}^{c}z \\ 1 \end{pmatrix} = \begin{pmatrix} & \boldsymbol{R} & & \boldsymbol{t} \\ 0 & 0 & 0 & 1 \end{pmatrix} \begin{pmatrix} {}^{w}x \\ {}^{w}y \\ {}^{w}z \\ 1 \end{pmatrix} \tag{2.15}
$$

für eine dreidimensionale Rotationsmatrix $\boldsymbol{R}$ und Translationsvektor $\boldsymbol{t}$. Auf diese Weise werden 3D-Weltkoordinaten durch eine Rotation und eine Translation in 3D-Kamerakoodinaten überführt.

Das Lochkameramodell beschreibt die Abbildungsfunktion einer idealen Kamera. Bei realen Kameras können Abbildungsfehler oder *Aberrationen* der Kameraoptik jedoch nicht ignoriert, sondern müssen modelliert und explizit behandelt werden. Man unterscheidet zwei Kategorien von Aberrationen: geometrische und chromatische. Beispiele für geometrische Aberrationen sind radiale und tangentiale Verzeichnungen oder Distortionen. Die zweite Kategorie, die chromatische Aberration, umfasst Abbildungsfehler, die daraus resultieren, dass Lichtanteile unterschiedlicher Wellenlängen von einer Linse unterschiedlich stark gebrochen werden.

Geometrische Aberrationen können durch Kombinieren von Linsen verringert werden. Verzeichnungen lassen sich durch Kamerakalibrierung modellieren und herausrechnen. Abbildung 2.32 gibt ein Bild einer Webcam mit typischen Distortionen wieder, sowie eine korrigierte Version (*ud*, engl. *undistorted*).

Bei der Kalibrierung werden neben den intrinsischen und extrinsischen Konstanten die Parameter radiale und tangentiale Verzeichnungen bestimmt. Die Ursache für radiale Verzeichnungen ist, dass parallele Strahlen nicht in einem Brennpunkt konvergieren. Außenbereiche des Bildes werden mit einer kleineren Brennweite abgebildet. Folgende Rechnung nach dem Abbildungsvorgang im Zusammenspiel mit Bildinterpolation löst vereinfacht dieses Problem:

$$
\begin{pmatrix} {}^{ud}u \\ {}^{ud}v \end{pmatrix} = \begin{pmatrix} u \\ v \end{pmatrix} \left(1 + d_1\, r^2 + d_2\, r^4 \right). \tag{2.16}
$$

Abbildung 2.32: Kamerakalibrierung erlaubt, radiale und tangentialen Verzeichnungen zu kompensieren. Links: Bild einer Webcam. Rechts: Entzerrtes Bild. Zum Kalibrieren verwendet man Muster, in denen Merkmale gut detektiert werden können.

Hier bezeichnen r den Abstand des Bildpunktes von der Bildmitte, d.h. $r^2 = (u - u_0)^2 + (v - v_0)^2$, d_1 und d_2 die radiale Verzeichnung. Tangentiale Verzeichnungen hängen ebenfalls vom Abstand zur Bildmitte ab, verschieben jedoch den Bildpunkt entlang der Tangente.

2.6.1 Omnidirektionale Kameras

Omnidirektionale Kameras nehmen Bildinformationen in der kompletten Umgebung des Roboters auf, bis zu einem Bereich von 360°. Es gibt Systeme mit unterschiedlichem Aufbau. Katadioptrische Kameras bestehen in ihrer Grundform aus einer Kamera mit Objektiv und einem dazugehörigen Spiegel. Der Spiegel sollte dabei so beschaffen sein, dass er einen möglichst weiten horizontalen und vertikalen Bereich der Umgebung in Richtung Kameralinse reflektiert. Abbildung 2.33 zeigt eine omnidirektionale Kamera auf der Plattform KURT und den prinzipiellen Aufbau einer solchen Kamera. Häufig wird aus Kostengründen kein Schutzglas verwendet, sondern Halterungen aus Metall. Diese sind stabiler und es treten keine durch den Glaszylinder verursachten Verzeichnungen auf, jedoch gibt es Verdeckungen.

Neben katadioptrischen Kameras lässt sich ein Ring von Kameras für den omnidirektionalen Betrieb verwenden. Dabei sind die Kameras so angeordnet, dass die Kombination der Öffnungswinkel den Bereich um den Roboter abdeckt. Abbildung 2.35 zeigt ein solches Kamerasystem bestehend aus 8 Kameras.

Omnikameras können auch aus gewöhnlichen Kameras in Kombination mit einer Fischaugenlinse (engl. *fish eye lens*) entstehen. Die Linse ist so geformt, dass der Öffnungswinkel $\sim 180°$ ist. Abbildung 2.36 zeigt ein Kamerasystem mit Fischaugenlinse, ein aufgenommenes Bild und die entzerrte Version. Rich-

Fremdlichtschutz

Konvexspiegel

Schutzglas

Blende

Filter

Kamera

Abbildung 2.33: Beispiel für die Korrektur der Abbildung an einer Webcam.

Abbildung 2.34: Beispiel für ein Bild einer Omnikamera und der Konvertierung der Daten in einem Panoramabild. Ein Panorama entsteht durch Projektion der Bildpunkte auf einen Zylinder.

Abbildung 2.35: Ein Kamerasystem für einen mobilen Roboter. 8 Kameras bilden einen Bereich von 360° um den Roboter ab [DBK$^+$02].

Abbildung 2.36: Links: Eine Fischaugenlinse für die Herstellung einer Omnikamera. Mitte und rechts: Bilder einer Omnikamera mit Fischaugenlinse.

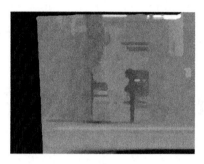

Abbildung 2.37: Links: Stereokamerasystem bestehend aus zwei Digitalkameras. Rechts: Disparitätsbild, das die Verschiebung korrespondierender Pixel als Grauwerte kodiert. Die Disparitäten sind umgekehrt proportional zu den Tiefenwerten.

tet man die Linse nach oben, kann der gesamte Bereich um den Roboter erfasst werden, jedoch entfallen die meisten Pixel auf die Region über dem Roboter.

2.6.2 Stereokameras

Entfernungsinformationen spielen in der Robotik eine besondere Rolle (s. Abschnitt 2.5), und daher sind eine Reihe von kamerabasierten Verfahren zur Gewinnung von Tiefeninformationen im Einsatz. Am häufigsten verwendet man Stereokameras.

Die Fusionierung der Bilder, die von zwei Kameras aufgenommen worden sind, ermöglicht es, aus der Differenz korrespondierender Bildpunkte der beiden Kamerabilder Tiefe zu berechnen. Die Differenz wird auch *Disparität* genannt. Abbildung 2.37 zeigt ein Stereokamerasystem. Sind Disparität $d = x_l - x_r$ und Abstand b zwischen den Kameras (engl. *baseline*) bekannt, lässt sich nach Strahlensatz die Tiefe z eines Punktes wie folgt berechnen (vgl. Abbildung 2.38):

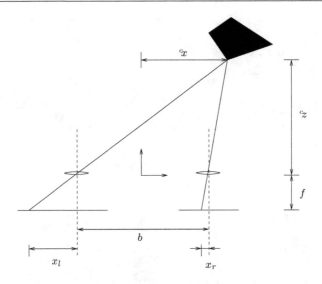

Abbildung 2.38: Kanonische Stereogeometrie.

$$\frac{{}^c z}{b} = \frac{f}{x_l - x_r},\qquad (2.17)$$

also

$$^c z = \frac{b\,f}{d}.\qquad (2.18)$$

Nachdem die Tiefe gefunden ist, können auch die Koordinaten ${}^c x$ und ${}^c y$ bestimmt werden:

$$\frac{{}^c x + {}^{b}/_{2}}{{}^c z} = \frac{x_l}{f}\qquad \text{und mit (2.18)}\quad {}^c x = \frac{b}{2}\left(\frac{x_l + x_r}{d}\right)\qquad (2.19)$$

bzw. für $y_l = y = y_r$:

$$^c y = \frac{b}{2}\left(\frac{2y}{d}\right) = \frac{b\,y}{d}.\qquad (2.20)$$

Die Tiefenauflösung einer Stereokamera, also die kleinste unterscheidbare Tiefe, hängt entsprechend (2.18) von der kleinsten noch unterscheidbaren Disparität d, dem Kameraabstand b und der Brennweite f ab. Höhere Tiefenauflösungen können erzielt werden, indem der Kameraabstand erhöht wird, Kameras mit größeren Brennweiten und kleinerer Pixelgröße eingesetzt werden. Neben der Tiefenauflösung muss beachtet werden, dass Stereokameras einen Blindbereich haben, d.h. Objekte, die sich nur im Sichtfeld einer Kamera oder bei geringer Tiefe zwischen den Kameras befinden, können nicht erfasst wer-

Beispiel 2.1 *Tiefenauflösung einer Stereokamera*

Sei der Kameraabstand $b = 20\,\mathrm{cm}$, die Brennweite $f = 8\,\mathrm{mm}$ und die Größe der Pixel $8\,\mu\mathrm{m}$. Ein Objekt in $1\,\mathrm{m}$ Entfernung hat eine Disparität von $1.6\,\mathrm{mm}$:

$$1\,\mathrm{m} = {}^c z = \frac{b\,f}{d} = \frac{1600}{d}\,\mathrm{mm} \qquad \Leftrightarrow d = 1.6\,\mathrm{mm}.$$

Die Tiefenauflösung Δz ist

$$\Delta z = {}^c z(d) - {}^c z(d + 8\,\mu\mathrm{m}),$$

wobei für das Objekt in $1\,\mathrm{m}$ Entfernung gilt:

$$^c z(d + 8\,\mu\mathrm{m}) = \frac{1600}{1.608}\,\mathrm{mm} \approx 995\,\mathrm{mm}.$$

Anhand dieser Rechnung ist klar, dass die Tiefenauflösung quadratisch mit dem Abstand des Objektes abnimmt, d.h.

$$\Delta z({}^c z = 1\,\mathrm{m}) \approx 0.005\,\mathrm{m}$$
$$\Delta z({}^c z = 10\,\mathrm{m}) \approx 0.48\,\mathrm{m}$$
$$\Delta z({}^c z = 100\,\mathrm{m}) \approx 33.3\,\mathrm{m}$$

den. Um den Blindbereich zu reduzieren, ist es ratsam, die Kameras möglichst dicht beieinander zu platzieren.

In der Praxis tritt die kanonische Stereogeometrie (vgl. Abbildung 2.38) nicht auf, weil es technisch sehr schwierig ist, die Kameras verlässlich so zu justieren, dass die Bildsensoren parallel in einer Ebene liegen. Die Kameras sind also nicht nur gegeneinander translatiert, sondern stets auch rotiert. Diese Transformation wird bei der Kalibrierung des Stereosystems bestimmt. Anschließend lassen sich die Bildere rektifizieren, d.h. in eine Ebene projizieren und „aufklappen" (vgl. Abbildung 2.39).

Bei der Verarbeitung von Stereobildern müssen die folgenden beiden Probleme gelöst werden:

Korrespondenzproblem. Die Voraussetzung zur Bestimmung der Disparität ist das Finden von korrespondierenden Pixeln, also Bildpunkten in den beiden Bildern, die denselben Raumpunkt abbilden. Für die Lösung dieses Problems kann festgestellt werden, dass die beiden Kamerazentren (o_l, o_r) zusammen mit dem betrachteten Punkt p ein Dreieck bilden, das

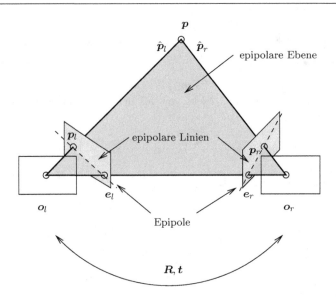

Abbildung 2.39: Allgemeine Stereogeometrie. Epipolare Ebene: Ebene, die durch p und die beiden Projektionszentren o_l, o_r aufgespannt wird. Epipole: Bild des Projektionszentrums einer Kamera in der anderen Kamera. Epipolaritätsbedingung: Korrespondenz muss auf der epipolaren Linie liegen.

die epipolare Ebene aufspannt (vgl. Abbildung 2.39). Die Projektionen der Kamerazentren in die jeweils andere Kamera bezeichnet man als Epipole (e_l, e_r). Sind die Epipole bekannt, kann die Suche nach dem korrespondierenden Punkt im Bild auf eine Suche entlang der epipolaren Linie reduziert werden.

Kamerakalibrierung. Kamerakalibrierung bedeutet für eine Stereokamera, die inneren und äußeren Parameter der zwei Kameras zu bestimmen. Damit ist die Rotation und Translation (R, t) der beiden Kameras gefunden (vgl. Abbildung 2.39). Diese Parameter erlauben, die Bilder zu rektifizieren, und vereinfachen damit das Korrespondenzproblem wie oben beschrieben: Nach Rektifizieren müssen die Bilder nur noch zeilenweise entlang der epipolaren Linien auf korrespondierende Pixel durchsucht werden.

Abbildung 2.40 zeigt ein rektifiziertes Stereobildpaar. Abschnitt 3.3 beschreibt ausführlich die Gewinnung von Tiefeninformation aus Stereobildern.

2.6.3 3D-Kameras

Seit einigen Jahren werden 3D-Kamera entwickelt (vgl. Abbildung 2.41 und folgende). Diese Kameras verwenden zusätzliche Laserdioden, die die Szene

Abbildung 2.40: Rektifizierte Stereobilder erlauben das Suchen nach Korrespondenzen entlang horizontaler Linien. Das resultierende Disparitätsbild ist in Abbildung 2.37 rechts abgebildet.

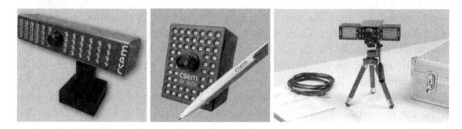

Abbildung 2.41: 3D-Kameras: Links und Mitte Swissranger von Csem. Rechts: Pmd-Kamera.

mit moduliertem Licht beleuchten. Der in Cmos implementierte Sensor detektiert das Laserlicht und ermittelt über die Phasendifferenz die Laufzeit für jede Richtung. Ausgabe dieses Sensors sind Abstandswerte und Reflektivitätswerte, die angeben, wieviel Licht vom Sensor aufgenommen wurde (vgl. Abbildung 2.42).

Eine 3D-Kamera lässt sich genau wie eine normale Kamera kalibrieren. Dabei werden die intrinsischen Parameter (die Brennweiten α_x und α_y, das Bildzentrum (u_0, v_0) und die Verzeichnungskoeffizienten d_1, d_2) bestimmt. Anschließend können die 3D-Koordinaten direkt berechnet werden. Zunächst wird die Verzeichnung aus dem Bild entfernt (vgl. Formel (2.16)), also $(^{ud}u, {}^{ud}v)$ bestimmt. Anschließend lassen sich $(^cx, {}^cy, {}^cz)$ durch Umstellen der Gleichungen

$$
\begin{aligned}
{}^{ud}u &= \alpha_x \frac{{}^cx}{{}^cz} + {}^cx \\
{}^{ud}v &= \alpha_y \frac{{}^cy}{{}^cz} + {}^cy \\
r &= \sqrt{{}^cx^2 + {}^cy^2 + {}^cz^2}
\end{aligned}
\tag{2.21}
$$

aus der Entfernung r berechnen und eine 3D-Punktwolke entsteht.

Kombiniert man 3D-Kameras mit normalen Kameras, lassen sich die Vorteile
beider nutzen. Abbildung 2.43 zeigt eine Pmd-Kamera in einem Verbund mit
einer Webcam zum Erstellen farbiger 3D-Punktwolken. Kalibriert man beide Kameras vollständig, d.h. bestimmt man sowohl die inneren als auch die
äußeren Kameraparameter, lässt sich jedem 3D-Punkt ein Farbwert zuordnen.

Seit Herbst 2010 verkauft die Firma Microsoft die Kinect. Das ist ursprünglich
eine Sensorhardware aus mehreren Komponenten, die für den Anschluss an
Spielkonsolen entwickelt wurde. In der Robotik ist sie sofort eingesetzt worden, weil sie unter anderem fusionierte RGB-D-Daten liefert, also 3D-Punkte
mit Farbwerten. Die Farbwerte kommen aus einer normalen Kamera mit Auflösung von 640 × 480 Pixeln. Die Tiefendaten, mit derselben Auflösung und
Datenrate, stammen aus der Auswertung eines permanent projizierten Musters aus Infrarotlaser-Punkten. Abbildung 2.44 zeigt eine Szenenaufnahme.
Der Vorteil der Kinect-Kamera, und vergleichbarer Sensoren anderer Hersteller, die seitdem auf den Markt kommen, ist gegenüber 3D-Laserscannern die
Framerate von ca. 30 Hz für die kompletten RGB-D-Daten. Auch der Preis ist
ungleich niedriger als der von 3D-Scannern, wie von einem Konsumentenpro-
dukt zu erwarten. Der Nachteil liegt im deutlich geringeren Öffnungswinkel
(57° hor. × 43° vert.), deutlich kleinerem Messbereich (1.2 m bis 3.5 m) und
größerem Rauschen der Messwerte. Als 3D-Sensor für den Nahbereich in Innenräumen hat sich die Kinect jedoch in Robotikprojekten durchgesetzt.

Abbildung 2.42: Bilder einer 3D-Kamera. Von links oben nach rechts unten: Foto
der Szene, Tiefenbild, Reflexionsbild, 3D-Punktwolke.

 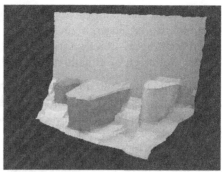

Abbildung 2.43: Kamerasystem aus PMD-Kamera und Farbkamera zum Aufnehmen farbiger Szenen.

Abbildung 2.44: Die Xbox 360 Kinect®-Kamera liefert direkt farbige Punktwolken. Links: Farbig eingefärbte 3D-Szene. Die schwarzen Bereiche entstehen durch den Scanschatten des Roboters. Rechts oben: Die Kamera. Rechts unten: Das 2D-Kamerabild, das die Kinect® zum Einfärben der Szene benutzt.

Bemerkungen zur Literatur

Sensorik für mobile Roboter ist ein umfangreiches Thema. Prinzipiell lassen sich alle elektrotechnischen Sensorbauteile an einen mobilen Roboter anschließen. Daher sind technische Kataloge und Datenblätter beim Design eines Sensorsystems wichtige Lektüre. Einen breiten Einstieg in das Thema Sensorik für mobile Roboter bietet das Buch von H. R. Everett [Eve95].

Unterschiedliche grundlegende Messverfahren werden ebenfalls in [Eve95] behandelt. Details zu Phasendifferenzmessungen finden sich in [BEF96]. Der Einsatz von Radar als Sensor auf mobilen Robotern ist derzeit noch unüblich. Die vorangegangene Darstellung fasst im Wesentlichen die Ergebnisse von M. D. Adams [JA04] zusammen, der als erster erfolgsversprechende Versuche mit Radar auf mobilen Robotern machte. Durch die Grand Challenge, auf der auch Radarsensoren zur Bestimmung von Hindernissen jenseits der Reichweite von SICK-Laserscannern eingesetzt wurden, ist zu erwarten, dass in Zukunft Radarsensoren häufiger auf Robotern auftauchen.

Ausgefeilte Bildaufnahme und -auswertesysteme werden initial oftmals ohne Robotikhintergrund entwickelt und anschließend portiert. Beispiele dafür sind die erwähnten Projektionsscanner, über die sich Details in [KF07, WMW06, RCM+01] finden lassen.

Aufgaben

Für die folgenden Aufgaben benötigen Sie Sensordaten. Diese können natürlich mit eigener Hardware aufgenommen werden. Alternativ stehen auf http://www.mobile-roboter-dasbuch.de Daten zur Bearbeitung der Aufgaben bereit. Darüber hinaus finden Sie dort auch eine Anleitung, um eine eigene Simulationsumgebung aufzubauen.

Übung 2.1. Die 2D-Scandaten zu dieser Übung sind gegeben als 181 Abstandswerte. Der Scanner hat einen Bereich von 180° abgedeckt, hat also eine Auflösung von 1°. Somit lassen sich aus dem Abstandswert, kombiniert mit der Nummer eines Messdatums, eindeutige Polarkoordinaten berechnen.

Konvertieren Sie die Scandaten eines Scans in kartesische Koordinaten und visualisieren sie mit einem geeigneten Programm (beispielsweise gnuplot).

Übung 2.2. Schreiben Sie ein Programm zur Berechnung von Mittelwert, Varianz und Standardabweichung für jede der 181 Messrichtungen des Scanners. Ergeben sich signifikante Abweichungen in einzelnen Richtungen? Wenn ja, wie interpretieren Sie das, und was sagt es Ihnen?

Übung 2.3. Schreiben Sie ein Programm, welches ein Histogramm der Entfernungswerte ausgibt, die direkt nach vorne zeigen, also jeweils den 91. Messwert eines jeden Scans auswertet. Achten Sie auf eine sinnvolle Diskretisierung des Histogramms.

Übung 2.4. Verwenden Sie den Simulator USARSIM, um simulierte 2D-Laserscans in unterschiedlichen Umgebungen aufzunehmen. Führen Sie die Programme aus den Übungen 2.1–2.3 erneut auf diesen Daten aus. Was können Sie beobachten?

Übung 2.5. Analysieren Sie mit Hilfe der Programme aus den Übungen 2.1–2.4 einen Datensatz, in dem der Roboter sich durch eine Büroumgebung bewegt. Notieren Sie die Nummern der 2D-Scans, in der Sie eine Bewegung feststellen.

Übung 2.6. Schreiben Sie ein OPENGL-basiertes Programm, das einen 3D-Scan in Form einer 3D-Punktewolke visualisiert. Zeigen Sie den Scan unter einer perspektivischen Abbildung und unter Parallelprojektion an.

Übung 2.7. Schreiben Sie ein OPENCV-basiertes Programm, um eine Kamera zu kalibrieren. Bestimmen Sie dazu die intrinsische Matrix und die Verzerrungsparameter. Des Weiteren stellt OPENCV Funktionen zum Entzerren von Bildern zur Verfügung, die sie nun auf die Bilder der Kamera anwenden können.

Übung 2.8. Bauen Sie sich ein Stereo-Kamerasystem mit Hilfe zweier Webcams. Verwenden Sie OPENCV-Funktionen, um die Stereokameras zu kalibrieren und um anschließend die aufgenommenen Bilder zu rektifizieren.

3

Sensordatenverarbeitung

Das vorige Kapitel ist auf unterschiedliche Sensoren eingegangen, die digitale Daten aus der Umgebung aufnehmen. Dieses Kapitel geht nun auf Möglichkeiten ein, diese Daten zu verarbeiten und sie nutzbar zu machen für Anwendungen späterer Kapitel. Dazu gehören die Filterung der Daten, Extraktion bestimmter Merkmale sowie weiterführende Berechnung von Informationen wie Tiefendaten aus zweidimensionalen Kamerabildern. Während Filter üblicherweise gezielt Daten wegwerfen, beispielsweise zur Entfernung von Messfehlern, aggregieren Merkmale die Daten zu neuartigen Informationen. Ein wichtiges Kriterium der hier vorgestellten Algorithmen ist stets auch ihre Laufzeit: Nur unaufwändige Verfahren sind auf mobilen Robotern mit hochfrequenten Datenströmen und vergleichsweise geringen Rechnerressourcen einsetzbar.

Der erste Teil des Kapitels beschäftigt sich mit elementaren Algorithmen auf Entfernungsdaten, beispielsweise von einem Laserscanner; die restlichen Abschnitte gehen auf unterschiedliche Aspekte der Verarbeitung von Kamerabildern ein.

3.1 Entfernungsdaten

3.1.1 Messfehler filtern

Reale Daten sind fehlerbehaftet. Zu den Fehlern zählen Rauschen in den Messdaten, sowie Ausreißer. Nachfolgend werden wir zwei einfache Möglichkeiten beschreiben, beide Arten von Fehlern in Entfernungsdaten zu reduzieren.

Reduktionsfilter

Ein Reduktionsfilter dient zur Datenreduktion und ersetzt die Messpunkte durch eine (signifikant kleinere) Menge von Datenpunkten, die die ursprüngli-

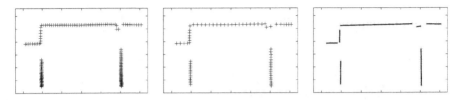

Abbildung 3.1: Reduktions- und Online-Linienfilter. Links: Messpunkte. Mitte: Reduzierte Punkte. Rechts: Gefundene Linien auf den Punkten.

chen Punkte möglichst gut approximieren soll. Dies geht üblicherweise einher mit einer lokalen Mittelung der Messwerte, was stochastisches Rauschen in den Daten reduziert. Abbildung 3.1 (Mitte) verdeutlicht die Anwendung eines solchen Reduktionsfilters.

Algorithmisch werden in Reihenfolge einkommende Punkte $a_i, a_{i+1}, \ldots, a_j$ so lange sukzessive akkumuliert, wie der Abstand zwischen dem ersten und dem aktuellen Punkt eine feste Grenze nicht übersteigt, also so lange gilt: $\|a_i, a_j\| \leq \delta$. Ist durch den nächsten Punkt a_{j+1} diese Grenze überschritten, werden die akkumulierten Punkte gelöscht und durch ihren Mittelwert

$$\frac{1}{j-i+1} \sum_{k=i}^{j} a_k \tag{3.1}$$

ersetzt. a_{j+1} dient als Startpunkt für die nächste Akkumulation.

Der Filter verringert nicht nur Sensorrauschens, sondern wirkt sich auch auf die Verteilung der Messpunkte aus: Diese sind in den Originaldaten üblicherweise im Nahbereich des Sensors (z.B. Laserscanners) sehr viel dichter aufgelöst als in der Entfernung. In den gefilterten Daten dagegen sind die Punkte ausgedünnt, aber auch gleichmäßiger verteilt. Wenn die Messdaten sortiert vorliegen – z.B. entgegen dem Uhrzeigersinn, wie es bei Laserscannern typischerweise der Fall ist – so läuft dieser Filter linear in der Anzahl der Punkte.

Medianfilter

Der Zweck eines Medianfilters ist, einzelne grobe Messfehler (Ausreißer) zu entfernen – die Anzahl der Datenpunkte ändert sich dabei jedoch nicht. Dies ist offensichtlich nur approximativ möglich, da im Allgemeinen eine Unterscheidung zwischen Messdatum und Messfehler nicht sicher aus den Daten ersichtlich ist.

Ein Medianfilter ersetzt zu diesem Zweck jeden Punkt durch den Median der k umliegenden Punkte: Der gefilterte Punkt a_i' zu einem Messpunkt a_i ergibt sich somit als der $\lceil k/2 \rceil$-te Punkt der sortierten Folge der Punkte

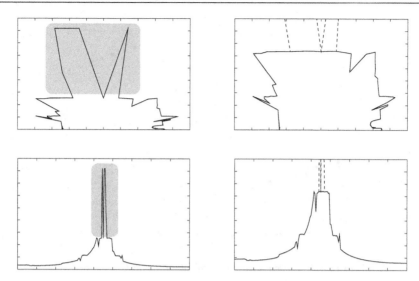

Abbildung 3.2: Medianfilter. Links: Originaldaten, mit grau markierten Ausrei-
ßern (oben: Kartesische, unten Polar-Darstellung). Rechts: Der Median-gefilterte Scan
(Zoom auf den relevanten Bereich), gestrichelt unterlegt der Originalscan.

$a_{i-\lfloor \frac{k}{2} \rfloor}, \ldots, a_{i+\lfloor \frac{k}{2} \rfloor}$. Die Sortierung erfolgt beispielsweise nach den Abstandswerten der Punkte in Polardarstellung. Das Ergebnis eines Medianfilters der
Größe $k = 7$ ist in Abbildung 3.2 dargestellt. Die Laufzeit ergibt sich bei
intuitiver Implementierung zu $\mathcal{O}(nk \log k)$ bei n Datenpunkten.

3.1.2 Linienerkennung

Die im Folgenden beschriebenen Filter haben den Zweck, aus Messdaten eine
Menge von Linien zu extrahieren, so dass benachbarte Punkte, die in etwa
auf einer Geraden liegen, zu einer Linie zusammengefasst werden. Die gleichen Algorithmen arbeiten selbstverständlich auch auf Bildern, wenn in ihnen
zuvor Kanten detektiert und die so gefilterten Bilder binarisiert werden. In
Abschnitt 3.2.2 gehen wir näher auf die Kantendetektion ein.

Darüber hinaus sind Linien auch zur Reduzierung von Rauschen einsetzbar:
Werden Datenpunkte durch Linien ersetzt und diese Linien ihrerseits durch
äquidistant verteilte Punkte approximiert (engl. *subsampling*), werden die
Daten an diesen Stellen signifikant geglättet, wie Abbildung 3.3 zeigt.

Online-Linienfinder

Das Hauptmerkmal des in diesem Abschnitt beschriebenen Linienfilters liegt
darin, dass die Daten im Gegensatz zu den übrigen hier vorgestellten Verfah-

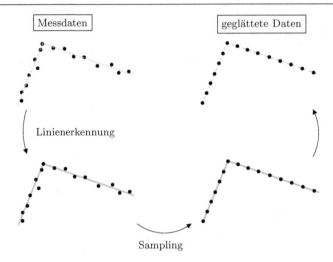

Abbildung 3.3: Verwendung eines Linienfilters zum Glätten der Daten.

ren online verarbeitet werden können. Dies bedeutet, dass für die Berechnungen zu einem Datum lediglich die Vorgänger-Messdaten bekannt sein müssen. Die Messdaten können somit direkt bei Eingang prozessiert werden. Dafür liefern die (i.Allg. langsameren) offline-Verfahren jedoch oftmals bessere Ergebnisse.

Die online-Fähigkeit des Verfahrens wird unterstützt durch eine Sortierung der Daten. Diese ist üblicherweise bei Laserscannern natürlich gegeben, die die Daten in einer festen Reihenfolge, beispielsweise im Gegenuhrzeigersinn, liefern. Die einzelnen Daten eines Scans werden sukzessive durchlaufen. Punkte werden nun so lange zu einer Linie addiert, wie die Abweichung des Punktes zu der durch die Vorgänger definierten Linie einen Schwellwert nicht überschreitet. Andernfalls wird die Vorgängerlinie beendet, und der aktuelle Punkt bildet den Start eines neuen Linien-Kandidaten. Linien gelten als gefunden, wenn mindestens k Punkte auf ihr liegen (z.B. $k = 3$). Um die Auswirkung von Rauschen zu vermindern, kann initial ein Reduktionsfilter auf den Scan angewendet, bzw. direkt in die Online-Liniensuche eingebaut werden (Abbildung 3.1).

Sei $\langle a_j, \ldots, a_k \rangle$ die bisher aktuell konstruierte Linie. Damit der Punkt a_{k+1} mit in die Linie aufgenommen wird, müssen folgende Bedingungen erfüllt sein:

1. Mit dem neuem Punkt darf die Streckensumme nur wenig von der Luftlinie abweichen:

$$1 \geq \frac{\|a_j, a_{k+1}\|}{\sum_{i=j}^{k} \|a_i, a_{i+1}\|} > 1 - \varepsilon_k \ . \tag{3.2}$$

Wegen der Dreiecksungleichung ist das Verhältnis Luftlinie zu aufsummierten Einzelstrecken stets kleiner gleich Eins (die linke Ungleichung ist also stets erfüllt), soll aber auch nicht signifikant größer sein. Die zulässige Abweichung soll mit steigender Länge der Linien ebenfalls steigen, d.h. der Parameter ε_k wird mit zunehmendem k größer.

2. Gleiches gilt insbesondere lokal am Ort der Linienerweiterung (typisch: $\varepsilon = 0.2$):

$$1 \geq \frac{\|a_{k-1}, a_{k+1}\|}{\|a_{k-1}, a_k\| + \|a_k, a_{k+1}\|} > 1 - \varepsilon . \tag{3.3}$$

3. Der euklidische Abstand zwischen a_k und a_{k+1} darf ein festes Maximum nicht überschreiten – andernfalls würde die Linie durch „leere" Bereiche laufen, also zwei nicht zusammenhängende Liniensegmente miteinander verbinden.

Die so gefundenen Linien verbinden jeweils den ersten mit dem letzten Punkt der sortierten Menge von Punkten, die als zu einer Linie gehörig erkannt worden sind. Eleganter ist es, für jede dieser Mengen die jeweils optimale Ausgleichslinie zu finden, beispielsweise über einen *least squares*-Ansatz (Methode der kleinsten Quadrate). Alternativ kann an dieser Stelle die Berechnung der Linie gemäß dem nächsten Abschnitt (Formel 3.6) erfolgen.

Tangentiallinien

Eine weitere Methode, Linine in Punktdaten zu finden, bedient sich Tangentiallinien. Eine solche Tangentiallinie zu einem Punkt P mit Polarwinkel θ erhält man, indem man eine Regressionsgrade durch seine umgebenden Punkte wie folgt berechnet:

Für einen Punkt P unter Winkel θ im Laserscan wird eine Regressionsgerade durch $(k-1)/2$ Nachbarpunkte rechts und links bestimmt. Sei r die Normaldistanz zu der Linie, sowie $|\theta - \varphi|$ die Winkeldifferenz zwischen der Linie $\overline{OP}$ und der Normalen der Tangente, wie in Abbildung 3.4 skizziert.

Lemma 1. *Die gesuchte Linie an Punkt P ist jene, welche den folgenden Fehlerterm über seine k Nachbarpunkte minimiert:*

$$E(\varphi, r) = \sum_{i=1}^{k} \left(x_i \cos\varphi + z_i \sin\varphi - r \right)^2 . \tag{3.4}$$

Beweis. Siehe [LM97b].

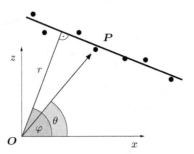

Abbildung 3.4: Liniensuche über Tangentiallinien.

Aus dem vollständigen Beweis ergibt sich, dass zur Minimierung von (3.4) eine geschlossene Lösung existiert, nämlich:

$$\varphi = \frac{1}{2} \arctan \frac{-2S_{xz}}{S_{zz} - S_{xx}}$$
$$r = \bar{x} \cos \varphi + \bar{z} \sin \varphi \tag{3.5}$$

mit

$$\bar{x} = \frac{1}{k} \sum_i x_i \qquad\qquad S_{xx} = \sum_i (x_i - \bar{x})^2$$

$$\bar{z} = \frac{1}{k} \sum_i z_i \qquad\qquad S_{zz} = \sum_i (z_i - \bar{z})^2$$

$$S_{xz} = \sum_i (x_i - \bar{x})(z_i - \bar{z})$$

und es gilt:

$$\min_{r,\varphi} E(r,\varphi) = \tfrac{1}{2}\left(S_{xx} + S_{zz} - \sqrt{4S_{xz}^2 + (S_{zz} - S_{xx})^2} \right). \tag{3.6}$$

Jedoch sind nicht alle derart berechneten Tangentiallinien sinnvoll zu verwenden. Üblicherweise werden die Linien von Punkten, die nahe an Ecken oder Tiefensprüngen liegen, wieder gelöscht. Kriterien dafür sind zum einen Grenzwerte, die die Winkeldifferenz $|\theta - \varphi|$ sowie die Summe der Distanzquadrate zwischen den k Nachbarpunkten nach oben hin begrenzen. Ein weiterer Anhaltspunkt ist der residuale Wert der minimierten Fehlerfunktion E. Ein großer Wert deutet auf eine niedrige Kollinearität der Nachbarpunkte hin, was in einer schlecht passenden Tangentiallinie resultiert.

Tangentiallinien benachbarter Punkte, die obige Kriterien erfüllen, können nun in Abhängigkeit ihrer Parameter (φ, r) zu längeren Liniensegmenten zusammengefügt werden.

Hough-Transformation

Die Hough-Transformation ist ein Algorithmus zur Detektion von parametrisierten geometrischen Objekten. Im Folgenden gehen wir ausschließlich auf die Erkennung von Linien ein; eine weitere Standardanwendung liegt in der Erkennung von Kreisen oder Ellipsen. In gleicher Weise kann der Algorithmus zur Erkennung von Objekten in höheren Dimensionen eingesetzt werden, beispielsweise von Ebenen in dreidimensionalen Daten.

In der allgemein übliche Parametrisierung von Geraden im $\mathbb{R}^2$ über $z = mx + b$ mit den Parametern m (Steigung) und b (Achsenabschnitt) können bekanntlich vertikal verlaufende Geraden nicht dargestellt werden ($m = \infty$). Daher benutzt die Hough-Linienerkennung die Parametrisierung über Magnitude und Winkel der Normalen auf die Gerade, die wir eben bereits im Tangentiallinien-Verfahren verwendet haben:

$$r = x \cos\theta + z \sin\theta \qquad (3.7)$$

die, sofern $\sin\theta \neq 0$, äquivalent ist zu

$$z = \frac{r}{\sin\theta} - x \cot\theta \qquad (3.8)$$

wobei r der Abstand der Geraden zum Ursprung ist und θ der Winkel der Normalen der Geraden zur x-Achse. Eine Gerade im kartesischen $\mathbb{R}^2$ korrespondiert somit zu einem Punkt im dualen (r, θ)-Raum (auch *Hough-Raum* genannt).

Sei nun eine Menge von Punkten gegeben. Für jeden Punkt (x_i, z_i) werden alle Geraden, die durch diesen Punkt gehen, also Gleichung (3.7) erfüllen, in dem Hough-Raum eingetragen. Jeder Punkt im Ausgangsraum führt so zu einer (sinusförmigen) Kurve im Hough-Raum gemäß Abbildung 3.5. Liegen mehrere Punkte im Ausgangsraum auf einer Geraden, so schneiden sich die Kurven im Hough-Raum in einem Punkt (r_i, θ_i), der über (3.8) mit eben jener Gerade korrespondiert. Somit reicht es zur Erkennung von Geraden aus, alle Punkte in den dualen Hough-Raum zu transformieren und nach Schnittpunkten zu suchen, in denen sich möglichst viele Hough-Kurven treffen.

Eine praktische, effiziente Implementation verläuft über den Aufbau eines 2D-Akkumulatorarrays $\boldsymbol{H} = \big((r_i, \theta_i)\big)$, d.h. einer Diskretisierung des Hough-Raums in den beiden Parametern. Der Winkel ist naturgemäß beschränkt, die Distanz r ist auf einen relevanten Suchbereich zu beschränken. Für jeden Messpunkt wird nun die duale Kurvengleichung aufgestellt und der Zähler der entsprechenden Zelle (r_i, θ_i) inkrementiert. In dem so resultierenden Histogramm entspricht ein maximaler Peak einer Geraden mit den meisten „Stimmen", also der größten Anzahl von Punkten, die approximativ auf dieser Geraden liegen. Die korrespondierenden Punkte werden gelöscht und der nächste Maximalwert im Histogramm wird gesucht, bis keine Punkte mehr

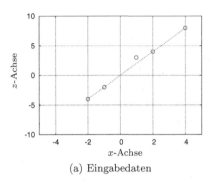
(a) Eingabedaten

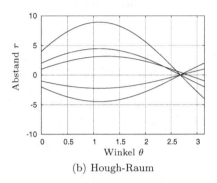
(b) Hough-Raum

Abbildung 3.5: Abbildung von Punkten zu Kurven im Hough-Raum, schneiden sich, da auf einer Linie liegend. Punkt $(1, 3)$ liegt nicht exakt auf der Linie, und führt somit zu nicht ganz passender oberer Kurve dieses Punktes.

vorhanden sind oder die Höhe der Peaks einen Schwellwert unterschreiten. Abbildung 3.6 skizziert das iterative Vorgehen an einem Beispiel.

Die vergleichsweise grobe Diskretisierung des Hough-Raumes ist nicht nur notwendig, sondern hat auch den positiven Seiteneffekt, dass die Hough-Transformation robust gegen Rauschen in den Messpunkten ist. Andernfalls würden in realen Daten aufgrund von Messungenauigkeiten i.Allg. keine drei Punkte jemals *exakt* auf einer Geraden liegen; ein Histogramm ohne hinreichende Diskretisierung wäre somit vollkommen flach.

Das soweit beschriebene Verfahren liefert eine Liste von erkannten Geraden, geordnet nach ihrer Punktanzahl. In einem finalen Schritt müssen nun die Geraden basierend auf den zu ihnen korrespondierenden Punkten zu endlichen Linien begrenzt, sowie ggf. in mehrere Liniensegmente unterteilt werden. Ein exemplarisches Ergebnis ist in Abbildung 3.7 dargestellt.

3.2 Bildmerkmale

Nachfolgend beschreiben wir einige elementare Filter bzw. Merkmalsdetektoren auf Bildern. Die so aggregierten Informationen werden später beispielsweise zur Objekterkennung, Berechnung von Tiefenbildern, Lokalisierung oder Kartierung genutzt. Wenn nicht anders gesagt, setzen wir Grauwertbilder voraus.

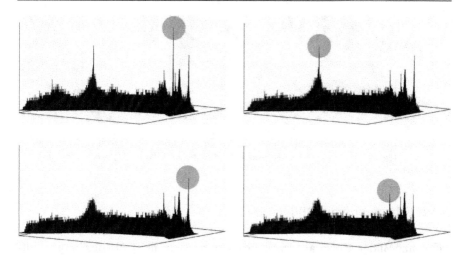

Abbildung 3.6: Hough-Transformation: (r, θ)-Histogramme der ersten vier Schritte der Linienerkennung aus Abbildung 3.7. Die jeweils höchsten Peaks der ersten Linien sind markiert.

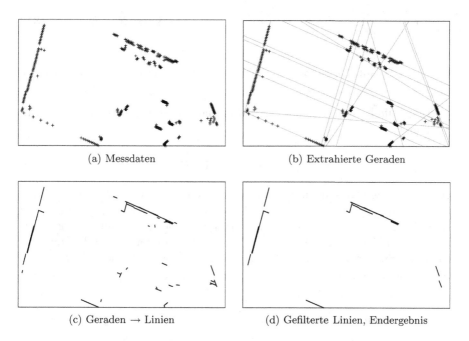

(a) Messdaten   (b) Extrahierte Geraden

(c) Geraden → Linien   (d) Gefilterte Linien, Endergebnis

Abbildung 3.7: Hough-Transformation zur Linienerkennung.

Abbildung 3.8: Faltung eines Bildes. Links: Originalbild. Mitte, rechts: Ergebnisse der Faltung mit einem *center-surround* bzw. einem Gauß-Kernel (jeweils oben links angegeben).

3.2.1 Faltungen von Bildern

Filter auf Bildern, also auf Pixelmatrizen, werden meist als pixelweise Multiplikation oder *Faltung* (engl. *convolution*) eines lokalen Bildausschnitts mit einer gleich großen Wertematrix, dem *Kernel* realisiert. Ein Filter kann mehrere Kernel verwenden. Für das Bild $I = (I(u,v))$ und den Kernel H der Größe $\delta_i \times \delta_j$ berechne die Faltung $R = (R(u,v))$ mit:

$$R(u,v) = \sum_{i=-\lfloor \frac{\delta_i}{2} \rfloor}^{\lfloor \frac{\delta_i}{2} \rfloor} \sum_{j=-\lfloor \frac{\delta_j}{2} \rfloor}^{\lfloor \frac{\delta_j}{2} \rfloor} H(i,j)I(i+u,j+v) \quad \text{kurz: } R = H * I \,, \quad (3.9)$$

wobei $*$ den Faltungsoperator bezeichnet. Üblicherweise sind δ_i und δ_j ungerade.

Im Beispielfall eines Gaußfilters mit Standardabweichung σ wird als Kernel die Funktion

$$H(i,j) = G_\sigma(i,j) = \frac{1}{2\pi\sigma^2} e^{-\frac{i^2+j^2}{2\sigma^2}} \quad\quad (3.10)$$

verwendet (vergleiche dazu Anhang A.2, insbesondere Abbildung A.3, rechts). In der Bildverarbeitung finden Gaußfilter Verwendung als Tiefpassfilter zur Rauschunterdrückung, in der Computergraphik u.a. als Modell für Unschärfe, um einen Tiefenschärfeneffekt zu erzielen. Die Ergebnisse der Faltung mit einem *center-surround*-Kernel sowie einem Gauß-Kernel sind beispielhaft in Abbildung 3.8 zu sehen.

3.2.2 Kantenerkennung

Kanten in Bildern können folgende vier Ursachen haben, die letztlich aus der 3D-Struktur der Welt, aus Oberflächeneigenschaften und aus den Lichtverhältnissen in der Szene resultieren:

- Tiefensprünge (engl. *jump edges*)

- Oberflächendiskontinuitäten (engl. *crease edges*)

- Reflektionsdiskontinuitäten, hervorgerufen z.b. durch Materialwechsel

- Beleuchtungsunterschiede, beispielsweise Licht und Schatten

Kanten in einem Bild tragen oft wichtige Information, zum Beispiel über den Umriss eines Objekts im Bild. Die Filterung eines Bildes, die nur noch die Kanten enthält, enthielte diese Information dann also in komprimierter Form in einem binären Kantenbild, das anschließend weiter verarbeitet werden könnte – z.b. mit der zuvor beschriebenen Hough-Transformation.

Alle Bildkanten haben die Eigenschaft, dass sich der Grauwert in der Region schnell ändert. Fasst man ein Bild als eine Funktion $I(u, v) \rightarrow \mathbb{R}$ auf, müsste Ableiten nach den Bildachsen auf Kantendetektion herauslaufen, denn die erste Ableitung von Funktionen zeigt bekanntlich hohe Werte, wenn die Funktion sich lokal stark ändert. Beide partielle Ableitungen $\partial I(u,v)/\partial u$ und $\partial I(u,v)/\partial v$ können durch diskrete Faltungen realisiert werden. Der nachfolgende Abschnitt zeigt gebräuchliche Kernel und ihre Wirkungen auf Bilder.

Kantenerkennung mit dem Sobelfilter

Der Sobelfilter ist ein einfacher Kantenerkennungs-Filter, der auf einer oder mehreren Faltungen beruht. Er nutzt 3×3-Kernel, die aus dem Originalbild ein Gradienten-Bild erzeugen.

Nach Tabelle 3.1 finden vier unterschiedliche Kernel Anwendung. Die ersten beiden heben vertikale Kanten abnehmender (Übergang hell-dunkel) bzw. zunehmender Grauwerte (Übergang dunkel-hell) hervor. Die beiden folgenden entsprechend horizontale Kanten.

Abbildung 3.9 (c) zeigt das Ergebnis einer Kombination beider Richtungen: Hier wurden die beiden Ergebnisbilder der abnehmenden Kernel addiert. Ein vollständiges Kantenbild ergibt sich, wenn die Ergebnisbilder aller vier Kernel addiert werden, wie in Abbildung 3.9 (d).

Weitere Kantenerkennungs-Filter

Das Beispiel zum Sobelfilter zeigt, dass beim Ableiten eines Bildes sehr viele Kanten entstehen. Um ihre Anzahl zu reduzieren, verwendet man statt des Originalbildes ein geglättetes. Zum Glätten ist der Gauß-Filter geeignet (vgl. Abbildung 3.8). Da Faltungen assoziativ sind, kann auch die Ableitung der Gaußglättung berechnet und auf das Eingabebild angewendet werden. Solch ein Filter wird auch *Mexican Hat* genannt (vgl. Abbildung 3.10 rechts: Die Funktion in 3D ähnelt einem Sombrero). Er approximiert im Diskreten den

(a)   (b)

(c)   (d)

Abbildung 3.9: Anwendung von Sobelfiltern auf ein Beispielbild. (a), (b) Ergebnis
des abnehmenden vertikalen resp. horizontalen Kernel. (c) Addition der ersten beiden
Bilder. (d) Kombination der Ergebnisbilder aller vier Kernel aus Tabelle 3.1.

Tabelle 3.1: Unterschiedliche Kernel (hier der Größe 3×3) zur Erkennung von
Kanten durch einen Sobelfilter.

H_{SobelV}	H_{SobelV}	H_{SobelH}	H_{SobelH}
$\begin{pmatrix} 1 & 0 & -1 \\ 2 & 0 & -2 \\ 1 & 0 & -1 \end{pmatrix}$	$\begin{pmatrix} -1 & 0 & 1 \\ -2 & 0 & 2 \\ -1 & 0 & 1 \end{pmatrix}$	$\begin{pmatrix} -1 & -2 & -1 \\ 0 & 0 & 0 \\ 1 & 2 & 1 \end{pmatrix}$	$\begin{pmatrix} 1 & 2 & 1 \\ 0 & 0 & 0 \\ -1 & -2 & -1 \end{pmatrix}$

Laplace-Operator (Summe der beiden zweiten Ableitungen), der ein weiterer
Filter zur Kantendetektion ist:

$$\Delta f = \frac{\partial^2 f}{\partial x^2} + \frac{\partial^2 f}{\partial y^2} \ . \tag{3.11}$$

Abbildung 3.11 zeigt einen diskreten Laplace-Kernel und das entsprechende
Kantenbild. Abbildung 3.10 zeigt, wie solch ein Laplace-Filter approximiert

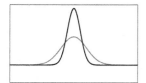 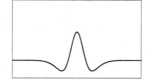 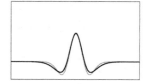

Abbildung 3.10: Links: Zwei Gaußverteilungen mit unterschiedlicher Varianz σ_1 (schwarz) und $\sigma_2 > \sigma_1$ (grau). Mitte: Subtraktion der Gaußverteilungen, $\mathcal{N}(\mu, \sigma_1) - \mathcal{N}(\mu, \sigma_2)$, ergibt einen DOG-Filter. Rechts: Vergleich des DOG-Filters (schwarz) mit einem Laplace-Filter (grau), der approximiert werden soll.

$$H_{\text{Laplace}} = \begin{pmatrix} 0 & 1 & 0 \\ 1 & -4 & 1 \\ 0 & 1 & 0 \end{pmatrix}$$

Abbildung 3.11: Ergebnis der Anwendung eines Laplace-Filters. Links: Kernel. Rechts: Gefiltertes Bild. Der Wertebereich des Ergebnisses wurde von $[0, 1, \dots, 254, 255]$ auf $[0, 1, \dots, 254, 255, 254, \dots, 1, 0]$ skaliert, d.h. der mittlere Grauton wird weiß dargestellt.

wird durch Subtraktion zweier Gaußverteilungen, bezeichnet als DOG-Filter (engl. *Difference of Gaussians*).

Sobelfilter bzw. *Mexican Hat*-Filter liefern die Grundinformation zur Kantenerkennung in einem Grauwertbild. Wie aus den Bildern in Abbildung 3.9 ersichtlich, lassen sie aber immer noch mehr Kanten übrig, als man zu einer Merkmalserkennung haben möchte. Folglich müssen die resultierenden Kantenbilder nachbearbeitet werden. Die folgenden beiden Schritte sind Beispiele für eine solche Nachbearbeitung:

- Nicht-Maximums-Unterdrückung: Reduziere dünne, aber mehrere Pixel breite Kanten. Ergebnis sind scharfe Kantenlinien mit Breite von einem Pixel.

- Schwellwert und Hysterese: Akzeptiere nur Kantenpixel, die einen Schwellwert t_h übertreffen. Zusätzlich akzeptiere alle Kantenpixel mit niedrigem Schwellwert t_n ($t_n \ll t_h$), wenn diese mit Kantenpixeln verbunden sind, die den hohen Schwellwert übertreffen.

Der *Canny-Algorithmus* ist ein verbreitetes Verfahren, das diese Schritte zur Kantenerkennung benutzt. Abbildung 3.12 zeigt zwei Ergebnisse des Algorithmus nach Canny für das Beispielbild. Die beiden Ergebnisse unterscheiden sich

Abbildung 3.12: Ergebnisse einer Canny-Kantenerkennung mit kleinem (links) und großem (rechts) Schwellwert.

durch Verwendung unterschiedlicher Schwellerte t_h, t_n, durch die Einfluss auf die Anzahl der Kanten genommen werden kann.

3.2.3 Eckenerkennung und der Harris Corner Detektor

Wir haben gesehen, dass man mit passenden Kerneln Kanten erkennen kann. Eine Kante zeichnet sich dadurch aus, dass sie einen hohen Grauwert-Gradienten in einer Richtung hat; das nutzt man zum Beispiel bei Sobel-Kernen aus. Kanten sind wichtig, um beispielsweise Umrisse von Objekten im Bild zu erkennen. Zur Charakterisierung von Objekten in Bildern sind aber nicht nur glatte Kanten interessant: Wichtiger, weil besonders markant sind Ecken von Objekten, oder generell Regionen im Bild, wo der Grauwert-Gradient in *beiden* Richtungen stark variiert. In solchen Regionen versagen aber reine Kantenfilter kläglich: sie verwaschen Ecken eher, als sie zu markieren.

Der Gedanke, den lokalen Grauwertgradienten in beiden Richtungen zur Bestimmung von „interessanten" Bildpunkten zu verwenden, kann aber direkt umgesetzt werden. Wenn wir einen solchen Operator auf alle Regionen eines Bilds lokal anwenden, dann würden wir als Ergebnis erwarten:

- Regionen homogener Textur werden nicht als interessant erkannt;
- für alle Punkte auf Grauwertkanten erkennt man Gradienten in einer Richtung, nämlich der Normalen auf die Kante;
- für Punkte in „Ecken", aber auch für isolierte Punkte mit stark aus ihrer Umgebung herausstehendem Grauwert, erkennt man Gradienten in beide Richtungen.

Ecken werden dabei oft mit interessanten Punkten gleichgesetzt, weil sie besonders charakteristische Merkmale in Bildern darstellen.

Formal kann man diese Idee folgendermaßen fassen. In einem Grauwertbild I betrachten wir eine Region der Größe (u, v) und verschieben sie um (x, y).

Die gewichtete Summe der quadratischen Grauwertunterschiede dieser beiden Regionen wird mit S bezeichnet und ist durch

$$S_I(x,y) = \sum_u \sum_v w(u,v) \left(I(u,v) - I(u-x, v-y) \right)^2 \qquad (3.12)$$

gegeben. Die Harris-Matrix $\boldsymbol{A}$ wird durch eine Taylorreihen-Approximation von S gefunden:

$$S_I(x,y) \approx S_I(0,0) + (x,y)\nabla S_I + \tfrac{1}{2}(x,y)\boldsymbol{A}\begin{pmatrix} x \\ y \end{pmatrix}, \qquad (3.13)$$

wobei ∇S der Gradientenvektor und die Matrix $\boldsymbol{A}$ die Hessematrix der zweiten Ableitungen von S_I ist. S_I wird an der Stelle $(x,y) = (0,0)$ berechnet. Nach der Definition von S_I verschwinden $S_I(0,0)$ und ∇S_I und es ergibt sich für kleine x und y:

$$S_I(x,y) \approx \tfrac{1}{2}(x,y)\boldsymbol{A}\begin{pmatrix} x \\ y \end{pmatrix}. \qquad (3.14)$$

S_I ist eine Funktion der Grauwerte von $\boldsymbol{I}$. Mit den Ableitungen $\boldsymbol{I}_x := \partial I / \partial x$ und $\boldsymbol{I}_y := \partial I / \partial y$ schreibt sich die Matrix $\boldsymbol{A}$ als

$$\boldsymbol{A} = \sum_u \sum_v w(u,v) \begin{pmatrix} \boldsymbol{I}_x^2 & \boldsymbol{I}_x\boldsymbol{I}_y \\ \boldsymbol{I}_x\boldsymbol{I}_y & \boldsymbol{I}_y^2 \end{pmatrix}. \qquad (3.15)$$

Eine Ecke, bzw. ein interessanter Punkt, wird durch eine große Variation von S_I in *beide* Richtungen des Vektors (x,y) charakterisiert. Dies lässt sich durch die Analyse der Eigenwerte λ_1, λ_2 von $\boldsymbol{A}$ bestimmen. Die Eckenerkennung nach Harris verlangt, wie eingangs intuitiv erklärt, folgende Eigenschaften:

1. Wenn $\lambda_1 \approx 0$ und $\lambda_2 \approx 0$, liegt kein interessanter Punkt vor.

2. Eine Kante liegt vor, wenn $\lambda_1 \approx 0$ und $\lambda_2 = c_1$ und $c_1 \gg 0$ ist.

3. Eine Ecke liegt vor, wenn $\lambda_1 = c_1$, $\lambda_2 = c_2$ und $c_1 \neq c_2$, sowie $c_1 \gg 0$ und $c_2 \gg 0$.

Abbildung 3.13 zeigt ein Ergebnis der Erkennung.

3.2.4 SIFT-Merkmale

SIFT (*Scale-invariant feature transform*) bezeichnet einen Algorithmus zur Detektierung lokaler Merkmale, die größtenteils invariant gegenüber Rotation und Skalierung sind. Diese Eigenschaft lassen die Merkmale in der Robotik

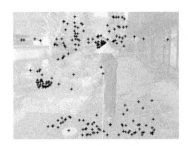

Abbildung 3.13: Ergebnisse einer Harris-Ecken-Detektion.

vielfältige Verwendung finden, beispielsweise zur Objekterkennung, der Berechnung von Tiefenbildern mit Kameras, der Lokalisierung und Kartierung.

Das grundlegende Vorgehen zur Berechnung der Merkmale ist leicht erklärt: In einer Pyramide von gaußverrauschten Versionen des Originalbildes werden Extrema-Pixel detektiert und besonders stabile als Schlüsselpunkte definiert. An allen Schlüsselpunkten werden lokale Intensitätsgradienten (Stärke, Orientierung) berechnet und relativ zu den Gradienten normierte Deskriptoren der Schlüsselpunkt-Umgebungen erzeugt. Dies sind die SIFT-Merkmale. Gaußfaltung und Normierung realisieren eine gewisse Robustheit gegen Variation der Umgebung, wie wechselnde Lichtverhältnisse.

Schließlich sei noch angemerkt, dass die zur Codierung der SIFT-Schlüsselpunkte verwendeten Deskriptoren sich auch als Container für andere Merkmalspunkte anstatt der erwähnten Schlüsselpunkte eignen und entsprechend verwendet werden.

Berechnung der SIFT-Merkmale

Den oben skizzierten vierstufigen Prozess zur Generierung von SIFT-Merkmalen wollen wir nun im Detail beschreiben:

1. **Generierung von Schlüsselpunkten:** In der ersten Stufe werden „interessante" Stellen, genannt Schlüsselpunkte (engl. *keypoints*) identifiziert. Dazu werden k Kopien des Bildes, jeweils mit einem Gaußfilter fester Größe aber steigender Varianz, also $\sigma_i > \sigma_{i-1}$, gefiltert – alternativ führt eine iterative Faltung mit stets demselben Gaußfilter, jeweils auf das Vorgängerbild angewendet, zu dem gleichen Ergebnis. Alsdann werden adjazente Bilder der gefilterten Folge voneinander subtrahiert. Auf diese Weise wird ein effizienter DOG-Filter implementiert, der nach Abbildung 3.10 einen Laplace-Filter (LOG, engl. *Laplacian of Gaussian*) approximiert und Veränderungen im Gradientenverlauf aufzeigt.

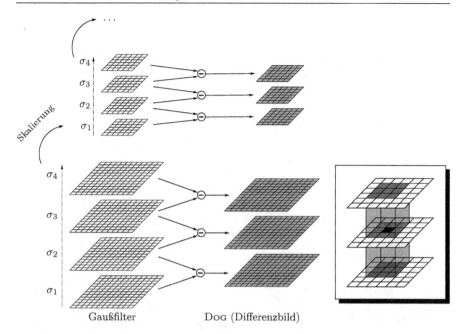

Abbildung 3.14: Links: SIFT-Pyramide zur Schlüsselpunkt-Erkennung. Rechts: Untersuchung der 26-er Nachbarschaft (grau) innerhalb der DoG-Bilderfolge eines Pixels (schwarz). Pixel gelten als extrem, wenn sie maximal/minimal in dieser Nachbarschaft sind. Abbildung erstellt nach [Low04].

Die Serie der gaußgefilterten Bilder sowie der zugehörigen Differenzbilder bilden eine *Epoche*, auch als *Oktave* bezeichnet. Die k Bilder werden nun um den Faktor 2 verkleinert und neue DoG-Differenzbilder generiert. Die auf diese Weise nach mehreren Iterationen gebildete Pyramide (Abbildung 3.14) stellt die Grundlage für die Erkennung von Schlüsselpunkten dar: Dies sind Extrempunkte, also solche Pixel, die in ihrem Wert unter ihren maximal 26 $(= 1 \times 8 + 2 \times 9)$ Nachbarpixeln innerhalb der DoG-Pyramide maximal oder minimal sind, vgl. dazu Abbildung 3.14 (rechts).

2. **Selektion der Schlüsselpunkte:** Nur solche Extrema aus Schritt (1) werden weiter als Schlüsselpunkte betrachtet, die a) sich hinreichend stark von ihren Nachbar-DoG-Pixeln unterscheiden, und b) im Bild nicht auf Kontrastkanten liegen. Auf diese Weise wird die Anzahl reduziert, und solche Punkte werden gelöscht, die wenig stabil sind. Das erste Kriterium wird über einen Schwellwert realisiert, den der betragsmäßige Wert des Extremums überschreiten muss; die Überprüfung des zweiten Kriteriums erfolgt über einen direkten Vergleich der umliegenden Pixel.

3. **Berechnung der Schlüsselorientierung:** Zu dem gaußverrauschten Bild $\boldsymbol{R} = \boldsymbol{G}_{\sigma_i} * \boldsymbol{I}$, aus dem ein Schlüsselpunkt stammt, wird ein *Gra-*

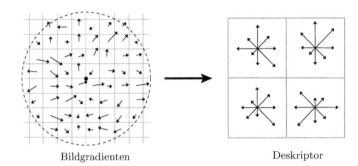

Bildgradienten   Deskriptor

Abbildung 3.15: Erstellung eines SIFT-Deskriptors, hier am Beispiel einer 8×8-Umgebung um den Schlüsselpunkt, und Generierung eines $2 \times 2 \times 8$-Deskriptors. Der Kreis symbolisiert die Gaußgewichtung der Gradienteninformationen, die Längen der Pfeile entsprechen den Magnituden der Gradienten in den entsprechenden Richtungen (links), bzw. den summieren Werten der Histogramm-Bins (rechts). Abbildung erstellt nach [Low04].

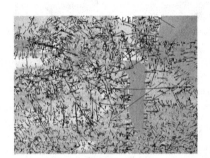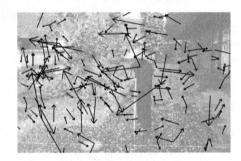

Abbildung 3.16: Beispiel-Ergebnis: SIFT-Deskriptoren auf zwei Beispielbildern. Pfeile geben die Position, Orientierung und Skalierung (= Länge) an. Links: 4805 Schlüsselpunkte in einem Bild der Größe (800×600). Rechts: Das gleiche Bild, reduziert auf (162×121) Pixel, führt zu 174 Schlüsselpunkten.

dientenbild mit Magnitude $\boldsymbol{\Gamma}$ und Orientierung $\boldsymbol{\Theta}$ berechnet:

$$\Gamma(x,y) = \sqrt{\big(R(x+1,y) - R(x-1,y)\big)^2 + \big(R(x,y+1) - R(x,y-1)\big)^2}$$

$$\Theta(x,y) = \mathrm{atan2}\left(\frac{R(x,y+1) - R(x,y-1)}{R(x+1,y) - R(x-1,y)}\right). \tag{3.16}$$

Dabei ist es hinreichend, den Gradienten nur lokal für Punkte innerhalb einer Nachbarschaftsregion der Schlüsselpunkte zu generieren. Alle in dieser Region auf diese Weise berechneten Gradientenpixel werden in einem Winkelhistogramm mit einer Diskretisierung von $10\,°$ (also 36 Balken, engl. *bin* oder *bucket*) eingetragen, gewichtet über eine kreisförmige Gaußverteilung – mit einer Varianz abhängig von der Varianz des gaußverrauschten Bildes, aus dem der Schlüsselpunkt stammt, d.h. $\sigma = 1.5\sigma_i$. Diese Gewichtung führt dazu, dass Gradienteninformationen von zu dem Schlüsselpunkt weiter weg liegenden Pixeln weniger Einfluss haben als von näher liegenden Nachbarpixeln.

Peaks in dem so berechneten Winkelhistogramm entsprechen nun Hauptorientierungen des Punktes. Existiert ein eindeutiges Maximum, so wird dieses dem Schlüsselpunkt als Schlüsselorientierung zugeordnet. Im Falle von mehreren, numerisch recht ähnlichen Maxima wird der Schlüsselpunkt vervielfacht und mit den Orientierungen belegt.

4. **Generierung des Deskriptors:** Die bisherigen Schritte haben Informationen über charakteristische Punkte an festen Position im Bild ergeben, in definierter Skalierung und mit zugeordneter Orientierung. Das führt zu Invarianz gegenüber Translation, Skalierung und Rotation. Der letzte Schritt generiert nun möglichst unterschiedliche Deskriptoren und soll darüber hinaus zudem zu Invarianz gegen Beleuchtungsunterschieden und dergleichen führen.

Die zuvor berechnete Schlüsselorientierung definiert für jeden Schlüsselpunkt ein lokales Bezugssystem. In diesem Koordinatensystem werden nun die Gradienten der Umgebungspixel des Schlüsselpunkts berechnet und quadrantenweise gaußgewichtet zu Histogrammen mit acht vergröberten Gradientenrichtungen zusammengefasst. Das Vorgehen ähnelt somit Schritt (3), die Gradienteninformationen berechnen sich wie oben. Unterschiede liegen in der Diskretisierung in diesmal acht Orientierungen und in der Berechnung von vier getrennten, quadrantenweise aufgestellten Histogrammen. Als Informationen für die Histogramme wird üblicherweise eine Umgebung von 16×16 um den Schlüsselpunkt zu Grunde gelegt, wiederum gaußgewichtet, und pro Quadrant in 2×2 Histogramme (also jeweils nochmals unterteilt) umgerechnet. Somit ergeben sich für jeden Schlüsselpunkt 4×4 Histogramme à 8 Bins, d.h. 128 Parameter. Daneben finden auch andere Konfigurationen wie beispielsweise $2 \times 2 \times 8$-Histogramme Verwendung. Diese Parameter liefern nun einen z.B. 128-dimensionalen Vektor, den SIFT-Deskriptor des Schlüsselpunktes, der letztlich normalisiert wird, um die Invarianz gegen Beleuchtung zu verbessern. Abbildung 3.15 verdeutlicht diesen Schritt.

Abbildung 3.16 zeigt das Ergebnis der Schlüsselpunkt-Suche am gewohnten Beispiel. In Abbildung 5.19 auf Seite 192 werden wir SIFT-Merkmale zum Matching von Bildern benutzen.

3.2.5 SURF-Merkmale

Eine weitere Methode zur Berechnung von Merkmalen in Bildern, die sich eng an SIFT-Merkmalen orientiert, stellen SURF-Merkmale (engl. *Speeded Up*

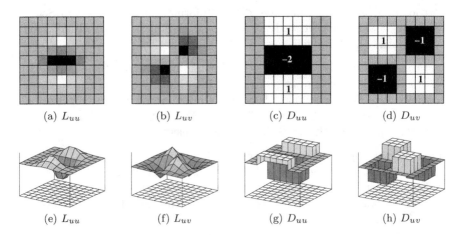

(a) L_{uu} (b) L_{uv} (c) D_{uu} (d) D_{uv}

(e) L_{uu} (f) L_{uv} (g) D_{uu} (h) D_{uv}

Abbildung 3.17: Gauß- und Box-Kernel, hier für $\sigma = 1.2$. (a) und (b): Diskretisierte Gaußverteilungen zweiter Ordnung in vertikaler bzw. diagonaler Richtung (L_{hh} und L_{hv}). (c) und (d) zeigen die Approximationen über Kastenfilter, D_{vv} und D_{hv}. Abbildungen erstellt nach [BTG06]. (e)–(h): Korrespondierende 3D-Darstellungen.

Robust Features) dar. Eines der Kennzeichen, die Geschwindigkeit in der Berechnung, wird erreicht, indem der DOG-Filter der SIFT-Merkmale wiederum approximiert wird. Die recht grobe Approximation geschieht durch einen Kasten-Filter (DOB, engl. *Difference of Boxes*)DOB. Abbildung 3.17 skizziert, wie für eine feste Varianz σ die DOB-Filter realisiert werden.

Die SURF-Schlüsselpunkte werden berechnet über die Auswertung der Hessematrix an einem Punkt, unter variierender Varianz:

$$\mathcal{H}_\sigma(x,y) = \begin{pmatrix} L_{hh,\sigma}(x,y) & L_{hv,\sigma}(x,y) \\ L_{hv,\sigma}(x,y) & L_{vv,\sigma}(x,y) \end{pmatrix} \tag{3.17}$$

Dabei ist L_{hv} die Filterung des Bildes mit einem LOG-Filter $\frac{\partial^2}{\partial hv}G$; L_{hh}, L_{vv} sind entsprechend definiert. Wie bereits erwähnt, wird der LOG- durch einen DOB-Filter angenähert, der die Filtermasken D_{hh}, D_{hv}, D_{vv} liefert. Dies führt zu einer approximierten Hessematrix $\mathcal{H}^{\mathrm{apprx}}$, die im Folgenden Grundlage der Schlüsselpunkt-Detektion sein wird.

SURF-Deskriptoren werden analog SIFT-Deskriptoren wie im vorigen Abschnitt berechnet:

1. **Generierung von Schlüsselpunkten:** Potenziell interessante Punkte, also Schlüsselpunkte, werden durch Maxima der Determinante der Hessematrix bestimmt. Diese wird approximiert über

$$\det(\boldsymbol{\mathcal{H}}^{\mathrm{apprx}}) = \boldsymbol{D}_{hh}\boldsymbol{D}_{vv} - \big(0.9 \cdot \boldsymbol{D}_{hv}\big)^2 \; . \tag{3.18}$$

Die Suche erfolgt nun analog zu der Untersuchung der $3 \times 3 \times 3$-Nachbarschaft eines Pixels innerhalb der DoG-Pyramide (Abbildung 3.14, rechts). Das Vorgehen unterscheidet sich lediglich dadurch, dass eine Nicht-Maximums-Unterdrückung innerhalb der Pyramide durchgeführt wird, weshalb nachfolgend die tatsächliche Position des Schlüsselpunktes innerhalb eines Bildes und einer Skalierungsstufe interpoliert werden müssen. Details dazu sind in [BL02] beschrieben.

2. **Selektion der Schlüsselpunkte:** Eine explizite Selektion von „guten" Schlüsselpunkten findet nicht statt, da ein vergleichbarer Schritt implizit aus der Bestimmung der Schlüsselpunkte in (1) durch die Nicht-Maximums-Unterdrückung und Interpolation resultiert.

3. **Berechnung der Schlüsselorientierung:** Um invariant gegen Rotation zu sein, werden den Schlüsselpunkten reproduzierbare Orientierungen zugewiesen. Dazu werden innerhalb eines festen Radius um den Punkt Haar-Merkmale (vgl. Abschnitt 3.2.6) in horizontaler und vertikaler Richtung, also entlang der x- bzw. y-Achse, berechnet. Diese werden dann gaußgewichtet und als 2D-Vektoren in einem Koordinatensystem betrachtet, das aufgespannt wird, indem das Ergebnis des jeweiligen horizontalen Haar-Merkmals, d_h, gegen das des vertikalen (d_v) aufgetragen wird. Das System wird nun diskretisiert und Vektoren, die durch die Diskretisierung zusammen fallen, aufsummiert; der längste so berechnete Vektor definiert nun die Hauptorientierung.

4. **Generierung des Deskriptors:** Zur Berechnung des Deskriptors wird ein rechteckiger Bereich um den Schlüsselpunkt an dessen Hauptorientierung ausgerichtet (sofern Rotationsinvarianz gewünscht), dann in 4×4 Unterregionen aufgeteilt. Diese Unterteilung soll helfen, räumliche Charakteristiken in der Umgebung des Schlüsselpunktes widerzuspiegeln: In jeder Unterregion werden an ausgewählten Stichproben (engl. *samples*) wiederum die Haar-Merkmale (d_h, d_v) berechnet, in Abhängigkeit ihrer Entfernung vom Schlüsselpunkt gaußgewichtet und pro Region zu einem Merkmalsvektor $\boldsymbol{V}$ gespeichert:

$$\boldsymbol{V} = \Big(\sum d_h, \sum d_v, \sum |d_h|, \sum |d_v|\Big)^T \; . \tag{3.19}$$

Die absoluten Einträge liefern dabei Informationen über die Polarität der Änderungen in der Helligkeit.

Für jede der 4×4 Regionen wird solch ein 4-Vektor berechnet, konkateniert zu einem Deskriptor der Länge 64. Invarianz gegen Beleuchtung entsteht durch die verwendeten Haar-Merkmale, gegen Skalierung durch Normierung des Vektors.

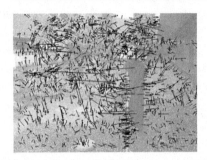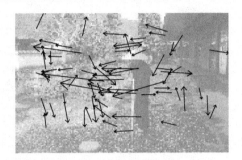

Abbildung 3.18: SURF-Deskriptoren auf dem Beispielbild. Pfeile geben die Position, Orientierung und Skalierung (= Länge) an. Links: 1693 Schlüsselpunkte in einem Bild der Größe (800 × 600). Rechts: Das gleiche Bild, reduziert auf (162 × 121) Pixel, führt zu 71 Schlüsselpunkten.

Das Ergebnis der Berechnung ist am Beispiel in Abbildung 3.18 dargestellt. Abbildung 5.20 (Seite 192) zeigt die Benutzung von SURF-Merkmalen zum Matching von Bildern.

Zu dem oben beschriebenen Vorgehen existieren einige Varianten, zum Beispiel:

SURF-128 gebildet aus Unterregions-Vektoren der Länge 8, indem nach dem Vorzeichen der Haar-Merkmale unterschieden wird: So liefert der Eintrag $\sum d_h$ des 4-Vektors V nun zwei Einträge, $\sum_{d_v < 0} d_h$, $\sum_{d_v \geq 0} d_h$; für die anderen drei Einträge entsprechend.

U-SURF ist schneller zu berechnen, da die Bestimmung der Hauptorientierung weggelassen wird. Diese Merkmale liefern unter Umständen sogar bessere Ergebnisse, sind allerdings nicht mehr rotationsinvariant.

Ein weiterer Unterschied zu Standard-SIFT-Merkmalen besteht in der Möglichkeit, zu jedem Schlüsselpunkt neben der Determinante der approximierten Hessematrix auch das Vorzeichen der Spur (also der Summe der Diagonalelemente) der Matrix zu speichern. Dies ermöglicht einen performanteren Vergleich von Merkmalen, da nur jene in Betracht gezogen werden müssen, die das gleiche Vorzeichen aufweisen. Dieses Vorgehen ist intuitiv zu motivieren, da die Unterscheidung von hellen Blobs (also Strukturen, die mit den Schlüsselpunkten koinzidieren) auf dunklem Hintergrund, versus dem invertierten Fall, mit einem positiven respektive negativen Vorzeichen korreliert. Ferner wird ein weiterer Geschwindigkeitsvorteil erreicht durch Benutzung von Integralbildern, die im nachfolgenden Abschnitt näher beschrieben werden. Da jedes Pixel eines Integralbilds die Summe der Pixel des Originalbildes innerhalb eines rechteckigen Bereiches bis zu dieser Stelle darstellt, ist die Anwendung des Kasten-Filters sehr effizient und ohne iterative Verkleinerung und Filterung des Bildes implementierbar und somit auch leicht parallelisierbar.

Abbildung 3.19: Haar-Merkmale zur Objekterkennung. Kanten-, Linien-, Diagonal-, und center-surround-Merkmale.

3.2.6 Haar-Merkmale

Die nun vorgestellten Merkmale haben die gleiche Struktur wie die Haar-Funktionen, mit denen Wavelets dargestellt werden können: Gegeben sei $f_{\text{Haar}}: \mathbb{R} \to [-1, 1]$, mit

$$f(x) = \begin{cases} -1 & 0 \le x \le 1/2 \\ 1 & 1/2 \le x \le 1 \\ 0 & \text{sonst} . \end{cases} \quad (3.20)$$

Diese Haar-Funktionen sind Schrittfunktionen und werden auch in verwendet. Abbildung 3.19 zeigt die 6 Basisfunktionen, d.h. die Kanten-, Linien-, Diagonal-, und center-surround-Merkmale. In einem Basisdetektor der Größe von z.B. 30×30 Pixel werden alle möglichen Merkmale generiert. Für einen 30×30 Detektor ergeben sich mehr als 180000 Merkmale.

Die Haar-Merkmale lassen sich effizient auswerten, indem Integralbilder verwendet werden (engl. *integral images* oder *summed area tables*). Ein Integralbild $\mathcal{I}$ eines Bildes I ist eine Zwischenrepräsentation für das Bild mit einer Breite x und Höhe y und enthält die Summe der Pixelwerte aus N:

$$\mathcal{I}(x, y) = \sum_{x' \le x} \sum_{y' \le y} I(x', y') . \quad (3.21)$$

Das Integralbild wird rekursiv durch folgende Formel bestimmt:

$$\mathcal{I}(x, y) = \mathcal{I}(x, y - 1) + \mathcal{I}(x - 1, y) - \mathcal{I}(x - 1, y - 1) \quad (3.22)$$

mit $\mathcal{I}(-1, y) = \mathcal{I}(x, -1) = \mathcal{I}(-1, -1) = 0$. Demnach benötigt die Berechnung von $\mathcal{I}$ nur einen einzigen Zugriff auf die Eingabedaten. Das Zwischenergebnis Integralbild erlaubt die Berechnung einzelner Rechteckmerkmale der Breite (h, w) an Pixel (x, y) durch vier Referenzen auf das Integralbild (vgl. Abbildung 3.20):

$$\begin{aligned} F(x, y, h, w) = \; & \mathcal{I}(x, y) + \mathcal{I}(x + w, y + h) \\ & - \mathcal{I}(x, y + h) - \mathcal{I}(x + w, y) . \end{aligned} \quad (3.23)$$

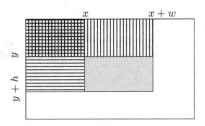

Abbildung 3.20: Die Berechnung der Haar-Merkmalswerte f in der schattierten Region basiert auf den Integralwerten der 4 linken oberen Rechtecke.

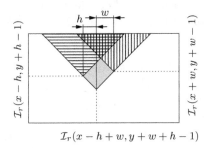

Abbildung 3.21: Die Fläche von rotierten Merkmalen basiert auf den Integralwerten der 4 schraffierten Rechtecke.

Zur Bestimmung von um $45°$ rotierten Merkmalen wurden rotierte Integralbilder eingeführt. Diese enthalten die Summen über die Pixel eines Rechtecks, das um $45°$ gedreht wurde. Die untere Spitze befindet sich bei (x, y) (vgl. Abbildung 3.21, rechts):

$$\mathcal{I}_r(x,y) = \sum_{x'=0}^{x} \sum_{y'=0}^{x-|x'-y|} I(x',y') \,. \tag{3.24}$$

Da alle Merkmale aus Rechtecken zusammengesetzt sind, lassen sie sich durch das Referenzieren des Integralbildes und gewichtete Subtraktionen bestimmen. Die Gewichtung geschieht dabei proportional zu den Flächen der weißen und schwarzen Bereiche.

Um ein Merkmal f_i zu detektieren, benötigt man einen Schwellwert. Ist die Auswertung eines Merkmals über einen Bildbereich größer als der Schwellwert, gilt das Merkmal als erkannt.

3.3 Stereobildverarbeitung

Abschnitt 2.6.2 hat bereits Stereokameras als Sensoren für Entfernungsinformationen vorgestellt und die beiden zu lösenden Aufgaben erwähnt, nämlich die Kamerakalibrierung und das Lösen des Korrespondenzproblems. In diesem Kapitel beschäftigen wir uns zunächst mit dem Rektifizieren der Kamerabilder, einer speziellen Kalibrierungsmethode, um zu so genannten Orthophotos zu kommen. In solchen Bildpaaren lässt sich das Korrespondenzproblem durch eine Suche entlang einer horizontalen Linie lösen.

Seien zunächst zwei Kameras wie in Abbildung 2.39 gegeben. Die 2D-Bildpunkte der Bilder haben 3D-Koordinaten, also die Raumkoordinaten der CCD-Zellen. Für zwei korrespondierende Punkte $\hat{p}_l, \hat{p}_r \in \mathbb{R}^3$ seien die 3D-Koordinaten $p_l, p_r \in \mathbb{R}^3$ der Bildpunkte bekannt. Eine Transformation der beiden Kamerakoordinatensysteme ergibt folgende Gleichung:

$$\hat{p}_r = R(\hat{p}_l - t) \,, \tag{3.25}$$

wobei die Transformation von einem Kamerakoordinatensystem in das andere mit einer Rotation R und einer Translation t beschrieben ist. Die Kamerazentren o_l, o_r, der Punkt $\hat{p}$, sowie deren Projektionen liegen in einer Ebene. Daher sind die Vektoren $t, \hat{p}_l, \hat{p}_l - t$ koplanar und es gilt

$$0 = (\hat{p}_l - t)^T (t \times \hat{p}_l) \,. \tag{3.26}$$

Einsetzen von (3.25) in (3.26) ergibt

$$0 = (R^T \hat{p}_r)^T (t \times \hat{p}_l) \qquad \text{bzw.} \tag{3.27}$$
$$= (R^T \hat{p}_r)^T T \hat{p}_l$$
$$= \hat{p}_r^T R T \hat{p}_l \,.$$

Dabei wurde das Kreuzprodukt als Matrix-Vektor-Multiplikation geschrieben:

$$t \times \hat{p}_l = T \hat{p}_l \qquad \text{mit} \quad T = \begin{pmatrix} 0 & -t_z & t_y \\ t_z & 0 & -t_x \\ -t_y & t_x & 0 \end{pmatrix} \,. \tag{3.28}$$

Die Multiplikation $E = RT$ wird *essentielle Matrix* genannt. Sie beinhaltet die gesuchte Rotation und Translation. Für die Bildpunkte p_l und p_r kann analog geschlussfolgert werden:

$$\hat{p}_r^T E \hat{p}_l = 0 \quad \Rightarrow \quad p_r^T E p_l = 0 \,. \tag{3.29}$$

Die essentielle Matrix E hat spezielle Eigenschaften, die in den folgenden Sätzen ausgedrückt werden können. Die Definition von E indiziert eine Bedingung in die Bildkoordinaten für einen Punkt x.

Lemma 2. t_0 *ist der Eigenvektor von* E^T, *der mit dem 0-Eigenwert korrespondiert.*

Beweis. Sei x ein beliebiger Punkt. Es gilt für $\hat{x}_r$ und $\hat{x}_r$:

$$\hat{x}_r^T E \hat{x}_r = (\hat{x}_r - t)^T R^T E^T \hat{x}_r \qquad (\textit{Nach Definition (3.25)})$$
$$= (\hat{x}_r - t)^T R^T R T \hat{x}_r \qquad (\textit{Definition der essentiellen Matrix})$$
$$= (\hat{x}_r - t)^T T \hat{x}_r \qquad (\textit{für Rotationsmatrizen gilt: } R^T R = 1)$$
$$= 0 \qquad (\textit{für } t = t_0)$$

$\square$

Lemma 3. *Die Singulärwertzerlegung von* E *ergibt* $E = USV$ *mit den Singulärwerten* $\sigma_0 = 1$, $\sigma_1 = 1$ *und* $\sigma_2 = 0$.

Beweis. Siehe [HF89]. $\square$

Die Singulärwertzerlegung (engl. *Singular Value Decomposition, SVD*, vgl. Kapitel A.3) $E = USV$ ergibt die orthonormalen Matrizen U und V. S ist eine Diagonalmatrix, die die Singulärwerte σ_i enthält:

$$S = \begin{pmatrix} \sigma_0 & 0 & 0 \\ 0 & \sigma_1 & 0 \\ 0 & 0 & \sigma_3 \end{pmatrix} . \tag{3.30}$$

Lemma 4. *Es gilt:* $\|E\|^2 = \text{Spur } E^T E = 2$.

Beweis. Siehe [HF89]. $\square$

Leider sind die 3D-Bildkoordinaten $p_l, p_r \in \mathbb{R}^3$ in der Regel unbekannt. Nur die 2D-Bildkoordinaten liegen im Bildkoordinatensystem vor: $\bar{p}_l = (u_l, v_l, 1)^T \in \mathbb{R}^3$ und $\bar{p}_r = (u_r, v_r, 1)^T \in \mathbb{R}^3$. Der Übergang von der essentiellen Matrix E zur *fundamentalen Matrix* F trägt dem Rechnung:

$$p_r^T E p_l = 0 \quad \Rightarrow \quad \bar{p}_r^T F \bar{p}_l = 0 . \tag{3.31}$$

Die fundamentale Matrix enthält die Abbildungsfunktion der Kameras (vgl. Formel (2.14)):

$$F = M_r^{-1} E M_l^{-1} \quad \text{mit} \quad M = \begin{pmatrix} \alpha_x & 0 & u_0 \\ 0 & \alpha_y & v_0 \\ 0 & 0 & 1 \end{pmatrix} . \tag{3.32}$$

Für die Berechnung der Matrix F wurde der 8-Punkte-Algorithmus entwickelt. Eingabe sind $n \geq 8$ Punktkorrespondenzen, die in der Minimierung von

$$\operatorname{argmin}_F (\bar{p}_r F \bar{p}_l)^2 \tag{3.33}$$

münden. Gesucht ist hier die Matrix F, die die Punktabstände minimiert. Das Problem wird auf ein Problem der kleinsten Quadrate zurückgeführt und folgender Term minimiert:

$$\min_F \| A f \| . \tag{3.34}$$

Dabei wird die 3×3 Matrix F als Vektor f mit 9 Einträgen dargestellt und das Matrix-Vektor-Produkt ausgeschrieben:

$$u_{l,1}u_{r,1}f_{1,1} + u_{l,1}v_{r,1}f_{1,2} + u_{l,1}f_{1,3} + v_{l,1}u_{r,1}f_{2,1} + v_{l,1}v_{r,1}f_{2,2} + $$
$$v_{l,1}f_{2,3} + u_{r,1}f_{3,1} + v_{r,1}f_{3,2} + f_{3,3} = 0 . \tag{3.35}$$

Die Matrix A ist mit Hilfe aller Punktkorrespondenzen in (3.34) definiert als

$$A = \begin{pmatrix} u_{l,1}u_{r,1} & u_{l,1}v_{r,1} & u_{l,1} & v_{l,1}u_{r,1} & v_{l,1}v_{r,1} & v_{l,1} & u_{r,1} & v_{r,1} & 1 \\ u_{l,2}u_{r,2} & u_{l,2}v_{r,2} & u_{l,2} & v_{l,2}u_{r,2} & v_{l,2}v_{r,2} & v_{l,2} & u_{r,2} & v_{r,2} & 1 \\ & & & \vdots & & & & & \\ u_{l,n}u_{r,n} & u_{l,n}v_{r,n} & u_{l,n} & v_{l,n}u_{r,n} & v_{l,n}v_{r,n} & v_{l,n} & u_{r,n} & v_{r,n} & 1 \end{pmatrix} . \tag{3.36}$$

Jedes Punktpaar ergibt also eine Gleichung. Das Minimierungsproblem wird mit Hilfe der Singulärwertzerlegung gelöst: $A = USV$, wobei U und V orthonormale Matrizen sind. S ist eine Diagonalmatrix, die die Singulärwerte σ_i enthält:

$$S = \begin{pmatrix} \sigma_0 & 0 & \cdots & 0 \\ 0 & \sigma_1 & \cdots & 0 \\ & \vdots & \ddots & 0 \\ 0 & 0 & \cdots & \sigma_9 \end{pmatrix} . \tag{3.37}$$

Die Singulärwerte sind sogar der Größe nach sortiert: $\sigma_0 > \sigma_1 > \cdots > \sigma_9$. Verwendet man genau 8 Punkte, ist σ_9 immer Null, da 8 Gleichungen mit 9

Unbekannten vorliegen. Die mit der SVD bestimmte initiale Schätzung sei die Matrix $F_{est} = V$, die nun nachbearbeitet werden muss, um den Rang 2 zu garantieren (vgl. Lemma 3). Dazu wird wiederum die Singulärwertzerlegung angewandt, diesmal auf die Matrix F_{est}.

$$F_{est} = USV = U \begin{pmatrix} \sigma_0 & 0 & 0 \\ 0 & \sigma_1 & 0 \\ 0 & 0 & \sigma_2 \end{pmatrix} V \,. \tag{3.38}$$

Der kleinste der drei Singulärwerte wird Null gesetzt ($\sigma_2 = 0$) und die resultierende Matrix als S' bezeichnet. Letztendlich ergibt sich die fundamentale Matrix als:

$$F = US'V \,. \tag{3.39}$$

Mit Hilfe der Matrix F lassen sich die Bilder rektifizieren. Abbildungen 2.40 und 3.22 zeigen rektifizierte Bildpaare. In rektifizierten Bildern befinden sich die Korrespondenzen auf den horizontalen Scanlinien. Leider sind so die Korrespondenzen nicht eindeutig bestimmbar. Zu einem Pixel im linken Bild gibt es viele im rechten, die den gleichen oder einen ähnlichen Grauwert aufweisen. Da die Kameras die Szene auch noch aus unterschiedlichen Perspektiven wahrnehmen, sind die Helligkeiten in beiden Bildern unterschiedlich. Aus diesen Gründen werden keine Pixelkorrespondenzen bestimmt, sondern Bildbereiche verglichen (vgl. Abbildung 3.22). Für den Vergleich solcher Bildbereiche wurden unterschiedliche Ähnlichkeitsfunktionen entwickelt, beispielsweise

$$\sum_{[i,j] \in R} \big(f(i,j) - g(i,j) \big)^2 \tag{3.40}$$

oder

$$\sum_{[i,j] \in R} f(i,j) g(i,j) \,. \tag{3.41}$$

Hier wurden die Bilder mit f und g bezeichnet. Der Term (3.40) ist die Summe der quadratischen Abstände (vgl. auch (3.12)) und muss minimiert werden. Sind die Bildregionen identisch, ist der numerische Wert 0. Der Term (3.41) wird als Kreuzkorrelation bezeichnet und für gleiche Bildregionen zeigt sie ein Maximum, wobei helle Regionen bevorzugt werden.

Abbildung 3.23 zeigt zwei Ergebnisse der Disparitätsbestimmung. Der Vergleich von Bildregionen zur Bestimmung von Disparitäten ist lediglich eine Approximation, da unter Umständen Weltpunkte nur von einer Kamera aufgenommen werden und keinen korrespondierenden Punkt im zweiten Bild haben.

(b)

(a)

Abbildung 3.22: Rektifizierte Stereobilder erlauben es, korrespondierende Punkte entlang einer horizontalen Linie zu finden. Da viele Pixelwerte auf der Linie (a) gleich sind, verwendet man einen Ausschnittsvergleich (b).

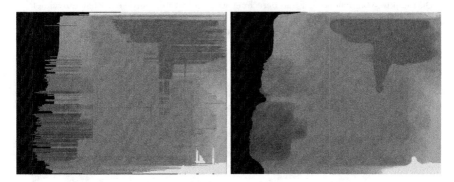

Abbildung 3.23: Disparitätsbilder gewonnen aus den rektifizierten Bildern der Abbildung 3.22: Links: Ergebnisse bei der Verwendung eines kleinen Bildausschnitts. Rechts: Großes Vergleichsfenster.

Neben dem Fenstervergleich gibt es noch merkmalsbasierte Verfahren, die korrespondierende Merkmale finden, beispielsweise SIFT-Merkmale (siehe Abschnitt 3.2.4). Hier lässt sich allerdings die Tiefe, bzw. die 3D-Information nur an den Merkmalspunkten berechnen und es entstehen nicht-dichte Sensoreindrücke.

3.4 Optischer Fluss und Struktur aus Bewegung

3.4.1 Optischer Fluss

Als optischen Fluss (engl. *optical flow*) bezeichnet man in der Bildverarbeitung ein Vektorfeld, das die 2D-Bewegungsrichtung und -Geschwindigkeit für jeden Bildpunkt einer Bildsequenz angibt. Der optische Fluss wird von den auf die Bildebene projizierten Geschwindigkeitsvektoren von sichtbaren Objekten

Abbildung 3.24: Optischer Fluss, wie er sich bei einer Autofahrt darstellt. An die Bildpunkte, von denen der Fluss berechnet werden konnte, wurde ein Pfeil gezeichnet, der die Bewegungsrichtung zwischen zwei Bildern angibt. Die Kamera bewegt sich in der Szene nach links. Die dargestellten Autos bewegen sich nach vorne rechts.

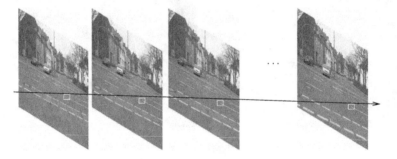

Abbildung 3.25: Ein Punkt weist in einer Sequenz von Bildern Helligkeitskonstanz, räumliche Kohärenz und zeitliche Persistenz auf.

gebildet. Abbildung 3.24 gibt ein Beispiel. Die Berechnung des optischen Flusses macht folgende drei Annahmen (vgl. Abbildung 3.25):

Helligkeitskonstanz besagt, dass die durch die Kamera gemessene Helligkeit einer Region zwischen zwei Bildern in etwa konstant bleibt.

Räumliche Kohärenz bedeutet, dass benachbarte Punkte in einer Szene typischerweise zu der gleichen Oberfläche gehören und daher ähnliche räumliche Bewegungen zeigen. Dies spiegelt sich auch in den Bildpunkten wider.

Zeitliche Persistenz ist die Annahme, dass sich die Bewegung eines Bildpunktes nur allmählich über die Zeit ändert.

Seien $I(x, y, t)$ die Bildpunkte des Bildes I zum Zeitpunkt t, und u die horizontale, bzw. v die vertikale Geschwindigkeit eines Bildpunktes. Unter der Helligkeitskonstanzannahme gilt:

$$I(x + u, y + v, t + 1) = I(x, y, t) \ . \tag{3.42}$$

Da sich die Helligkeit nicht verändert, ist die Ableitung des Terms nach der Zeit gleich Null

$$\left.\frac{\partial I}{\partial x}\right|_t \left(\frac{\partial x}{\partial t}\right) + \left.\frac{\partial I}{\partial y}\right|_t \left(\frac{\partial y}{\partial t}\right) + \left.\frac{\partial I}{\partial t}\right|_{x(t)} = 0 \tag{3.43}$$

und somit

$$\left.\frac{\partial I}{\partial x}\right|_t u + \left.\frac{\partial I}{\partial y}\right|_t v + \left.\frac{\partial I}{\partial t}\right|_{x(t)} = 0 \tag{3.44}$$

$$\nabla I^T \boldsymbol{u} = -\boldsymbol{I}_t \tag{3.45}$$

mit $\boldsymbol{u} = \begin{pmatrix} u \\ v \end{pmatrix}$ und $\nabla I = \begin{pmatrix} \boldsymbol{I}_x \\ \boldsymbol{I}_y \end{pmatrix}$.

Gleichung (3.44) bzw. (3.45) wurde für den Bildpunkt (x, y) aufgestellt und enthält zwei unbekannte Variablen (u, v). Da dadurch keine eindeutige Lösung bestimmt ist, bedient man sich eines Tricks: Statt nur einen Bildpunkt zu betrachten, wird eine Region betrachtet. Die Annahme von räumlicher Kohärenz rechtfertigt dieses Vorgehen. Betrachtet man beispielsweise eine Bildregion der Größe 5×5 mit den Pixeln $\boldsymbol{p}_1, \ldots \boldsymbol{p}_{25}$, ergeben sich 25 Gleichungen:

$$\nabla I^T(\boldsymbol{p}_i)\boldsymbol{u} = -\boldsymbol{I}_t(\boldsymbol{p}_i) \ . \tag{3.46}$$

Umschreiben ergibt

$$\underbrace{\begin{pmatrix} I_x(\boldsymbol{p}_1) & I_y(\boldsymbol{p}_1) \\ \vdots & \vdots \\ I_x(\boldsymbol{p}_{25}) & I_y(\boldsymbol{p}_{25}) \end{pmatrix}}_{\boldsymbol{A}} \underbrace{\begin{pmatrix} u \\ v \end{pmatrix}}_{\boldsymbol{u}} = -\underbrace{\begin{pmatrix} I_t(\boldsymbol{p}_1) \\ \vdots \\ I_t(\boldsymbol{p}_{25}) \end{pmatrix}}_{\boldsymbol{b}} \ . \tag{3.47}$$

Nun haben wir mehr Gleichungen als Unbekannte und können (3.47) als Optimierungsproblem auffassen und $\|\boldsymbol{A}\boldsymbol{u} - \boldsymbol{b}\|^2$ minimieren. Die Lösung geschieht mit Hilfe der Methode der kleinsten Quadrate (vgl. Anhang A.3):

$$\underbrace{(\boldsymbol{A}^T\boldsymbol{A})}_{} \qquad \boldsymbol{u} = \qquad \boldsymbol{A}^T\boldsymbol{b}$$

$$\begin{pmatrix} \sum_{i=1}^{25} I_x(\boldsymbol{p}_i)I_x(\boldsymbol{p}_i) & \sum_{i=1}^{25} I_x(\boldsymbol{p}_i)I_y(\boldsymbol{p}_i) \\ \sum_{i=1}^{25} I_y(\boldsymbol{p}_i)I_x(\boldsymbol{p}_i) & \sum_{i=1}^{25} I_y(\boldsymbol{p}_i)I_y(\boldsymbol{p}_i) \end{pmatrix} \begin{pmatrix} u \\ v \end{pmatrix} = -\begin{pmatrix} \sum_{i=1}^{25} I_x(\boldsymbol{p}_i)I_t(\boldsymbol{p}_i) \\ \sum_{i=1}^{25} I_y(\boldsymbol{p}_i)I_t(\boldsymbol{p}_i) \end{pmatrix} \ . \tag{3.48}$$

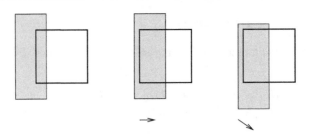

Abbildung 3.26: Das Apertur-Problem. Links: Ausgangsbild. Mitte: Bewegung des grauen Streifens nach rechts. Rechts: Bewegung diagonal von links-oben nach rechts-unten. Lokal sind beide Bewegungen nicht zu unterscheiden.

Die Matrix auf der linken Seite hat die gleiche Form wie die Matrix, mit der Ecken nach Harris berechnet wurden (vgl. Gleichung (3.15)). Demnach können wir Bildregionen analysieren und feststellen, ob sie sich für die Berechnung des optischen Flusses eignen. Der Lucas/Kanade-Algorithmus definiert eine Reihe von Kriterien, die an $A^T A$ gestellt werden, um gute Bereiche zu identifizieren. Ecken eignen sich besonders gut für die Berechnung des optischen Flusses (vgl. Abbildung 3.24). Interessanterweise benötigt diese Analyse nur ein Bild der Sequenz.

Durch Verwenden von Bildregionen statt einzelner Pixel tritt das *Apertur-Problem* zu Tage. Es ist eine Konsequenz aus der Mehrdeutigkeit der ein-dimensionalen Bewegung eines einfachen Musters in einer Region. In Abbildung 3.26 ist ein solcher Fall dargestellt. Anhand der Bildregion ist nicht klar, ob eine horizontale Bewegung oder eine Diagonalbewegung stattgefunden hat.

Der optische Fluss nach Lucas/Kanade wird auf eine Bildpyramide angewendet, um sicherzustellen, dass die Bewegung zwischen den Bildern der Sequenz klein genug ist. Dies garantiert bessere Ergebnisse. Neben dem Lucas/Kanade-Fluss existieren weitere Methoden, den optischen Fluss zu berechnen. Die bekannteste weitere Methode ist der Horn/Schunk-Algorithmus, der ein dichtes Feld von Geschwindigkeitsvektoren zu berechnen versucht.

3.4.2 Struktur aus Bewegung

Ist eine Sequenz von Bildern gegeben, lassen sich in der Sequenz Merkmale extrahieren und verfolgen, bzw. lässt sich der optische Fluss ausrechnen. Aus korrespondierenden Merkmalen sollten sich sowohl die Sensorbewegung als auch die 3D-Struktur der Szene, d.h. die 3D-Koordinaten der Punkte, ausrechnen lassen. Liegen zwei Bilder vor, kann analog des Abschnitts 3.3 (Stereobildverarbeitung) gerechnet werden. Die zweite Kamera ist nicht fest mit der ersten verbunden, sondern wird durch nachfolgende Bilder einer einzigen Kamera ersetzt. Die *Baseline* ist die Verschiebung der Kamera während der Bewegung.

Um die Kamerabewegung aus den Merkmalen zu schätzen, kommt der in Abschnitt 3.3 vorgestellte 8-Punkte-Algorithmus zum Einsatz. Algorithmen, die die Struktur aus Bewegung (engl. *structure from motion*) berechnen, nehmen mehr als zwei Bilder auf, in denen jeweils die Merkmale extrahiert und zugeordnet werden. Angenommen, m Bilder werden aufgenommen, aus denen n Merkmale extrahiert wurden. Somit müssen $6m + 3n$ Unbekannte bestimmt werden: 3 für die Rotation und 3 für die Translation jeder Kamera, die das Bild erzeugt hat, sowie 3 für jeden Merkmalspunkt. Durch einfache Überlegungen lässt sich die Anzahl der Unbekannten reduzieren, jedoch vereinfacht sich das Problem nicht wesentlich. Auch kann angemerkt werden, dass es zur Zeit keine geschlossene Lösung für das Problem „Struktur aus Bewegung" gibt. Zwar lassen sich Fehlerfunktionen aufstellen und mit Gradientenabstiegsverfahren lösen, doch oftmals konvergieren diese Ansätze nicht oder zu einem falschen Minimum hin.

Auch wurde vorgeschlagen, die perspektivische Abbildung an der Kamera näherungsweise durch Parallelprojektion zu ersetzen. Zusätzlich lässt sich die euklidische Geometrie durch affine Geometrie ersetzen. Damit kann man das das „Struktur aus Bewegung"-Problem näherungsweise geschlossen lösen. Diese Lösung wird anschließend als Startwert für einen Gradientenabstieg einer Fehlerfunktion verwendet, die die eigentliche Abbildungsvorschrift beinhaltet. Dies führt häufig zur korrekten Lösung des Problems.

Bemerkungen zur Literatur

Die Linienerkennung über Tangentiallinien wurde von Lu/Milios in [LM97b] eingeführt. Einen Überblick über die Hough-Transformation sowie unterschiedliche Erweiterungen liefert die Arbeit von Kälviäinen [Käl94]. Das Java-Applet unter [Tec] demonstriert recht intuitiv die Vorgehensweise.

Als weiterführende Lektüre zum Thema Bildverarbeitung im Allgemeinen sei [FP02] empfohlen. Dort finden sich auch ausführliche Darstellungen der üblichen Bildfilter.

Ausführlichere Darstellung zu SIFT-Merkmalen sind in [Low04,SLL02,Low99] zu finden. Details der Berechnung von SURF-Merkmalen sind in [BTG06] beschrieben. [VL07] liefert qualitative und quantitative Vergleiche der beiden Algorithmen sowie unterschiedlicher Parameterkonfigurationen.

Haar-Merkmale basieren auf Funktionen, die von Alfred Haar im Jahr 1910 eingeführt wurden [Haa10]. In der Bildverarbeitung wurden diese Schrittfunktionen beispielsweise von [LM02, POP98, VJ04] erfolgreich eingesetzt. Dabei dienen sie zur Erzeugung von Haar-Merkmalen. [LM02] gibt Details zur Anzahlberechnung von Haar-Merkmalen innerhalb eines Detektors. Haar-Merkmale eingen sich besonders im Zusammenspiel mit Integralbildern [VJ01, VJ04], so dass sogar rotierte Integralbilder eingeführt wurden [LM02].

Das vorgestellte Verfahren zur Berechnung des optischen Flusses geht auf Lucas und Kanade zurück, die die angegebenen Gleichungen 1981 aufstellten [LK81]. Zeitgleich wurde auch der Horn/Schunk-Algorithmus entwickelt [HS81].

Das „Struktur aus Bewegung"-Problem ist sehr ähnlich zu GraphSLAM, das wir in Abschnitt 6.4.1 behandeln. In der Bildverarbeitung wird es auch häufig Bündelblockausgleichung (engl. *bundle adjustment*) genannt. Die zu Grunde liegenden Optimierungslösungen werden vollständig in [TMHF00] angegeben. Das „Struktur aus Bewegung"-Problem erweitert die Bündelblockausgleichung dahingehend, dass die Bildmerkmale und Korrespondenzen automatisch bestimmt werden. Um eine gute Initalschätzung für das „Struktur aus Bewegung"-Problem zu erzeugen, haben Tomasi und Kanade vorgeschlagen, die perspektivische Abbildung an der Kamera näherungsweise durch Parallelprojektion zu ersetzen [TK92]. Aktuelle Software arbeitet vollständig automatisch [SSS06, SSS08].

Aufgaben

Für die folgenden Aufgaben benötigen Sie Sensordaten. Diese können natürlich mit eigener Hardware aufgenommen werden. Alternativ stehen auf http://www.mobile-roboter-dasbuch.de Daten zur Bearbeitung der Aufgaben bereit. Darüber hinaus finden Sie dort auch eine Anleitung, um eine eigene Simulationsumgebung aufzubauen.

Die Programme der Übungen 3.1–3.3 sollen als Eingabe Laserscan-Daten, also diskrete Messpunkte, erwarten. Die weiteren Aufgaben arbeiten auf Kamera-Daten.

Übung 3.1. Implementieren Sie einen Median-Filter der Größe k auf Laserscan-Daten. Der Wert von k soll variabel und spezifizierbar sein. Sie werden (insbesondere bei größerem k) dabei bemerken, dass sich die Daten auch an Stellen verändern, die keine offensichtlichen Messfehler darstellen. Welche Möglichkeiten gibt es, dies zu unterbinden?

Übung 3.2. Implementieren Sie einen Reduktionsfilter und wenden ihn auf Laserscan-Daten an.

Übung 3.3. Implementieren Sie den Online-Algorithmus zur Erkennung von Linien. Welche Verbesserungsmöglichkeiten sehen Sie? Erweitern Sie Ihr Programm entsprechend und diskutieren die Ergebnisse.

Übung 3.4. Schreiben Sie ein Programm, das ein Eingabebild mit einem 2D-Kernel filtert. Das Programm soll als Eingabe das Ausgangsbild, den Namen des gefilterten Bildes, sowie eine Datei erhalten, in der der Kernel – mit variabler Größe – spezifiziert wird.

Übung 3.5. Von welchen der in Abbildung 3.19 präsentierten Haar-Merkmalen kann es um 45° rotierte Haar-Merkmale geben?

Übung 3.6. Verwenden Sie Ihr in Aufgabe 2.8 kalibriertes Stereokamerasystem, um Disparitätsbilder zu erstellen. Tipp: OPENCV stellt dafür ebenfalls Funktionen zur Verfügung.

Übung 3.7. Schreiben Sie ein OPENCV-Programm, das in einem Datenstrom gute Merkmale für den optischen Fluss berechnet. Zeichnen Sie den Fluss in die Bildsequenz ein und zeigen Sie ihn auf dem Bildschim an.

4

Fortbewegung

4.1 Einleitung

Unter der Bezeichnung „Roboter" werden, gerade in der Industrie, oftmals stationäre Manipulatoren verstanden, wie beispielhaft in Abbildung 4.1 dargestellt. Wie eingangs erwähnt, liegen sie, wenn und soweit sie in offener Steuerung betrieben werden, nicht im Thema dieses Buches. Ob dasselbe Stück Robotermechatronik in offener Steuerung oder geschlossener Regelung betrieben wird, hängt jedoch von der verwendeten Sensorik und der Kontrollsoftware ab, nicht von den mechanischen Komponenten. Mobile Roboter mit Manipulator-Komponenten wie in Abbildung 4.1, die in geschlossenen Regelungen laufen, werden sicherlich in der Zukunft an Bedeutung erheblich gewinnen.

Um den Umfang dieses Buches überschaubar zu halten, beschränken wir uns auf radgetriebene Roboter, wie in Abbildung 4.4 dargestellt. Daneben existiert eine Anzahl von weiteren Kinematiken, beispielsweise in Form von kriechenden, krabbelnden, sowie fliegenden oder tauchenden Robotern (vergleiche

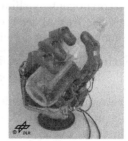

Abbildung 4.1: Roboterarme und -hände. Von links nach rechts: (1) Stationärer Kuka®-Roboter [KUK]. (2) Amtec Powercube®-Arm [SCH]. (3) Dlr-Hand II, mit vier Fingern á drei Dof sowie einer ein-Dof Handfläche (© Institut für Robotik und Mechatronik, DLR Oberpfaffenhofen) [Deu].

Abbildung 4.2: Beispiele unterschiedlicher Kinematiken. Von links nach rechts: (1) Fraunhofer IAIS Robo-Salamander [Fra]. (2) Honda Asimo [Hon]. (3) Fraunhofer IAIS Makro [Fra]. (4) EPFL Shrimp [ETH]. (5) Sony® Aibo™ [Son]. (6) Kriechroboter CARL, Universität Osnabrück [Unib]. (*weiter in Abbildung 4.3*)

Abbildungen 4.2 und 4.3), diese sind jedoch nicht Thema dieses Buches. Dem interessierten Leser seien dazu [Bec05, Pfe05] empfohlen.

Freiheitsgrad

Der Begriff *Freiheitsgrad* (DOF, engl. *Degree(s) of Freedom*) wird in der Robotik in zwei Ausprägungen benutzt:

(Aktiver) Freiheitsgrad bezeichnet die Zahl bzw. Art der – translatorischen wie rotatorischen – Bewegungen, die ein Gelenk oder eine Roboterkomponente ausführen kann. Dies ist abhängig von der Art des Gelenkes. Die Anzahl der Freiheitsgrade eines Systems (Roboters) ist gleich der Summe der DOF der einzelnen Komponenten.

Effektiver Freiheitsgrad bezieht sich auf die Dimensionalität der *Pose* (Position und Orientierung), die das System einnehmen kann.

Beispielsweise hat der differentialgetriebene Roboter KURT (siehe Abbildungen 2.1 und 4.4) zwei aktive, dagegen drei effektive Freiheitsgrade, wenn er sich in einer Ebene bewegt und somit lediglich den Gierwinkel, nicht aber Roll- und Nickwinkel verändern kann, beziehungsweise sechs effektive Freiheitsgrade in allgemeinem Gelände.

Ein System ist *holonom* genau dann, wenn es direkt von jeder möglichen Pose in jede andere mögliche Pose gelangen kann. Entsprechende Roboter sind also

Abbildung 4.3: Weitere Roboter-Kinematiken. Von links nach rechts: (1) Witas der Universität Lingköping [WIT]. (2) U-Boot Atlas Maridan [Atl]. (3) Kugelförmiger Roboter Ratatosk der Universität Uppsala [Unic]. (4) Kettenfahrzeug RobHaz [Roba]. (5) Symmetrischer mehrgliedriger Laufroboter Platonic Beast der Universität British Columbia [PBR95]. (6) Kletternder Roboter Ninja-1 (Hirose Laboratory of Tokyo Institute of Technology) [Tok].

beispielsweise in der Lage, in jede beliebige Richtung zu fahren, ohne zuvor eine Drehung durchführen zu müssen. Es gilt: Wenn die Anzahl der effektiven Dof größer als die der aktiven ist, liegt auf jeden Fall ein nicht-holonomes System vor.

4.1.1 Radfahrzeuge

Im Folgenden wollen wir nun auf unterschiedliche Antriebe und Arten der Fortbewegung von Radfahrzeugen eingehen.

Für mobile Roboter existiert der signifikante Begriff der *Stabilität*. Dabei unterscheidet man zwischen statischer Stabilität, die gegeben ist, wenn das Vehikel die Balance zu halten vermag, ohne dass dazu Bewegung erforderlich ist, und dynamischer Stabilität, wie sie beispielsweise bei Fahrrädern, Einbein-Hüpfern u.ä. auftritt. Offensichtlich sind übliche Drei- oder Mehrrad-Konstruktionen statisch stabil. Allerdings können dies auch Zweirad-Konfigurationen sein, wenn sich der Schwerpunkt unterhalb der Achse befindet. Im Falle von mehrrädrigen Fahrzeugen ist zu bemerken, dass eine größere Anzahl von Rädern im Allgemeinen mehr Stabilität implizieren, jedoch bei mehr als drei Rädern kinematisch überbestimmt (*hyperstatisch*) sind. Dies führt dazu, dass bei unebenem Boden u.U. nicht alle Räder Kontakt mit dem Untergrund haben, was potenziell zu Problemen führt, wenn sie unabhängig voneinander angetrieben sind. Die Eigenschaft der statischen Stabilität

Abbildung 4.4: Beispiele radgetriebener Fahrzeuge. Von links nach rechts: (1) KURT mit Differentialantrieb, gefolgt von drei unterschiedlichen Arten omnidirektionaler Antriebe: (2) Fußballroboter Brainstormers Tribot (Universität Osnabrück) [Unia], (3) Serviceroboter LiSA [LiS] (Foto Bernd Liebl, Fraunhofer IFF), (4) Omni-1 (Thomas Bräunl, The University of Western Australia) [Brä06].

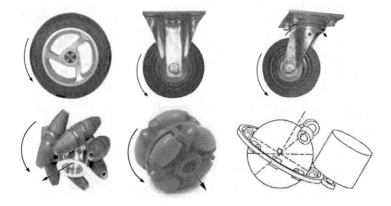

Abbildung 4.5: Von links nach rechts: (1) Standard-Rad. (2) Ein-DOF Castor-Rad. (3) Zwei-DOF Castor-Rad (Rotation um das Rad und um die Aufhängung). (4) Mecanum-Rad [Brä06]. (5) Omni-Rad. (6) Schematische Darstellung eines omni-direktionalen Ball-Rades aus [WA97].

hat den Vorteil, dass sich die Forschung auf höher liegende Fragestellungen konzentrieren kann, wie beispielsweise Lokalisierung, Kartierung und Umgebungsinterpretation, anstatt sich zunächst intensiv mit der Frage der grundsätzlichen Bewegung beschäftigen zu müssen.

Tabelle 4.1 führt unterschiedliche, gebräuchliche Konfigurationen auf, basierend auf den in Abbildung 4.5 aufgelisteten Radtypen. Dabei ermöglichen die verschiedenen Konfigurationen grundsätzlich unterschiedliche Bewegungsmodi, angefangen bei (Auto-ähnlichen) Tangentialbewegungen entlang einer Trajektorie, über mögliche Drehungen auf der Stelle, bis hin zu omnidirektionaler Poseänderung. Die folgenden beiden Abschnitte gehen speziell ein auf zwei gebräuchliche Arten holonomer Kinematiken für Bewegung auf der Ebene: Synchro-Antrieb und auf Mecanum-Rädern basierendes System.

Tabelle 4.1: Beispiele unterschiedlicher Rad-Konfigurationen.

	Differentialantrieb: Darunter fallen Konfigurationen mit zwei angetriebenen Rädern, sowie 0, 2, 4, … weiteren Rädern, die entweder passiv oder aber mit den aktiven Rädern gekoppelt sind. Alle Räder sind starr angebracht.
	Allgemein, lateral: Vier angetriebene Räder, jeweils Vorder- und Hinterräder sind gekoppelt. Entweder sind die Achsen rotierbar, oder die Räder an schwenkbaren Spurstangen befestigt.
	Einachsige Lenkung: Eine Spezialisierung des allgemeinen Antriebs, bei der nur die vorderen (oder nur die hinteren) Räder angetrieben sind.
	Fahrrad-Modell: Ebenfalls ein Spezialfall, mit ein bis zwei angetriebenen und steuerbaren Rädern. Ermöglicht die Realisierung eines holonomen Roboters mit 4 normalen Rädern.
	Synchro-Antrieb: Drei oder mehr synchron angetriebene und synchron drehbare Räder. Eine Drehung des Roboters ist nicht direkt möglich.
	Omni-Antrieb: Drei oder mehr Mecanum-/Omni-Räder zur Umsetzung von omnidirektionalen Bewegungen.

Synchro-Antrieb

Bei einem *Synchro-Antrieb* (engl. *synchronous drive*) sind drei oder mehr Räder an der Grundfläche angeordnet und über ein System von Riemen miteinander verbunden, was sicherstellt, dass die Räder stets in die gleiche Richtung zeigen und sich synchron und mit der gleichen Geschwindigkeit bewegen. Angetrieben wird das System durch zwei unabhängige Motoren, einer für den Antrieb aller Räder, der zweite für die o.g. Drehbewegung; vergleiche dazu Abbildung 4.6.

Durch diese Kopplung der Räder ist mechanisch (bei einigen Systemen alternativ auch softwareseitig) sichergestellt, dass das Fahrzeug sich stets in geraden Liniensegmenten bewegt, was seine Verwendung bei Laborrobotern populär werden ließ. Allerdings geht mit diesem Aufbau einher, dass die Orientierung des Roboterkörpers nicht veränderbar ist, er also stets in die Initialrichtung schaut. Um auch die Orientierung änderbar zu halten, ist es daher üblich, die

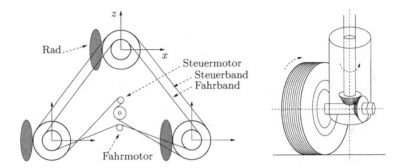

Abbildung 4.6: Synchro-Antrieb. Links: Mechanische Realisierung der synchron angetriebenen und orientierten Räder. Rechts: Antrieb eines einzelnen Rades. Abbildung erstellt nach [SN04].

Synchro-Räder nicht direkt am Roboterrumpf, sondern an einem Trägerelement zu befestigen, auf dem der Roboterrumpf drehbar gelagert ist.

Durch diesen Aufbau ist es nun möglich, die Orientierung des Roboters direkt zu setzen, unabhängig von der Fahrtbewegung. Insbesondere sind Fahrmanöver realisierbar, bei denen der Roboter einer gegebenen Bahn folgt und gleichzeitig eine feste Orientierung beibehält.

Omni-Antrieb

Omnidirektionale Räder sind durch ihren speziellen Aufbau in der Lage, damit ausgestattete Roboter sich in jede Richtung bewegen zu lassen. Bekanntester Vertreter sind *Mecanum-Räder* (auch Ilon-Räder oder engl. *swedish wheels*), bei denen ein Ring mit um 45° gedrehten Rollen auf einer Felge angeordnet ist, sowie *Omni-Räder* (engl. *omni wheels*) mit ähnlichem Aufbau und Funktionalität, siehe Abbildung 4.5. Da sich Rad und äußere Rollen unabhängig voneinander bewegen, wirken bei einer Drehung des Rades zwei überlagerte Kräfte: Einerseits in der Richtung des Rades, sowie gleichzeitig in Richtung der Rollen. Die Befestigung mehrerer Mecanum-Räder an einem starren Körper und Kombination einstellbarer Drehrichtungen und -geschwindigkeiten erlauben die Umsetzung beliebiger Fahrbewegungen. Abbildung 4.7 verdeutlicht die beispielhafte Umsetzung an einem vierrädrigen Vehikel und zeigt die auftretenden Kräfte und daraus resultierende Bewegungsrichtung des Roboters auf. Auf weitere Konfigurationen werden wir in Kapitel 4.2.3 weiter eingehen.

Damit ausgestattete Roboter (Beispiele in Abbildung 4.4) sind in der Ebene holonome Fahrzeuge und fähig, von einer Pose P_n in eine Pose P_{n+1} in einer geraden Trajektorie zu gelangen, ohne zuvor eine Rotation durchzuführen. Darüber hinaus können Bewegungen entlang beliebiger Trajektorien mit da-

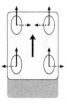

(a) *Geradeausfahrt*: gleiche Drehrichtung aller Räder.

(b) *Seitwärtsfahrt*: Gegenläufige Bewegung benachbarter Räder.

(c) *Diagonalfahrt*: Gleiche Bewegung zweier diagonaler Räder.

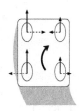

(d) *Drehung*: Gegenläufige Drehrichtung beider Seiten bei gleicher Geschwindigkeit.

(e) *Kurvenfahrt*: Geringere Geschwindigkeiten der Räder auf einer Seite.

(f) *Drehung um Achsenmittelpunkt*: Gegenläufige Bewegung der Räder einer Achse.

Abbildung 4.7: Antriebskonzept eines Vehikels mit Mecanum-Rädern an exemplarischen Bewegungsrichtungen. Die Pfeile bezeichnen die Drehrichtung der Räder, die seitlich wirkenden Kräfte der äußeren Rollen (gestrichelt), sowie die resultierende Bewegungsrichtung des Roboters. Beliebige Bewegungen werden durch synchrone Kombination der dargestellten Manöver realisiert. Abbildung erstellt nach [Mia].

von unabhängigen Rotationen kombiniert werden. Aus diesem Grund werden Roboter mit omnidirektionalen Antrieben oft im Roboterfußball eingesetzt.

4.1.2 Laufmaschinen

Trotz der Beschränkung in diesem Buch auf radgetriebene Roboter sollen an dieser Stelle alternative Kinematiken nicht gänzlich verschwiegen werden. Im Unterschied zu kettengetriebenen Robotern, deren praktische Vorteile in ihrer deutlich verbesserten Mobilität in rauem Gelände liegen, jedoch aus kinematischer Sicht keine andere Klasse der Fortbewegung bilden, ist eine klare Abgrenzung zu *Laufmaschinen* sinnvoll.

Ist bei radgetriebenen Maschinen die Frage der Stabilität im Allgemeinen von Anfang an gelöst, stellt bei ein-, zwei- oder mehrbeinigen Robotern schon

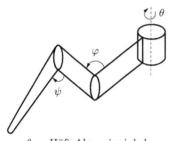

θ :   Hüft-Abspreizwinkel
φ :   Hüft-Beugungswinkel
ψ :   Knie-Beugungswinkel

Abbildung 4.8: Links: Schematische Darstellung eines Roboterbeines mit 3 Freiheitsgraden. Rechts: Beispiel einer praktischen Umsetzung (Bein des Roboters CLAUS, Universität Osnabrück).

die reine Fortbewegung ein nichttriviales Problem dar. Sind diese Probleme gelöst, liegen die Vorteile wiederum insbesondere in der erhöhten Mobilität; so sind andere Typen von Terrain begehbar als befahrbar, und dabei i.Allg. schonender zu dem Untergrund, was beispielsweise bei bewachsenen Flächen, Wäldern und dergleichen relevant wird.

Als weitere Motivation der Forschung zu Laufmaschinen wird zuweilen die Nähe zu biologischen Vorbildern angeführt. Das ist jedoch als Selbstzweck nach unserer Überzeugung keine gute Begründung. Vorbilder aus der Biologie sind in der Robotik wie in anderen Technikgebieten gute Quellen zur Inspiration für neue Lösungen technischer Probleme. Wenn jedoch Lösung eines technischen Problems das Ziel ist, dann ist der Vergleich mit anderen Lösungen der Maßstab, nicht eine beeindruckende Inspirationsquelle.

4.2 Bewegungsschätzung

Während bei stationären Robotern wie Automationsrobotern die Pose trivial bestimmbar ist, benötigen mobile Plattformen im Allgemeinen wenigstens eine Schätzung, wo sie sich gerade befinden. Dies gilt insbesondere im Falle autonomer Roboter. Ein Gegenbeispiel stellen rein reaktive, verhaltensbasierte Agenten wie beispielsweise *random-walk*-basierte Staubsaug-Roboter dar. Als Formen der Lokalisierung lassen sich unterscheiden:

Relative Lokalisierung, auch lokale, inkrementelle Lokalisierung oder engl. *(pose) tracking* genannt. Relativ zu einer Startpose wird sukzessive die Änderung der Pose an diskreten, aufeinander folgenden Zeitpunkten ermittelt und integriert.

Absolute Lokalisierung bzw. globale Lokalisierung. Hierbei wird die Pose in Bezug auf ein externes Bezugssystem ermittelt, beispielsweise auf eine gegebene Karte oder ein globales Koordinatensystem. Absolute Lokalisierung wird in Kapitel 5 näher betrachtet.

Im Folgenden werden wir uns zunächst mit Methoden und Algorithmen beschäftigen, die ausschließlich zur relativen Lokalisierung geeignet sind, sowie über Möglichkeiten der Fusionierung von unabhängig akquirierten Daten unterschiedlicher Sensoren. Darüber hinaus existieren zahlreiche Algorithmen, die auf dem Prinzip des inkrementellen Registrierens (engl. *registration*) basieren. Dabei werden von zwei unterschiedlichen Posen aus Sensormesswerte, beispielsweise Laserscans, aufgenommen, und dann der zweite Scan dergestalt verschoben, dass beide optimal passend aufeinander abgebildet werden. Die starre Transformation des zweiten Scans entspricht dann der Bewegung des Roboters zwischen den Aufnahmen. Solche Algorithmen sind jedoch im Allgemeinen auch in der Lage, statt des sukzessiven, inkrementellen Nachverfolgens ebenso eine globale Lokalisierung in einer Karte, oder ein Nachverfolgen der Pose mit Hilfe einer gegebenen Karte zu realisieren. Auf diese Kategorie von Lokalisierungsverfahren werden wir in Kapitel 5 näher eingehen, nachdem Kartenerstellung behandelt wurde.

Vorwärtskinematik

Die Berechnung der Trajektorie eines bewegten Objekts über fortlaufende Messung von Orientierung, Geschwindigkeit und Zeit wird als *Koppelnavigation* bezeichnet (engl. *dead reckoning*). Werden die ersten beiden Parameter, wie in der Robotik üblich, über die Bewegung der einzelnen Räder abgeleitet, so spricht man von *Odometrie*. Die dazu benutzte Messung der Radumdrehungen erfolgt mittels Drehwinkelmessung, vgl. Abschnitt 2.2.1.

Das im Folgenden vorgestellte Modell zur Ableitung einer Trajektorie stellt einen rein kinematischen Ansatz dar und ist damit eine starke Vereinfachung, die aus praktischen Gründen angebracht ist. Insbesondere werden zu Grunde liegende physikalische Effekte wie Reibung, Beschleunigung, Drehmomente, und andere Kräfte vernachlässigt. Im Folgenden gehen wir zunächst auf den in der Robotik sehr gebräuchlichen Differentialantrieb ein, gefolgt von einem allgemeineren Modell.

4.2.1 Differentialantrieb

Bezeichne θ die Orientierung des Roboters in Radiant ($1\,\text{rad} = {}^{180}/_{\pi}$), mit $\theta = 0\,\text{rad}$ in z-Richtung, also initial in Blickrichtung des Roboters. Im linkshändigen Koordinatensystem ist die Drehrichtung um die y-Achse im Uhrzeigersinn, also im mathematisch negativen Sinn. Sei b die Länge der angetriebenen Achse, sowie v_r, v_l die als konstant angenommenen Geschwindigkeiten

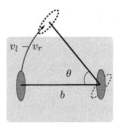

Abbildung 4.9: Links: Schematische Darstellung des Differentialantriebes. Abbildung 4.4 (KURT) zeigt ein Beispiel eines realen Roboters mit diesem Antrieb. Rechts: Änderung der Pose bei Drehung.

des rechten bzw. linken Rades, vgl. Abbildung 4.9. Die Beschränkung auf konstante Geschwindigkeiten stellt keine wirkliche Einschränkung dar, solange die Messfrequenz hinreichend hoch liegt und daher als stückweise konstant angenommen werden kann. Im Folgenden sei Δt die Zeitdifferenz zwischen zwei Messungen, ebenfalls als konstant angenommen. P_n entspricht der Pose zu dem Zeitpunkt t_n, mit $t_n = t_{n-1} + \Delta t$, sowie $t_0 = 0\,\mathrm{s}$.

Auf dem Weg, ein Modell der Vorwärtskinematik eines differentialgetriebenen Roboters zu entwickeln, betrachten wir zunächst seine Orientierung. Da ein Roboter als starrer Körper anzunehmen ist (den unglücklichen Fall von deformierenden Zusammenstößen mit der Umgebung schließen wir hier aus), definieren wir seine Orientierung als den Schwenkwinkel bezüglich eines Referenzpunktes, üblicherweise der Mittelpunkt zwischen den antreibenden Rädern.

Die Änderung in der Orientierung über die Zeit stellt sich dar als

$$\frac{d\theta}{dt} = \frac{v_l - v_r}{b} \ . \tag{4.1}$$

Dies ist geometrisch sofort ersichtlich, wenn in Abbildung 4.9 nicht die Geschwindigkeiten v_l, v_r betrachtet werden, sondern die *Strecke*, die das rechte Rad zurück gelegt hat. Die Länge der Kreisbahn, in der Zeichnung mit $v_l - v_r$ beschriftet, berechnet sich dann aus dem Produkt des Abstandes b mit dem Winkel θ in rad.

Integration von (4.1) mit Startwert θ_0 ergibt die Berechnung der Orientierung θ_t als Funktion des Zeitpunkts t:

$$\theta_t = \theta_0 + \frac{(v_l - v_r)t}{b} \ . \tag{4.2}$$

Wird als Referenzpunkt der Mittelpunkt gesetzt, ergibt sich die Geschwindigkeit des Roboters aus dem Mittel des rechten und linken Rades; mit (4.2) folgt dann (Drehrichtung im Uhrzeigersinn!):

$$\frac{dx}{dt} = \left[\frac{v_l + v_r}{2}\right] \sin\theta_t$$

$$\frac{dz}{dt} = \left[\frac{v_l + v_r}{2}\right] \cos\theta_t \ . \tag{4.3}$$

Analog zu (4.2) ergeben sich die analytischen Werte von x_t, z_t durch Integration:

$$x_t = \frac{v_l + v_r}{2} \int \sin\theta_t \, dt$$

$$z_t = \frac{v_l + v_r}{2} \int \cos\theta_t \, dt \ . \tag{4.4}$$

Bei der Integration entsteht ein Term $1/v_l - v_r$. Der Fall der Geradeausfahrt $v_r = v_l$ müsste also separat behandelt werden. Zudem wird die Division für den nicht unüblichen Fall $v_r \approx v_l$ numerisch instabil.

Statt der analytisch korrekten Formulierung 4.4 wird daher oft die folgende Approximation verwendet: Wie bereits erwähnt nehmen wir vereinfachend an, dass die Radgeschwindigkeiten innerhalb eines Messintervalls konstant sind. Das ist plausibel, da übliche Zykluszeiten im Bereich von 100 Hz liegen, d.h. Δt bewegt sich im Bereich von $1/100$ s. Mit $\Delta\theta = (v_l - v_r)/b$ sowie $v = (v_l + v_r)/2$ lässt sich die Pose P_n zur Zeit t_n approximieren durch:

$$P_n \equiv \begin{pmatrix} x_n \\ z_n \\ \theta_n \end{pmatrix} = \begin{pmatrix} x_{n-1} \\ z_{n-1} \\ \theta_{n-1} \end{pmatrix} + \begin{pmatrix} v \cdot \Delta t \cdot \sin\left(\theta_{n-1} + \frac{1}{2}\Delta\theta\Delta t\right) \\ v \cdot \Delta t \cdot \cos\left(\theta_{n-1} + \frac{1}{2}\Delta\theta\Delta t\right) \\ \Delta\theta \cdot \Delta t \end{pmatrix} \ . \tag{4.5}$$

In der Literatur wird bei Formel (4.5) der Term $\frac{1}{2}$ zuweilen unterschlagen, d.h. die Änderung in der x-Koordinate ergibt sich über $v \cdot \Delta t \cdot \sin\left(\theta_{n-1} + \Delta\theta\Delta t\right)$, in z-Richtung entsprechend. Die oben angesprochene Approximation unter Annahme von gerader Fahrt führt jedoch generell zu einem „Überschießen": Anstatt bei einer Kurvenfahrt eine graduelle Winkeländerung anzunehmen und die (x, z)-Koordinaten entsprechend graduell zu transformieren, bedeutet die approximative Berechnung, dass der Endwinkel gesetzt und in einer geraden Strecke abgefahren wird. Dies führt, wie man sich leicht veranschaulichen kann, zu einer zu starken Rotation der Position. Der so entstandene Fehler wird nun reduziert, wenn zu Beginn der Bewegung der halbierte Winkel eingestellt, die Strecke aufgetragen und erst am Ende der finale Winkel gesetzt wird.

Mit einer festen Zeitdifferenz zwischen zwei Messungen, gegeben durch die Frequenz der Drehwinkelmessung, ist es nun möglich, die Trajektorie des Roboters, $\langle P_1, P_2, P_3, \dots \rangle$, bzw. eine hinreichende Approximation davon, sukzessive nachzuverfolgen. Mit schnelleren Messungen, d.h. bei kleinem Δt, erhöht sich die Genauigkeit der Berechnung. Beispielrechnung 4.1 zeigt die Auswirkung von geändertem Messintervall.

Anstatt mit Geschwindigkeiten der einzelnen Räder lassen sich alle hier entwickelten sowie nachfolgenden Formeln auch mit Wegstrecken formulieren. Da gilt Geschwindigkeit = $^{Weg}/_{Zeit}$, genügt es, die Formeln um die Zeitkomponente Δt zu kürzen und fortan anstatt Geschwindigkeiten die zurückgelegten Wege einzusetzen. So ergeben in Beispiel 4.1 die *Strecken* $v_r = 80\,\mathrm{cm}$, $v_r = 75\,\mathrm{cm}$ einen Winkel von $\Delta\theta = 11.46\,°$.

Wird als Quelle der Radbewegung eine Odometriemessung über Winkelencoder genommen, liegen die Informationen oftmals nicht als Wegstrecke, sondern in Form von Ticks (Impulse, I_L bzw. I_R) je Rad vor. Diese können jedoch leicht über den Radumfang Ω und der Anzahl der Ticks pro Radumdrehung Θ in Strecken umgerechnet werden:

$$d_L = \frac{I_L \Omega}{\Theta} \qquad\qquad d_R = \frac{I_R \Omega}{\Theta} \,. \qquad (4.6)$$

Je nach verwendeter Hardware können Ω und Θ für die linke und rechte Seite unterschiedlich sein. Der Wert von Θ kann leicht experimentell ermittelt, Ω selbstverständlich nachgemessen werden.

4.2.2 Einachsige Lenkung

Dieser Abschnitt beschäftigt sich mit der Odometrieberechnung von Antriebssystemen mit einer oder zwei lenkbaren Achsen, mit dem Spezialfall der Ackermann-Steuerung, wie sie beispielsweise von Autos bekannt ist.

Abbildung 4.10 (rechts) zeigt eine allgemeine Beschreibung eines Vehikels mit lateraler Bewegung, d.h. eines Roboters, der den Winkel der vorderen unabhängig von dem der hinteren Räder setzen kann. Die Berechnung der Kinematik erfolgt über ein reduziertes Modell, bei dem die beiden vorderen und hinteren Räder zu jeweils einem Rad zusammengefügt worden sind (also durch Reduktion auf eine virtuelle Mittelachse, siehe Abbildung 4.10, rechts). Dabei bezeichnen θ die Orientierung relativ zur z-Achse, β den Schwimmwinkel, also den Winkel zwischen der Längsachse und der tatsächlichen Bewegungsrichtung. Ferner seien δ_h die Winkelstellung des rückwärtigen Rades, δ_v die des vorderen, $L = l_v + l_h$ der Achsenabstand, mit l_h dem Abstand des hinteren Rades (A) zum Mittelpunkt C, sowie l_v entsprechend des vorderen Rades (B). Der Drehpunkt O (engl. *instantaneous center of curvature*, ICC, auch *instantaneous center of rotation*, ICR) ist definiert über den Schnittpunkt der von den Radmittelpunkten aus orthogonal zu den Längsachsen der Räder verlaufenden Linien.

Beispiel 4.1   *Odometrieberechnung*

Seien $b = 25\,\text{cm}$, $v_l = 80\,\text{cm/s}$, $v_r = 75\,\text{cm/s}$, sowie die Startpose $(0,0,0)^T$. Daraus folgt:

$$\Delta\theta \cdot \Delta t = \frac{(80-75)\,\text{cm/s}}{25\,\text{cm}} \cdot \Delta t = 0.2\,\text{1/s} \cdot \Delta t,$$

also etwa $11.46\,°$ pro Sekunde.

Sei zunächst $\Delta t = 1\,\text{s}$, eine untypisch lange Zykluszeit, um die Beispiel-rechnung anschaulicher zu machen.
Die in (4.5) vorgestellte Approximation liefert folgendes Ergebnis:

$$P_1 = \begin{pmatrix} 0\,\text{cm} \\ 0\,\text{cm} \\ 0\,\text{rad} \end{pmatrix} + \begin{pmatrix} 77.5\,\text{cm/s} \cdot 1\,\text{s} \cdot \sin(0 + 1/2 \cdot 0.2 \cdot 1\,\text{rad}) \\ 77.5\,\text{cm/s} \cdot 1\,\text{s} \cdot \cos(0 + 1/2 \cdot 0.2 \cdot 1\,\text{rad}) \\ 0.2\,\text{1/s} \cdot 1\,\text{s} \end{pmatrix} = \begin{pmatrix} 7.74\,\text{cm} \\ 77.11\,\text{cm} \\ 0.2\,\text{rad} \end{pmatrix},$$

Betrachten wir nun die Auswirkung einer Veränderung in der Messhäu-figkeit: Die nächste Iteration über die Zykluszeit $1\,\text{s}$, also das Ergebnis nach insgesamt $t_2 = 2\,\text{s}$, liefert:

$$P_2 = \begin{pmatrix} 7.74\,\text{cm} \\ 77.11\,\text{cm} \\ 0.2\,\text{rad} \end{pmatrix} + \begin{pmatrix} 77.5\,\text{cm/s} \cdot 1\,\text{s} \cdot \sin(0.2 + 1/2 \cdot 0.2 \cdot 1\,\text{rad}) \\ 77.5\,\text{cm/s} \cdot 1\,\text{s} \cdot \cos(0.2 + 1/2 \cdot 0.2 \cdot 1\,\text{rad}) \\ 0.2\,\text{1/s} \cdot 1\,\text{s} \end{pmatrix}$$

$$= \begin{pmatrix} 29.83\,\text{cm} \\ 151.15\,\text{cm} \\ 0.4\,\text{rad} \end{pmatrix}.$$

Demgegenüber ergibt die *direkte* Berechnung der zweiten Sekunde mit einem Messintervall von $\Delta t = 2\,\text{s}$:

$$P_1 = \begin{pmatrix} 0\,\text{cm} \\ 0\,\text{cm} \\ 0\,\text{rad} \end{pmatrix} + \begin{pmatrix} 77.5\,\text{cm/s} \cdot 2\,\text{s} \cdot \sin(0 + 1/2 \cdot 0.2 \cdot 2\,\text{rad}) \\ 77.5\,\text{cm/s} \cdot 2\,\text{s} \cdot \cos(0 + 1/2 \cdot 0.2 \cdot 2\,\text{rad}) \\ 0.2\,\text{1/s} \cdot 2\,\text{s} \end{pmatrix}$$

$$= \begin{pmatrix} 30.79\,\text{cm} \\ 151.91\,\text{cm} \\ 0.4\,\text{rad} \end{pmatrix},$$

was eine gröbere Approximation als obige Berechnung mit $\Delta t = 1\,\text{s}$ darstellt.

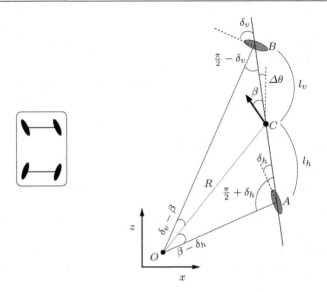

Abbildung 4.10: Laterale Bewegungskinematik. Links: Allgemeines Modell. Rechts: Reduzierung auf eine virtuelle Mittelachse.

Das im Folgenden aufgestellte Modell unterliegt der Annahme, dass die Bewegungsvektoren der Räder jeweils entlang ihrer Orientierungen (δ_v, δ_h, relativ zu der Längsachse des Roboters) verlaufen. Diese Annahme wird bei höheren Geschwindigkeiten nicht erfüllt sein.

Aus Abbildung 4.10 (rechts) ist ersichtlich, dass über die Dreiecke OCA bzw. OCB die Beziehungen gelten:

$$\frac{\sin(\delta_v - \beta)}{l_v} = \frac{\sin\left(\frac{\pi}{2} - \delta_v\right)}{R} \qquad \frac{\sin(\beta - \delta_h)}{l_h} = \frac{\sin\left(\frac{\pi}{2} + \delta_h\right)}{R} \, , \qquad (4.7)$$

was sich umformen lässt zu

$$\left(\tan\delta_v - \tan\delta_r\right)\cos\beta = \frac{l_v + l_h}{R} \, . \qquad (4.8)$$

Unter der Annahme von geringen Geschwindigkeiten gilt für die Änderung der Orientierung pro Zeiteinheit: $\Delta\theta = v/R$. Daraus folgt:

$$\Delta\theta = \frac{v\cos\beta}{l_v + l_h}\left(\tan\delta_v - \tan\delta_h\right) \qquad (4.9)$$

mit dem Schwimmwinkel β und der Gesamtgeschwindigkeit v des Roboters im Referenzpunkt C, berechnet mit Hilfe der Einzelgeschwindigkeiten v_v, v_h des vorderen respektive hinteren Rades:

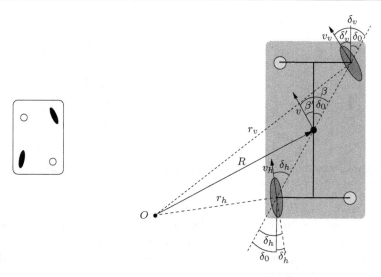

Abbildung 4.11: Omnidirektionaler Antrieb durch spezielle Radansteuerung. Abbildung 4.4 („LiSA ") zeigt ein Beispiel eines realen Roboters mit diesem Antrieb.

$$\beta = \arctan\left(\frac{l_v \tan \delta_h + l_h \tan \delta_v}{l_v + l_h}\right) \tag{4.10}$$

$$v = \frac{v_v \cos \delta_v + v_h \cos \delta_h}{2 \cos \beta} . \tag{4.11}$$

Damit ergibt sich nun das Modell eines Roboters mit lateraler Bewegung:

$$P_n = \begin{pmatrix} x_n \\ z_n \\ \theta_n \end{pmatrix} = \begin{pmatrix} x_{n-1} \\ z_{n-1} \\ \theta_{n-1} \end{pmatrix} + \begin{pmatrix} v \cdot \Delta t \cdot \sin(\theta_{n-1} + \beta + \Delta\theta\Delta t) \\ v \cdot \Delta t \cdot \cos(\theta_{n-1} + \beta + \Delta\theta\Delta t) \\ \Delta\theta \cdot \Delta t \end{pmatrix} . \tag{4.12}$$

Das hier verwendete reduzierte, auch als „2 Dof Fahrradmodell" bezeichnete System liefert ebenfalls ein kinematisches Modell für holonome Roboter mit vier Rädern, bei denen zwei diagonal angeordnete Räder angetrieben und unabhängig voneinander drehbar sind, die anderen beiden Räder dagegen passiv (vgl. auch Abbildung 4.11). Als Änderung fließt lediglich in die Berechnung der (x, z)-Position anstatt β die Größe β' ein, definiert als der Winkel zwischen der Vertikalachse des Roboters und der Bewegungsrichtung. Ebenso lassen sich mit dem hier vorgestellten Modell direkt Zwei- sowie Dreirad-Kinematiken beschreiben.

Da die *Ackermann-Steuerung* (vgl. Abbildung 4.12) ein Spezialfall des obigen Modells darstellt, bleibt Formel (4.12) anwendbar, mit $\delta_h = 0$.

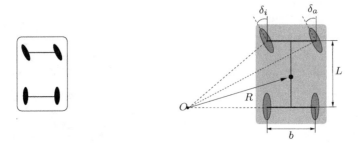

Abbildung 4.12: Links: Ackermann-Lenkung. Rechts: Schematische Darstellung der relevanten Größen zur Odometrie-Berechnung.

Rotationen auf der Stelle sind mit der allgemeinen Lateralkinematik offensichtlich realisierbar, indem die Winkel beider Räder gegenläufig auf $\pm 90\,^\circ$ eingestellt werden. Da im Falle der Ackermann-Steuerung δ_h fest ist, entfällt hier dieses Bewegungsmuster.

Ein weiterer Aspekt wird durch Abbildung 4.12 verdeutlicht: Die oben definierte Reduzierung auf *eine* Mittelachse stellt im Falle von vierrädrigen Vehikeln nur eine Approximation dar, da sich die Radien der Trajektorien, die die beiden Räder abfahren, unterscheiden. Sei δ_i der Winkel des inneren, δ_a der des äußeren Rades, sowie b ihr Abstand. Sofern der Radius R, den das Vehikel beschreibt, groß ist im Vergleich zum Achsenabstand L ($R = \overline{CO} \gg L$), lassen sich die Winkel abschätzen als

$$\delta_a = \frac{L}{R + \frac{b}{2}} \qquad\qquad \delta_i = \frac{L}{R - \frac{b}{2}} \; . \qquad (4.13)$$

Da der gemittelte Lenkwinkel approximiert werden kann mit

$$\delta = \frac{\delta_a + \delta_i}{2} \approx \frac{L}{R} \qquad (4.14)$$

ergibt sich die Differenz der inneren zur äußeren Radorientierung über

$$\delta_i - \delta_o = \frac{L}{R^2}b = \delta^2 \frac{b}{L} \; . \qquad (4.15)$$

Damit lässt sich die Modellgleichung (4.12) entsprechend für beide Seiten einzeln anwenden, um den Approximationsfehler zu verringern.

4.2.3 Omnidirektionaler Antrieb

Viele omnidirektional fahrende Roboter sind mit Hilfe eines Synchro-Antriebs oder mit Mecanum-Rädern realisiert (vgl. Abbildungen 4.6, 4.7), auf die wir im Folgenden näher eingehen. Die vorgestellten Berechnungen des Differentialantriebs bleiben prinzipiell gültig, daher beschränken wir uns darauf, die Besonderheiten des jeweiligen Antriebes darzustellen.

Synchro-Antrieb

Da die Orientierung θ des Roboters unabhängig von der Richtung der Räder, also der Fahrtrichtung α, einstellbar ist, kann diese in jedem Zeitschritt frei gesetzt werden; insbesondere ist damit die inkrementelle Positionsbestimmung unabhängig von der Roboterorientierung, die Pose erweitert sich zu einem 4-Tupel (x, z, α, θ). $\Delta\alpha$ bezeichnet die Winkeländerung der Räder. Da sowohl die Fahrtrichtung als auch der Winkel des Chassis unabhängig sind von den Geschwindigkeiten der Räder, ist es in diesem Fall intuitiver, mit $\Delta\alpha$ bzw. $\Delta\theta$ die Änderung des jeweiligen Winkels pro Zeitschritt zu bezeichnen, anstatt – wie in den bisherigen Fällen – die Änderung der Winkelgeschwindigkeit. Alternativ müssten diese beiden Größen in Formel (4.16) durch $\Delta\theta\Delta t$ bzw. $\Delta\alpha\Delta t$ substituiert werden.

$$
\begin{pmatrix} x_n \\ z_n \\ \alpha_n \\ \theta_n \end{pmatrix} = \begin{pmatrix} x_{n-1} \\ z_{n-1} \\ \alpha_{n-1} \\ \theta_{n-1} \end{pmatrix} + \begin{pmatrix} v \cdot \Delta t \cdot \sin(\alpha_{n-1} + \Delta\alpha) \\ v \cdot \Delta t \cdot \cos(\alpha_{n-1} + \Delta\alpha) \\ \Delta\alpha \\ \Delta\theta \end{pmatrix}. \tag{4.16}
$$

Mecanum-Antrieb

Für die Verwendung von Mecanum-Rädern trifft die Überlegung des Abschnitts über Synchro-Antriebe prinzipiell ebenfalls zu. Da jedoch die translatorische Bewegung sowie die Orientierung des Roboters nicht von der Steuerung frei beweglicher Räder, sondern von der unterschiedlichen Ansteuerung (also gesetzten Geschwindigkeit) fest montierter Räder herrührt, gehen wir im Folgenden auf die Ableitung der entsprechenden Größen ein.

Gegeben sei ein Roboter mit $n \geq 3$ Rädern, die gemäß Abbildung 4.13 angeordnet sind, also in äquidistanten $360/n\,°$-Segmenten. Dabei sind auch drei Räder ausreichend für omnidirektionales Fahren, die restlichen $n-3$ Räder sind redundant und erhöhen beispielsweise die Robustheit des Systems. Die Winkel der Räder zur x-Achse seien mit φ_i bezeichnet, die Bewegungsrichtung des i-ten Rades verläuft demnach in Richtung $\varphi_i + \pi/2$. Der Abstand der Räder zum Schwerpunkt des Roboters ist mit l bezeichnet, der Radius der Räder mit R.

Der Vektor $(v_x, v_z, \Delta\theta)^T$ bezeichne die Bewegung des Roboters, gegeben als Geschwindigkeit in x- respektive z-Richtung sowie Rotationsgeschwindigkeit.

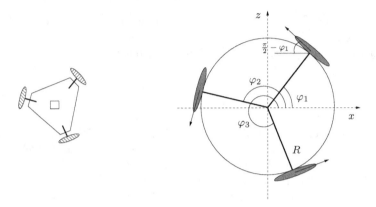

Abbildung 4.13: Schematische Darstellung eines dreirädrigen Aufbaus mit omnidirektionalen Rädern. Abbildung 4.4 („Tribot") zeigt ein Beispiel eines realen Roboters mit diesem Antrieb.

$(1, 0, 0)^T$ wäre somit eine reine Seitwärtsbewegung. Gemäß des Kosinussatzes entspricht eine Seitwärtsbewegung in Richtung des i-ten Rades dem Winkel $\cos \varphi_i$, und damit die orthogonale Bewegungsrichtung des Rades zum Winkel $-\sin \varphi_i$. Daraus ergibt sich die folgende Beziehung, die notwendig ist, um die Geschwindigkeiten der einzelnen Räder zu bestimmen, damit eine gegebene Bewegung ausgeführt wird (inverse Kinematik):

$$
\begin{pmatrix} \omega_1 \\ \omega_2 \\ \vdots \\ \omega_n \end{pmatrix} = \frac{R}{n} \begin{pmatrix} -\sin \varphi_1 & \cos \varphi_1 & 1 \\ -\sin \varphi_2 & \cos \varphi_2 & 1 \\ \vdots & \vdots & \vdots \\ -\sin \varphi_n & \cos \varphi_n & 1 \end{pmatrix} \begin{pmatrix} v_x \\ v_z \\ \Delta\theta \end{pmatrix} . \tag{4.17}
$$

Daraus lässt sich nun die inverse Beziehung bei gegeben Radgeschwindigkeiten ableiten:

$$
\begin{pmatrix} v_x \\ v_z \\ \Delta\theta \end{pmatrix} = \frac{1}{R} \underbrace{\begin{pmatrix} -\sin \varphi_1 & \cos \varphi_1 & l_1 \\ -\sin \varphi_2 & \cos \varphi_2 & l_2 \\ \vdots & \vdots & \vdots \\ -\sin \varphi_n & \cos \varphi_n & l_n \end{pmatrix}}_{=\,\boldsymbol{D}}^{-1} \begin{pmatrix} \omega_1 \\ \omega_2 \\ \vdots \\ \omega_n \end{pmatrix} . \tag{4.18}
$$

Nun ist im Allgemeinen die Matrix $\boldsymbol{D}$ nicht-quadratisch und insbesondere nicht invertierbar. Es ist jedoch hinreichend, statt $\boldsymbol{D}^{-1}$ die Pseudoinverse $\boldsymbol{D}^+$ zu bilden, für die gilt: $\boldsymbol{D}^+ \boldsymbol{D} = \boldsymbol{I}$. Generell kann $\boldsymbol{D}^+$ berechnet werden über eine Singulärwertzerlegung (s. Anhang A.3). Dabei wird die $(n \times 3)$-Matrix

$D = USV^T$ zerlegt in zwei orthogonale, quadratische Matrizen U, V sowie eine $(3 \times n)$-Matrix S mit drei Einträgen $\sigma_1, \ldots, \sigma_3 \neq 0$ sowie $\sigma_{3 < i \leq n} = 0$ auf der Hauptdiagonalen, Null sonst. Damit lässt sich die Pseudoinverse berechnen über $D^+ = V(S^T S)^{-1} S^T U^T$.

In speziellen Konfigurationen gestaltet sich die Invertierung jedoch einfacher. Gebräuchlich sind insbesondere Aufbauten mit einer gleichförmigen, symmetrischen Ausrichtung der Räder. Beispielhaft sei der nebenstehend dargestellte Aufbau betrachtet, der zwei symmetrische Achsen und den gleichen Winkel φ für alle vier Radachsen hat. Sofern gilt: $\sin \varphi \neq 0$, $\cos \varphi \neq 0$, lässt sich die Pseudoinverse und damit das kinematische Modell berechnen wie folgt:

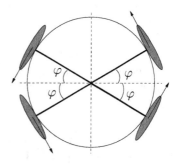

$$
\begin{pmatrix} \omega_1 \\ \omega_2 \\ \omega_3 \\ \omega_4 \end{pmatrix} = \frac{1}{R} \underbrace{\begin{pmatrix} -\sin\varphi & \cos\varphi & 1 \\ -\sin\varphi & -\cos\varphi & 1 \\ \sin\varphi & -\cos\varphi & 1 \\ \sin\varphi & \cos\varphi & 1 \end{pmatrix}}_{= \, D} \begin{pmatrix} v_x \\ v_z \\ \Delta\theta \end{pmatrix}
\tag{4.19}
$$

und damit

$$
\begin{pmatrix} v_x \\ v_z \\ \Delta\theta \end{pmatrix} = \frac{R}{4} \underbrace{\begin{pmatrix} -\frac{1}{\sin\varphi} & -\frac{1}{\sin\varphi} & \frac{1}{\sin\varphi} & \frac{1}{\sin\varphi} \\ \frac{1}{\cos\varphi} & -\frac{1}{\cos\varphi} & -\frac{1}{\cos\varphi} & \frac{1}{\cos\varphi} \\ 1 & 1 & 1 & 1 \end{pmatrix}}_{= \, D^+} \begin{pmatrix} \omega_1 \\ \omega_2 \\ \omega_3 \\ \omega_4 \end{pmatrix}.
\tag{4.20}
$$

Vierrad-Konfiguration

Bei einer rechteckigen vierrädrigen Konfiguration mit Mecanum-Rädern (vgl. dazu auch Abbildung 4.7[1]) vereinfacht sich die Berechnung zu:

---

[1] Zu beachten sind die zu dem vorherigen Modell geänderten Radstellungen. γ_i bezeichne die Orientierung der Rollen des i-ten Rades

$$\gamma_1 = 45\,^\circ \qquad \gamma_2 = -45\,^\circ$$

$$\begin{pmatrix} \omega_1 \\ \omega_2 \\ \omega_3 \\ \omega_4 \end{pmatrix} = \frac{1}{R} \begin{pmatrix} 1 & 1 & -(l_x + l_z) \\ 1 & -1 & (l_x + l_z) \\ 1 & -1 & -(l_x + l_z) \\ 1 & 1 & (l_x + l_z) \end{pmatrix} \begin{pmatrix} v_x \\ v_z \\ \Delta\theta \end{pmatrix}$$

$$\gamma_3 = -45\,^\circ \qquad \gamma_4 = 45\,^\circ$$

(4.21)

mit den Abständen l_x, l_z gemäß Abbildung 4.7, und damit schließlich die Berechnung der Trajektorien-Parameter bei gegebenen Radgeschwindigkeiten über:

$$\begin{pmatrix} v_x \\ v_z \\ \Delta\theta \end{pmatrix} = \frac{R}{4} \begin{pmatrix} 1 & 1 & 1 & 1 \\ 1 & -1 & -1 & 1 \\ \frac{-1}{l_x+l_z} & \frac{1}{l_x+l_z} & \frac{-1}{l_x+l_z} & \frac{1}{l_x+l_z} \end{pmatrix} \begin{pmatrix} \omega_1 \\ \omega_2 \\ \omega_3 \\ \omega_4 \end{pmatrix}. \qquad (4.22)$$

Da Bewegungen in der Ebene nur drei effektive Freiheitsgrade aufweisen (x-, z-Position, θ_y), sind drei Mecanum-Räder ausreichend, um die omnidirektionale Bewegung zu realisieren. Eine größere Anzahl von Rädern mag sinnvoll sein, um beispielsweise die Stabilität des Roboters zu erhöhen, jedoch sind damit die Räder nicht mehr voneinander unabhängig kontrollierbar. In der Praxis bedeutet dies, dass Nebeneffekte durch konkurrierende Kräfte auftreten, die sich der Theorie nach aufheben sollten, jedoch durch Ungenauigkeiten in der mechanischen Realisierung de facto stets existieren.

Bei dem Differentialantriebs-Modell hatten wir eine Gesamtgeschwindigkeit und einen Richtungsvektor in Form eines Winkels gegeben, die die Bewegung des Roboters repräsentierten. Hier nun betrachten wir einzelne Geschwindigkeiten für x- und z-Richtung, und die Nachverfolgung der Pose wird realisierbar über

$$\begin{pmatrix} x_n \\ z_n \\ \theta_n \end{pmatrix} = \begin{pmatrix} x_{n-1} \\ z_{n-1} \\ \theta_{n-1} \end{pmatrix} + \begin{pmatrix} v_x \cdot \Delta t \cdot \sin\theta_{n-1} \\ v_z \cdot \Delta t \cdot \cos\theta_{n-1} \\ \Delta\theta \cdot \Delta t \end{pmatrix}. \qquad (4.23)$$

Zusammenfassung

Vorteile der Pose-Nachverfolgung über Koppelnavigation liegen in der leichten Verfügbarkeit, da Odometrie-Daten auf den meisten Roboterplattformen von vornherein vorhanden sind. Des Weiteren liefert Fusion mit anderen, unabhängigen Sensordaten (vgl. Kapitel 4.4) im Allgemeinen bessere Resultate als die einzelnen Berechnungen.

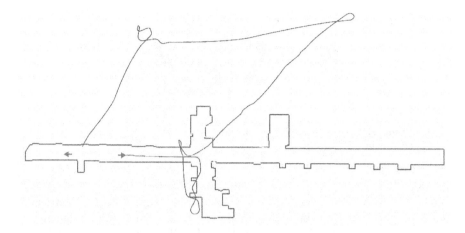

Abbildung 4.14: Ergebnis der Odometrie bei einer Fahrt durch den grau hinterlegten Flur eines Bürogebäudes. Fehler in der Bestimmung der Drehwinkel beim Abbiegen und Wenden führen zwischenzeitlich zu sehr großen Fehlern in der kartesischen Positionsbestimmung.

Qualitativ ist zu beobachten, dass für kurze, insbesondere gerade Strecken die Ergebnisse der Odometrie-basierten Lokalisierung relativ gute Ergebnisse liefern, jedoch stets gravierenden, zufälligen Fehlern unterliegen – weit gravierender als die Ungenauigkeit der oben vorgestellten approximativen Berechnung. Übliche Fehlerquellen sind fehlerbehaftete Messungen der Radumdrehungen, Schlupf – sowohl der Räder auf dem Untergrund, als auch in der Robotermechanik selbst – und Auswirkungen der eingangs beschriebenen Beschränkungen des vorgestellten Ansatzes, wie beispielsweise die fehlende mathematische Modellierung von Drift während einer Kurvenfahrt.

Ein prinzipielles Problem relativer Lokalisierungsmethoden liegt darin, dass durch Integration der Poseaktualisierungen Fehler akkumuliert werden, also beliebig groß werden können. Dieses generelle Problem wird bei Odometrieberechnungen besonders deutlich, da insbesondere Winkelfehler zu signifikanten Auswirkungen führen. Abbildung 4.14 verdeutlicht diesen Sachverhalt. Der Rest dieses Kapitels beschäftigt sich mit Methoden, dieses Problem einzudämmen. Speziell Abschnitt 4.4 geht auf Algorithmen zur Verbesserung der Odometrie-Schätzung ein.

4.3 Bayes- und Kalman-Filter

Die bisherigen Kapitel haben stets unimodale, deterministische Berechnungen eingeführt, die zu sicheren Ergebnissen führen. In der Robotik hat man es jedoch häufig mit Unsicherheiten in Form von fehlerbehafteten Sensordaten

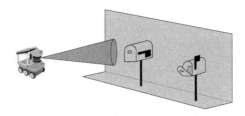

Abbildung 4.15: Briefkasten-Beispiel. Der Roboter misst, ob der Briefkasten leer ist ( ) oder nicht ( ).

und Aktionen zu tun. Diese Fehler, die sowohl systematischer als auch stochastischer Natur sein können, führen dazu, dass abgeleitete Informationen über Roboter- und Umgebungszustände nicht präzise sind, sondern ebenfalls fehlerbehaftet. Sobald es jedoch möglich ist, die Güte (Sicherheit) einer Information abzuschätzen, liefert dies die Grundlage, um durch *Fusion unabhängiger* Informationen die Gesamtunsicherheit zu reduzieren und so die Qualität der abgeleiteten Daten zu verbessern. Naturgemäß sollen dabei glaubwürdigere Informationen höher gewichtet werden; jedoch führen die im Folgenden vorgestellten Algorithmen darüber hinaus zu einer Lösung, die statistisch „besser" ist als die originalen Einzellösungen. Kapitel 5 beschäftigt sich dann mit Algorithmen, die zu jedem Zeitpunkt nicht nur eine einzige Lösung aufrecht erhalten, sondern eine größere Anzahl möglicher Lösungen, gewichtet mit der Wahrscheinlichkeit, dass sie korrekt sind.

Die hier vorgestellten Filter finden auch außerhalb der Robotik Anwendung, wenn es darum geht, Sensor- oder andere zeitdiskrete Messdaten zu fusionieren. Bei mobilen Robotern liegt die wichtigste Verbreitung aber im Bereich der Lokalisierung. Zum Verständnis dieses Kapitels sind Grundbegriffe in Wahrscheinlichkeitstheorie von Nöten. Diese sind im Anhang in Kapitel A.2 zusammengefasst. Um mit Standardliteratur kompatibel zu sein, werden im Folgenden der Status des Roboters mit x und Sensormessungen mit z bezeichnet – nicht zu verwechseln mit Koordinaten.

4.3.1 Grundlagen

Das Beispiel 4.2 motiviert die folgende Überlegung: Wenn zwei Tatsachen als Ursache und Effekt miteinander verbunden sind, dann ist in der Regel nur der Effekt zu sehen und vom Roboter zu messen; die Ursache, dass Post im Briefkasten liegt, führt beispielsweise zu dem Effekt, dass das sichtbare Anzeigefähnchen am Briefkasten hoch steht. Um Gültigkeit der Ursache zu erschließen, müsste man also vom gemessenen Effekt auf die zugrunde liegende Ursache schließen. Oft ist aber in dieser *diagnostischen* Abhängigkeitsrichtung die entsprechende bedingte Wahrscheinlichkeit bzw. Verteilung $P(\text{Ursache}\,|\,\text{Effekt})$ schwierig zu ermitteln. Andererseits ist oft die bedingte

---

Beispiel 4.2 *Zustandsschätzung*

Einfaches Beispiel der Zustandsschätzung (Abbildung 4.15), am Beispiel eines Service-Roboters zum autonomen Entleeren von Briefkästen:

- Annahme: Der Roboter führt eine Messung z durch, die besagt, ob der Briefkasten leer ist (⬚⬛) oder voll (⬛⬚), also zu entnehmende Post enthält. Die Messung ist potenziell fehlerbehaftet.

- Frage: Wie groß ist die Wahrscheinlichkeit, dass der Briefkasten tatsächlich leer ist, bei gegebener Messung? Gesucht ist also $P(\mathsf{leer} \,|\, z)$. Wäre die Messung sicher, so wären die gesuchten Wahrscheinlichkeiten $P(\mathsf{leer} \,|\, z = \mathsf{leer}) = 1$, $P(\mathsf{leer} \,|\, z = \mathsf{voll}) = 0$.

- Die gesuchte Wahrscheinlichkeit $P(\mathsf{leer} \,|\, z = \mathsf{leer})$ ist *diagnostisch*, und wäre nur aufwändig direkt zu ermitteln. Die Wahrscheinlichkeit in der *kausalen* Richtung $P(z = \mathsf{leer} \,|\, \mathsf{leer})$ dagegen lässt sich leicht schätzen oder empirisch ermitteln, indem der Roboter mehrere Messungen vor einem leeren bzw. einem vollen Briefkasten durchführt und die Anzahl der richtigen und falschen Klassifikationen gezählt wird.

Nach Formel (4.25) kann nun diagnostisches in kausales Wissen überführt werden. Seien folgende Wahrscheinlichkeiten gegeben:

$$P(z = \mathsf{leer} \,|\, \mathsf{leer}) = 0.7 \qquad P(z = \mathsf{leer} \,|\, \mathsf{voll}) = 0.2 \qquad P(\mathsf{leer}) = 0.5$$

Damit gilt:

$$P(\mathsf{leer} \,|\, z = \mathsf{leer}) = \frac{P(z = \mathsf{leer} \,|\, \mathsf{leer}) P(\mathsf{leer})}{P(z = \mathsf{leer} \,|\, \mathsf{leer}) P(\mathsf{leer}) + P(z = \mathsf{leer} \,|\, \mathsf{voll}) P(\mathsf{voll})}$$

$$= \frac{0.7 \cdot 0.5}{0.7 \cdot 0.5 + 0.2 \cdot 0.5} = \frac{7}{9} = 0.78 \,. \tag{4.24}$$

Initial ist die Wahrscheinlichkeit beider möglichen Zustände des Briefkastens gleich. Eine Beobachtung z, die besagt, dass der Briefkasten leer sei, erhöht somit wie erwartet die Wahrscheinlichkeit, dass er tatsächlich leer ist. Beispiel 4.3 geht auf die Behandlung einer zweiten Messung ein.

Verteilung in *kausaler* Richtung $P(\text{Effekt} \,|\, \text{Ursache})$ bekannt oder relativ einfach zu ermitteln – im Fall des Briefkastenbeispiels einfach durch Auszählen, wie oft der Roboter bei als bekannt gegebenem vollem oder leerem Briefkasten richtig oder falsch misst.

Ist diese „umgedrehte" bedingte Wahrscheinlichkeit bekannt, erfolgt die Umrechnung über die *Bayessche Regel*:

$$P(x \mid y) = \frac{P(y \mid x)P(x)}{P(y)} \; . \tag{4.25}$$

Üblich ist auch die Schreibweise

$$P(x \mid y) = \eta P(y \mid x)P(x) \tag{4.26}$$

mit einem Normierungsfaktor $\eta = P(y)^{-1} = \left(\sum_v P(y \mid v)P(v) \right)^{-1}$.

Wird zur Modellierung nicht nur eine Größe als gegeben vorausgesetzt, sondern mehrere, verallgemeinert sich die Formel zu

$$P(x \mid v_1, \ldots, v_n) = \frac{P(v_n \mid x, v_1, \ldots, v_{n-1})P(x \mid v_1, \ldots, v_{n-1})}{P(v_n \mid v_1, \ldots, v_{n-1})} \; . \tag{4.27}$$

Für den Fall, dass die v_i zustandsabhängige Variablen sind, also ein Zustand, eine Aktion oder eine Messung, kann diese Formel durch Anwendung der *Markow-Annahme*[2] vereinfacht werden. Sie postuliert, dass ein Folgezustand nur abhängt vom vorigen Zustand und der letzten Aktion, nicht von früheren Aktionen oder Zuständen. Damit ergibt sich also:

$$\begin{aligned} P(x \mid v_1, \ldots, v_n) &= \frac{P(v_n \mid x, v_1, \ldots, v_{n-1})P(x \mid v_1, \ldots, v_{n-1})}{P(v_n \mid v_1, \ldots, v_{n-1})} \\ &= \frac{P(v_n \mid x)P(x \mid v_1, \ldots, v_{n-1})}{P(v_n \mid v_1, \ldots, v_{n-1})} \\ &= \eta P(v_n \mid x)P(x \mid v_1, \ldots, v_{n-1}) \\ &= \eta_{1,\ldots,n} \prod_{i=1,\ldots,n} P(v_i \mid x)P(x) \; . \end{aligned} \tag{4.28}$$

Die Markow-Annahme vereinfacht Berechnungen ungemein, ist jedoch in der Praxis oftmals verletzt, wie das folgende Beispiel verdeutlicht: Angenommen, wir wollen einen Roboter innerhalb einer gegebenen Karte lokalisieren. Theoretisch, in idealen Umgebungen, sind Sensorwerte nur abhängig von der aktuellen Pose (dem Zustand), so dass der Filter vorhergesagte und tatsächlich gemessene Sensorwerte verrechnen kann. Ist nun die Umgebung veränderbar, beispielsweise durch umherlaufende Menschen, geöffnete/geschlossene Türen und dergleichen, so werden für einen bestimmten Zeitraum die Messungen systematisch gestört. Diese Störung wäre durch eine Untersuchung der Historie der Messwerte identifizierbar, jedoch nicht lediglich auf Basis der aktuellen Messung und der Karte.

Theoretisch ließe sich diese Verletzung der Markow-Annahme korrigieren, indem dynamische Hindernisse mit in die Repräsentation des Roboterstatus x

---

[2] Durch englischsprachige Literatur motiviert stößt man auch auf die Schreibweise *Markov*.

Beispiel 4.3

Fortsetzung von Beispiel 4.2. Bei einer zweiten Messung sei nun die Wahrscheinlichkeit einer Fehlmessung größer und es gelte:

$$P(z_2 = \text{leer} \mid \text{leer}) = \tfrac{1}{2} \quad P(z_2 = \text{leer} \mid \text{voll}) = \tfrac{3}{5} \quad P(\text{leer} \mid z_1 = \text{leer}) = \tfrac{7}{9}$$

d.h. eine falsche sei nun tatsächlich wahrscheinlicher als eine korrekte Messung. Damit folgt:

$$P(\text{leer} \mid z_2 = \text{leer}, z_1 = \text{leer})$$

$$= \frac{P(z_2 = \text{leer} \mid \text{leer}) P(\text{leer} \mid z_1 = \text{leer})}{P(z_2 = \text{leer} \mid \text{leer}) P(\text{leer} \mid z_1 = \text{leer}) + P(z_2 = \text{leer} \mid \text{voll}) P(\text{voll} \mid z_1 = \text{leer})}$$

$$= \frac{\tfrac{1}{2} \cdot \tfrac{7}{9}}{\tfrac{1}{2} \cdot \tfrac{7}{9} + \tfrac{3}{5} \cdot \tfrac{2}{9}} = 0.745 \,.$$

Somit *vermindert* die potentiell stark fehlerbehaftete Messung z_2 die Wahrscheinlichkeit, dass der als leer wahrgenommene Briefkasten tatsächlich leer ist.

---

aufgenommen würden, jedoch ist dies offensichtlich keine generelle Lösung für Ereignisse, die einen systematischen Effekt auf die Sensoren haben können – zumal aus Performanzgründen kleine Statusvektoren zu bevorzugen sind.

Das Beispiel 4.3 geht darauf ein, wie eine weitere Messung die Wahrscheinlichkeit des Zustandes verändert. Wäre es demnach nicht auch möglich, einfach mehrmals die selbe Messung einzubringen? Nicht nur unsere Intuition, auch die Wahrscheinlichkeitsrechnung sagt, dass dies nicht der Fall ist, da gilt: $P(a \mid b, b) = P(a \mid b) P(b \mid b) = P(a \mid b)$.

Es gilt daher die Forderung, dass Messungen statistisch unabhängig zu sein haben, d.h. es muss gelten: $P(a \cap b) = P(a) \cdot P(b)$. Messungen von der gleichen Stelle aus sind jedoch nicht unabhängig. Der nachfolgende Abschnitt beschreibt daher, wie Aktionen – üblicherweise eine Bewegung des Roboters – in die Berechnung mit einfließen. Zwar sind auch konsekutive Messungen in derselben Umgebung normalerweise nicht wirklich unabhängig; im Rahmen der Modellierungsungenauigkeit nehmen wir das aber in Kauf.

Aktionen

Bisher haben wir Modelle betrachtet, die den Status eines Agenten sowie Messungen innerhalb einer gegebenen, *statischen* Karte betrafen. Allerdings ist für einen Roboter die umgebende Welt dynamisch – sowohl aufgrund von eigenen Aktionen, als auch durch Aktionen anderer Agenten. Solche Aktionen beinhalten direkte Manipulation der Umgebung (beispielsweise mittels eines Greifarms, oder wenn der Roboter versehentlich gegen Einrichtungsgegenstände fährt, etc.), aber auch selbstverändernde, wie das Bewegen der Räder, wodurch sich die Pose des Roboters ändert und somit auch die nachfolgenden Messungen. Wenn solche Aktionen in das Modell integriert werden sollen, ist zu beachten, dass sie nie mit absoluter Sicherheit ausgeführt werden, sondern auch fehlschlagen können. Daher werden durch Aktionen Unsicherheiten über den Status üblicherweise vergrößert, während Messungen generell die Schätzung sicherer werden lassen.

Die Wahrscheinlichkeit, dass sich der Roboter in Zustand x befindet, nachdem er von dem Vorgängerzustand x' aus die Aktion u durchgeführt hat, wird ausgedrückt über die bedingte Wahrscheinlichkeit

$$P(x \mid u, x') \,. \tag{4.29}$$

Erweitern wir obiges Beispiel um die Aktion, den Briefkasten zu entleeren, könnten folgende Wahrscheinlichkeiten sinnvoll sein:

$$P(\text{leer} \mid \text{entleeren}, \text{voll}) = 0.8 \qquad (\textit{Aktion erfolgreich})$$
$$P(\text{voll} \mid \text{entleeren}, \text{voll}) = 0.2 \qquad (\textit{Aktion nicht erfolgreich})$$
$$P(\text{leer} \mid \text{entleeren}, \text{leer}) = 1.0$$
$$P(\text{voll} \mid \text{entleeren}, \text{leer}) = 0.0$$

Die Wahrscheinlichkeit $P(x \mid u)$ lässt sich berechnen über Integration der Wahrscheinlichkeiten $P(x \mid u, x')$:

$$P(x \mid u) = \int P(x \mid u, x') P(x') \, \mathrm{d}x' \qquad (\textit{kontinuierlich}) \tag{4.30}$$

$$P(x \mid u) = \sum_{x'} P(x \mid u, x') P(x') \,. \qquad (\textit{diskret}) \tag{4.31}$$

4.3.2 Bayes-Filter

Das Briefkasten-Beispiel eben hat bereits das Prinzip angedeutet, nach dem in der probabilistischen Robotik Roboterhandeln (das mit Unsicherheit behaftet sein darf) unter Einbeziehung von Evidenz (die ebenfalls unsicher sein darf) modelliert wird. Das allgemeine Modell dazu ist der *Bayes-Filter*.

Intuitiv suchen wir eine Funktion Γ, die die Wahrscheinlichkeit eines neuen Zustandes x_{t+1} berechnet, in Abhängigkeit des Vorgängerzustands sowie einer

Beispiel 4.4

Sei die Wahrscheinlichkeit, dass der Briefkasten voll ist, mit $P(\text{voll}) = 0.75$ belegt. Für die Aktion $u = \text{entleeren}$ ergibt sich somit:

$$P(\text{leer} \mid u) = \sum_{x'} P(\text{leer} \mid u, x')P(x') \qquad (4.32)$$

$$= P(\text{leer} \mid u, \text{voll})P(\text{voll}) + P(\text{leer} \mid u, \text{leer})P(\text{leer})$$

$$= 0.8 \cdot 0.75 + 1.0 \cdot 0.25 = 0.85 \ .$$

$$P(\text{voll} \mid u) = \sum_{x'} P(\text{voll} \mid u, x')P(x') \qquad (4.33)$$

$$= P(\text{voll} \mid u, \text{voll})P(\text{voll}) + P(\text{voll} \mid u, \text{leer})P(\text{leer})$$

$$= 0.2 \cdot 0.75 + 0.0 \cdot 0.25 = 0.15$$

$$= 1 - P(\text{leer} \mid u) \ .$$

Folge von *Evidenzen* e_i, wobei jedes e_i entweder eine Messung z oder eine Aktion u ist:

$$P(x_{t+1} \mid e_{1:t+1}) = \Gamma\big(e_{1:t+1}, P(x_t \mid e_{1:t})\big) \ . \qquad (4.34)$$

Die Schreibweise $x_{a:b}$ bezeichne dabei die Folge $(x_a, \ldots, x_b)_{a \leq b}$. Einen Ansatz für solch eine Funktion Γ liefert die Umformung

$$P(x_{t+1} \mid e_{1:t+1}) = P(x_{t+1} \mid e_{1:t}, e_{t+1}) \qquad (4.35)$$

$$= \eta \, P(e_{t+1} \mid x_{t+1}, e_{1:t})P(x_{t+1} \mid e_{1:t}) \qquad (\textit{Bayessche Regel})$$

$$= \eta \underbrace{P(e_{t+1} \mid x_{t+1})}_{\text{Filterung}} \underbrace{P(x_{t+1} \mid e_{1:t})}_{\text{Prädiktion}} \ . \qquad (\textit{Markow-Annahme})$$

Die Prädiktion lässt sich vereinfachen zu:

$$P(x_{t+1} \mid e_{1:t}) = \int_{x_t} P(x_{t+1} \mid x_t, e_{1:t})P(x_t \mid e_{1:t}) \qquad (4.36)$$

$$= \int_{x_t} \underbrace{P(x_{t+1} \mid x_t)}_{\text{Transitionsmodel}} \underbrace{P(x_t \mid e_{1:t})}_{\text{akt. Zustand}} \ . \qquad (\textit{Markow-Annahme})$$

Zusammengefasst ergibt sich daraus die rekursive Formel

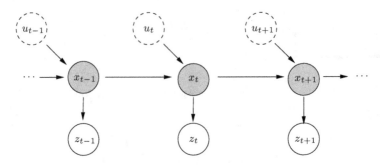

Abbildung 4.16: Prinzip des Datenstroms für einen Bayes-Filter: x_i bezeichnen die Zustände des Systems, u_i Aktionen und z_i Messungen.

$$P(x_{t+1} \mid e_{1:t+1}) = \eta P(e_{t+1} \mid x_{t+1}) \int_{x_t} P(x_{t+1} \mid x_t)P(x_t \mid e_{1:t}) \,. \qquad (4.37)$$

Eine alternative „iterative" Herangehensweise, die letztendlich zur gleichen rekursiven Formulierung führt, dabei jedoch explizit zwischen Aktionen und Messungen unterscheidet, ist im Folgenden dargestellt. Der Leser mag selber entscheiden, welche Herangehensweise intuitiver ist. Die folgende Art der Modellierung hat den Vorteil, dass sie das zweistufige Vorgehen eines implementierten Bayes-Filters motiviert (Algorithmus 4.1), der Berechnungen abhängig von der Art der jeweiligen Eingabe durchführt.

Bisher haben wir einen Zustand – genauer, seine Wahrscheinlichkeit – berechnet, basierend auf einer Evidenz (Aktion oder Messung) sowie dem Vorgängerzustand. Als nächstes suchen wir die Wahrscheinlichkeit eines Zustandes, gegeben ein Strom von *abwechselnden* Beobachtungen z_i und Aktionen u_i. Sei ferner ein Sensormodell $P(z \mid x)$ gegeben, welches die Unsicherheit in den Messungen widerspiegelt, ebenso ein Aktionsmodell $P(x \mid u, x')$ sowie die a priori (d.h. zunächst die initiale) Wahrscheinlichkeit des Systemzustandes, $P(x)$, wie in Abbildung 4.16 skizziert.

Unter der Markow-Annahme gilt:

$$P(z_{t+1} \mid x_{0:t+1}, z_{0:t}, u_{1:t+1}) = P(z_{t+1} \mid x_{t+1}) \qquad (4.38)$$
$$P(x_{t+1} \mid x_{0:t}, z_{0:t}, u_{1:t+1}) = P(x_{t+1} \mid x_t, u_{t+1}) \,. \qquad (4.39)$$

Durch die Markow-Annahme werden implizit eine Reihe von Vereinfachungen gemacht: Zum einen wird wieder eine statische Welt vorausgesetzt – es treten keine Änderungen auf, sofern keine Aktionen ausgeführt werden. Offensichtlich ist dies in der Realität oftmals verletzt, da die Umgebungen mobiler Agenten dynamische Objekte enthalten können. Des weiteren wird unabhängiges Rauschen angenommen. Eine Verletzung der Annahme bedeutet jedoch nicht, dass die hier aufgestellten Formeln ungültig werden, sondern lediglich, dass die Berechnungen die entsprechenden Wahrscheinlichkeiten nicht exakt berechnen, sondern nur approximieren.

Gesucht wird also eine statistische Schätzung des Zustandes x eines dynamischen Systems, die die Wahrscheinlichkeit dieses Zustandes ausdrückt, gegeben alle vergangenen Messungen und Aktionen. Beides, Messungen und Aktionen, sollen dabei *alternierend* ausgeführt werden, um der Forderung nach stochastischer Unabhängigkeit entgegen zu kommen. Konsekutiv ausgeführte Aktionen sind natürlich harmlos (und können leicht als *eine* akkumulierte Aktion betrachtet werden), Messungen sollten jedoch aus Gründen der Unabhängigkeit stets von Aktionen unterbrochen werden. Die gesuchte a-posteriori-Schätzung eines neuen Zustandes x_{t+1}, der *Überzeugungszustand*, wird mit $Bel(x_{t+1})$ (von engl. *belief*) abgekürzt und ist definiert als:

$$Bel(x_{t+1}) = P(x_{t+1} \mid z_0, u_1, z_1, \ldots, u_{t+1}, z_{t+1}) \, . \qquad (4.40)$$

Dies lässt sich berechnen über:

$$
\begin{aligned}
Bel(x_{t+1}) &= P(x_{t+1} \mid z_0, u_1, z_1, \ldots, u_{t+1}, z_{t+1}) && (\textit{Definition}) \\
&= \eta P(z_{t+1} \mid x_{t+1}, z_0, u_1, z_1, \ldots u_{t+1}) \cdot \\
&\quad\; P(x_{t+1} \mid z_0, u_1, z_1, \ldots, u_{t+1}) && (\textit{Bayessche Regel}) \\
&= \eta P(z_{t+1} \mid x_{t+1}) P(x_{t+1} \mid z_0, u_1, z_1, \ldots, u_{t+1}) && (\textit{Markow}) \\
&= \eta P(z_{t+1} \mid x_{t+1}) \int P(x_{t+1} \mid z_0, u_1, z_1, \ldots, u_{t+1}, x_t) \cdot && (\textit{totale W.}) \\
&\quad\; P(x_t \mid z_0, u_1, z_1, \ldots, u_{t+1}) \, \mathrm{d}x_t \\
&= \eta P(z_{t+1} \mid x_{t+1}) \int P(x_{t+1} \mid u_{t+1}, x_t) \cdot && (\textit{Markow}) \\
&\quad\; P(x_t \mid z_0, u_1, z_1, \ldots, u_t, z_t, u_{t+1}) \, \mathrm{d}x_t \\
&= \eta P(z_{t+1} \mid x_{t+1}) \int P(x_{t+1} \mid u_{t+1}, x_t) \cdot \\
&\quad\; P(x_t \mid z_0, u_1, z_1, \ldots, u_t, z_t) \, \mathrm{d}x_t \\
&= \eta P(z_{t+1} \mid x_{t+1}) \underbrace{\int P(x_{t+1} \mid u_{t+1}, x_t) Bel(x_t) \, \mathrm{d}x_t}_{=\overline{Bel}(x_{t+1})} \, . && (4.41)
\end{aligned}
$$

Eine konstruktive Umsetzung von Formel 4.41 wird in Algorithmus 4.1 präsentiert. Eine neue Aktion führt zur Berechnung der a-priori-Schätzung $\overline{Bel}$ durch Integration über alle Nachfolgezustände von x_t gemäß Aktionsmodell von u_{t+1}. Nach erfolgter Messung wird diese in die a-posteriori-Schätzung Bel überführt. Prinzipiell sind beide Schritte einzeln ausführbar. Da jedoch nur eine Messung die Schätzung Bel aktualisiert, um die es uns hier geht, betrach-

---

Algorithmus 4.1: Bayes-Filter (diskrete Verteilung). Eingabe ist eine Aktion u sowie ein Perzept z. Die Aktion führt zu der a-priori-Schätzung $\overline{Bel}(x_{t+1})$. mit Hilfer der Messung z wird daraus dann die a-posteriori-Schätzung $Bel(x_{t+1})$ aktualisiert.

Eingabe : Aktueller Belief $Bel(x_t)$, sowie ein Paar (u, z).

Ausgabe: Aktualisierter Belief $Bel(x_{t+1})$

1: **for** alle Zustände x_t **do**   *// Update nach Aktion*

2:     $\displaystyle \overline{Bel}(x_{t+1}) = \sum_{x_t} P(x_{t+1} \mid u, x_t) Bel(x_t)$

3: **end for**

4: $\eta = 0$

5: **for** alle Zustände x_{t+1} **do**   *// Update nach Messung*

6:     $Bel(x_{t+1}) = P(z \mid x_{t+1}) \overline{Bel}(x_{t+1})$

7:     $\eta = \eta + Bel(x_{t+1})$

8: **end for**

9: **for** alle Zustände x_{t+1} **do**   *// Normierung*

10:    $Bel(x_{t+1}) = \eta^{-1} Bel(x_{t+1})$

11: **end for**

12: **return** $Bel(x_{t+1})$

---

ten wir in dem Algorithmus stets ein Paar (u, z) aus Aktion und Messung, das als Eingabe dient.

Zusammenfassung

Die Bayessche Regel ermöglicht es, Wahrscheinlichkeiten in „diagnostischer" Richtung aus der zugehörigen „kausalen" Bedingungsrichtung zu berechnen, die meist deutlich leichter zu ermitteln ist. Unter der Markow-Annahme können Überzeugungszustände effizient rekursiv aktualisiert werden. Damit stellen Bayes-Filter ein Werkzeug dar, um den Zustand eines dynamischen Systems probabilistisch zu schätzen. Bei der Umsetzung des mathematischen Modells ergibt sich jedoch das Problem, dass kontinuierliche Wahrscheinlichkeitsverteilungen und Integration über alle möglichen Zustände oft nicht praktikabel sind. Daher werden unterschiedliche Vereinfachungen und Approximationen eingesetzt. Der Kalman-Filter, Inhalt des folgenden Abschnittes, stellt die wohl gebräuchlichste praktisch verwendete Umsetzung eines Bayes-Filters dar. Dabei wird der Überzeugungszustand $Bel(\boldsymbol{x}_t)$ durch seinen Erwartungswert $\boldsymbol{\mu}_t$ sowie die Kovarianz $\boldsymbol{\Sigma}_t$ approximiert, was der Repräsentation mittels einer mehrdimensionalen unimodalen Gaußverteilung entspricht, $Bel(\boldsymbol{x}) \approx \mathcal{N}(\boldsymbol{\mu}_t, \boldsymbol{\Sigma}_t)(\boldsymbol{x})$. Dabei werden sowohl der Prädiktions- als auch der Filterungsschritt durch effiziente Matrixmultiplikationen implementiert. Der Preis dafür liegt allerdings in der Beschränkung, nur unimodale Verteilungen repräsentieren zu können.

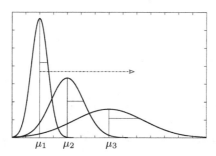

Abbildung 4.17: Propagierung der Zustandsschätzung ohne Fusion mit einer unabhängigen Messung führt zu einem geänderten Status (modifiziertes μ) gemäß der Aktion, dabei jedoch Vergrößerung der Unsicherheit (wachsendes σ).

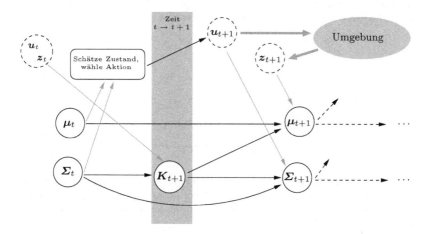

Abbildung 4.18: Prinzip des Kalman-Filters: Schätzung der Wahrscheinlichkeitsverteilung $\mathcal{N}(\mu, \Sigma)$ über die Zeit bei gegebenen Aktionen u und Messungen z.

4.3.3 Kalman-Filter

Der Kalman-Filter, als spezielle Version eines Bayes-Filters, dient allgemein zur Fusion von zwei unterschiedlichen, stochastisch unabhängigen Informationsquellen. Da die in der Robotik meist verwendete Anwendung des Filters in der Fusion von Odometriedaten mit externen Messungen liegt, werden wir im Folgenden weiter von Aktionen und Messungen sprechen.

Gegeben sei eine mehrdimensionale Zustandsschätzung, im Folgenden zunächst ein eindimensionaler Skalar x. Dies wird später auf den allgemeinen Fall erweitert, bei dem der Zustand $\boldsymbol{x}$ ein n-dimensionaler Vektor ist, beispielsweise eine Schätzung der Roboterpose in $\boldsymbol{x} = (x, z, \theta)$. Neben der Zustandsschätzung haben wir analog zum Bayes-Filter Aktionen und Messungen, sowie zugehörige Fehlermodelle. Für den beispielhaften Fall der Roboterloka-

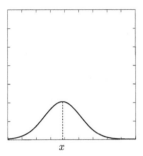 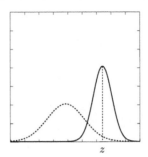 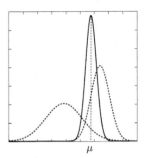

Abbildung 4.19: Kalman-Filterung von Gaußverteilungen. Links: Unsicherheit in dem aktuellen Zustand x. Mitte: Eine unabhängige Messung z liefert konkurrierende Informationen (Mittelwert und Varianz). Rechts: Fusion beider Daten liefert eine Mittelung, gewichtet mit der Sicherheit der Informationen, sowie reduzierte Varianz, also eine größere Sicherheit in dem gefilterten Zustand.

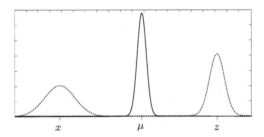

Abbildung 4.20: Fusion von sich gänzlich widersprechenden Informationen, z.B. bei Ausfall eines Sensors, massiver Störung der Odometrie, etc. Die Fusion führt ebenso zu einer gewichteten Mittelung, die aber i.Allg. nicht dem intuitiv gewollten Ergebnis entspricht.

lisierung durch Fusion von Odometrie- mit Gyroskopdaten (s. Abschnitt 4.4) können diese Fehlermodelle durch Abschätzungen des Posefehlers bei Bewegung respektive des Messfehlers bei Drehratenmessung gegeben sein.

Die Filterung hat nun zum Ziel, zu jedem Zeitpunkt eine Zustandsschätzung zu liefern, bestehend sowohl aus einer Schätzung des aktuellen Zustandes, als auch einer Vorhersage des Nachfolgezustandes nach Ausführung einer Aktion. In die Zustandsschätzungen sollen unabhängige Sensormessungen integriert werden, beispielsweise in Form einer Aktualisierung der Poseschätzung nach ermittelten Gyroskopwerten. Drittens – und das ist eine besonders wichtige Eigenschaft des Kalman-Filters – soll das Fehlermodell der Schätzung optimal aktualisiert werden, was die Ausnutzung der vorhandenen Information (Sensormessung, Schätzung des Zustands nach Aktion) angeht.

Diese Ziele werden umgesetzt durch das folgende zweischrittige Vorgehen:

1. **Prädiktion:** Sage den Nachfolgezustand voraus, der sich nach ausgeführter Aktion/Transition ergeben wird. Der Fehler des Zustandes wird gemäß

dem Aktions-Fehlermodell aktualisiert (vgl. Abbildung 4.17). Die Aktion wird ausgeführt.

2. **Filterung:** Miss den resultierenden Zustand. Nach einer oder mehreren Messungen (die sich widersprechen dürfen) wird derjenige Zustand als der aktuelle angenommen, welcher maximal gut zu allen Messungen und zum letzten Fehlermodell passt. Das Fehlermodell wird aktualisiert, weiter mit Schritt 1.

Das Zusammenspiel dieser Schritte ist in Abbildung 4.18 skizziert, 4.19 liefert eine Intuition des Ergebnisses. Sind die beiden Informationen, die fusioniert werden sollen, deutlich widersprüchlich, führt dies jedoch ebenso zu einer gewichteten Mittelung (Abbildung 4.20), obwohl die Interpretation, dass vermutlich eine der Quellen – beispielsweise die Messung – stark fehlerhaft oder völlig ausgefallen ist, sicherlich naheliegender wäre.

Der Kalman-Filter in der hier beschriebenen Version unterliegt zwei Beschränkungen, auf die wir im weiteren Verlauf des Kapitels genauer eingehen werden:

- Fehlermodelle sind Gaußverteilungen.

- Die Zustandsverteilung ist eine Gaußverteilung.

Das führt ferner dazu, dass wir im Folgenden einen Zustand $x \sim \mathcal{N}(\mu, \sigma)$ mit dem Mittelwert μ seiner Schätzung identifizieren können: Gemäß den Daten liefert μ die beste Schätzung für den Zustand x, mit abgeschätzer Unsicherheit σ. Gleiches gilt selbstverständlich auch für den n-dimensionalen Fall, $\boldsymbol{x} \sim \mathcal{N}(\boldsymbol{\mu}, \boldsymbol{\Sigma})$.

1-dimensionaler Kalman-Filter

Der 1-dimensionale Kalman-Filter geht mathematisch direkt aus den bisherigen Betrachtungen (und den Grundlagen aus Anhang A.2) hervor, und ist intuitiv an einem Beispiel erklärbar:

| **Beispiel 4.5** | *Kalman-Filter* |

Random Walk: Betrachtet wird der Wert einer Variablen x über die Zeit t. Die Veränderung wird als „random walk" modelliert, d.h. durch kleine, randomisierte Veränderung mit Normal-Standardabweichung. Zum Zeitpunkt $t = 0$ gelte: $\mu_0 = 0.0, \sigma_0 = 1.0$. Der Transitionsfehler sei $\sigma_u = 2.0$, vergrößert also die Standardabweichung. Der Sensorfehler sei $\sigma_z = 1.0$.

Startzustand: Zum Zeitpunkt $t = 0$ ist x_0 Standard-normalverteilt:

$$P(x_0) = \mathcal{N}(\mu_0, \sigma_0^2)(x_0) = \alpha e^{-\frac{1}{2}\left(\frac{(x_0 - \mu_0)^2}{\sigma_0^2}\right)} .$$

Transitionsmodell: Wir haben keine wirkliche Aktion, aber die Standardabweichung wird um den Transitionsfehler $\sigma_u = 2.0$ erhöht, d.h. die Unsicherheit steigt:

$$P(x_{t+1} \mid x_t) = \mathcal{N}\big(x_t, \underbrace{\sigma_{t+1}^2(\sigma_t, \sigma_u)}_{\text{abhängig von } \sigma_t, \sigma_u}\big)(x_{t+1}) = \alpha e^{-\frac{1}{2}\left(\frac{(x_{t+1} - x_t)^2}{\sigma_{t+1}^2}\right)} .$$

Sensormodell: Eine Messung führt zur Reduzierung der Standardabweichung auf $\sigma_z = 1.0$ um einen Mittelwert zwischen z_t und x_t, wenn eine (mit σ_z fehlerbehaftete) Messung des Wertes das Ergebnis z_t zurück liefert:

$$P(z_t \mid x_t) = \mathcal{N}(x_t, \sigma_z^2)(z_t) = \alpha e^{-\frac{1}{2}\left(\frac{(z_t - x_t)^2}{\sigma_z^2}\right)} .$$

Die absolute Wahrscheinlichkeit des Zustandes x_1 errechnet sich über:

$$P(x_1) = \int\limits_{-\infty}^{\infty} P(x_1 \mid x_0) P(x_0)\, dx_0$$

$$= \alpha e^{-\frac{1}{2}\left(\frac{(x_1 - \mu_0)^2}{\sigma_0^2 + \sigma_u^2}\right)} ,$$

die bedingte Wahrscheinlichkeit von Zustand x_1 bei gegebener Messung z_1 ist

$$P(x_1 \mid z_1) = \alpha P(z_1 \mid x_1) P(x_1)$$

$$= \alpha e^{-\frac{1}{2}\left(\frac{(x_1 - g(z_1, \mu_0))^2}{c}\right)} .$$

Dabei wird der neue Mittelwert μ_1 berechnet durch eine lineare Funktion g, abhängig von z_1 und μ_0. Die neue Standardabweichung c ist konstant. Die Berechnungen von g und c werden in Beispiel 4.6 näher beleuchtet.

Alle auftretenden Verteilungen sind Gaußverteilungen. Allgemein gilt, dass μ_{t+1} der gewichtete Mittelwert von z_{t+1} und dem vorherigen Mittelwert μ_t ist.

Unabhängige normalverteilte Gaußverteilungen sind invariant gegen Faltung mit Gaußverteilungen, d.h. ihre Summe ergibt wieder eine normalverteilte Gaußverteilung! Unter der Voraussetzung, dass alle initialen Schätzungen und Fehlermodelle normalverteilt sind, gilt daher (mit Evidenzen $e \in \{z, u\}$):

Prädiktion: Sind die Zustandsschätzungen $P(x_t \mid e_{1:t})$ und das Aktions-/ Transitionsmodell $P(x_{t+1} \mid u_t, x_t)$ normalverteilt, so auch

$$P(x_{t+1} \mid e_{1:t}) = \int\limits_{x_t} P(x_{t+1} \mid u_t, x_t) P(x_t \mid e_{1:t}) \, dx_t \ . \tag{4.42}$$

Filterung: Sind sowohl die Prädiktion $P(x_{t+1} \mid e_{1:t})$ als auch das Sensormodell $P(z_{t+1} \mid x_{t+1})$ normalverteilt, so auch

$$P(x_{t+1} \mid e_{1:t+1}) = \alpha P(z_{t+1} \mid x_{t+1}) P(x_{t+1} \mid e_{1:t}) \ . \tag{4.43}$$

Somit ist $P(x_t \mid e_{1:t})$ für alle Iterationen t eine Normalverteilung.

Dies ist unabhängig von der Dimension der Daten. Beispiel eines mehrdimensionalen Filters ist die Berechnung einer dreidimensionalen Roboterpose x mit initialem Mittelwert μ_0, einer (3×3)-Kovarianzmatrix, initial Σ_0, sowie den Kovarianzmatrizen für Aktions- und Sensorfehlermodelle Σ_u und Σ_z.

n-dimensionaler Kalman-Filter

Entsprechend dem eindimensionalen Fall werden μ, Σ über die Zeit aus Gauß-Faltungen berechnet. Eine multivariate Gaußverteilung ist dabei definiert als

$$\mathcal{N}(\mu, \Sigma)(x) = \alpha e^{-\frac{1}{2} \left((x - \mu)^T \Sigma^{-1} (x - \mu) \right)} \ . \tag{4.44}$$

Der Zustand x sowie der Mittelwert μ sind n-dimensionale Vektoren, Σ eine $(n \times n)$-dimensionale Kovarianzmatrix.

Die Wahrscheinlichkeit eines Nachfolgezustandes unter gegebenem aktuellen Zustand und einer durchgeführten Aktion, sowie die Wahrscheinlichkeit einer Messung in dem aktuellen Zeitschritt sind ebenfalls über ihre Kovarianzen bestimmt. Dabei sind das Aktions- bzw. Transitionsmodell und das Sensormodell folgendermaßen gegeben:

Aktions-/Transitionsmodell:

$$P(\boldsymbol{x}_{t+1} \mid \boldsymbol{u}_t, \boldsymbol{x}_t) = \mathcal{N}\big(\boldsymbol{A}\boldsymbol{x}_t + \boldsymbol{B}\boldsymbol{u}_t, \boldsymbol{\Sigma}_u\big)(\boldsymbol{x}_{t+1}) \,, \tag{4.45}$$

Sensormodell:

$$P(\boldsymbol{z}_t \mid \boldsymbol{x}_t) = \mathcal{N}\big(\boldsymbol{H}\boldsymbol{x}_t, \boldsymbol{\Sigma}_z\big)(\boldsymbol{z}_t) \,. \tag{4.46}$$

Im Allgemeinen sind Zustands-, Aktions- und Sensorvektor $(\boldsymbol{x}, \boldsymbol{u}, \boldsymbol{z})$ von unterschiedlichen Dimensionen. Sei n die Dimension des Zustandes, m der Aktion, sowie l die der Messung. Damit ergeben sich folgende Größen:

$\boldsymbol{A}$ Transitionsmodell, $(n \times n)$-Matrix. $\boldsymbol{A}\boldsymbol{x}_t$ beschreibt die spontane Transition von Zustand $\boldsymbol{x}_t$ nach $\boldsymbol{x}_{t+1}$, also was sich von einem Zeitschritt zum nächsten verändert, unabhängig von einer Aktion. Oftmals gilt daher: $\boldsymbol{A} = \mathbb{1}$.

$\boldsymbol{B}$ Aktionsmodell, $(n \times m)$-Matrix. $\boldsymbol{B}\boldsymbol{u}_t$ konvertiert die (lokale) Aktion $\boldsymbol{u}_t$ in den Zustandsraum.

$\boldsymbol{\Sigma}_u$ Kovarianzmatrix für Aktionsmodell, $(n \times n)$-Matrix.

$\boldsymbol{H}$ Sensormodell, $(l \times n)$-Matrix, die den Zustand in den Messraum transformiert, sodass Vorhersage und Messung vergleichbar sind.

$\boldsymbol{\Sigma}_z$ Kovarianzmatrix für Sensormodell, $(l \times l)$-Matrix.

Mittelwert und Kovarianz des Zustands, initial $\boldsymbol{0}$, werden nun bei durchgeführten Aktionen sowie Messungen wie folgt aktualisiert:

$$\boldsymbol{\mu}_{t+1} = \boldsymbol{A}\boldsymbol{\mu}_t + \boldsymbol{B}\boldsymbol{u}_t + \boldsymbol{K}_{t+1}\big(\boldsymbol{z}_{t+1} - \boldsymbol{H}(\boldsymbol{A}\boldsymbol{\mu}_t + \boldsymbol{B}\boldsymbol{u}_t)\big) \tag{4.47}$$

$$\boldsymbol{\Sigma}_{t+1} = (\mathbb{1} - \boldsymbol{K}_{t+1}\boldsymbol{H})(\boldsymbol{A}\boldsymbol{\Sigma}_t\boldsymbol{A}^T + \boldsymbol{\Sigma}_u) \,. \tag{4.48}$$

Die als *Kalman-Gewinn* (engl. *Kalman gain*) bezeichnete $(n \times l)$-Matrix $\boldsymbol{K}$ beschreibt, wie hoch der Vorhersagefehler in den neuen Zustand eingeht:

$$\boldsymbol{K}_{t+1} = (\boldsymbol{A}\boldsymbol{\Sigma}_t\boldsymbol{A}^T + \boldsymbol{\Sigma}_u)\boldsymbol{H}^T\big(\boldsymbol{H}(\boldsymbol{A}\boldsymbol{\Sigma}_t\boldsymbol{A}^T + \boldsymbol{\Sigma}_u)\boldsymbol{H}^T + \boldsymbol{\Sigma}_z\big)^{-1} \,. \tag{4.49}$$

Die Formeln (4.47)–(4.49) implementieren einen Kalman-Filter. Zum einfacheren Verständnis wollen wir einzelne Terme erläutern:

$\mathbb{1}$	Einheitsmatrix, $(n \times n)$-dimensional
$\boldsymbol{A}\boldsymbol{\Sigma}_t\boldsymbol{A}^T + \boldsymbol{\Sigma}_u$	a-priori-Vorhersage der Zustands-Kovarianz
$\boldsymbol{A}\boldsymbol{\mu}_t + \boldsymbol{B}\boldsymbol{u}_t$	a-priori-Vorhersage des Mittelwertes/Zustandes
$\boldsymbol{H}(\boldsymbol{A}\boldsymbol{\mu}_t + \boldsymbol{B}\boldsymbol{u}_t)$	vorhergesagte Sensormessung in $(t+1)$

$z_{t+1} - H(A\mu_t + Bu_t)$ Abweichung zwischen Sensorvorhersage und tatsächlicher Messung. Diese Differenz wird auch als *Innovation* bezeichnet.

Dabei ist zu beachten, dass die Messung z nicht mit der konkurrierenden Aktion u verglichen wird, sondern mit einem vorhergesagten *Zustand*, der sich aus dem letzten Zustand und der durchgeführten Aktion ergibt. Dies ist bei globalen Messungen, beispielsweise einer Roboterlokalisierung innerhalb einer Karte, beispielsweise mit Hilfe von Landmarken bekannter Position, genau das erwartete Verhalten. Besteht auch die Messung aus inkrementellen Informationen, wie es bei einigen der Algorithmen des nächsten Kapitels der Fall ist, so müssen die Messungen entsprechend integriert oder aber mit dem letzten Zustand verrechnet werden. Mehr dazu in der praktischen Anwendung des Kalman-Filters auf Seite 146.

Algorithmus 4.2 setzt die Komponenten des Kalman-Filters wie definiert um. Der jeweilig aktuelle Zustand x ist dabei mit dem Mittelwert μ gleichgesetzt. In dieser zweischrittigen Implementation wird auch offensichtlich, dass es sich bei einem Kalman-Filter um einen speziellen Bayes-Filter handelt. Daher an dieser Stelle noch einmal eine intuitive Interpretation der beiden Phasen:

Schritt 1, die Aktualisierung des Status über die Zeit, besteht aus der Vorhersage des a-priori-Zustandes und der Unsicherheit $\bar{x}, \bar{\Sigma}$, basierend auf einem Bewegungsmodell. Schritt 2 entspricht der Aktualisierung bei einer neuen Messung: Die a-posteriori-Schätzung: K, x, Σ wird mittels der Vorhersagen aus Schritt 1 korrigiert. Der Kalman-Gewinn K minimiert die a-priori-Fehlerkovarianzmatrix Σ. Die a-posteriori-Schätzung x ergibt sich als Linearkombination der a-priori-Schätzung $\bar{x}$ und einer gewichteten Differenz zwischen tatsächlicher Messung z und vorhergesagter Messung $\bar{z} = H\bar{x}$, und unterliegt der a-posteriori-Fehlerkovarianz Σ. Fortlaufende Iteration der Formeln bei gegebener Schätzung des initialen Systemzustands x_0 sowie einer normalverteilten Schätzung Σ_0 der Unsicherheit in x_0, führt zu einer optimalen Schätzung aller Folgezustände.

Beispiel 4.6   *Kalman-Filter, mehrdimensional*

Random Walk: (vgl. 1-dim. Berechnung in Beispiel 4.5)

Transitionsmodell:	$A = [1]$
Aktionsmodell:	$B = [1]$

Aktions-Kovarianzmatrix: $\boldsymbol{\Sigma}_u = [\sigma_u^2] = [4]$

Sensormodell: $\boldsymbol{H} = [1]$

Sensor-Kovarianzmatrix: $\boldsymbol{\Sigma}_z = [\sigma_z^2] = [1]$

Damit berechnen sich Sensor- und Transitionsmodell wie folgt:

Sensormodell:

$$
\begin{aligned}
P(\boldsymbol{z}_t \,|\, \boldsymbol{x}_t) &= \mathcal{N}(\boldsymbol{H}\boldsymbol{x}_t, \boldsymbol{\Sigma}_z)(\boldsymbol{z}_t) \\
&= \alpha e^{-\frac{1}{2}\left((\boldsymbol{z}_t - \boldsymbol{H}\boldsymbol{x}_t)^T \boldsymbol{\Sigma}_z^{-1}(\boldsymbol{z}_t - \boldsymbol{H}\boldsymbol{x}_t)\right)} \\
&= \alpha e^{-\frac{1}{2}\left(\frac{(\boldsymbol{z}_t - \boldsymbol{x}_t)^2}{\sigma_z^2}\right)} .
\end{aligned}
$$

Transitionsmodell:

$$
\begin{aligned}
P(\boldsymbol{x}_{t+1} \,|\, \boldsymbol{x}_t) &= \mathcal{N}(\boldsymbol{A}\boldsymbol{x}_t + \boldsymbol{B}\boldsymbol{u}_t, \boldsymbol{\Sigma}_u)(\boldsymbol{x}_{t+1}) \\
&= \alpha e^{-\frac{1}{2}\left((\boldsymbol{x}_{t+1} - \boldsymbol{A}\boldsymbol{x}_t)^T \boldsymbol{\Sigma}_u^{-1}(\boldsymbol{x}_{t+1} - \boldsymbol{A}\boldsymbol{x}_t)\right)} \\
&= \alpha e^{-\frac{1}{2}\left((\boldsymbol{x}_{t+1} - \boldsymbol{x}_t)^T \frac{1}{\sigma_u^2}(\boldsymbol{x}_{t+1} - \boldsymbol{x}_t)\right)} \\
&= \alpha e^{-\frac{1}{2}\left(\frac{(\boldsymbol{x}_{t+1} - \boldsymbol{x}_t)^2}{\sigma_u^2}\right)} .
\end{aligned}
$$

Kalman-Gewinn:

$$
\begin{aligned}
\boldsymbol{K}_{t+1} &= (\boldsymbol{A}\boldsymbol{\Sigma}_t\boldsymbol{A}^T + \boldsymbol{\Sigma}_u)\boldsymbol{H}^T\left(\boldsymbol{H}(\boldsymbol{A}\boldsymbol{\Sigma}_t\boldsymbol{A}^T + \boldsymbol{\Sigma}_u)\boldsymbol{H}^T + \boldsymbol{\Sigma}_z\right)^{-1} \\
&= ([\sigma_t^2] + [\sigma_u^2])[1]\left(([\sigma_t^2] + [\sigma_u^2]) + [\sigma_z^2]\right)^{-1} \\
&= \left[\frac{\sigma_t^2 + \sigma_u^2}{\sigma_t^2 + \sigma_u^2 + \sigma_z^2}\right] .
\end{aligned}
$$

Der neue Mittelwert, gegeben als Funktion g in Beispiel 4.5, berechnet sich nun über:

$$\mu_{t+1} = A\mu_t + Bu_t + K_{t+1}\big(z_{t+1} - H(A\mu_t + Bu_t)\big)$$

$$= \mu_t + 0 + \frac{(\sigma_t^2 + \sigma_u^2)(z_{t+1} - (\mu_t + 0))}{\sigma_t^2 + \sigma_u^2 + \sigma_z^2}$$

$$= \frac{z_{t+1}(\sigma_t^2 + \sigma_u^2) + \sigma_z^2 \mu_t}{\sigma_t^2 + \sigma_u^2 + \sigma_z^2},$$

die neue Kovarianz (Konstante c in Beispiel 4.5) ergibt sich als:

$$\Sigma_{t+1} = [\sigma_{t+1}^2] = (\mathbb{1} - K_{t+1}H)(A\Sigma_t A^T + \Sigma_u)$$

$$= \left[\left(1 - \frac{\sigma_t^2 + \sigma_u^2}{\sigma_t^2 + \sigma_u^2 + \sigma_z^2} \right)(\sigma_t^2 + \sigma_u^2) \right]$$

$$= \left[\frac{\sigma_z^2(\sigma_t^2 + \sigma_u^2)}{\sigma_t^2 + \sigma_u^2 + \sigma_z^2} \right].$$

Optimalität

Die Fehlermodelle müssen für den Einsatz eines Kalman-Filters nicht zwingend gaußverteilt sein. Jedoch muss gelten:

1. Systemrauschen ist erlaubt, dabei ist der Mittelwert 0.

2. Fehlerquellen untereinander haben eine Kovarianz von 0 (sind z.B. stochastisch unabhängig).

3. Die Transition ist linear, also durch Matrixmultiplikation beschreibbar.

4. Zwischen Zuständen und Sensormessungen bestehen nur lineare Abhängigkeiten.

Unter diesen Voraussetzungen nutzt der Kalman-Filter die vorhandenen Informationen optimal aus, das heißt kein anderes Verfahren schätzt die Systemzustände mit geringeren erwarteten Abweichungen zwischen dem geschätzten und dem tatsächlichen Zustand.

Erweiterte Kalman-Filter (EKF)

Wie bereits angemerkt, ist der Kalman-Filter auch anwendbar, wenn die Optimalitätsvoraussetzungen nicht erfüllt sind – was beispielsweise bei kovarianten Fehlerquellen der Fall ist. Die Berechnungen sind dann nicht mehr beweisbar optimal, ergeben aber weiterhin Sinn. Was aber, wenn beispielsweise die

---

Algorithmus 4.2: Kalman-Filter. Eingabe ist eine Aktion $\boldsymbol{u}$ sowie ein Perzept $\boldsymbol{z}$. Die Aktion führt zu der a-priori-Schätzung $\overline{Bel(\boldsymbol{x}_{t+1})}$. mit Hilfer der Messung $\boldsymbol{z}$ wird daraus dann die a-posteriori-Schätzung $Bel(\boldsymbol{x}_{t+1})$ aktualisiert.

Eingabe: $\boldsymbol{x}_t$ aktueller Zustand, $\boldsymbol{\Sigma}_t$ aktuelles Fehlermodell, sowie ein Evidenz-Paar $(\boldsymbol{u}, \boldsymbol{z})$

Ausgabe: Die aktualisierten $\boldsymbol{x}_{t+1}, \boldsymbol{\Sigma}_{t+1}$

1: *Prädiktion mit Hilfe der Aktion $\boldsymbol{u}$*
2: $\bar{\boldsymbol{x}}_{t+1} = \boldsymbol{A}\boldsymbol{x}_t + \boldsymbol{B}\boldsymbol{u}$
3: $\bar{\boldsymbol{\Sigma}}_{t+1} = \boldsymbol{A}\boldsymbol{\Sigma}_t\boldsymbol{A}^T + \boldsymbol{\Sigma}_u$
4: *Korrektur mit Hilfe der Messung $\boldsymbol{z}$*
5: $\boldsymbol{K}_{t+1} = \bar{\boldsymbol{\Sigma}}_{t+1}\boldsymbol{H}^T\big(\boldsymbol{H}\bar{\boldsymbol{\Sigma}}_{t+1}\boldsymbol{H}^T + \boldsymbol{\Sigma}_z\big)^{-1}$
6: $\boldsymbol{x}_{t+1} = \bar{\boldsymbol{x}}_{t+1} + \boldsymbol{K}_{t+1}(\boldsymbol{z} - \boldsymbol{H}\bar{\boldsymbol{x}}_{t+1})$ // *Zustand $x_i \,\hat{=}\, Mittelwert\ \mu_i$*
7: $\boldsymbol{\Sigma}_{t+1} = (\mathbb{1} - \boldsymbol{K}_{t+1}\boldsymbol{H})\bar{\boldsymbol{\Sigma}}_{t+1}$
8: **return** $\boldsymbol{x}_{t+1}, \boldsymbol{\Sigma}_{t+1}$

Zustandsübergänge oder die Abhängigkeiten zwischen Zuständen und Sensormessungen nicht durch lineare Abbildungen (also Matrizen) beschreibbar sind?

Für diesen Fall gibt es den *erweiterten Kalman-Filter*, EKF, der eine approximative Linearisierung der nichtlinearen Modelle durch Taylor-Näherungen erster Ordnung (Jacobi-Matrizen) realisiert, und somit für kleine Abtastintervalle quasi-optimal ist. Die Matrixmultiplikationen werden nun, wie in Gleichungen 4.50, 4.51 dargestellt, durch nichtlineare Funktionen f, h substituiert, die eine allgemeine Modellierung der Aktionen und Sensorinformationen erlauben, d.h. nichtlineare Transformationen der Daten ermöglichen.

Zur Formulierung dieser Nichtlinearitäten wird die Vorhersage des Zustandes (Algorithmus 4.2, Zeile 2) ersetzt durch:

$$\bar{\boldsymbol{x}}_{t+1} = f(\boldsymbol{x}_t, \boldsymbol{u}_t) \tag{4.50}$$

und die Messungsvorhersage durch $h(\bar{\boldsymbol{x}}_t)$, also die Korrektur (Algorithmus 4.2, Zeile 6) durch

$$\boldsymbol{x}_{t+1} = \bar{\boldsymbol{x}}_{t+1} + \boldsymbol{K}_{t+1}\big(\boldsymbol{z}_{t+1} - h(\bar{\boldsymbol{x}}_{t+1})\big) . \tag{4.51}$$

Die obigen Formeln sowie der Algorithmus bleiben gültig, nur werden die bisher konstanten Matrizen $\boldsymbol{A}, \boldsymbol{B}, \boldsymbol{H}$ durch zeitabhängige Versionen $\boldsymbol{F}_t, \boldsymbol{H}_t$ ersetzt (vgl. Algorithmus 4.3): Dies sind die Jacobi-Matrizen der partiellen Ableitungen von f bzw. h nach $\boldsymbol{x}$. Bezeichne $F^{[i,j]}$ den (i, j)-ten Eintrag der Matrix $\boldsymbol{F}$, $x^{[i]}$ und $f^{[i]}$ den i-ten Eintrag des Vektors $\boldsymbol{x}$ respektive der mehrdimensionalen Funktion f (entsprechend für $\boldsymbol{H}$ und $\boldsymbol{h}$), dann gilt:

Algorithmus 4.3: Erweiterter Kalman-Filter.

Eingabe : x_t aktueller Zustand, Σ_t aktuelles Fehlermodell, sowie ein Evidenz-Paar (u, z)

Ausgabe: Die aktualisierten x_{t+1}, Σ_{t+1}

1: *Prädiktion mit Hilfe der Aktion u*

2: $\bar{x}_{t+1} = f(x_t, u)$

3: $\bar{\Sigma}_{t+1} = F_{t+1} \Sigma_t F_{t+1}^T + \Sigma_u$

4: *Korrektur mit Hilfe der Messung z*

5: $K_{t+1} = \bar{\Sigma}_{t+1} H_{t+1}^T \left(H_{t+1} \bar{\Sigma}_{t+1} H_{t+1}^T + \Sigma_z \right)^{-1}$

6: $x_{t+1} = \bar{x}_{t+1} + K_{t+1} \left(z - h(\bar{x}_{t+1}) \right)$ // *Zustand $x_i \hat{=}$ Mittelwert μ_i*

7: $\Sigma_{t+1} = (\mathbb{1} - K_{t+1} H_{t+1}) \bar{\Sigma}_{t+1}$

8: **return** x_{t+1}, Σ_{t+1} // *Unverändert, falls $e = u$*

$$
\begin{aligned}
F_{t+1} &= \left(F_{t+1}^{[i,j]} \right)_{i,j} = \frac{\partial f^{[i]}}{\partial x^{[j]}}(x_t, u_t) = \begin{pmatrix} \frac{\partial f^{[1]}}{\partial x^{[1]}} & \cdots & \frac{\partial f^{[1]}}{\partial x^{[n]}} \\ \vdots & \ddots & \vdots \\ \frac{\partial f^{[n]}}{\partial x^{[1]}} & \cdots & \frac{\partial f^{[n]}}{\partial x^{[n]}} \end{pmatrix}, \\[2em]
H_{t+1} &= \left(H_{t+1}^{[i,j]} \right)_{i,j} = \frac{\partial h^{[i]}}{\partial x^{[j]}}(\bar{x}_{t+1}) = \begin{pmatrix} \frac{\partial h^{[1]}}{\partial x^{[1]}} & \cdots & \frac{\partial h^{[1]}}{\partial x^{[n]}} \\ \vdots & \ddots & \vdots \\ \frac{\partial h^{[n]}}{\partial x^{[1]}} & \cdots & \frac{\partial h^{[n]}}{\partial x^{[n]}} \end{pmatrix}.
\end{aligned}
\tag{4.52}
$$

Algorithmus 4.3 fasst den EKF analog zu Algorithmus 4.2 für den n-dimensionalen linearen zusammen. In Kapitel 5.3.4 wird die praktische Umsetzung eines EKF zur Roboter-Lokalisierung demonstriert.

Grenzen

Wie eingangs erwähnt, stellt der ein sehr gebräuchliches und unter bestimmten Voraussetzungen optimales Verfahren dar, Informationen aus unterschiedlichen, fehlerbehafteten Quellen derart zu fusionieren, dass die Güte des Ergebnisses verbessert wird. Verbesserung heißt hier, dass die Unsicherheit in dem Ergebnis – ausgedrückt über Kovarianzmatrizen – verringert wird. Es ist jedoch nicht möglich, *multimodale* Verteilungen durch einen Kalman-Filter zu repräsentieren: Diese würden, wie in Abbildung 4.20 skizziert, stets in einem gemittelten und damit i.Allg. fehlerhaften Ergebnis resultieren. Die Anwendungen im Bereich der Roboterlokalisierung konzentrieren sich daher auf Tracking-Algorithmen basierend auf präzisen Sensoren oder hohen Update-Raten, um Unsicherheiten bezüglich des Zustands gering zu halten. Auf Verfahren, die mit multimodalen Verteilungen arbeiten, und somit auch zur globalen Lokalisierung geeignet sind, werden wir in dem nachfolgenden Kapitel, insbesondere in den Abschnitten 5.3.5 (Markow-Lokalisierung) sowie 5.3.6 (Monte-Carlo-Lokalisierung) eingehen.

4.4 Fusion von Odometriedaten

Es ist für mobile Roboter allgemein üblich, Odometriedaten zu Lokalisierungs-
zwecken zu benutzen, da diese Informationen auf fast allen radgetriebenen
Plattformen vorhanden sind und nahezu ohne Mehraufwand zur Verfügung
stehen. Wie jedoch in Abschnitt 4.2 besprochen, sind sie einer Anzahl von
Fehlerquellen unterworfen. Daher ist es naheliegend, Odometrie mit Messwerten aus anderen Quellen zu fusionieren, die statistisch unabhängig sind und
anderen systematischen Fehlern unterliegen. Die Fusion kann auf unterschiedliche Arten vonstattengehen – Kalman-Filterung ist eine davon. Der folgende
Abschnitt geht auf Beispiele solcher unabhängiger Quellen von Messwerten
ein, sowie auf einen simpleren Fusionierungs-Ansatz, der in bestimmten Si-
tuationen eine brauchbare Alternative darstellt.

4.4.1 Gyrodometrie

Ein Gyroskop liefert Daten über Rotation (vgl. Kapitel 2.2.2) und bietet damit
prinzipiell eine Möglichkeit, die Rotationsschätzung eines Roboters zu verbessern. Gerade im Falle der Lokalisierung mittels Odometrie, die typischerweise
besonders fehleranfällig ist, was die Rotationsschätzung angeht, bietet sich die
Kombination mit einem Gyroskop an. Diese gebräuchliche Kombination wird
auch als *Gyrodometrie* bezeichnet.

Für die Fusion der Daten bieten sich unterschiedliche Methoden an. Dabei ist
ein prinzipielles Problem von Gyroskop-Sensoren zu beachten, welches in Abbildung 4.21 dargestellt ist: Die Messungen unterliegen Schwankungen, sowie
einer stetigen Drift über längere Messintervalle. Die Drift setzt sich zusammen aus einem näherungsweise konstanten Anteil (*Bias* oder auch Biasdrift)
sowie Rauschen. Eine sehr einfache Möglichkeit der Fusion, die jedoch in der
Praxis recht brauchbare Ergebnisse liefert, ist eine deterministische Selektion
der Sensorwerte gemäß Algorithmus 4.4: Bewegt sich der Roboter in einem
Messintervall vornehmlich geradeaus, so wird der Odometrie vertraut. Im Falle einer Rotation wird dagegen die – heuristisch um die Drift bereinigte –
Winkelschätzung des Gyroskops zur Lokalisierung herangezogen. Eine natürliche Alternative ist die Fusion mittels eines Kalman-Filters, die nachfolgend
beschrieben ist.

Kalman-Filter zur Fusion

Der Kalman-Filter wurde in Abschnitt 4.3 speziell zur statistisch optimalen
Schätzung eines Zustandes vorgestellt, gegeben interne Aktionen sowie ex-
terne Beobachtungen. Allgemein dient der Kalman-Filter jedoch generell zur
Fusionierung von unterschiedlichen Sensordaten aus unabhängigen Quellen.

Algorithmus 4.4: Beispiel einer deterministischen Fusion von konkurrierenden Informationen durch Selektion: Bei Kurvenfahrt vertraue Gyro-Winkel, bei relativ gerader Fahrt verwende Odometrie-Winkel und passe die Drift an. $\Delta\theta_{\text{gyro}}$, $\Delta\theta_{\text{odo}}$ sind die entsprechenden Rotationsschätzungen, $\varepsilon_{\text{gyro}}$ eine selbstadaptive Schätzung der Gyroskop-Drift, initial 0. $\alpha \in [0, 1]$ gibt an, wie konservativ das Update dieser Fehlerschätzung sein soll.

Eingabe : Rotationsschätzungen $\Delta\theta_{\text{gyro}}$, $\Delta\theta_{\text{odo}}$. Feste Schwellwerte γ_{odo}, γ_{gyro} für Odometrie resp. Gyroskop, sowie eine Aktualisierungs-Gewichtung α.

Ausgabe: Fusionierte Orientierung θ_{t+1}, Update der Schätzung von $\varepsilon_{\text{gyro}}$.

1: **if** $|\Delta\theta_{\text{odo}}| > \gamma_{\text{odo}}$ **or**
   $|\Delta\theta_{\text{gyro}} - \varepsilon_{\text{gyro}}| > \gamma_{\text{gyro}}$ **then** *// Kurvenfahrt laut Odometrie o. Gyroskop*
2:   $\Delta\theta_{\text{gyro}} = \Delta\theta_{\text{gyro}} - \varepsilon_{\text{gyro}}$ *// Drift korrigieren*
3:   $\theta_{t+1} = \theta_t + \Delta\theta_{\text{gyro}}$ *// Winkel nach Gyro*
4: **else** *// Fahrt relativ geradeaus*
5:   $\varepsilon_{\text{gyro}} = \alpha \cdot \varepsilon_{\text{gyro}} + (1 - \alpha) \cdot \left(\Delta\theta_{\text{gyro}} - \Delta\theta_{\text{odo}}\right)$ *// Drift aktualisieren*
6:   $\theta_{t+1} = \theta_t + \Delta\theta_{\text{odo}}$ *// Winkel nach Odometrie*
7: **end if**
8: **return** $\theta_{t+1}, \varepsilon_{\text{gyro}}$

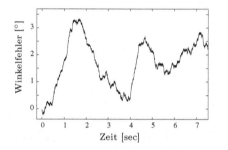 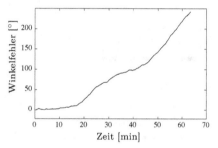

Abbildung 4.21: Fehlerquellen eines einfachen MEMS-Gyroskops am Beispiel einer Messung ohne Bewegung. Links: Rauschen des Sensors – Schwankung um einige wenige Grad bei kurzen Messintervallen (Zoom in die ersten Sekunden des rechten Bildes). Rechts: Deutliche Drift des Sensors bei Messungen über längere Zeit.

Im Folgenden werden wir Daten aus der Odometrie mit Daten eines Gyroskops fusionieren, und dabei – wie allgemein üblich – erstere als Aktionen, letztere als Messungen bezeichnen, um der bisherigen Einführung zu entsprechen, auch wenn es sich genau genommen bei beiden um Messungen handelt.

In dem nachstehenden Beispiel werden wir uns darauf beschränken, eine theoretisch optimale Schätzung der Orientierung umzusetzen, gegeben eine Winkelschätzung θ aufgrund gemessener Radumdrehungen, sowie der Gyroskop-Winkel ω. Um bei Einsatz der Lokalisierung Nichtlinearitäten in der Integrierung der Pose gerecht zu werden, müsste man streng genommen eine 3DOF-Pose des Roboters mit einem 2DOF-Wert des Gyros (Messwert und Bias) über einen EKF fusionieren.

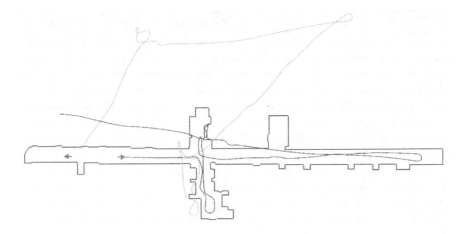

Abbildung 4.22: Ergebnis Gyrodometrie – Fusion von Odometrie mit Gyroskop-Daten. Trajektorie basierend auf reinen Odometrie-Daten (grau) sowie Ergebnis der Gyrodometrie (schwarz).

Beispiel 4.7   *Gyrodometrie*

Orientierungsschätzung über ...

Odometrie:

- Aktion $u = \Delta\theta$ (z.B. $\Delta\theta = (v_l - v_r)/b$)
- Transitionsmodell $\boldsymbol{A} = [1]$, Aktionsmodell $\boldsymbol{B} = [1]$
- Transitions-Kovarianz: $\boldsymbol{\Sigma}_u = [\sigma_u^2]$ ($\sigma_u = |\Delta\theta| + c/10$), d.h. abhängig von der Größe der Rotation sowie einem konstanten Wert c.

Gyroskop:

- Fester, empirisch ermittelter Messfehler, $-1.3\,°$, konstante Drift. Standardabweichung $0.1\,° = 0.00175\,\text{rad}$
- Messung $z = \omega$ direkt vom Gyroskop geliefert.
- Sensormodell: $\boldsymbol{H} = [1]$
- Sensor-Kovarianz: $\boldsymbol{\Sigma}_z = [\sigma_z^2] = [0.00175^2]$

Fusionierung:

Starte bei Pose $(0, 0, 0)^T$, $\sigma_0 = 0$. Der Einfachheit halber seien die Messintervalle konstant, $\Delta t = 1\,\text{s}$. Nach einer Sekunde liefere die Odometrie $\Delta\theta = (v_l - v_r)/b = 0.2 = u_0$, das Gyroskop dagegen eine Messung von $z_1 = 0.19$.

Da in dem Kalman-Filter der mit Hilfe des Sensors gemessene *Zustand* mit dem vorhergesagten *Zustand* verglichen wird, anstatt eine inkrementellen Messung mit der Aktion, ist also insbesondere der Sensorwert z_t als global anzusehen. Da ein Gyroskop dagegen üblicherweise als Wert ω eine *Winkeländerung* innerhalb des letzten Zeitschritts liefert, ist die Messung entsprechend über die Zeit zu integrieren: $z_t = z_{t-1} + \omega$. Sei die Transitions-Fehlerkonstante $c = 0.1$, somit $\sigma_u = {}^{|\Delta\theta|+c}/_{10} = 0.03$, also $\boldsymbol{\Sigma}_u = [0.03^2]$. Weiterhin gelten $\boldsymbol{H} = [1]$ und $\boldsymbol{\Sigma}_z = [\sigma_z^2] = [0.00175^2]$ (d.h. dem Gyroskop-Winkel wird innerhalb eines Kontrollzylkus' mehr getraut als dem Odometrie-Winkel). Damit haben wir:

$$\boldsymbol{K}_1 = \left[\frac{0.03^2}{0.03^2 + 0.00175^2} \right] = [0.99966]$$
$$\boldsymbol{\Sigma}_1 = (\mathbb{1} - \boldsymbol{K}_1)\bar{\boldsymbol{\Sigma}}_u$$
$$= (\mathbb{1} - \boldsymbol{K}_1)(\boldsymbol{\Sigma}_0 + \boldsymbol{\Sigma}_u)$$
$$= [0.0005532^2] .$$

Der neue Mittelwert (Zustand) ergibt sich damit zu

$$\mu_1 = (x_0 + u_0) + \boldsymbol{K}_1\big(z_1 - (x_0 + u_0)\big)$$
$$= (0 + 0.2) + 0.99966 \cdot \big(0.19 - (0 + 0.2)\big)$$
$$= 0.1900034 .$$

Zu beobachten ist, dass sich die Kovarianz $\boldsymbol{\Sigma}_1$ gegenüber $\boldsymbol{\Sigma}_u$ und $\boldsymbol{\Sigma}_z$ verringert hat, d.h. die Schätzung ist sicherer geworden als beide Eingabewerte! Die neue Schätzung stellt sich dar als gewichteter Mittelwert beider Eingaben, mit stärkerem Einfluss des Gyroskops (da $\sigma_z \ll \sigma_u$). Somit liegt der gefilterte Wert μ_1 zwischen den Werten der Aktion u_0 und der Messung z_0, jedoch deutlich näher an dem Gyroskop-Messwert. Abbildung 4.22 demonstriert die mittels Kalman-Filterung erreichte Verbesserung an einem realen Beispiel.

4.4.2 Winkelhistogramme

Innerhalb oder in der Nähe von Gebäuden sind lange, gerade, zumeist rechtwinklig stehende Wände vorherrschend. Punktdiskrete Aufnahmen, z.B. Laserscans, weisen in solchen Umgebungen dann eine geringe Anzahl von Hauptrichtungen auf, zu denen viele Verbindungslinien zwischen benachbarten Punkten parallel laufen. Die relative Orientierung dieser Richtungen zueinander ist dabei bewegungsinvariant, d.h. sie bleiben bei translatorischen Bewegungen unverändert, Rotationen führen zu einer Phasenverschiebung des gesamten Histogramms, was die Verwendung zur Korrektur von Orientierungs-

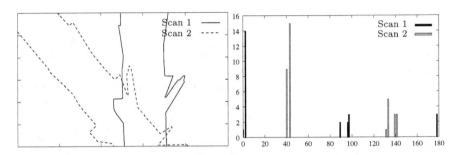

Abbildung 4.23: Links: Zwei gegeneinander rotierte Laserscans in kartesischer Darstellung. Rechts: Die zugehörigen Winkelhistogramme, wegen der Drehung um einen konstanten Betrag verschoben.

fehlern nahelegt (vgl. Abbildung 4.23). Auf den Einsatz solcher Histogramme auch zur Translationsschätzung werden wir später kurz eingehen.

Gegeben seien ein Referenzscan $S_{\mathcal{H}}$, sowie ein Scan $S_{\mathcal{G}}$, der mit $S_{\mathcal{H}}$ in möglichst optimale Überdeckung gebracht werden soll. Die Transformation von $S_{\mathcal{G}}$ entspricht dann der Bewegung des Roboters zwischen der Aufnahme beider Scans.

1. Verbinde je Scan benachbarte Scanpunkte mit einer Linie.

2. Erzeuge für beide Scans je ein Winkelhistogramm durch Zählen der auftretenden, diskretisierten Orientierungen.

3. Matche die Winkelhistogramme aufeinander, um so die Orientierungsänderung zwischen den beiden Scans zu berechnen.

Berechnung der Punktwinkel

Der Winkel α_i des i-ten Punktes eines Scans $\left(\boldsymbol{p}_i = (x_i, z_i)^T\right)_{0 \leq i < n}$ wird definiert als der Winkel der Linie zwischen Punkt $\boldsymbol{p}_i$ und seinem Nachfolger $\boldsymbol{p}_{i+1}$, bezüglich einer Achse des Koordinatensystems, das durch den Scanner zur Zeit der Aufnahme aufgespannt wird (vgl. Abbildung 4.24, links). Damit berechnet sich α_i über

$$\alpha_i = \arctan\left(\frac{\Delta x_i}{\Delta z_i}\right) = \arctan\left(\frac{x_{i+1} - x_i}{z_{i+1} - z_i}\right) . \qquad (4.53)$$

Vergleich von Histogrammen zur Winkelschätzung

Ein intuitives Maß der Ähnlichkeit zweier Histogramme $\mathcal{H}$, $\mathcal{G}$ der Größe n ist die *Kreuzkorrelation* $K_i(\mathcal{H}, \mathcal{G})$, definiert in Formel (4.54). Der Parameter i

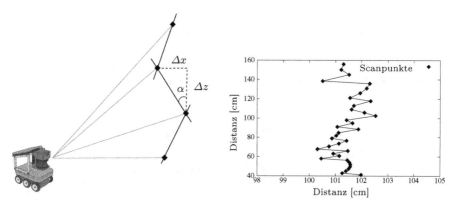

Abbildung 4.24: Links: Winkelberechnung für ein Winkelhistogramm (im Beispiel: $\alpha = -34°$). Rechts: Zoom auf die Messdaten einer gescannten, geraden Wand zeigt deutlich das Rauschen, das zu einer uneinheitlichen Histogrammbelegung führt.

bezeichnet die Verschiebung (engl. *Shift*) des zweiten Histogramms, das hierzu als zirkulär angenommen wird:

$$K_i(\mathcal{H}, \mathcal{G}) = \sum_{j=1}^{n} \mathcal{H}(j) \cdot \mathcal{G}\big((j+i) \mod (n+1)\big) . \tag{4.54}$$

Diejenige Phasenverschiebung von $\mathcal{G}$ relativ zu $\mathcal{H}$, welche die größte Korrelation ergibt, entspricht nun der Rotation $\Delta\theta$, die notwendig ist, den zugrunde liegenden Scan für eine möglichst gute Übereinstimmung zu transformieren. Es gilt also:

$$\Delta\theta = \arg\max_{i} K_i(\mathcal{H}, \mathcal{G}) . \tag{4.55}$$

Oftmals ist es wünschenswert, neben der reinen Information, welche Phasenverschiebung die beste Übereinstimmung bringt und somit als optimal angesehen wird, noch eine Aussage über die Güte der Übereinstimmung zu haben. Global gültige, vergleichbare Aussagen werden erreicht durch die Verwendung der normierten Kreuzkorrelation $\widetilde{K}_i(\mathcal{H}, \mathcal{G})$:

$$\widetilde{K}_i(\mathcal{H}, \mathcal{G}) = \frac{\sum\limits_{j=1}^{n} \big(\mathcal{H}(j) - \widetilde{\mathcal{H}}\big) \cdot \big(\mathcal{G}((j+i) \mod (n+1)) - \widetilde{\mathcal{G}}\big)}{\sqrt{\sum\limits_{j=1}^{n} \big(\mathcal{H}(j) - \widetilde{\mathcal{H}}\big)^2 \cdot \sum\limits_{j=1}^{n} \big(\mathcal{G}((j+i) \mod (n+1)) - \widetilde{\mathcal{G}}\big)^2}} \tag{4.56}$$

mit

$$\widetilde{\mathcal{H}} = \frac{1}{n} \sum_{k=1}^{n} \mathcal{H}(k) \qquad\qquad \widetilde{\mathcal{G}} = \frac{1}{n} \sum_{k=1}^{n} \mathcal{G}(k) \, .$$

Ähnliche Ergebnisse liefert das Maß der normierten Kreuzung (engl. *Intersection*), definiert als

$$I_i(\mathcal{H}, \mathcal{G}) = \frac{\sum\limits_{j=1}^{n} \min\big(\mathcal{H}(j), \mathcal{G}((j+i) \mod (n+1))\big)}{\sum\limits_{j=1}^{n} \mathcal{G}((j+i) \mod (n+1))} \, . \qquad (4.57)$$

Probleme mit Sensorrauschen

Für den erfolgreichen Einsatz von Winkelhistogrammen ist es nicht zwingend notwendig, einige wenige Peaks zu erhalten, die mit den Hauptrichtungen der Szene korrespondieren, da bei oben beschriebenem Vergleich die gesamten Histogramme in Übereinstimmung gebracht werden. Dies kann jedoch nur funktionieren, wenn wenigstens ansatzweise Punkte, die in der realen Szene auf einer geraden Oberfläche liegen, auch einen engen, zusammenhängenden Bereich in dem Histogramm belegen, also ähnliche Winkel aufweisen.

Ein typisches Praxisproblem zeigt Abbildung 4.24 (rechts); die Darstellung ist durch unterschiedliche Skalierung der Achsen überzeichnet, um das Problem zu verdeutlichen: Durch Messungenauigkeiten rauschen die Punkte, die auf einer Linie liegen sollten. Damit ergeben sich selbst bzw. gerade zwischen benachbarten Punkten auf einer Linie grob unterschiedliche Winkel; entsprechend streuen die Einträge in unterschiedlichen Bins des Histogramms. Lösungsmöglichkeiten liegen, wie in Abbildung 4.25 skizziert, in folgenden Ansätzen:

1. Vergröberung der Diskretisierung des Histogramms. Sind die aufgetragenen Winkel in beispielsweise $^1\!/_{10}$°-Schritte unterteilt, werden auch recht ähnliche Winkel deutlich stärker streuen als bei einer 1°-Unterteilung. Jedoch können Änderungen in der Orientierung nur bis zu der Genauigkeit der Histogrammauflösung berechnet werden, d.h. gröber aufgelöste Histogramme verringern die Genauigkeit der Orientierungsschätzung.

2. Reduktionsfilter, wie in Abschnitt 3.1.1 beschrieben, helfen, Rauschen in den Sensordaten zu vermindern.

3. Da Winkelhistogramme für den Einsatz in polygonalen Umgebungen gedacht sind, besteht die Möglichkeit, Linien in dem Scan zu extrahieren, diese durch äquidistant verteilte Punkte zu ersetzen und die resultierenden

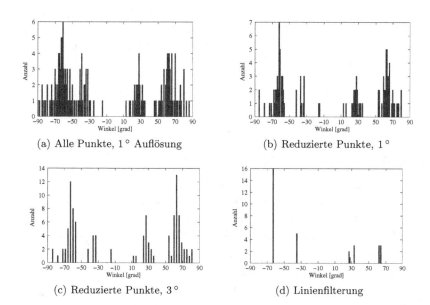

(a) Alle Punkte, 1° Auflösung

(b) Reduzierte Punkte, 1°

(c) Reduzierte Punkte, 3°

(d) Linienfilterung

Abbildung 4.25: Vergleich von unterschiedlich erzeugten Winkelhistogrammen derselben Szene, unter Verwendung von unterschiedlichen Winkelauflösungen, sowie aller Messpunkte, nach Anwendung eines Reduktions- bzw. Linienfilters.

Samplepunkte als Grundlage der Winkelhistogramme zu nehmen. Abhängig von der Umgebung sowie der Qualität des Linienfilters (beschrieben in Abschnitt 3.1.2) ergeben sich so einige wenige, klare Hauptrichtungen.

Translationsschätzung

Eine weniger häufig eingesetzte Anwendung von Winkelhistogrammen liegt in ihrem Einsatz zur Translationsschätzung, wodurch eine vollständige Lokalisierung realisiert werden kann.

Dazu werden, nach Berechnung der Rotation $\Delta\theta$, zunächst beide zu registrierende Scans derart ausgerichtet, dass die jeweilige Hauptorientierung parallel zur x-Achse ist. Die Hauptrichtung entspricht dabei dem größten Peak in dem Winkelhistogramm, sofern dieser eindeutig ist. Alsdann wird jeweils ein x-Histogramm gebildet, welches der diskretisierten Verteilung der x-Koordinaten der Scanpunkte entspricht. Damit die Histogramme die gleiche horizontale Auflösung erhalten, werden sie üblicherweise nicht normiert, sondern die Scans auf eine feste Größe $[\zeta_x : \zeta_z]$ beschränkt, oder als zirkulär angenommen, d.h. über $(x, z) \mapsto (x \bmod \zeta_x,\ z \bmod \zeta_z)$ abgebildet. Die maximale Korrelation der beiden x-Histogramme liefert eine Schätzung der Translation in x-Richtung. Gleiches gilt für die z-Translation.

Eine natürliche Beschränkung des Verfahrens liegt in der Voraussetzung, dass klare Maxima innerhalb der Histogramme detektierbar sein müssen, die Umgebung also in x- wie in z-Richtung eine große Anzahl jeweils gleich orientierter Strukturen aufweisen muss.

Fazit

Zusammenfassend stellen wir über den Gebrauch von Winkelhistogrammen, insbesondere zur Rotationsschätzung, fest:

- Winkelhistogramme stellen im Umfeld von Gebäuden eine simple, schnell zu berechnende, aber trotzdem hoch plausible Hilfe dar, um insbesondere Fehler in der Orientierung zu verbessern.

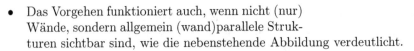

- Damit korrigieren sie gerade die schwächste Seite der Odometrie und eignen sich gut zur Fusionierung dieser beiden Informationen.

- Das Vorgehen funktioniert auch, wenn nicht (nur) Wände, sondern allgemein (wand)parallele Strukturen sichtbar sind, wie die nebenstehende Abbildung verdeutlicht.

- Trotz dieser Vorzüge sind Winkelhistogramme in der Literatur relativ selten aufgegriffen.

Bemerkungen zur Literatur

Während Informationen über Odometrie mit Differentialantrieb leicht zu finden sind, ist detaillierte Literatur über omnidirektional betriebene Roboter seltener. Da der klassische, symmetrische Aufbau beispielsweise mit Mecanum-Rädern in der Welt der Fußballroboter beliebt ist, bieten sich hierzu Publikationen wie [HR03, DGS07] an. Eine umfangreiche Erklärung und Herleitung der Odometrie des holonomen Fahrradmodells (Abbildung 4.11) wird in [Raj06, Sti09] geliefert.

Auch, wenn das Papier auf den ersten Blick oftmals als unintuitiv angesehen wird, stellt unserer Meinung nach der 1995 veröffentlichte Bericht von Welch und Bishop [WB95] eine gute Einführung zum Kalman-Filter dar. Das Beispiel für eine praktische Robotik-Anwendung, der Filterung von Gyroskop- mit Odometriewerten in Abschnitt 4.4.1, ist angelehnt an [SWH04, Sol03] beschrieben, wo allerdings, methodisch sinnvoller, ein EKF verwendet wird.

Einen Überblick über wahrscheinlichkeitsbasierte Verfahren, also auch dem Bayes-Filter und seinen vielfältigen Variationen, liefert das Buch von S. Thrun et al. [TBF05]. Winkelhistogramme (Abschnitt 4.4.2) wurden in dem Papier von Weiß et al. eingeführt [WWP94]. Die normierte Kreuzkorrelation in Formel (4.56) ist aus [WP95] übernommen, die normierte Kreuzung (4.57) aus [Swa93].

Winkelhistogramme werden original in [WWP94] behandelt. Die in dem ursprünglichen Algorithmus vorhandene Restriktion auf strikt orthogonale Umgebungen wurde in [Gut00] abgeschwächt, jedoch sind stark polygonale Welten mit großen einheitlichen, sichtbaren Flächen unumgänglich.

Aufgaben

Für die folgenden Aufgaben benötigen Sie Sensordaten. Diese können natürlich mit eigener Hardware aufgenommen werden. Alternativ stehen auf http://www.mobile-roboter-dasbuch.de Daten zur Bearbeitung der Aufgaben bereit. Darüber hinaus finden Sie dort auch eine Anleitung, um eine eigene Simulationsumgebung aufzubauen.

Übung 4.1. Die Datei encoder.dat wurde bei der Fahrt eines KURT-Roboters aufgenommen und enthält die zu diskreten Zeitpunkten (etwa 100 Hz) aufgenommenen Ticks (Impulse der Odometrie) der linken sowie der rechten Räder seit der letzten Messung. Berechnen Sie daraus

1. die lokale Bewegungsänderung des Roboters zwischen zwei Messungen. Mit Hilfe dieser Berechnung ermitteln Sie dann

2. die Trajektorie des Roboters $\left(\text{mit initialer Pose } P_0 = (0\,\text{cm}, 0\,\text{cm}, 0\,°)^T\right)$ und visualisieren sie als (x, z)-Kurve. Wie lautet die mathematische Formulierung zur Berechnung einer Pose P_{k+1} aus der Vorgängerpose P_k?

Welche weiteren Informationen über die Hardware benötigen Sie dazu? Nehmen Sie für diese Variablen zur Berechnung der Trajektorie realistische Werte an.

Übung 4.2. Schreiben Sie ein Programm, das zu einem Scan ein Winkelhistogramm erzeugt. Die Winkelauflösung soll frei spezifizierbar sein.

Übung 4.3. Benutzen Sie das Programm aus Aufgabe 4.2, um zu zwei Scans Winkelhistogramme zu berechnen und mit Hilfe der Kreuzkorrelations-Funktion die Rotation des zweiten Scans relativ zum ersten zu berechnen. Zur Aufnahme beider Scans sollte sich der Roboter möglichst auf der Stelle gedreht haben.

5

Lokalisierung in Karten

Im Gegensatz zum letzten Kapitel beschäftigen wir uns nun mit Lokalisierung innerhalb eines globalen Referenzsystems. Dieses Referenzsystem, beispielsweise eine Karte der Umgebung, ist a-priori gegeben, die Pose des Roboters ist zu bestimmen. Eine Variante ist das Problem des entführten Roboters (engl. *kidnapped robot problem*), bei dem nicht nur eine globale Lokalisierung gesucht ist, sondern überdies der Roboter während des Betriebes mit temporär deaktivierten Sensoren an eine beliebige andere Position „teleportiert" werden kann und dies zunächst einmal erkennen muss, um sich dann zu relokalisieren. Als Motivation dienen dabei weniger fehlerhafte Sensoren, sondern vielmehr die Überlegung, dass die im Folgenden vorgestellten Algorithmen zwar robuster sind als die unimodalen des letzten Kapitels, jedoch nicht gänzlich sicher vor Lokalisierungsfehlern. Tritt ein solcher Fehler in der Lokalisierung auf, liegt subjektiv das Problem des entführten Roboters vor (auch wenn tatsächlich gar kein böser Kidnapper am Werk war).

Die nachfolgenden Abschnitte gehen zunächst auf unterschiedliche Repräsentationsformen von Karten ein, sowie auf Algorithmen, die speziell auf bestimmte Kartentypen zugeschnitten sind. Es folgen Möglichkeiten, aufgrund von Landmarken mit bekannten Positionen die eigene Pose über Triangulation zu ermitteln. Der dritte Teil beschreibt allgemeinere Algorithmen, die sich zur globalen Lokalisierung eignen. Darunter sind (unimodale) Methoden, die alternativ auch zum lokalen Pose-Tracking eingesetzt werden können, sowie rein globale, uni- wie multimodale Ansätze.

5.1 Karten

Roboterkarten sollen eine explizite Repräsentation des Raums sein, die der Roboter für seine Zwecke effizient nutzen kann. Damit geht die Forderung einher, dass solche Karten in erster Linie auf den Roboter und seine Sensorik zugeschnitten sein müssen, anstatt für menschliche Betrachter optisch ansprechend zu wirken (auch wenn dies sicherlich nicht nachteilig ist). Die üblichen Zwecke von Roboterkarten lassen sich in folgende Kategorien einteilen:

Lokalisierung: Darunter fällt zunächst einmal die globale Lokalisierung, also innerhalb eines gegebenen Bezugssystems – der Karte. Jedoch lässt sich ebenfalls Tracking, das relative Nachverfolgen der Roboterpose mit Mitteln der Bewegungsschätzung wie in Kapitel 4, bei vorhandener Karte optimieren: Bei bekannter Startpose innerhalb der Karte müssen die Informationen der relativen Lokalisierung in die Karte übertragen werden; dort müssen die tatsächlichen mit den simulierten Sensordaten abgeglichen werden, wodurch das Tracking korrigiert wird.

Stets ist jedoch die grundlegende Aktion das Matching von Sensordaten gegen Kartenelemente wie beispielsweise Punkte, Linien, Flächen im Fall von Abstandssensoren, bzw. Texturen bei Kameras. Daher ist es wichtig, dass die Karte eben diese Operationen effizient unterstützt.

Pfadplanung: Die Aufgabe ist hierbei, eine möglichst optimale Trajektorie zu planen, die der Roboter abfahren soll. Die Optimalität hängt offensichtlich vom Ziel der Aktion ab: Eine Standard-Fragestellung ist die Planung einer kollisionsfreien Trajektorie von einer Start- zu einer Zielpose, unterstützt durch die Karte, die entweder Hindernisse oder Freiraum-Regionen in 2D oder 3D explizit repräsentiert. Dies kann optimiert werden in Hinblick auf die Länge der Strecke, die Glattheit der Trajektorie, das Vermeiden von großen freien Flächen (da hier je nach verwendeter Sensorik die Lokalisierung Schwierigkeiten bereiten kann) und dergleichen.

Diverse Anwendungszwecke: Selbstverständlich muss es eine Kategorie „Diverses" geben, die weitere, ggf. nicht-Standard-Fälle beinhaltet. Darunter fallen Ziele wie eine ansprechende oder zweckgerichtete Präsentation der Umgebung für Nutzer (z.B. Rettungspersonal), die Archivierung oder auch möglichst exakte Dokumentation des Status Quo einer Umgebung. Mögliche Kartenelemente reichen hierbei von den reinen Messdaten bis hin zu Abstrakta wie ATV-Schadensklassen bei Abwasserkanalinspektionen – um einen ganz speziellen Anwendungszweck als Beispiel zu nennen.

Im Folgenden wollen wir unterschiedliche Typen von Karten kategorisieren. Mögliche Roboterkartentypen ergeben sich aus dem Kreuzprodukt von Modalität und kartierten Elementen. Eine Übersicht mit Beispielen dieser Kategorien findet sich für zweidimensionale Karten in Tabelle 5.1, respektive Tabelle 5.2 für den dreidimensionalen Fall. Als Modalitäten unterscheiden wir hier zwischen metrisch kontinuierlichen, metrisch diskreten sowie topologischen Karten. Jedoch ist diese Unterscheidung nicht immer hart, und es existieren eine Reihe von Mischformen, allem voran hybride Karten, die typischerweise topologische mit metrischen Elementen kombinieren.

Tabelle 5.1: Übersicht über 2D-Umgebungsrepräsentationen für Roboter mit drei effektiven Freiheitsgraden. Die Beispiele für metrische Karten mit semantischen Merkmalen sollen andeuten, dass entsprechende Karten nicht nur für mobile Roboter verwendet werden.

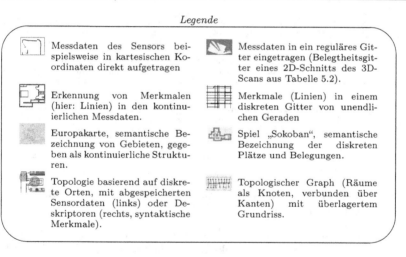

Legende

Messdaten des Sensors beispielsweise in kartesischen Koordinaten direkt aufgetragen	Messdaten in ein reguläres Gitter eingetragen (Belegtheitsgitter eines 2D-Schnitts des 3D-Scans aus Tabelle 5.2).
Erkennung von Merkmalen (hier: Linien) in den kontinuierlichen Messdaten.	Merkmale (Linien) in einem diskreten Gitter von unendlichen Geraden
Europakarte, semantische Bezeichnung von Gebieten, gegeben als kontinuierliche Strukturen.	Spiel „Sokoban", semantische Bezeichnung der diskreten Plätze und Belegungen.
Topologie basierend auf diskrete Orten, mit abgespeicherten Sensordaten (links) oder Deskriptoren (rechts, syntaktische Merkmale).	Topologischer Graph (Räume als Knoten, verbunden über Kanten) mit überlagertem Grundriss.

Karten-Modalitäten

Zunächst werden wir auf die unterschiedlichen, oben kurz angesprochenen Karten-Modalitäten näher eingehen.

Metrisch kontinuierlich: Dieser Typus von Karte repräsentiert die zu speichernden Objekte wie Sensordaten oder Merkmale im Raum, d.h. jedes Objekt wird assoziiert mit Koordinaten, deren Speicherung lediglich

Tabelle 5.2: Übersicht über 3D-Umgebungsrepräsentationen für mobile Roboter mit sechs effektiven Freiheitsgraden.

	3D		
	Sensordaten	syntaktische Merkmale	semantische Merkmale
Metrisch kont.			
Metrisch diskret			
Topologisch	*Topologie in 3D prinzipiell denkbar, aber schwierig zu motivieren.*		

Legende

Sensordaten eines 3D-Sensors (hier: Laserscanner), unprozessiert

Extrahierte Merkmale (hier: Linien) aus kontinuierlichen 3D-Daten.

Klassifizierung der syntaktischen Merkmale (hier in unterschiedliche Klassen von Flächen) im $\mathbb{R}^3$,

Voxelrepräsentation der Messdaten in einer dreidimensionalen Struktur, hier ein Octree.

Repräsentation von Merkmalen (hier: Flächen) innerhalb einer vorgegebenen, diskreten Grid-Struktur.

Belegung der metrisch diskreten Merkmale mit semantischen Labeln wie beispielsweise „Decke", „Wand", „Boden", …

notwendigerweise diskretisiert wird in Abhängigkeit von der Auflösung der Speicherung im Computer.

Repräsentation: numerisch, z.B. in Posen $(x, z, \theta)^T$ oder dreidimensional, mit sechs effektiven Freiheitsgraden: $(x, y, z, \theta_x, \theta_y, \theta_z)^T$.

Vorteile: Die gespeicherten Daten weisen die gleiche (hohe) Genauigkeit der Messdaten auf, die zudem i.Allg. kompakt abgespeichert werden können.

Nachteile: Berechnungen über die Daten, beispielsweise Wahrscheinlichkeitsverteilungen, müssten im kontinuierlichen Raum und damit sehr ineffizient geschehen.

Metrisch diskret: Im Gegensatz zur kontinuierlichen Repräsentation wird hier der Raum zuvor (signifikant) diskretisiert; dies kann äquidistant oder den Daten angepasst erfolgen. Objekte werden nun mit Positionen innerhalb des auf diese Weise aufgespannten Gitters assoziiert.

Repräsentation: In diskreten, gleichförmig oder ungleichmäßig verteilten Gitter-Einheiten. Üblich sind uniforme 2D- oder 3D-Zellen, $(x, z)^T$ bzw. $(x, y, z)^T$, doch auch Zellen variabler Größe (Quadtrees, Octrees) fallen in diese Klasse.

Vorteile: Die Uniformität der Daten erlaubt oft einfache und effiziente Algorithmen. Insbesondere lokale Operationen, die die Nachbarschaft eines Elementes betreffen, werden gut unterstützt.

Nachteile: Diese Darstellung geht automatisch einher mit Diskretisierungsfehlern. Werden beispielsweise Gitterzellen als belegt markiert, sobald sie teilweise von einem gemessenen Objekt überlagert werden, führt dies zum Aufblähen der gespeicherten Objekte: In Wirklichkeit freie Durchgänge zwischen Hindernissen können in der Karte als zu eng interpretiert werden.

Topologisch: Hierbei handelt es sich ebenfalls um eine kontinuierliche Speicherung, jedoch steht hier nicht die Repräsentation der metrischen Relationen der Daten im Vordergrund, sondern ihre Beziehung zueinander: Gespeichert werden Objekte, d.h. Landmarken und/oder Plätze – also Sensoreindrücke bzw. rein syntaktische oder semantisch belegte Merkmale, in Form von Knoten eines Graphen. Kanten zwischen den Knoten repräsentieren Informationen darüber, in welcher Beziehung die Daten zueinander stehen. Das können wiederum metrische Angaben sein, oder auch Informationen über die Sichtbarkeit oder Erreichbarkeit eines Ortes von einem anderen aus, etc.

Repräsentation: Ein Graph $G = (V, E)$ mit Knoten V und Kanten E, die üblicherweise beschriftet sind.

Vorteile: Die Repräsentation ist sehr kompakt und für die Anwendung passend komprimiert.

Nachteile: Räumliche Informationen, die in den Messdaten vorhanden waren, gehen i.Allg. verloren oder werden nur rudimentär repräsentiert.

Kartierte Elemente

Die zweite Dimension, die Wahl der zu kartierenden Elemente, ist eng verbunden mit dem Einsatzgebiet der Karte. Es lassen sich unterscheiden:

Sensordaten bezeichnen die reinen Messdaten von einem Sensor, wie beispielsweise ein 2D- oder 3D-Laserscan oder ein Kamerabild.

Vorteile: Die einkommenden Daten werden direkt verwendet, und bleiben somit für alle Arten der nachträglichen Interpretierung erhalten.

Nachteile: Die Datendichte ist allgemein sehr hoch. Unprozessiert werden auch Messungenauigkeiten, bedingt durch den Sensor, und potenziell auftretende Messfehler direkt mit in die Karte übernommen.

Syntaktische Merkmale sind prozessierte Sensordaten: Je nach Anwendung werden beispielsweise Linien oder Flächen extrahiert, aus denen die Karte aufgebaut wird. Diese Merkmale sind oftmals geometrischer Natur, jedoch nicht notwendigerweise, wie die unten stehende detailliertere Besprechung von topologischen Karten zeigt.

Vorteile: Die Daten werden komprimiert abgespeichert, die Komprimierung ist üblicherweise effizient über Standard-Algorithmen implementierbar. Messungenauigkeiten können sich beispielsweise bei Abspeicherung von detektierten Linien herausmitteln.

Nachteile: Informationen, die potenziell von späteren Algorithmen benötigt werden, gehen mit den Originaldaten verloren.

Semantische Merkmale entstehen, wenn obige syntaktische Merkmale semantisch belegten Kategorien zugeordnet werden. Beispielsweise könnte eine Karte aus – als solche erkannten – Wänden, Tischen, Stühlen, etc. aufgebaut sein. Ebenso ist es üblich, Cluster von Sensordaten, die die gleiche Klasse repräsentieren, zu fusionieren. Ein Beispiel hierfür sind mehrere Daten, die als „Büro" etikettiert werden und zu einem Datum, das eben ein Büro repräsentiert, verschmolzen werden können.

Vorteile: Werden Ansammlungen von gemessenen Daten nur noch durch ihre Zugehörigkeit zu einer semantischen Klasse repräsentiert, geht damit eine sehr große Kompression einher. Die Elemente sind direkt in Nutzbarkeits-Kategorien eingeteilt.

Nachteile: Die semantischen Klassen, und damit auch die Karte, sind stark abhängig von der und begrenzt auf die Verwendung, die zuvor bekannt sein muss. Eine Rekonstruktion der Ausgangsdaten ist nicht einmal mehr approximativ möglich.

5.1.1 Karten zur Lokalisierung

Als beispielhaften Verwendungszweck von Karten gehen wir im Folgenden zunächst auf die Lokalisierung ein, eine der gebräuchlichsten Anwendungen von Roboterkarten.

1. Beim Einsatz von Karten zur Roboterlokalisierung und bei der Wahl des richtigen Kartentyps besteht der erste Schritt darin, die Sensormodalität(en) und Lokalisierungsverfahren festzulegen. Dies können beispielsweise ein 2D-Laserscanner sein, der über die Registrierung der Scandaten gegen eine Linienkarte zur Lokalisierung genutzt werden soll. Eine weitere Möglichkeit stellt eine Omnikamera dar, die zur Lokalisierung auf eine Karte, bestehend aus Bildern oder aus daraus extrahierten Merkmalen, zurückgreift.

2. Der zweite Schritt besteht darin, eine Karte passend zur gewählten Modalität zu akquirieren. Pragmatische Wege dazu sind beispielsweise, den Hausmeister nach einer Gebäudekarte in elektronischem Format zu fragen, oder das Gebäude selbst manuell auszumessen und zu modellieren. Die elegantere Möglichkeit besteht darin, die Karte automatisch vom Roboter selbst konstruieren zu lassen, basierend auf Messdaten. Dies wird Inhalt des Kapitels 6 sein.

3. Ein dritter, in der Praxis sehr relevanter Schritt ist die Bewertung der Abbildung von Sensordaten (aus Schritt 1) in die Umgebungskarte (aus Schritt 2) unter Einsatzbedingungen. Dies bedeutet, dass manche Probleme nur im praktischen Einsatz erkennbar sind, so zum Beispiel lokale Symmetrien der Umgebung (die eine Lokalisierung wenigstens erschweren oder gar unmöglich machen), Beleuchtungsvarianzen oder dynamische Verdeckungen. Sollten diese Probleme gravierend und mittels der gewählten Sensorik oder Karten-Modalität nicht zu beheben sein, ist der ganze Vorgang bei Schritt 1 bzw. 2 iterativ zu wiederholen.

Es folgen zwei Beispiele von speziellen Karten für den Einsatz in der Roboterlokalisierung.

Linienkarten

Abbildung 5.1 stellt zwei Formen von Linienkarten dar. Der Vergleich von aktuell aufgenommenen 2D- oder 3D-Messdaten mit den Elementen der Karte liefert die Grundlage zur Roboterlokalisierung. Möglichkeiten, solch einen Vergleich (engl. *Matching*) effizient durchzuführen, sind für den Praxiseinsatz notwendig und werden in Kapitel 5.3 beschrieben.

Die metrische Lokalisierung beruht hierbei auf Entfernungsmess-Sensoren, z.B. Ultraschall oder einem Laserscanner. Dreidimensionale Karten haben auch bei Einsatz von 2D-Sensorik den Vorteil, dass aus ihnen zweidimensionale Linienkarten als Schnitte in Höhe des Sensors des eingesetzten Roboters generiert werden können. Ebenso besteht die Möglichkeit, nur Linien innerhalb eines eingeschränkten Bereichs (Schnitt-Intervalls) zu extrahieren – etwa zur Hindernisvermeidung, die so auch Objekte berücksichtigen kann, welche sich außerhalb des Messbereiches eines festen 2D-Laserscanners befinden.

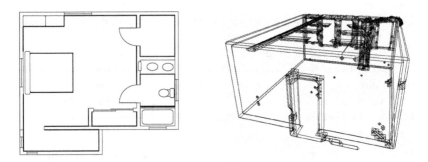

Abbildung 5.1: Linienkarten. Links: Die Linien der 2D-Draufsicht können zur Roboter-Lokalisierung genutzt werden. Rechts: Im 3D ergeben Flächen, hier repräsentiert durch ihre begrenzenden Linien, eine entsprechende Darstellung.

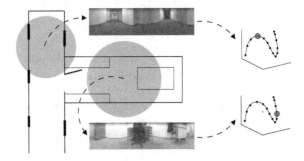

Abbildung 5.2: Berechnung von Signaturen aus omnidirektionalen Aufnahmen (rechte Seite: Repräsentation der jeweiligen Kameraaufnahme als Punkt in einem dreidimensionalen Merkmalsraum), näher beschrieben in Abschnitt 5.3.3. Hier genutzt, um Merkmale an diskrete Stellen einer metrischen Karte zu setzen. Der Übergang zu topologischen Karten ist fließend, da diese mit Hilfe der gleichen Merkmale aufgebaut werden können.

Zur Speicherung der Daten bietet sich in erster Linie eine kontinuierliche Repräsentation an. Werden Rundungsfehler in Kauf genommen, sind diskrete Karten verwendbar. Für den Sonderfall von achsenparallelen Linien, der in der Praxis allerdings selten gegeben ist, eröffnet sich noch eine weitere, kompaktere Repräsentation: Wie in Tabelle 5.1 dargestellt, kann bei gegebener Endloslinliendarstellung, also diskreten, unendlichen Geraden, die Speicherung der Liniensegmente als Abschnitte auf diesen Geraden erfolgen.

Metrische Merkmalskarten

Prinzipiell gibt es zwei Möglichkeiten, Merkmale, die aus den aufgenommenen Messdaten extrahiert worden sind, zur Kartierung im Allgemeinen, und zur Lokalisierung im Speziellen einzusetzen. Zunächst einmal können die Merkmale als diskrete Einheiten aufgefasst und einzeln betrachtet werden, mit nur lokalen Beziehungen untereinander. Dies führt direkt zu einer topologischen Repräsentation, auf die wir später eingehen. Topologische Karten sind zur Lokalisierung nur bedingt geeignet, ihr Haupteinsatzgebiet liegt derzeit vornehmlich in der Pfadplanung.

Des Weiteren lassen sich metrische Karten aufbauen, deren Bausteine eben jene Merkmale darstellen. Abhängig von der Art der Merkmalsberechnung kann die resultierende Karte intuitiv begreifbar, oder auch recht abstrakt ausfallen: Werden beispielsweise Linien als Merkmale benutzt, korrespondiert dies zu dem o.g. Fall der Linienkarten. Werden jedoch nicht Merkmale gewählt, die die Daten metrisch approximieren, sondern Signaturen, die die Daten in Transformation in einen Merkmalsraum beschreiben und an ihrer statt in die Karte aufgenommen werden, sind die resultierenden Karten primär für den Roboter benutzbar. Allgemein besteht in diesem Fall die Aufgabe darin, mit jedem Sensordatum eine daraus berechnete Signatur zu assoziieren, die eine möglichst eindeutige Zuordnung erlauben soll. Auf die Lokalisierung in solchen Karten, die auf dem Vergleich zwischen Merkmalen der Karte und jenen der aktuellen Sensoreindrücke basiert, werden wir näher in Abschnitt 5.3.3 eingehen, ebenso auf unterschiedliche Möglichkeiten, Signaturen zu berechnen. Dabei sind Rundum-Sensoren von Vorteil, um mit einer Messung den gesamten von einer Position aus einsehbaren Bereich abzudecken. Ein Beispiel dafür ist eine omnidirektionale Kamera, die zudem den Vorteil bietet, dass Rotationen des Roboters lediglich einer Musterverschiebung des Bildes entsprechen. Ferner tritt üblicherweise das Apertur-Problem (s. Abschnitt 3.4.1) aufgrund der 360°-Abdeckung nicht auf.

Entitätskarten

Signaturen nehmen den Gedanken auf, Sensoreindrücke konkreten Objekten zuzuordnen. Dies kann, wie oben beschrieben, durch überwachte Klassifizierung oder durch unüberwachte Segmentierung geschehen. Dabei sind die Signaturen vollständig abhängig von der verwendeten Sensorik: so wären beispielsweise auch „Geruchskarten" oder „Klangkarten" möglich. Naheliegend (wenn auch selten ausgeführt) ist es, Karten zu generieren, die für den Roboter befahrbare Areale gesondert repräsentieren (s. Abbildung 5.3).

Jedoch ist nicht immer explizite Kartierung der Umgebung das Ziel: So würde beispielsweise beim Umherirren durch einen unbekannten Wald das Geräusch eines Wasserfalls, an der man zuvor vorbei gekommen ist, helfen, sich zu orientieren. Diese implizite Repräsentation von semantischen Klassen in Karten ermöglicht somit *servoing*, also dem Sensor-Gradienten zu einem Ort mit bekannter Sensor-Signatur zu folgen, der möglicherweise keine exakt bekannte metrische Position hat.

Abbildung 5.3: Repräsentation von befahrbarem Weg (schwarz), überlagert über die reinen Messdaten (grau), in einem 3D-Laserscan auf einem Parkweg [HLL+08].

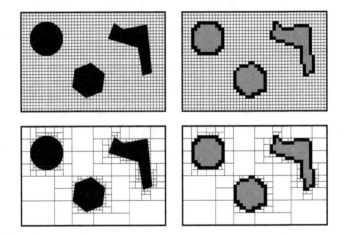

Abbildung 5.4: Rasterkarten. Oben: Reguläres Raster. Unten: Adaptive Quadtree-Aufteilung. Links: Überlagerte Hindernisse über die Raster. Rechts: Tatsächlich abgespeicherte Gitterzellen, durch die die Objekte repräsentiert werden. Schwarze Areale/Zellen sind sicher belegt, weiße sicher frei, graue ungewiss.

5.1.2 Karten zur Lokalisierung & Pfadplanung: Rasterkarten

Eine übliche Aufgabenstellung bei der Arbeit mit mobilen Robotern besteht darin, neben der reinen Lokalisierung des Fahrzeuges innerhalb derselben gegebenen Karte auch eine Trajektorie zu berechnen, die zu einem gegebenen Ziel führt. Dabei kann das Ziel von außen vorgegeben sein, oder auch selbständig berechnet, beispielsweise mit dem Ziel, ein Areal der Karte optimal abzudecken. Eine Standard-Kartenrepräsentation für diese doppelte Verwendung stellen Rasterkarten dar, auf die wir hier näher eingehen.

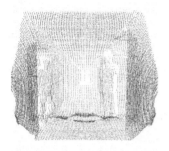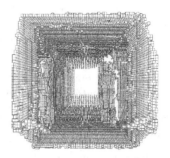

Abbildung 5.5: Links: 3D-Scan. Rechts: Zugehörige Octree-Repräsentation, vgl. dazu auch das Beispiel aus Anhang B.2.3.

Grundlage einer Rasterkarte ist eine Zerlegung des Raumes in diskrete Elemente, die alsdann entweder binär als belegt oder frei markiert werden können, bzw. trinär, mit einem zusätzlichen dritten Wert, der aussagt, dass über diese Zelle (noch) keine Information vorhanden ist. Alternativ kann jede Zelle mit einem Wahrscheinlichkeitswert belegt werden, der die Belegtheitswahrscheinlichkeit dieser Einheit angibt. Diese Darstellung ist besonders allgemein und flexibel. Abbildung 5.4 (oben links) präsentiert drei Objekte, mit unterlagerter gleichmäßiger Gitterzellstruktur, sowie die zugehörige Repräsentation über Belegtheiten der Zellen (oben rechts). Auffällig ist die Rasterung der Objektränder. Dies ist allgemein von Nachteil, da dabei sowohl die Konturen der Objekte als auch der Freiraum zwischen ihnen unpräzise repräsentiert wird.

Beim Einsatz zur diskret metrischen Lokalisierung werden Daten aus Entfernungssensoren wie Laser oder Ultraschall aufgenommen und mit der Karte abgeglichen, um zu entscheiden, in welcher Zelle sich der Roboter befindet. Die Lokalisierung kann somit nur bis auf Gitterzellen-Ebene durchgeführt werden, die Genauigkeit der Posebestimmung wird also stets durch die Zellengröße beschränkt. Neben der Lokalisierung eignet sich dieser Kartentyp ebenfalls zur Pfadplanung, wie in Abschnitt 5.1.3 beschrieben.

Effiziente Repräsentation

Ein Vorurteil gegen Rasterkarten besagt, diese seien speicherintensiv. Das sei besonders darauf zurückzuführen, dass bei gleichmäßiger Unterteilung des Raumes auch weite, freie Areale durch eine hohe Zahl leerer Zellen repräsentiert werden. Eine offensichtliche Lösung besteht somit darin, den abzubildenden Raum gemäß seiner Belegung adaptiv zu unterteilen, sodass spärlich besetzter Raum auch spärlich repräsentiert wird. Die Standardmöglichkeit für solch eine adaptive Rasterung sind im Zweidimensionalen *Quadtrees*, denen im 3D *Octrees* entsprechen. Die Generierung von Quadtrees verläuft wie folgt, eine detailliertere Einführung liefern die Anhänge B.2.2 und B.2.3:

1. Starte mit einer rechteckigen Zelle, die das gesamte Areal umfasst.

2. Enthält die aktuelle Zelle belegte und freie Anteile, wird sie in vier gleiche Teilzellen unterteilt.

3. Die Zerlegung einer Zelle wird gestoppt, wenn die Zelle komplett frei ist, also keine belegten Anteile besitzt.

4. Die Zerlegung einer Zelle wird gestoppt, wenn die minimale Raster-Auflösung erreicht ist.

Blätter des Zerlegungsbaums, die am Ende Daten enthalten, werden als belegt markiert, andernfalls als frei. Die Berechnung von dreidimensionalen Octrees läuft entsprechend. Beispiele zeigen die Abbildungen 5.4 (unten) und 5.5.

Belegtheitswahrscheinlichkeiten

Gerade in der Robotik sind absolute, sichere Informationen selten. So sind Messdaten stets von Rauschen überlagert und enthalten potenziell Messfehler. Wird eine Karte aus solchen Daten aufgebaut, ist zudem die Güte der Lokalisierung des Sensors von entscheidender Bedeutung, also das Einpassen neuer, lokaler Informationen in die globale Karte.

Rasterkarten bieten die Möglichkeit, Unsicherheiten in Sensorwerten sowie transiente Informationen zu repräsentieren. Dazu werden in den einzelnen Zellen nicht binär ihre Belegtheit, sondern vielmehr ihre aktuelle Belegtheitswahrscheinlichkeit gespeichert. Abbildung 5.6 zeigt zwei Repräsentationen eines 2D-Scans, in denen die Belegtheitswahrscheinlichkeit einer Zelle abhängig ist von den Laserscan-Daten sowie von den lokalen Informationen benachbarter Zellen. Grauwerte spiegeln die Wahrscheinlichkeit wider, dass die entsprechende Zelle belegt ist: je heller, desto wahrscheinlicher frei, je dunkler, desto wahrscheinlicher belegt. Die Zellen werden a priori mit einem 50%-igen Grau belegt, was komplette Uninformiertheit widerspiegelt. Neben kontinuierlichen, flächigen Objekten können auf gleiche Weise auch einzelne Messdatenpunkte repräsentiert werden.

5.1.3 Karten zur Pfadplanung

Pfadplanungskarten müssen vorrangig unterstützen, fahrbare Trajektorien, also zugängliche Freiräume und ihre Lage zueinander, effizient zu finden. Lokalisierung ist dabei als gegeben angenommen. Das Vorgehen bei der Benutzung von Pfadplanungskarten lässt sich, unabhängig von der tatsächlichen Wahl der Karte, in folgende drei Schritte gliedern:

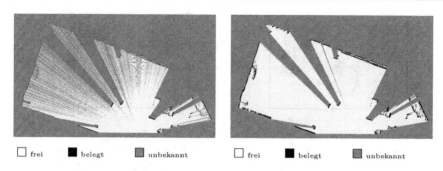

☐ frei ■ belegt ▨ unbekannt   ☐ frei ■ belegt ▨ unbekannt

Abbildung 5.6: Wahrscheinlichkeitsgitter auf Laserscandaten. Links: Jeder einzelne Laserstrahl eines 2D-Scans wird und als singuläres Datum betrachtet. Rechts wurden die einzelnen Strahlen gemäß des inversen Sensormodells aufgeweitet, mit dem Ergebnis einer wirklichkeitsgetreueren Karte.

1. Repräsentiere Areale von bekanntermaßen freiem Raum und ihre Verbindungen, also die Nachbarschaft der Freiraumareale. Üblicherweise werden Objekte um den halben Roboterdurchmesser aufgebläht. Das ermöglicht es später, den Roboter als punktförmig anzusehen und Linien als Trajektorien durch die Karte zu planen, anstatt Schläuche in der Breite des Roboters.

2. Suche eine Folge benachbarter Areale von Start- zu einem Zielpunkt. Zur Suche eignen sich Standardalgorithmen wie der in Kapitel 7 beschriebene A^*-Algorithmus. Dabei sind in der Praxis unterschiedliche Maße denkbar, gemäß denen der Pfad optimiert werden soll: Dazu gehören die Pfadlänge, die Fahrtzeit, ein möglichst großer (oder kleiner) Hindernisabstand, oder auch komplexere Kriterien, wie die Möglichkeit, sich entlang der Trajektorie zu lokalisieren. Dabei wird üblicherweise implizit eine geschlossene Welt angenommen (engl. *closed world assumption*, CWA), d.h. das Planungsmodul geht davon aus, dass alles, was nicht ausdrücklich als Hindernis modelliert worden ist, auch nicht existiert; oder kurz: „Wo ich nicht weiß, dass etwas ist, da ist auch nichts!" Dies ist hier gleichbedeutend mit der Interpretation, dass die Karte präzise und vollständig ist.

3. Fahre den geplanten Pfad ab, durchquere dabei freie Areale nach zu wählender Strategie z.B. in Hinblick auf die optimierte Größe wie Geschwindigkeit, Hindernisabstand, Lokalisierbarkeit. Dabei ist eine Kollisionsvermeidung unerlässlich, da die oben zu Grunde gelegte CWA im Allgemeinen natürlich nicht der Wirklichkeit entspricht. Karten sind meist vereinfachte Darstellungen, Objekte können verschoben worden sein, Menschen bilden dynamische Hindernisse, usw.

Es folgen eine Reihe von Beispielen von Pfadplanungskarten. Abschnitt 7.4 des Navigationskapitels wird sich näher mit deren Generierung und Benutzung beschäftigen.

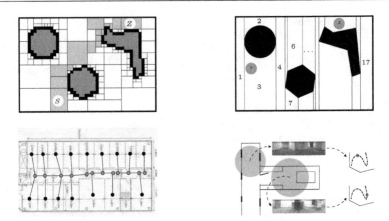

Abbildung 5.7: Pfadplanungs-Karten. Oben: Suche Pfad von vom Start S zum Ziel Z. Links: Quadtree-Darstellung. Rechts: Exakte Zellzerlegung. Unten: Zwei Beispiele topologischer Karten.

Rasterkarten

Rasterkarten, wie oben bereits dargestellt, stellen Freiraum für Pfadplanung geeignet dar. Dabei ist die oben beschriebene Quadtreedarstellung (bzw. Octree für 3D-Karten und 3D-Trajektorienplanung) besonders geeignet, da sie den gesamten Raum durch eine geringe Zellzahl repräsentiert, was wiederum einen kleinen Suchraum für das Planungsproblem ergibt. Ferner resultiert Navigieren durch bekannterweise große, freie Zellen in Trajektorien, die eine geringere Krümmung aufweisen, damit höhere Geschwindigkeiten erlauben und bessere Odometrie-Daten liefern.

Exakte Zellzerlegung

Die exakte Zellzerlegung (engl. *exact cell decomposition*) entspricht einer Rasterung der Umgebung, die sich an „kritischen" Punkten der Umgebungsgeometrie, wie konvexen Ecken, orientiert.

Wie in Abbildung 5.7 (oben rechts) zu sehen, liefert der Algorithmus ein Ergebnis mit deutlich weniger Elementen als eine uniforme Rasterung, und je nach repräsentierter Umgebung auch weniger als eine Quadtree-Darstellung, was sie für die Pfadplanung und i.Allg. auch zur Navigation geeignet sein lässt. Dagegen ist diese Kartenform nur wenig geeignet zur Lokalisierung, und ungeeignet für den direkten, automatischen Kartenbau.

Topologische Karten

Topologische Karten eröffnen eine Möglichkeit, die Welt gemäß funktionaler, sensorischer und ähnlicher Kategorien zu zerlegen, und dabei ihre Geometrie größtenteils ungeachtet zu lassen. Sie sind somit verwandt mit kognitiven Karten. Je nach Anwendung sind durchaus mehrere topologische Karten desselben Areals denkbar und auch sinnvoll.

Sie besitzen somit gegenüber den anderen in diesem Kapitel beschriebenen Kartenformen das Alleinstellungsmerkmal, dass Informationen zu einzelnen Plätzen der zu kartierenden Umgebung aufgenommen, als Kanten eines Graphen aufgefasst und schließlich unter bestimmten Aspekten über Knoten verbunden werden, die Relationen zwischen den Orten spezifizieren. Der so generierte Graph spiegelt dann die Topologie der Umgebung wider.

- Die einfachste Möglichkeit besteht nun darin, zu jedem Knoten die korrespondierenden Sensoreindrücke (Laserscans, Kamerabilder, etc.) direkt abzuspeichern. Üblicher ist die Prozessierung der Sensordaten mit dem Ziel, Signaturen aus den Daten zu berechnen, die die von assoziierten Orten möglichst eineindeutig beschreiben. Dieses Ziel wird allerdings erschwert durch das Problem, dass Poseänderungen, Beleuchtungsvarianzen sowie Verdeckungen oftmals Signaturen nicht-linear verändern.

- Werden nun Signaturen anstatt der Sensordaten abgespeichert, ergeben sich topologische Karten mit syntaktischen Merkmalen. Die Signaturen entsprechen hierbei den Merkmalen aus dem obigen Abschnitt zu metrischen Merkmalskarten, dementsprechend treffen die Aussagen von dort hier ebenso zu.

- Eine dritte Alternative besteht nun darin, in einem vorverarbeitenden Schritt Signaturen ausgewählter Orte zu bestimmen und diese mit einer semantischen Kategorie wie „Flur", „Flurende", „Büro", oder dergleichen zu bezeichnen. Auf diese Weise sind später Aussagen der Form möglich, dass ein neuer Ort in eine der definierten Kategorien fällt, über einen Vergleich der Merkmalvektoren von gelerntem und aktuellem Objekt bezüglich einer definierten Metrik wie beispielsweise ihrem euklidischen Abstand in dem im Allgemeinen hochdimensionalen Merkmalsraum.

Fazit Roboterkarten

Karten sind grundlegende Repräsentationen für Lokalisation, Pfadplanung, sowie potenziell weitere Anwendungen des Roboters. Je nach Verwendung sind daher auch durchaus mehrere, unterschiedliche Karten der selben Umgebung sinnvoll. Prinzipiell ermöglicht eine einzelne, komplexe Karte jedoch auch die Generierung von unterschiedlichen, auf das Problem zugeschnittenen

Karten. Existieren mehrere Kartentypen, die der geplanten Anwendung genügen, spielen Kriterien wie die effiziente Speicherung sowie die Möglichkeit, die Karten automatisch erstellen zu lassen (siehe Kapitel 6) eine Rolle. Bei hybriden Repräsentationen ist der Übergang zwischen den unterschiedlichen Repräsentationen interessant und relevant.

5.2 Triangulation

Als eine *Landmarke* bezeichnet man in der Robotik wie in der Umgangssprache ein auffälliges, eindeutiges, meist weit sichtbares feststehendes Objekt zur Orientierung. Beispielsweise können in freiem Gelände Türme, Kirchen oder Burgen Landmarken darstellen. Um einem Roboter zur Orientierung zu dienen, muss eine Landmarke mit seiner Sensorik erkennbar sein. Künstliche Landmarken sind ausdrücklich zu dem Zweck in der Umgebung errichtet, zur Orientierung zu dienen. Die Position von Landmarken in der Karte muss bekannt sein, wenn sie für Triangulationsverfahren verwendet werden sollen.

Befinden sich also in der der Umgebung des Roboters identifizierbare Landmarken mit bekannten Positionen, kann mit Hilfe der Triangulation die absolute Position und Orientierung des Roboters im Karten-Koordinatensystem bestimmt werden. Die folgenden Verfahren stammen aus der Geodäsie und Vermessungstechnik, wo sie *Rückwärtsschnitt*, *Vorwärtsschnitt* und *Bogenschnitt* heißen. Sie können aber problemlos auch für Positionsbestimmungsaufgaben in der Robotik eingesetzt werden.

5.2.1 Der Rückwärtsschnitt

Der Rückwärtsschnitt ist ein gängiges Berechnungsverfahren zur Koordinatenbestimmung eines Neupunktes p, im Fall der Roboterlokalisierung also die aktuelle Roboterposition. Für mindestens drei bezüglich ihrer Koordinaten bekannte Punkte a, m und b müssen hierzu die Richtungen, die auf p gemessen wurden, vorliegen.

Abbildung 5.8 zeigt das Triangulationsprinzip. Gegeben seien die Koordinaten der drei Landmarken in $\mathbb{R}^2$, die im folgenden mit $a = (a_x, a_z)^T$ (Landmarke 1) $m = (m_x, m_z)^T$ (Landmarke 2) und $b = (b_x, b_z)^T$ (Landmarke 3) bezeichnet sind. Die Strecke zwischen zwei Punkten, z.B. zwischen Punkt a und b, wird mit $\overline{ab}$ bezeichnet. Gesucht ist die Position des Roboters p, wobei die Richtungen r_b, r_m, r_a zu den Landmarken gemessen wurden.

Ein Verfahren für den Rückwärtsschnitt ist die Methode nach Collins. Dazu berechnet man zunächst die Winkel $\alpha = r_m - r_a$ und $\beta = r_b - r_m$ (vgl. Abbildung 5.8). Wenn die Summe $\alpha + \beta < 180°$ ist, kann mit den Winkeln weitergerechnet werden, ansonsten muss von α und β für die folgenden

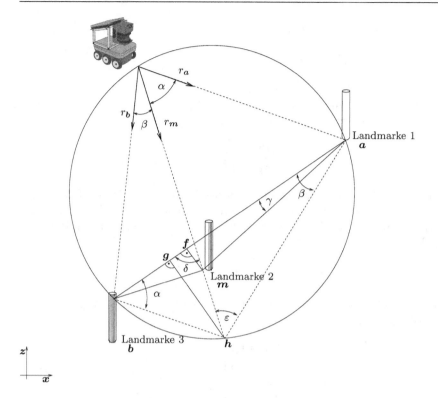

Abbildung 5.8: Globale Lokalisierung mit drei unterscheidbaren Landmarken, deren Position bekannt ist. Der Rückwärtsschnitt liefert die Positon des Roboters und dadurch auch seine Orientierung. Abbildung erstellt nach [LehoJ].

Berechnungen 180° abgezogen werden. Anschließend sind folgende Terme zu berechnen:

$$\overline{ab} = \sqrt{(b_z - a_z)^2 + (b_x - a_x)^2}$$

$$\theta_{a,b} = \arctan \frac{b_z - a_z}{b_x - a_x} \tag{5.1}$$

$$\overline{am} = \sqrt{(m_z - a_z)^2 + (m_x - a_x)^2}$$

$$\theta_{a,m} = \arctan \frac{m_z - a_z}{m_x - a_x} \tag{5.2}$$

$$\gamma = \theta_{a,b} - \theta_{a,m} \,.$$

Treten bei den folgenden Streckenberechnungen negative Werte auf, müssen diese in den weiteren Berechnungen berücksichtigt werden. Nun folgen Anwendungen von trigonometrische Sätzen.

$$\overline{ah} = \overline{ab}\frac{\sin\alpha}{\sin(\alpha+\beta)}$$

$$\overline{gh} = -\overline{ah}\sin\beta$$

$$\overline{fm} = -\overline{am}\sin\gamma$$

$$\overline{ag} = \overline{ah}\cos\beta$$

$$\overline{af} = \overline{am}\cos\gamma$$

$$\delta = \arctan\frac{\overline{gh}-\overline{fm}}{\overline{ag}-\overline{af}}\,. \tag{5.3}$$

Bei den Arcustangensoperationen in den Gleichungen (5.1) und (5.2), sowie in (5.3) muss auf die Lage in den Quadranten geachtet werden, bzw. die atan2 Funtion verwendet werden. Nun ergibt sich der Winkel zwischen den Punkten p und h als

$$\theta_{p,h} = \theta_{a,b} + \delta. \tag{5.4}$$

Falls $\overline{gh} < \overline{fm}$ muss der Winkel angepasst werden, d.h. $\theta_{p,h} = \theta_{p,h} \pm 180\,°$. Weiterhin gilt:

$$\theta_{a,p} = \theta_{p,h} - \alpha$$

$$\varepsilon = -(\delta+\beta) \tag{5.5}$$

$$\overline{ap} = \overline{ah}\frac{\sin\varepsilon}{\sin\alpha}\,.$$

Schliesslich lässt sich die Roboterposition berechnen als

$$p = \begin{pmatrix} p_x \\ p_z \end{pmatrix} = \begin{pmatrix} a_x + \overline{ap}\cos\theta_{a,p} \\ a_z + \overline{ap}\sin\theta_{a,p} \end{pmatrix}. \tag{5.6}$$

Der Rückwärtsschnitt ist bei ungünstigen Messanordnungen nicht möglich. Abbildung 5.9 zeigt zwei günstige Anordnungen. Liegen die Landmarken und der Roboter auf einem Kreis (vgl. Abbildung 5.10), sind für alle Roboterpositionen die Winkel α, β gleich und die Berechnungen können nicht mehr ausgeführt werden.

5.2.2 Der Vorwärtsschnitt über Dreieckswinkel

Neben dem Rückwärtsschnitt existiert der Vorwärtsschnitt zur Positionsbestimmung. Hierbei werden von zwei bekannten Landmarken aus die Richtungen zum Roboter gemessen. Da der Roboter jedoch nicht von den Landmarken aus sich selbst messen kann, benötigt er, um diese Richtungen zu berechnen,

| Beispiel 5.1 | *Positionsbestimmung durch Triangulation* |

Gegeben: Postion der Landmarken a, m, b (vgl. Abbildung 5.8).

$$a = \begin{pmatrix} 7.5\,\mathrm{m} \\ 7.5\,\mathrm{m} \end{pmatrix} \quad m = \begin{pmatrix} 2.5\,\mathrm{m} \\ 2.5\,\mathrm{m} \end{pmatrix} \quad b = \begin{pmatrix} 0\,\mathrm{m} \\ 0\,\mathrm{m} \end{pmatrix}$$

Gemessen: Winkel $\alpha = 70\,^\circ$ und $\beta = 45\,^\circ$

Aus den gegebenen Größen der Landmarken berechnen wir zunächst die Stecken $\overline{ab}, \overline{am}$ und die Winkel $\theta_{a,b}, \theta_{a,m}, \gamma$. Es ergeben sich:

$$\begin{aligned} \overline{ab} &= 10.61\,\mathrm{m} & \theta_{a,b} &= -135\,^\circ \\ \overline{am} &= 7.07\,\mathrm{m} & \theta_{a,m} &= -135\,^\circ \\ \gamma &= 0\,^\circ \end{aligned}$$

Wie man bereits an Hand der Zahlenwerte erkennen konnte, liegen die Landmarken auf einer Linie. Dieser Fall tritt in der Praxis häufig auf, falls die Landmarken zum Beispiel an Wänden angebracht werden. Für die weiteren Zwischenergebnisse gilt:

$$\begin{aligned} \overline{gh} &= -7.78\,\mathrm{m} & \overline{ag} &= 7.78\,\mathrm{m} \\ \overline{fm} &= 0\,\mathrm{m} & \overline{af} &= 7.07\,\mathrm{m} \\ \delta &= 174.82\,^\circ \end{aligned}$$

Daraus ergibt sich der Winkel zwischen dem Roboter p und dem Hilfspunkt h als $\theta_{p,h} = 174.82\,^\circ$. Nun ergeben sich

$$\theta_{a,p} = -30.18\,^\circ \qquad \overline{ap} = 7.49\,\mathrm{m}$$

und die Koordinaten des Roboters lassen sich berechnen:

$$p = \begin{pmatrix} p_x \\ p_z \end{pmatrix} = \begin{pmatrix} 1.02\,\mathrm{m} \\ 11.27\,\mathrm{m} \end{pmatrix} \tag{5.7}$$

einen Kompass. Abbildung 5.11 zeigt eine typische Aufstellung. Der Vorwärtsschnitt über Dreieckswinkel entspricht einer Kreuzpeilung bei der Navigation von Schiffen durch Anpeilen von Leuchttürmen.

Es seien die Koordinaten der zwei Landmarken in $\mathbb{R}^2$, $a = (a_x, a_z)^T$ und $b = (b_x, b_z)^T$ bekannt. Die Richtungen $r_{ab}, r_{ba}, r_{ap}, r_{bp}$ wurden gemessen, gesucht werden die Koordinaten des Roboters. Die Orientierung des Roboters

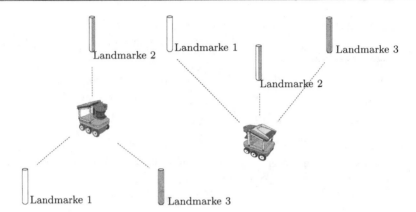

Abbildung 5.9: Günstige Anordnungen für die Positionsbestimmung durch Triangulation mit Hilfe des Rückwärtsschnitts.

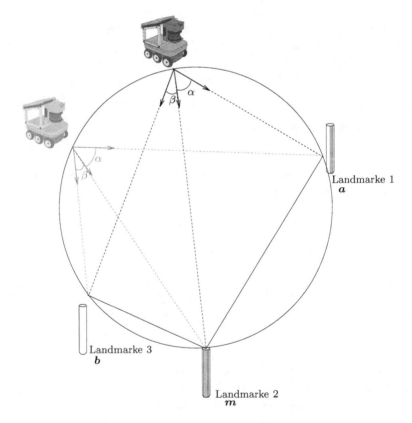

Abbildung 5.10: Bilden die Landmarken und die Roboterposition einen Kreis, ist der Rückwärtsschnitt nicht möglich.

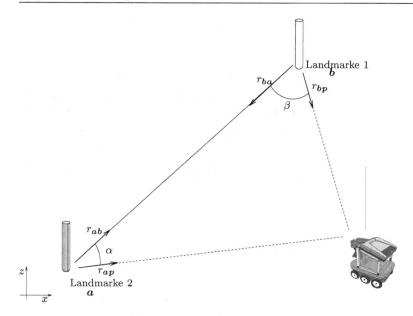

Abbildung 5.11: Vorwärtsschnitt mit zwei Landmarken.

bei Kreuzpeilung wird zum Beispiel mit Hilfe des Kompasses bestimmt oder über die Richtung zu einer der Landmarken.

Aus den bestimmten Richtungen ergeben sich die Winkel $\alpha = r_{ap} - r_{ab}$ und $\beta = r_{ba} - r_{bp}$. Des Weiteren ist der Abstand der Landmarken wieder als $\overline{ab} = \sqrt{(b_z - a_z)^2 + (b_x - a_x)^2}$ gegeben. Zunächst werden die Winkel

$$\theta_{a,b} = \arctan \frac{b_z - a_z}{b_x - a_x}$$
$$\theta_{a,p} = \theta_{a,b} + \alpha \tag{5.8}$$

und die Strecke

$$\overline{ap} = \overline{ab}\,\frac{\sin \beta}{\sin \alpha + \beta} \tag{5.9}$$

bestimmt. Die Roboterpose ergibt sich anschließend als

$$\boldsymbol{p} = \begin{pmatrix} p_x \\ p_z \end{pmatrix} = \begin{pmatrix} a_x + \overline{ap} \cos \theta_{a,p} \\ a_z + \overline{ap} \sin \theta_{a,p} \end{pmatrix}. \tag{5.10}$$

5.2.3 Triangulation mit Entfernungswerten: Der Bogenschnitt

Werden Landmarken, z.B. spezielle Reflektoren, mit einem Laserscanner wahr-genommen, hat man neben den Winkeln zu den Landmarken Entfernungen gegeben. In Abbildung 5.11 sind nun alle Entfernungen bekannt. Dadurch bil-den sich zwei Kreise um die Landmarken, die sich in zwei Punkten schneiden. Einer der Schnittpunkte entspricht der gesuchten Roboterposition. Eine ein-deutige Entscheidung kann getroffen werden, wenn der Roboter den Prozess der Scandatenaufnahme berücksichtigt und somit eine Landmarke vor einer anderen in Sicht kommt. In der Geodäsie heißt das Verfahren auch Bogen-schnitt.

5.3 Lokalisierungs-Algorithmen

In Kapitel 4.2 haben wir Methoden besprochen, die ausschließlich zur relativen Lokalisierung dienen, also zum Nachverfolgen der Trajektorie eines Roboters relativ zu einer bekannten Startpose. Im Folgenden werden wir einige der Ansätze erweitern sowie weitere Algorithmen besprechen, die eine globale Lo-kalisierung innerhalb einer gegebenen Karte ermöglichen. Die nachfolgenden Unterkapitel 5.3.1–5.3.6 beschreiben im Einzelnen:

1. Lokalisierung an Scanpunkten: Vergleich von Messung und Karte.

2. Lokalisierung an Linien: Vergleich von Messung und Linienkarte.

3. Lokalisierung an (visuellen) Merkmalen.

4. Unimodale probabilistische Lokalisierung.

5. Probabilistische Lokalisierung in Rasterkarten.

6. Probabilistische Lokalisierung in Rasterkarten mit Sampling.

Dabei sind die ersten vier Methoden unimodale Lokalisierungen, die sowohl inkrementelle Vergleiche mit Daten des jeweils letzten Zeitschrittes zulassen, als auch Vergleiche mit einer gegebenen Karte. In die erste Kategorie fällt beispielsweise ein inkrementelles Nachverfolgen der Pose durch Vergleich von sukzessiv aufgenommenen Laserscans. Wenn jedoch ein Scan nicht mit einem (oder allen) vorherigen, sondern mit einer Karte verglichen wird, wird damit eine globale Lokalisierung realisiert. Das algorithmische Vorgehen jedoch ist in beiden Fällen gleich. Die letzten zwei Algorithmen dagegen sind ausschließ-lich für die Lokalisierung in Karten gedacht und arbeiten mit multimodalen Hypothesen.

5.3.1 2D-Scanmatching

Unter *Registrierung* (engl. *registration*) zweier Scans M (*Modell*) und D (*Daten*) versteht man das Berechnen einer Transformation des einen Scans dergestalt, dass beide optimal überlagert werden. Die hier betrachteten Transformationen sind stets rigide, bestehen also nur aus einer Rotation sowie einer Translation. Als Maß für die Optimalität der Überlagerung gilt, dass Punkte, die in der realen Szene nahe beieinander liegen, das auch in den registrierten Messdaten tun. Dazu werden korrespondierende Messdaten zwischen beiden Scans ermittelt. Ziel der Registrierung ist es somit, eine Fehlerfunktion – die Summe der Abstände der Punkte des einen Scans zu ihren korrespondierenden Punkten des zweiten Scans – zu minimieren. Die Transformation des zweiten Scans entspricht nun der Bewegung des Roboters/Sensors zwischen der Aufnahme der Daten; durch sukzessiven Vergleich kann so die Bewegung des Roboters nachverfolgt werden – das Scanmatching-Verfahren also zur relativen Lokalisierung eingesetzt werden.

Eine Bemerkung zum Rotationsanteil der Scantransformation: Wir definieren diese Rotation hier durchgängig im mathematisch positiven Sinn, also im Gegenuhrzeigersinn. Im linkshändigen Roboterkoordinatensystem ist bekanntlich die Rotation um die y-Achse oder Hochachse entgegengesetzt definiert; die Rotationen um die beiden anderen Achsen laufen ebenfalls im Gegenuhrzeigersinn. Wird also Scanmatching als Hilfsmittel zur Roboterlokalisierung in sechs effektiven Freiheitsgraden verwendet, muss der Unterschied in den Drehrichtungen der drei Roboterorientierungen bei der Rückrechnung einer gefundenen Scantransformation in die Roboterkoordinaten beachtet werden. Im Folgenden betrachten wir zunächst 2D-Scanmatching als Lokalisationshilfe für einen Roboter in der Ebene, dessen Orientierung folglich genau um die Hochachse variiert; folglich hat die beim Scanmatching ermittelte Rotation genau das umgekehrte Vorzeichen wie die entsprechende Änderung der Roboterorientierung.

Anstatt zweier Scans kann auf gleiche Weise auch ein Scan einem Modell, z.B. einer gegebenen Karte überlagert werden. Die meisten der im Folgenden vorgestellten Algorithmen können dazu direkt mit Punkt–Karte-Korrespondenzen arbeiten, d.h. zu den realen Messpunkten werden korrespondierende Punkte auf den Linien, Polygonen, o.ä. der Karte gesucht. Alternativ bieten Kartenrepräsentationen oftmals die Möglichkeit, Scans in ihnen zu simulieren, so dass reale gegen simulierte Scans wie gewohnt registriert werden können.

Unter der Annahme, dass aus beiden Scans die korrespondierenden Punkte bekannt sind, kann direkt eine Transformation berechnet werden, die diese Mengen optimal – d.h. mit möglichst geringem Gesamtfehler – aufeinander abbildet; die Berechnung wird im Folgenden beschrieben, Abbildung 5.12 verdeutlicht das Vorgehen.

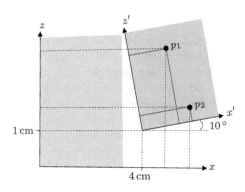

Abbildung 5.12. Bekannte, exakte Transformation: Zwei Scans, Poseänderung des zweiten um $(4\,\text{cm}, 1\,\text{cm}, 10\,°)^T$. Beide sehen die selben Raumpunkte p_1 und p_2. Vergleiche dazu Abbildung 5.13.

Im Allgemeinen ist jedoch diese Annahme selbstverständlich nicht erfüllt: Werden zwei Mengen von Punkten ohne weitere Merkmale (wie Textur, Charakteristik der umgebenden Punkte, oder dergleichen) registriert, ist nicht eindeutig zu bestimmen, welche Punkte zwischen beiden Scans miteinander korrespondieren. Daher ist ein iteratives Vorgehen üblich: Zunächst findet eine Schätzung der Punktpaare statt und die Pose des zweiten Scans wird unter dieser Paarung optimiert. Mit dem so transformierten Scan werden neue Punktpaare berechnet, und so fort, bis ein Abbruchkriterium erfüllt ist – üblicherweise, bis sich die Transformation zwischen zwei Schritten nicht mehr signifikant ändert. Unter bestimmten Bedingungen kann gezeigt werden, dass dieses Vorgehen stets in einem Minimum der Fehlerfunktion terminiert. Dies muss jedoch nicht notwendigerweise ein globales Minimum sein, sondern kann eine Lösung darstellen, die lediglich lokal optimal ist.

Der Bereich von möglichen Translationen und Rotationen, unter denen ein korrektes Matching möglich ist, hängt nicht nur von dem eingesetzten Verfahren, sondern in großem Maße von den Eingabedaten ab: Scans in geraden Bürofluren sind naturgemäß einfacher korrekt zu überlagern als Daten aus unstrukturierten Umgebungen. In jedem Fall jedoch ist eine ungefähre Vorpositionierung hilfreich, weswegen üblicherweise Poseschätzungen über Odometrie oder dergleichen als initiale Transformation einfließen (vgl. Abbildung 5.13).

Transformationsberechnung

Gesucht ist eine Transformation $(t_x, t_z, \theta)^T$, die eine Translation um t_x in x-Richtung durchführt, entsprechend t_z entlang der z-Achse, sowie eine Rotation um den Winkel θ.

Die Berechnung der Transformation erfolgt über die Minimierung einer Fehlerfunktion E, die als Eingabe eine Transformation bekommt, und den Wert

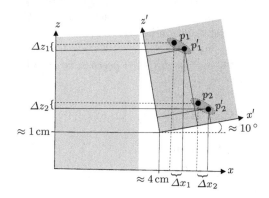

Abbildung 5.13. Die Poseänderung des zweiten Scans ist per Odometrie geschätzt, ist daher nicht exakt. Das führt zu nicht überlagerten Messdaten, mit Fehler Δx, Δz. Matching der Punkte aufeinander korrigiert die Poseschätzung des zweiten Scans.

einer Abstandsmetrik zwischen zwei Scans zurück liefert, nachdem auf den zu registrierenden Scan die übergebene Transformation angewendet worden ist. Diejenige Transformation, die E minimiert, entspricht der Bewegung des Scanners zwischen der Aufnahme der beiden Scans. Als Metrik dient hier die Summe der quadrierten euklidischen Abstände zwischen korrespondierenden Punkten.

Bestehe der Scan M aus einer Menge von Punkten $(m_i)_{i=1,\dots,N_M}$, entsprechend $D = (d_i)_{i=1,\dots,N_D}$. Gesucht wird nun das Minimum von

$$E(\theta, t) = \sum_{i=1}^{N_M} \sum_{j=1}^{N_D} w_{i,j} \big\| m_i - \underbrace{(R_\theta d_j + t)}_{\substack{\text{transformierter} \\ \text{Punkt } d_j}} \big\|^2 \tag{5.11}$$

mit einer $(N_M \times N_D)$-Gewichtsmatrix $W = (w_{i,j})$, die die Korrespondenz anzeigt; üblicherweise gilt $w_{i,j} = 1$, wenn Punkt m_i mit Punkt d_j korrespondiert, und 0 sonst. Alternativ können durch diese Gewichte je nach Anwendung auch weitere Informationen wie Farb-/Reflexionswerte oder geometrische sowie semantische Attribute der Punkte integriert werden.

Dies entspricht einer vereinfachten Formulierung des Problems, bei der die Punkte in M und D gemäß ihrer gegenseitigen Korrespondenz angeordnet sind: Gegeben seien N Paare $\langle p_i, p_i' \rangle$ von korrespondierenden Messpunkten, mit $p_i \in M$, $p_i' \in D$. Gesucht wird nun das Minimum der Funktion

$$E(\theta, t) = \sum_{i=1}^{N} \big\| p_i - (R_\theta p_i' + t) \big\|^2 . \tag{5.12}$$

Die Minimierung der Fehlerfunktion ist über einen naiven Gradientenabstieg realisierbar. Jedoch existiert eine *geschlossene* Form, die bei gegebenen Punktkorrespondenzen direkt die optimale Transformation liefert:

Lemma 5. *Die Transformation* (t_x, t_z, θ), *die durch* (5.13) *gegeben ist, minimiert die Fehlerfunktion* E

$$\begin{aligned}
\theta &= \arctan\left(\frac{S_{zx'} - S_{xz'}}{S_{xx'} + S_{zz'}}\right) \\
t_x &= c_x - \left(c'_x \cos\theta - c'_z \sin\theta\right) \\
t_z &= c_z - \left(c'_x \sin\theta + c'_z \cos\theta\right)
\end{aligned} \tag{5.13}$$

mit den Parametern

$$c_x = \frac{1}{N}\sum_i p_{x,i} \qquad\qquad S_{xx'} = \sum_i (p_{x,i} - c_x)(p'_{x,i} - c'_x) \tag{5.14}$$

$$c_z = \frac{1}{N}\sum_i p_{z,i} \qquad\qquad S_{xz'} = \sum_i (p_{x,i} - c_x)(p'_{z,i} - c'_z)$$

$$c'_x = \frac{1}{N}\sum_i p'_{x,i} \qquad\qquad S_{zx'} = \sum_i (p_{z,i} - c_z)(p'_{x,i} - c'_x)$$

$$c'_z = \frac{1}{N}\sum_i p'_{z,i} \qquad\qquad S_{zz'} = \sum_i (p_{z,i} - c_z)(p'_{z,i} - c'_z) \,.$$

Beweis. Seien $\bar{p}_i = p_i - c$ und $\bar{p}'_i = p'_i - c'$ die Modell- bzw. Datenpunkte, die um die jeweiligen Schwerpunkte der Mengen verschoben worden sind, also

$$c = \begin{pmatrix} c_x \\ c_z \end{pmatrix} = \frac{1}{N}\sum_{i=1}^{N} p_i \qquad\qquad c' = \begin{pmatrix} c'_x \\ c'_z \end{pmatrix} = \frac{1}{N}\sum_{i=1}^{N} p'_i \,. \tag{5.15}$$

Formel (5.12) lässt sich damit umformen zu

$$\begin{aligned}
E(\theta, t) &= \sum_{i=1}^{N} \left\| p_i - (R_\theta p'_i + t) \right\|^2 \tag{5.16} \\
&= \sum_{i=1}^{N} \left\| \bar{p}_i + c - (R_\theta(\bar{p}'_i + c') + t) \right\|^2 \\
&= \sum_{i=1}^{N} \left\| \bar{p}_i - R_\theta \bar{p}'_i - \underbrace{\left(t - c + R_\theta c' \right)}_{=:\,\tilde{t}} \right\|^2
\end{aligned}$$

$$\leq \underbrace{\sum_{i=1}^{N} \|\bar{p}_i - R_\theta \bar{p}'_i\|^2}_{(a)} - \underbrace{2\tilde{t} \sum_{i=1}^{N} \|\bar{p}_i - R_\theta \bar{p}'_i\|}_{(b)} + \underbrace{\sum_{i=1}^{N} \|\tilde{t}\|^2}_{(c)} .$$

Der zweite Term (b) ist Null, da gilt:

$$\sum_{i=1}^{N} (\bar{p}_i - R_\theta \bar{p}'_i) = \sum_{i=1}^{N} (p_i - c - R_\theta p'_i + R_\theta c') \qquad (5.17)$$

$$= \sum_{i=1}^{N} \left(p_i - \frac{1}{N} \sum_{j=1}^{N} p_j - R_\theta p'_i + \frac{1}{N} \sum_{j=1}^{N} R_\theta p'_j \right)$$

$$= \underbrace{\sum_{i=1}^{N} p_i - \frac{1}{N} \sum_{i=1}^{N} \sum_{j=1}^{N} p_j}_{= \sum\limits_{i=1}^{N} p_i} - \underbrace{\sum_{i=1}^{N} R_\theta p'_i + \frac{1}{N} \sum_{i=1}^{N} \sum_{j=1}^{N} R_\theta p'_i}_{= \sum\limits_{i=1}^{N} R_\theta p'_i}$$

$$= 0 .$$

Der dritte Term (c) wird minimal bei

$$t = c - R_\theta c' . \qquad (5.18)$$

Demnach reicht es zur Minimierung der ursprünglichen Fehlerfunktion aus, die Funktion $\bar{E}(\theta)$ zu minimieren, die nun nicht mehr von der Translation abhängt:

$$\bar{E}(\theta) = \sum_{i=1}^{N} \|\bar{p}_i - R_\theta \bar{p}'_i\|^2 , \qquad (5.19)$$

die sich weiter umformen lässt zu:

$$= \sum_{i=1}^{N} \|\bar{p}_i\|^2 - \underbrace{2 \sum_{i=1}^{N} \bar{p}_i \cdot R_\theta \bar{p}'_i}_{\text{Rotationsterm}} + \underbrace{\sum_{i=1}^{N} \|R_\theta \bar{p}'_i\|^2}_{= \sum\limits_{i=1}^{N} \|\bar{p}_i\|^2} . \qquad (5.20)$$

Da Rotationen längenerhaltend sind, sind die erste und letzte Summe konstant bezüglich der Rotation, d.h. einzig der mittlere Rotationsterm ist zu maximieren, um $\bar{E}$ und damit auch unsere ursprüngliche Fehlerfunktion zu minimieren. Das Maximum ergibt sich, indem die Ableitung gleich Null gesetzt wird: Nach Einsetzen der Rotationsmatrix erhält man die Gleichung

$$\frac{\partial}{\partial \theta} \bar{E}(\theta) = \frac{\partial}{\partial \theta} \sum_{i=1}^{N} (\bar{p}_{x,i}, \bar{p}_{z,i}) \cdot \begin{pmatrix} \bar{p}'_{x,i} \cos \theta - \bar{p}'_{z,i} \sin \theta \\ \bar{p}'_{x,i} \sin \theta + \bar{p}'_{z,i} \cos \theta \end{pmatrix} \tag{5.21}$$

$$= \sum_{i=1}^{N} \left(-\sin \theta (\bar{p}_{x,i} \bar{p}'_{x,i} + \bar{p}_{z,i} \bar{p}'_{z,i}) - \cos \theta (\bar{p}_{x,i} \bar{p}'_{z,i} - \bar{p}_{z,i} \bar{p}'_{x,i}) \right)$$

$$\overset{!}{=} 0 \,.$$

Nach θ aufgelöst ergibt sich, wegen $\tan \theta = \sin \theta / \cos \theta$, die Lösung:

$$\theta = \arctan \left(\frac{\sum_{i=1}^{N} (\bar{p}_{z,i} \bar{p}'_{x,i} - \bar{p}_{x,i} \bar{p}'_{z,i})}{\sum_{i=1}^{N} (\bar{p}_{x,i} \bar{p}'_{x,i} + \bar{p}_{z,i} \bar{p}'_{z,i})} \right) \,, \tag{5.22}$$

was genau der Rotationsberechnung nach (5.13) entspricht, da die Rotation unabhängig von der konstanten Verschiebung um die Schwerpunkte ist, d.h. die Berechnung von θ über Paarungen $\langle p, p' \rangle$ bzw. $\langle \bar{p}, \bar{p}' \rangle$ liefert jeweils die gleichen Ergebnisse.

Die Translation berechnet sich nach (5.18) über die Differenz zwischen dem Schwerpunkt von M und dem um θ rotierten Schwerpunkt von D:

$$\begin{pmatrix} t_x \\ t_z \end{pmatrix} = \begin{pmatrix} c_x \\ c_z \end{pmatrix} - \boldsymbol{R}_\theta \begin{pmatrix} c'_x \\ c'_z \end{pmatrix} \,. \tag{5.23}$$

$\square$

Die obigen Berechnungen liefern also eine geschlossene Lösung zur Berechnung der optimalen Transformation, um zwei Mengen von Punkten *mit festen Punktkorrespondenzen* zu registrieren. In der Praxis sind diese Korrespondenzen jedoch gewöhnlich nicht bekannt. Die Lösung besteht dann in einem iterativen Gradientenabstieg: Die Punktpaarungen werden nach einer einfachen Heuristik geschätzt, die berechnete Transformation auf den zu registrierenden Scan angewendet. Daraufhin werden neue Punktpaare geschätzt, die Menge wieder transformiert, usw., bis die errechnete Transformation zwischen zwei Iterationen nur noch sehr gering ist, also unterhalb eines definierten Schwellwertes liegt. Im Folgenden gehen wir nun auf verschiedene Möglichkeiten zur Schätzung von Punktkorrespondenzen ein.

Korrespondierende Punkte

Für die Bestimmung korrespondierender Punkte gibt es eine Reihe von Heuristiken. Die drei gebräuchlichsten werden im Folgenden vorgestellt:

Beispiel 5.2	*2D-Scanmatching*

Sei das Messergebnis, skizziert in Abbildung 5.13, gegeben durch die folgenden Punktkoordinaten, mit der Annahme, dass die Punkte p_i und p'_i korrespondieren ($i \in \{1,2\}$), d.h. in Wirklichkeit jeweils die selben Raumpunkte beschreiben.

$$p_1 = (p_{x,1}, p_{z,1})^T = (5.0, 4.0)^T \qquad p'_1 = (p'_{x,1}, p'_{z,1})^T = (1.5, 2.7)^T$$
$$p_2 = (p_{x,2}, p_{z,2})^T = (6.0, 2.0)^T \qquad p'_2 = (p'_{x,2}, p'_{z,2})^T = (2.0, 0.5)^T$$

Damit gilt:

$$c_x = \tfrac{1}{2}(5.0 + 6.0) = 5.5 \qquad c'_x = \tfrac{1}{2}(1.5 + 2.0) = 1.75$$
$$c_z = \tfrac{1}{2}(4.0 + 2.0) = 3.0 \qquad c'_z = \tfrac{1}{2}(2.7 + 0.5) = 1.6$$

Die zur Berechnung von (5.13) benötigten Summationsterme ergeben sich zu:

$$S_{xx'} = (5.0 - 5.5)(1.5 - 1.75) + (6.0 - 5.5)(2.0 - 1.75) = 0.25$$
$$S_{zz'} = (4.0 - 3.0)(2.7 - 1.60) + (2.0 - 3.0)(0.5 - 1.60) = 2.2$$
$$S_{xz'} = (5.0 - 5.5)(2.7 - 1.60) + (6.0 - 5.5)(0.5 - 1.60) = -1.1$$
$$S_{zx'} = (4.0 - 3.0)(1.5 - 1.75) + (2.0 - 3.0)(2.0 - 1.75) = -0.5$$

Daraus ergibt sich nun die Transformation

$$\theta = \arctan\left(\frac{S_{zx'} - S_{xz'}}{S_{xx'} + S_{zz'}}\right) = \arctan\left(\frac{0.6}{2.45}\right) = \mathbf{13.7608\,°}$$
$$t_x = c_x - (c'_x \cos\theta - c'_z \sin\theta) = 5.5 - (1.6998 - 0.3805) = \mathbf{4.1808\,cm}$$
$$t_z = c_z - (c'_x \sin\theta + c'_z \cos\theta) = 3.0 - (0.4163 + 1.5541) = \mathbf{1.0297\,cm}$$

als Korrektur der per Odometrie geschätzten Transformation von $(t_x, t_z, \theta)^T = (4\,\text{cm}, 1\,\text{cm}, 10\,°)^T$.

ICP (*Iterative Closest Points*), IMR (*Iterative Matching Range*) und IDC (*Iterative Dual Correspondance*).

ICP   Zu jedem Punkt p aus D wird derjenige Punkt p' aus M gesucht, welcher einen minimalen euklidischen Abstand hat. In der Praxis findet oftmals eine maximale Schranke $\delta_{\max}$ Einsatz, d.h. das Paar (p, p') fließt nur dann in die Berechnung der Transformation mit ein, wenn der Abstand $\|p - p'\| < \delta_{\max}$ liegt. Die Suche kann mit Datenstrukturen

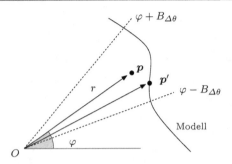

Abbildung 5.14: Suche nach einem korrespondierenden Modellpunkt nach der Regel
IMR (Lu/Milios).

wie kD-Bäumen (vgl. Anhang B.2.1) effizient in logarithmischer Zeit erfolgen.

IMR   Bei dieser Regel werden die Datenpunkte in Polardarstellung betrachtet. Zu jedem Datenpunkt $\boldsymbol{p} = (r, \varphi)$ wird derjenige Modellpunkt $\boldsymbol{p}'$ als korrespondierender Punkt gewählt, sofern vorhanden, welcher in einem Winkelsegment $\varphi \pm B_{\Delta\theta}$ liegt und für den der Abstand $(\|\boldsymbol{p}'\| - r)^2$ minimal ist. $B_{\Delta\theta}$ ist eine Schranke für den erlaubten Winkelirrtum, proportional abhängig von der Änderung der Rotationsschätzung in der *vorherigen* Iteration, $\Delta\theta$. Abbildung 5.14 verdeutlicht diese Regel.

IDC   Abbildung 5.15 zeigt am Beispiel die Resultate der vorherigen beiden Punktzuordnungen. In der Praxis zeigt sich, dass ICP Vorteile bei der Kompensation von Translationen hat, während IMR bei Rotationsänderungen stärker ist. Eine naheliegende Fusion beider Vorteile ergibt die IDC-Regel, bei der korrespondierenden Punkte in jeder Iteration eine Transformation $(\boldsymbol{t}', \theta')^T$ über ICP-, sowie eine Transformation $(\boldsymbol{t}'', \theta'')^T$ mittels IMR-Regel berechnet werden. Die kombinierte Transformation ergibt sich dann als $(\boldsymbol{t}', \theta'')^T$.

Die Punktkorrespondenzen müssen nicht eindeutig sein: Eingabe des Algorithmus zu (5.13) ist lediglich eine geordnete Menge $\{\langle \boldsymbol{p}_i, \boldsymbol{p}'_i \rangle\}_{i=1,\dots,N}$, so dass Punkt $\boldsymbol{p}_i$ mit $\boldsymbol{p}'_i$ korrespondiert. Dabei stellt es kein Problem dar, wenn beispielsweise zwei Datenpunkte demselben Modellpunkt zugeordnet sind. Algorithmus 5.1 fasst das Vorgehen zusammen.

Der Scanmatching-Algorithmus mit der ICP-Regel zur Punktpaarsuche wird in der Literatur sowie im weitern Verlauf des Buches als ICP-Algorithmus oder kurz ICP bezeichnet. Gleiches gilt für IMR und IDC.

Erweiterungen ergeben sich beispielsweise durch die Betrachtung der lokalen Umgebung eines jeden Punktes, um daraus Hypothesen über korrespondierende Punkte aufzustellen. Der nachfolgende Abschnitt liefert ein Beispiel für die Verwendung von extrahierten Merkmalen anstatt einfacher Punktmengen.

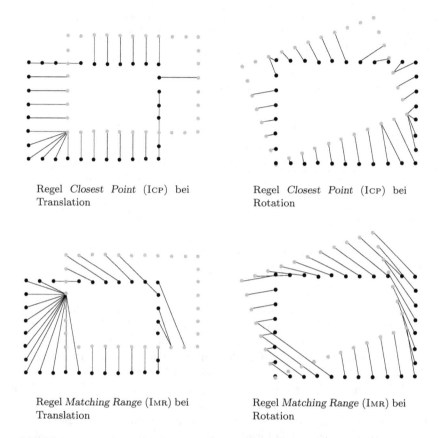

Regel *Closest Point* (ICP) bei Translation

Regel *Closest Point* (ICP) bei Rotation

Regel *Matching Range* (IMR) bei Translation

Regel *Matching Range* (IMR) bei Rotation

Abbildung 5.15: Auswirkung der unterschiedlichen Punktkorrespondenz-Strategien bei der Registrierung von D gegen M. Schwarz: Aktuelle Punktemenge D. Grau: Modell-Punktmenge M.

HAYAI

Bisher haben wir einfache Heuristiken besprochen, nicht weiter gekennzeichnete Punkte einander zuzuordnen. Da diese Zuordnungen anfänglich nicht korrekt sind, ist ein iteratives Vorgehen notwendig.

Wenn jedoch *Merkmale* aus den Laserscans extrahiert werden, liefern diese potenziell die Chance einer exakten Zuordnung schon von Anfang an. Gründe dafür sind die geringere Anzahl – üblicherweise liefern typische 2D-Laserscans mit 181, 361 oder 721 Datenpunkten nur eine kleine Anzahl von Merkmalen – sowie die Möglichkeit, diese mit mehr oder weniger eindeutigen Charakteristiken zu versehen.

Algorithmus 5.1 : 2D-Scanmatching: Registrierung von Scan D an M. M ist der Vorgänger-Scan oder mehrere registrierte Vorgänger-Scans oder eine Punkt-Karte. Optional kann eine Poseschätzung beispielsweise mittels Odometrie einfließen.

Eingabe : Punktmenge M, Scan D.

Ausgabe: Transformation $T = (t_x, t_z, \theta)^T$, die D mit M registriert.

  1: **if** Initiale Poseschätzung existiert **then**

  2:     Setze T gleich dem geschätzten Poseversatz

  3:     Transformiere D um T

  4: **else**

  5:     $T = (t_x, t_z, \theta)^T = (0, 0, 0)^T$

  6: **end if**

  7: **repeat**

  8:     Bestimme die Paarungen korrespondierender Punkte (z.B. mittels ICP-Regel)

  9:     Berechne ΔT durch Minimierung der Fehlerfunktion E (5.11) mittels (5.13)

10:     $T = T + \begin{pmatrix} \cos\theta & -\sin\theta & 0 \\ \sin\theta & \cos\theta & 0 \\ 0 & 0 & 1 \end{pmatrix} \Delta T$ *// Aktualisierung der Transformation*

11:     Transformiere D mit ΔT

12: **until** Transformations-Inkrement ΔT ist betragsmäßig unter einer Grenze.

13: **return** T

Im Falle des HAYAI-Algorithmus werden dazu aus den Laserdaten in Polardarstellung Extrema extrahiert, wie in Abbildung 5.16 (links) dargestellt. Dazu wird der Polarscan, als eindimensionales Signal aufgefasst, mit einem Glättungs-, gefolgt von einem Gradientenfilter gefaltet. Nulldurchgänge des auf diese Weise abgeleiteten Signals werden als Merkmale aufgefasst, die zudem als Hochpunkt/Tiefpunkt sowie (optional) Wendepunkt charakterisiert werden. Diese entsprechen Ecken und Sprungstellen in dem kartesischen Scan. Da bei der Zuordnung der Punktepaare die Reihenfolge der Merkmale beibehalten werden muss, sowie ihre Charakteristiken übereinstimmen müssen, können die korrespondierenden Punkte mit geringem Aufwand bestimmt werden.

Wie Abbildung 5.16 zeigt, entspricht eine Rotation – also der typischerweise kritische Fall der Roboterlokalisierung – einer reinen Verschiebung des Polarsignals, ist also besonders gutartig. Ein weiteres Kennzeichen liegt in der hohen Geschwindigkeit, da das Verfahren bei Eingabe zweier Scans diese geschlossen, ohne Iteration, registriert. Das hat insbesondere Vorteile bei hohen Fahrtgeschwindigkeiten, während derer dann auch alle einkommenden Scans prozessiert werden müssen, um eine Lokalisierung zu gewährleisten. Ein weiterer Vorteil zeigt sich in dynamischen Umgebungen, die bei genügend hoher Verarbeitungsgeschwindigkeit als „quasi-statisch" zwischen zwei aufeinanderfolgenden Scans betrachtet werden können. Als Nachteil ist zu sehen, dass Algorithmen, die auf bestimmten Merkmalen basieren, auch nur in Umgebungen einsetzbar sind, die diese Merkmale aufweisen.

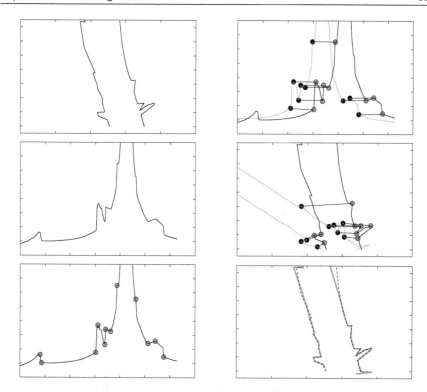

Abbildung 5.16: HAYAI-Algorithmus. Links, von oben nach unten: Scan in kartesischen Koordinaten; der gleiche Scan, in Polarkoordinaten; extrahierte Merkmale. Rechts, von oben nach unten: Korrespondierende Merkmale zugeordnet polar; kartesisch; Ergebnis der errechneten Transformation (der Basisscan ist zur besseren Sichtbarkeit gestrichelt eingezeichnet, der transformierte grau und dick).

Empirische Verbesserungen

Für die Berechnung der Transformation werden wenigstens *zwei* Punkte $\in \mathbb{R}^2$ benötigt, da die so gegebenen vier Koordinaten für eine Bestimmung der drei Freiheitsgrade (Translation in x- und z-Richtung sowie Rotation) hinreichend sind. Ein sehr merkmalsarmer Bereiche wie ein Flur ohne für den Laserscanner erkennbare Türrahmen kann zu Problemen führen, ebenso eine Situation, in der die extrahierten Merkmale zu weit entfernt liegen und somit eine große Unsicherheit in den Messdaten vorliegt.

In solchen Fällen bietet es sich an, weitere Informationen zu Hilfe zu nehmen. Dazu gehört die Fusion mit Odometriedaten beispielsweise über einen EKF, eine initiale Schätzung der Rotation über Winkelhistogramme oder die Hinzunahme weiterer Typen von Merkmalen. Ein Beispiel für die erfolgreiche Registrierung zweier sehr unterschiedlicher Scans mit Hilfe des HAYAI-

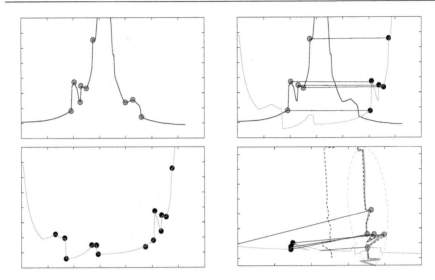

Abbildung 5.17: HAYAI-Algorithmus. Links: Zwei sehr stark unterschiedliche Scans (Rotation um 90°) mit extrahierten Merkmalen. Rechts oben: Korrespondierende Merkmale, auf Basis einer Winkelschätzung mit Winkelhistogrammen. Rechts unten: kartesisches Ergebnis der Transformation, der transformierte Scan ist hellgrau hinterlegt, zu sehen in der gestrichelten Ellipse.

Algorithmus sowie Transformationsschätzung über Winkelhistogramme zeigt Abbildung 5.17.

Kovarianzschätzung

Oftmals wird eine Einschätzung benötigt, wie gut zwei Mengen von Messdaten zueinander passen. Bestimmt man diese Größe für zwei Datensätze nach erfolgter Transformation als Ergebnis eines Scanmatching-Verfahrens, so liefert diese Einschätzung ein Maß der Registrierungsgüte. Eine typische Anwendung ist die Fusion der laserbasierten Lokalisierung mit Odometriedaten über einen Kalman-Filter. Das einzige, was uns dafür zu diesem Zeitpunkt noch fehlt, ist eben die Berechnung der Unsicherheit der Messung – die Kovarianzmatrix Σ_z, die hier die Güte beschreibt, mit der die Scans zur Posekorrektur registriert worden sind. (z ist hier in Kalman-Filter-Terminologie die Bezeichnung der Messung, nicht der Raumkoordinate!)

Diese Unsicherheit lässt sich naturgemäß nicht exakt errechnen, jedoch gibt es Möglichkeiten, sie zu schätzen. Eine konstante, z.B. empirisch ermittelte Belegung würde bereits den Einsatz eines Kalman-Filters erlauben. Da die Ergebnisse der Scanregistrierungen (und damit die Qualität der Posebestimmung) jedoch offensichtlich in sehr hohem Maße von der Art der Daten sowie der Güte der Initialschätzung abhängen, anstatt systematischen Fehlern zu unterliegen, führt eine adaptive Schätzung der Kovarianzen gewöhnlich zu deutlich besseren Ergebnissen. In diese Schätzung gehen üblicherweise die Abstände der Punktkorrespondenzen nach angewendeter Transformation sowie die Anzahl korrespondierender Punkte mit ein, wie exemplarisch Formel (5.24) zeigt. Die mathematische Herleitung ist in Kapitel 6, (6.43)–(6.51) nachzulesen.

Seien die korrespondierenden Punkte gegeben als Menge $\{p_i, p_i'\}_{i=1,...,N}$, ferner die über Scanmatching errechnete Transformation (t, θ). Damit lässt sich die Kovarianzmatrix Σ_z mittels Formel (5.24) schätzen:

$$\Sigma_z = s^2 (M^T M)^{-1} \tag{5.24}$$

mit

$$M = \begin{pmatrix} M_1 \\ \vdots \\ M_N \end{pmatrix} \qquad M_i = \begin{pmatrix} 1 & 0 & -p_{z,i} \\ 0 & 1 & -p_{x,i} \end{pmatrix}$$

$$\begin{pmatrix} p_{x,i} \\ p_{z,i} \end{pmatrix} = \frac{1}{2}(p_i - (R_\theta p_i' + t)) \qquad T = (M^T M)^{-1} M^T D \tag{5.25}$$

$$D = \begin{pmatrix} p_1 - (R_\theta p_1' + t) \\ \vdots \\ p_N - (R_\theta p_N' + t) \end{pmatrix} \qquad s^2 = \frac{(D - MT)^T (D - MT)}{2N - 3}.$$

Es sei an dieser Stelle noch einmal betont, dass diese Berechnung eine grobe Heuristik darstellt und keine verlässliche Aussage über die Güte der Registrierung liefern kann, da auch lokale, fehlerhafte Minima ebenso zu gering geschätzten Kovarianzen führen können wie das globale Optimum der Registrierung. Jedoch gilt, dass die hier besprochene Heuristik im Allgemeinen „besser als nichts" ist.

5.3.2 Lokalisierung an Linien

Bisher haben wir Methoden beschrieben, um Punktmengen gegen Punktmengen zu registrieren. Für den Einsatz in überwiegend polygonalen Umgebungen ist es jedoch naheliegend, Mengen von Linien gegeneinander zu matchen. Die Linien (Geradensegmente) der Modell-Menge können dabei beispielsweise direkt aus einer Linienkarte stammen oder aus einer Punktmenge extrahiert sein (vgl. Kapitel 3.1.2). Siehe dazu auch Abbildung 5.18.

Der größte Vorteil der Verwendung von Linien gegenüber Punkten liegt in ihrem höheren Informationsgehalt: Die paarweise Zuordnung von korrespondierenden Linien ist prinzipiell noch stabiler und sicherer, als dies bereits bei

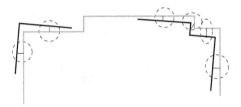

Abbildung 5.18: Matching von Linien: Zuordnung der einzelnen Liniensegmente aus einem Scan (schwarz) zu den Linien der Karte (grau).

der Verwendung von extrahierten Merkmalspunkten der Fall war. Der nächste Schritt in diese Richtung ist die Verwendung von *Polylinien* (Polygonzügen aus mehreren Liniensegmenten). Als Kriterium der Korrespondenz zweier Elemente dient jetzt nicht mehr bloß ihre räumliche Distanz, wie es beim ICP der Fall war, sondern ein komplexerer geometrischer Formenvergleich. Dabei ist zu beachten, dass nicht alle Kartenlinien auch in dem aktuellen Scan erscheinen werden, ebenso wenig wie alle Linien des Scans in der Karte wiederzufinden sein werden. Sind Paare von korrespondierenden (Poly-)Linien gefunden, müssen diese noch in Überdeckung gebracht werden. Sobald eine Metrik definiert ist, die angibt, wie weit zwei Linienmengen voneinander entfernt sind, lässt sich über ein Gradientenabstieg die zu registrierende Menge so lange verschieben, bis ein Minimum der Fehlerfunktion gefunden ist.

Effizienter dagegen ist es, die Linien-Registrierung auf das Problem „Matching von Punkten gegen eine Linienkarte" zu reduzieren, indem jede Linie durch eine Menge äquidistant verteilter Punkte approximiert wird, wie in Kapitel 3.1.2 (Abbildung 3.3) dargestellt. Diese Punkte lassen sich dann mit den bisher beschriebenen Algorithmen wie ICP, IDC registrieren. Das Approximieren von Linien durch Punkte kann im Übrigen auch sinnvoll sein, wenn von vornherein Punkte als Messdaten gegeben sind und in diesen erst die Linien erkannt werden: Abbildung 3.3 demonstriert, wie auf diese Weise Rauschen in den Daten deutlich verringert werden kann.

Daneben existieren eine Reihe von alternativen, oftmals hybriden Vorgehensweisen. Ein weiterer Ansatz zur Linienregistrierung besteht zum Beispiel darin, dass die erkannten Linien durch Mittelpunkt, Länge und Neigung parametrisiert werden: $L = \langle c, l, \varphi \rangle$. Zu einer Linie L aus M ist eine Linie L' aus D korrespondierend genau dann, wenn ihre Mittelpunkte minimalen Abstand haben. Diese aus dem ICP-Algorithmus bekannte Regel kann sinnvoll erweitert werden, indem die Abstände $|\varphi - \varphi'|$ und $|l - l'|$ mit einfließen. Im Unterschied zum punktbasierten ICP ermöglicht das Registrieren von Linienpaaren auch die jeweils optimale Transformation zunächst für alle Paare getrennt zu berechnen: Die Rotation ergibt sich aus der Differenz der Neigungswinkel $\theta = \varphi - \varphi'$, die Translation aus der Verschiebung der Mittelpunkte $t = c - R_\theta c'$. Die für alle Paarungen einzeln berechneten Transformationen können dann verglichen werden, um Ausreißer, also Fehlzuordnungen der Linien, zu detektieren. Die Gesamttransformation ergibt sich dann aufgrund der übrig gebliebenen, konsistenten Paarungen.

5.3.3 Merkmalsbasierte Lokalisierung

Kapitel 5.1.1 (S. 162) erwähnt die Anwendung, topologische Karten zu erstellen basierend auf Merkmalen, die aus Sensordaten generiert worden sind. Im Folgenden gehen wir nun auf Ansätze ein, solche Signaturen zu generieren und zur Lokalisierung innerhalb von Karten einzusetzen. Dabei ist es zunächst unerheblich, ob die zugrunde liegende Karte topologisch oder metrisch ist. Das Grundprinzip besteht darin, den Roboter zu lokalisieren durch Vergleich der Signatur an der aktuellen Position und von Merkmalsvektoren, die die Karte bilden bzw. in ihr verzeichnet sind. Dabei wird die (absolute) Lokalisierung üblicherweise multivariat ausfallen, da eine Eindeutigkeit der Signaturen in der Praxis schwierig zu erreichen ist. Dem Vergleich der Merkmale liegt eine Metrik auf Signaturen zu Grunde, die beispielsweise der euklidischen Distanz der Vektoren entsprechen kann. Interessanter ist die Wahl der Signaturen, auf die wir in diesem Abschnitt näher eingehen werden. Dabei gilt: Je distinktiver ein Merkmal, desto besser; allerdings ist es unter diesem Gesichtspunkt schwierig, „gute" Signaturen zu definieren. Je nach Art der Signaturen ist eine relative, oder auch eine exaktere absolute Poseschätzung durch Triangulation realisierbar.

SIFT-Merkmale

SIFT-Deskriptoren, eingeführt in Kapitel 3.2.4, liefern zu jedem Bild eine Menge von Merkmalvektoren, welche die oben genannte Anwendung ermöglichen. Darüber hinaus können die den Deskriptoren zu Grunde liegenden Schlüsselpunkte eines Bildes, d.h. ihre relativen Koordinaten, explizit mitgespeichert werden. Das ermöglicht eine paarweise, pixelgenaue Korrelation zwischen Schlüsselpunkten zweier Bilder, wie in Abbildung 5.19 dargestellt. Auf diese Weise können nun zum einen aus sukzessiv aufgenommenen Bildern die korrespondierenden Punkte zur relativen Lokalisierung genutzt werden, wie bereits oben am Beispiel von Scanpunkten beschrieben. Zum anderen kann bei Übereinstimmung von SIFT-Merkmalen des aktuellen Bildes mit mehreren Merkmalen an fester, bekannter Position in der Karte mittels Triangulation die Pose exakt und global bestimmt werden.

Aufgrund der nahen Verwandtschaft gilt das Gleiche für SURF-Merkmale. Abbildung 5.20 zeigt die gleiche Szene, prozessiert mit SURF-Merkmalen. Dies soll jedoch lediglich einen intuitiven Vergleich beider Merkmalstypen darstellen.

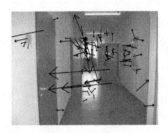
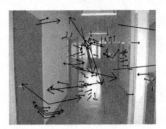

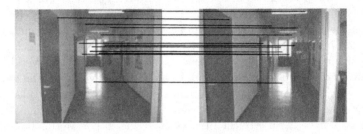

Abbildung 5.19: Korrespondierende SIFT-Merkmale in zwei Bildern nach Translation von 50 cm. Oben: Die beiden Eingabebilder (200 × 150 Pixel), mit 83 resp. 94
Schlüsselpunkten. Unten: automatischer Vergleich der SIFT-Deskriptoren führt zu 14
als korrespondierend angenommenen Merkmalen.

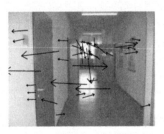
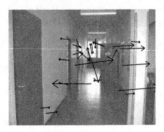

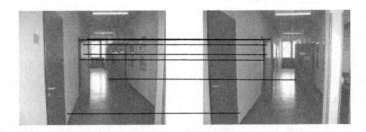

Abbildung 5.20: Korrespondierende SURF-Merkmale in zwei Bildern nach Translation von 50 cm. Oben: Die beiden Eingabebilder (200 × 150 Pixel), mit 40 resp. 27
Schlüsselpunkten. Unten: automatischer Vergleich der SURF-Deskriptoren führt zu 7
als korrespondierend angenommenen Merkmalen.

Visuelle PCA-Merkmale

Neben den häufig eingesetzten SIFT/SURF-Merkmalen existieren eine Reihe von Methoden, zu Bilddaten Deskriptoren zu berechnen, die ganze Bilder möglichst eindeutig beschreiben und somit prinzipiell gut zur Lokalisierung innerhalb von Karten geeignet sind. Die Benutzung einer omnidirektionalen Kamera hat hier den Vorteil, dass bereits *ein* Bild einen Ort hinreichend abdecken kann.

Ein Beispiel solcher Deskriptoren sind PCA-Merkmale. Gegeben seien Bilder der Größe $h \times v$, die als $(n = h \cdot v)$-dimensionale Vektoren aufgefasst werden. Nach Normierung führt eine Hauptkomponentenanalyse (PCA, siehe Anhang A.4) auf einer Menge von Eingabebildern für jedes Bild zu einem Vektor im Unterraum mit spezifizierbarer Dimension $k \ll n$, der das Ursprungsbild in diesem „möglichst gut" repräsentiert. Dabei werden statistisch relativ irrelevante Komponenten des Bildes entfernt. Im Gegensatz zum Einsatz zur Bildkompression, bei der das Originalbild basierend auf dem reduzierten Merkmalvektor ohne sichtbaren Verlust rekonstruierbar sein soll, wird hier die PCA zur Generierung eines maximal spezifischen Merkmalvektors eingesetzt. Üblicherweise reicht eine Reduktion auf $k \leq 20$ Dimensionen aus. Da ähnliche Bilder auch benachbarte Punkte im Eigenraum besitzen, ist die Hauptkomponentenanalyse ein brauchbarer Ansatz, ein Maß der Korrelation von Bildern zu definieren.

Laserscan-Signaturen

Vergleichbare Ideen, aus Laserscan-Daten möglichst eindeutige Deskriptoren zu generieren, existieren ebenfalls. Übliche Ansätze arbeiten auf 2D-Laserscans. In denen werden Signaturen berechnet, bestehend aus Elementen wie Linien, Winkel zwischen Linien und ähnlichen geometrischen Strukturen, die aus den Scans extrahiert und zu einem deskriptiven Vektor zusammengefügt werden. Allerdings sind die dergestalt gebildeten Signaturen weniger spezifisch als oben beschriebene. Das ist intuitiv klar, da die Reduktion der Eingabedaten um eine Dimension generell mit einer Reduktion von Informationen einher geht.

5.3.4 Kalman-Lokalisierung

Auch der Kalman-Filter kann prinzipiell sowohl für relative als auch absolute Lokalisierung eingesetzt werden. In beiden Fällen entspricht eine Aktion dem Fahren des Roboters, d.h. Odometrie, Gyrodometrie o.ä. liefern die Aktionswerte. Die Messungen können lokale Inkremente sein, beispielsweise als

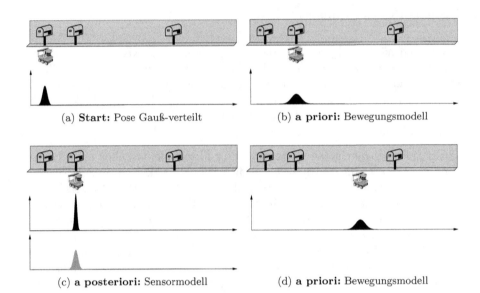

(a) **Start:** Pose Gauß-verteilt   (b) **a priori:** Bewegungsmodell

(c) **a posteriori:** Sensormodell   (d) **a priori:** Bewegungsmodell

Abbildung 5.21: Kalman-Lokalisierung, 1D-Beispiel. Aufgetragen sind $P(x)$ (schwarz) und $P(z\,|\,x)$ (grau) gegen x.

Ergebnis der Registrierung von sukzessive aufgenommenen Laserscans, oder auch globale Informationen über Landmarken in einer gegebenen Karte.

Als Erinnerung zunächst eine Wiederholung der Formeln des erweiterten Kalman-Filters (Algorithmus 4.3):

> **if** e ist eine Aktion u **then**   // Prädiktion
> $\quad \bar{x}_{t+1} = f(x_t, u)$
> $\quad \bar{\Sigma}_{t+1} = F_{t+1}\Sigma_t F_{t+1}^T + \Sigma_u$
> **else if** e ist eine Messung z **then**   // Korrektur
> $\quad K_{t+1} = \bar{\Sigma}_{t+1}H_{t+1}^T\big(H_{t+1}\bar{\Sigma}_{t+1}H_{t+1}^T + \Sigma_z\big)^{-1}$
> $\quad x_{t+1} = \bar{x}_{t+1} + K_{t+1}\big(z - h(\bar{x}_{t+1})\big)$ // Zustand $x_i \mathrel{\widehat{=}} Mittelwert\ \mu_i$
> $\quad \Sigma_{t+1} = (\mathbb{1} - K_{t+1}H_{t+1})\bar{\Sigma}_{t+1}$
> $\quad$ **return** x_{t+1}, Σ_{t+1} // Unverändert, falls $e = u$
> **end if**

Abbildung 5.21 greift das Briefkasten-Beispiel wieder auf und verdeutlicht die monomodale Lokalisierung über den Verlauf der Zustands-Wahrscheinlichkeitsverteilung unter durchgeführter Aktion und Messung.

Zur Lokalisierung eines Roboters sollen Odometriedaten mit Sensormessungen über einen Kalman-Filter fusioniert werden. Die Messungen seien das Ergebnis der Registrierung zweier sukzessive während der Fahrt aufgenommener Scans, beispielsweise mit dem ICP-Algorithmus.

Der Zustand des Roboters wird nun repräsentiert durch den Vektor $\boldsymbol{x}_t = (x_t, z_t, \theta_t)^T$, der seiner Pose entspricht. Eine Aktion, also eine Bewegung des Roboters, wird repräsentiert durch Messung der Odometrie, gegeben über $\boldsymbol{u} = (\Delta x_{\text{odo}}, \Delta z_{\text{odo}}, \Delta \theta_{\text{odo}})^T$.

Damit ergibt sich die nichtlineare Funktion f des EKF, die die Schätzung des aktuellen Zustandes basierend auf dem letzten Zustand und der durchgeführten Aktion umsetzt, zu:

$$\bar{\boldsymbol{x}}_{t+1} = f(\boldsymbol{x}_t, \boldsymbol{u}) = \boldsymbol{x}_t + \boldsymbol{R}_{\theta_t} \boldsymbol{u}$$

$$= \begin{pmatrix} x_t \\ z_t \\ \theta_t \end{pmatrix} + \begin{pmatrix} \cos\theta_t & \sin\theta_t & 0 \\ -\sin\theta_t & \cos\theta_t & 0 \\ 0 & 0 & 1 \end{pmatrix} \begin{pmatrix} \Delta x_{\text{odo}} \\ \Delta z_{\text{odo}} \\ \Delta\theta_{\text{odo}} \end{pmatrix} \quad (5.26)$$

$$= \begin{pmatrix} x_t + \Delta x_{\text{odo}} \cos\theta_t + \Delta z_{\text{odo}} \sin\theta_t \\ z_t - \Delta x_{\text{odo}} \sin\theta_t + \Delta z_{\text{odo}} \cos\theta_t \\ \theta_t + \Delta\theta_{\text{odo}} \end{pmatrix}.$$

Die Registrierung des aktuellen Scans zur Zeit $t+1$ mit dem vorherigen Scan zum Zeitpunkt t liefert als Messung eine Aktualisierung der Position $\boldsymbol{z}' = (\Delta x_{\text{ICP}}, \Delta z_{\text{ICP}}, \Delta\theta_{\text{ICP}})^T$, die mit der im Allgemeinen nicht identischen Aktion fusioniert werden soll. Der Kalman-Filter wie in Algorithmus 4.3 beschrieben vergleicht jedoch eine globale, *integrierte* Zustandsschätzung $\bar{\boldsymbol{x}}_{t+1}$, ermittelt aus dem vorherigen gefilterten Zustand $\boldsymbol{x}_t$ und der letzten Aktion $\boldsymbol{u}$, mit der aktuellen Messung, die dementsprechend auch global sein muss. Aus diesem Grund stellt sich auch unsere Messung $\boldsymbol{z}$ dar als die um die ICP-Messung aktualisierte, letzte Pose im globalen Bezugsystem:

$$\boldsymbol{z} = \boldsymbol{x}_t + \boldsymbol{R}_{\theta_t} \boldsymbol{z}'$$

$$= \begin{pmatrix} x_t \\ z_t \\ \theta_t \end{pmatrix} + \begin{pmatrix} \cos\theta_t & \sin\theta_t & 0 \\ -\sin\theta_t & \cos\theta_t & 0 \\ 0 & 0 & 1 \end{pmatrix} \begin{pmatrix} \Delta x_{\text{ICP}} \\ \Delta z_{\text{ICP}} \\ \Delta\theta_{\text{ICP}} \end{pmatrix} \quad (5.27)$$

$$= \begin{pmatrix} x_t + \Delta x_{\text{ICP}} \cos\theta_t + \Delta z_{\text{ICP}} \sin\theta_t \\ z_t - \Delta x_{\text{ICP}} \sin\theta_t + \Delta z_{\text{ICP}} \cos\theta_t \\ \theta_t + \Delta\theta_{\text{ICP}} \end{pmatrix}.$$

Sind demgegenüber statt des Differenzwerts $\boldsymbol{z}'$ der Scanregistrierung *globale* Messungen gegeben, beispielsweise durch Triangulation an Landmarken in einer Karte, entfällt offensichtlich dieser Integrationsschritt.

Damit befinden sich die Messungen bereits im Zustandsraum, die Funktion h ist somit arbeitslos:

$$h(\bar{\boldsymbol{x}}_{t+1}) = \begin{pmatrix} \bar{x}_{t+1} \\ \bar{z}_{t+1} \\ \bar{\theta}_{t+1} \end{pmatrix} . \tag{5.28}$$

Eine alternative Herangehensweise besteht darin, in jedem Schritt die beiden Updates der Aktion und der Messung, also $\boldsymbol{u}$ und $\boldsymbol{z}'$, zu fusionieren und die so Kalman-gefilterte Aktualisierung auf den letzten Zustand $\boldsymbol{x}_t$ anzuwenden. Darauf werden wir unten, nach dem Beispiel, noch einmal kurz eingehen.

Die Matrizen $\boldsymbol{F}, \boldsymbol{H}$ berechnen sich nun über die partiellen Ableitungen von f bzw. h:

$$\boldsymbol{F}_{t+1} = \left(\frac{\partial f^{[i]}}{\partial x^{[j]}}(\boldsymbol{x}_t, \boldsymbol{u}_t) \right)_{i,j} = \begin{pmatrix} 1 & 0 & -\Delta x_{\text{odo}} \sin \theta_t + \Delta z_{\text{odo}} \cos \theta_t \\ 0 & 1 & -\Delta x_{\text{odo}} \cos \theta_t - \Delta z_{\text{odo}} \sin \theta_t \\ 0 & 0 & 1 \end{pmatrix} ,$$

$$\tag{5.29}$$

$$\boldsymbol{H}_{t+1} = \left(\frac{\partial h^{[i]}}{\partial \bar{x}^{[j]}}(\bar{\boldsymbol{x}}_{t+1}) \right)_{i,j} = \begin{pmatrix} 1 & 0 & 0 \\ 0 & 1 & 0 \\ 0 & 0 & 1 \end{pmatrix} .$$

Die Unsicherheiten in der Aktion und der Messung sind darstellbar als:

$$\boldsymbol{\Sigma}_u = \begin{pmatrix} \sigma_{u,1}^2 & 0 & 0 \\ 0 & \sigma_{u,2}^2 & 0 \\ 0 & 0 & \sigma_{u,3}^2 \end{pmatrix} \qquad \boldsymbol{\Sigma}_z = \begin{pmatrix} \sigma_{z,1}^2 & 0 & 0 \\ 0 & \sigma_{z,2}^2 & 0 \\ 0 & 0 & \sigma_{z,3}^2 \end{pmatrix} \tag{5.30}$$

Die Kovarianzen $\sigma_{u,1}, \ldots, \sigma_{u,3}$ können empirisch ermittelt werden und spiegeln die Unsicherheit der Odometrie in x, z-Richtung sowie bezüglich der Rotation wider. Diese können beispielsweise abhängig sein von der Art des Untergrundes, auf dem der Roboter fährt, sind jedoch oftmals konstant. Die Einträge von $\boldsymbol{\Sigma}_z$ können prinzipiell ebenso statisch geschätzt werden. Bessere Ergebnisse liefert aber eine adaptive Kovarianzschätzung basierend auf dem jeweiligen Scanmatching, wie auf Seite 188 besprochen, da die Unsicherheit in der Registrierung stark umgebungsabhängig ist.

Befinden sich die Aktionen nicht wie hier im Zustandsraum, sondern sind beispielsweise in Form von Distanz und Drehwinkel ($\Delta d, \Delta \omega$) gegeben, schlägt sich dies offensichtlich in einer angepassten Funktion f nieder. In diesem Fall muss jedoch ebenfalls die Aktionskovarianzmatrix angepasst werden: Dies geschieht durch Multiplikation mit einer Jacobi-Matrix $\boldsymbol{U}$, die aus den partiellen Ableitungen von f nach $\boldsymbol{u}$ gebildet wird. Damit ändert sich nun die angepasste

Aktionskovarianzmatrix zu

$$\Sigma_u \leftarrow U_{t+1}\Sigma_u U_{t+1}^T \ . \tag{5.31}$$

Am Beispiel der oben definierten Funktion f ergibt sich:

$$U_{t+1} = \left(\frac{\partial f^{[i]}}{\partial u^{[j]}}(x_t, u_t)\right)_{i,j} = \begin{pmatrix} \cos\theta_t & \sin\theta_t & 0 \\ -\sin\theta_t & \cos\theta_t & 0 \\ 0 & 0 & 1 \end{pmatrix} \ . \tag{5.32}$$

Da in diesem Fall jedoch $U^T = U^{-1}$, gilt: $\Sigma_u = U_{t+1}\Sigma_u U_{t+1}^T$, was mit der Beobachtung übereinstimmt, dass die Aktionen sich bereits im Zustandsraum befinden. Im vorliegenden Beispiel ist also die Substitution (5.31) nicht notwendig. Beispiel 5.3 verdeutlicht die ganze Rechnung noch einmal mit konkreten Zahlen.

Beispiel 5.3

Seien x, u, z, f, h, F, H wie im Text beschrieben gegeben, $x_0 = (0\,\text{cm}, 0\,\text{cm}, 0°)^T$ mit Unsicherheit $\Sigma_0 = 0$. Die Kovarianzmatrizen seien konstant gegeben über

$$\sigma_{u,1} = 0.1 \qquad \sigma_{u,2} = 0.2 \qquad \sigma_{u,3} = 0.8 \ ,$$
$$\sigma_{z,1} = 0.3 \qquad \sigma_{z,2} = 0.3 \qquad \sigma_{z,3} = 0.4 \ .$$

Die Zahlen sind für das Rechenbeispiel frei gewählt, spiegeln aber intuitiv wider, dass die Odometrie in x- und z-Richtung recht genau ist, während das Scanmatching in der Winkelbestimmung vertrauenswürdiger ist.

Iteration 1:

Die Odometrie liefere eine Aktion von $u = (0.25\,\text{cm}, 22.21\,\text{cm}, 0.65°)^T$, der ICP-Algorithmus liefere nach Registrierung der entsprechenden Scans dagegen eine Messung von $z = (-1.98\,\text{cm}, 20.23\,\text{cm}, 1.2°)^T$.

Die Prädiktion des Zustandes liefert

$$\bar{x}_1 = f(x_0, u) = \begin{pmatrix} 0 + 0.25 \cdot \cos 0 + 22.21 \cdot \sin 0 \\ 0 - 0.25 \cdot \sin 0 + 22.21 \cdot \cos 0 \\ 0 + 0.65 \end{pmatrix} = \begin{pmatrix} 0.25 \\ 22.21 \\ 0.65 \end{pmatrix} \ ,$$

mit geschätzter Unsicherheit

$$\bar{\Sigma}_1 = \begin{pmatrix} 1 & 0 & 22.21 \\ 0 & 1 & -0.25 \\ 0 & 0 & 1 \end{pmatrix} \begin{pmatrix} 0 & 0 & 0 \\ 0 & 0 & 0 \\ 0 & 0 & 0 \end{pmatrix} \begin{pmatrix} 1 & 0 & 0 \\ 0 & 1 & 0 \\ 22.21 & -0.25 & 1 \end{pmatrix} +$$

$$\begin{pmatrix} 0.1^2 & 0 & 0 \\ 0 & 0.2^2 & 0 \\ 0 & 0 & 0.8^2 \end{pmatrix} = \begin{pmatrix} 0.01 & 0 & 0 \\ 0 & 0.04 & 0 \\ 0 & 0 & 0.64 \end{pmatrix}.$$

Der Kalman-Gewinn berechnet sich damit zu:

$$K_1 = \begin{pmatrix} 0.01 & 0 & 0 \\ 0 & 0.04 & 0 \\ 0 & 0 & 0.64 \end{pmatrix} \left(\begin{pmatrix} 0.01 & 0 & 0 \\ 0 & 0.04 & 0 \\ 0 & 0 & 0.64 \end{pmatrix} + \begin{pmatrix} 0.3^2 & 0 & 0 \\ 0 & 0.3^2 & 0 \\ 0 & 0 & 0.4^2 \end{pmatrix} \right)^{-1} = \begin{pmatrix} 0.1 & 0 & 0 \\ 0 & 0.31 & 0 \\ 0 & 0 & 0.8 \end{pmatrix},$$

der Kalman-gefilterte Zustand ergibt:

$$x_1 = \begin{pmatrix} 0.25 \\ 22.21 \\ 0.65 \end{pmatrix} + \begin{pmatrix} 0.1 & 0 & 0 \\ 0 & 0.31 & 0 \\ 0 & 0 & 0.8 \end{pmatrix} \left(\begin{pmatrix} -1.98 \\ 20.23 \\ 1.2 \end{pmatrix} - \begin{pmatrix} 0.25 \\ 22.21 \\ 0.65 \end{pmatrix} \right)$$

$$= \begin{pmatrix} 0.029 \\ 21.61 \\ 1.09 \end{pmatrix}$$

mit Unsicherheit

$$\Sigma_1 = \left(\mathbb{1} - \begin{pmatrix} 0.1 & 0 & 0 \\ 0 & 0.31 & 0 \\ 0 & 0 & 0.8 \end{pmatrix} \right) \begin{pmatrix} 0.01 & 0 & 0 \\ 0 & 0.04 & 0 \\ 0 & 0 & 0.64 \end{pmatrix}$$

$$= \begin{pmatrix} 0.009 & 0 & 0 \\ 0 & 0.028 & 0 \\ 0 & 0 & 0.128 \end{pmatrix}.$$

Es fällt auf, dass der gefilterte Zustand x_1 zwischen Aktion und Messung liegt, und zwar gemäß der Kovarianzmatrizen in der x- und z-Koordinate näher dem Odometriewert, während die Rotation stärker in Richtung der Messung geht.

Iteration 2:

Im zweiten Schritt liefere die Odometrie eine Aktion von $u = (-0.02\,\text{cm}, 10.77\,\text{cm}, -0.13\,°)^T$, der ICP-Algorithmus nach Registrierung der entsprechenden Scans dagegen eine Messung von $z = (-0.45\,\text{cm}, 6.89\,\text{cm}, 2.1\,°)^T$.

Die Prädiktion des Zustandes liefert

$$\bar{x}_2 = f(x_1, u) = \begin{pmatrix} 0.029 - 0.02 \cdot \cos 1.09 + 10.77 \cdot \sin 1.09 \\ 21.61 + 0.02 \cdot \sin 1.09 + 10.77 \cdot \cos 1.09 \\ 1.09 - 0.13 \end{pmatrix} = \begin{pmatrix} 0.21 \\ 32.38 \\ 0.96 \end{pmatrix},$$

die Messung entsprechend

$$\bar{z}_2 = \begin{pmatrix} 0.029 - 0.45 \cdot \cos 1.09 + 6.89 \cdot \sin 1.09 \\ 21.61 + 0.45 \cdot \sin 1.09 + 6.89 \cdot \cos 1.09 \\ 1.09 + 2.1 \end{pmatrix} = \begin{pmatrix} -0.29 \\ 28.51 \\ 3.19 \end{pmatrix}.$$

Mit der Matrix F:

$$F_2 = \begin{pmatrix} 1 & 0 & 0.02 \cdot \sin 1.09 + 10.77 \cdot \cos 1.09 \\ 0 & 1 & 0.02 \cdot \cos 1.09 - 10.77 \cdot \sin 1.09 \\ 0 & 0 & 1 \end{pmatrix} = \begin{pmatrix} 1 & 0 & 10.77 \\ 0 & 1 & -0.18 \\ 0 & 0 & 1 \end{pmatrix}$$

ergibt sich die geschätzte Unsicherheit zu

$$\bar{\Sigma}_2 = \begin{pmatrix} 14.85 & -0.25 & 1.38 \\ -0.25 & 0.03 & -0.02 \\ 1.38 & -0.02 & 0.13 \end{pmatrix}.$$

Der Kalman-Gewinn beträgt:

$$K_2 = \begin{pmatrix} 0.96 & -0.07 & 0.11 \\ -0.01 & 0.24 & -0.002 \\ 0.09 & -0.002 & 0.01 \end{pmatrix}.$$

Damit ergibt sich der Kalman-gefilterte Zustand zu:

$$x_2 = \begin{pmatrix} 0.21 \\ 32.38 \\ 0.96 \end{pmatrix} + \begin{pmatrix} 0.96 & -0.07 & 0.11 \\ -0.01 & 0.24 & -0.002 \\ 0.09 & -0.002 & 0.01 \end{pmatrix} \left(\begin{pmatrix} -0.29 \\ 28.51 \\ 3.19 \end{pmatrix} - \begin{pmatrix} 0.21 \\ 32.38 \\ 0.96 \end{pmatrix} \right)$$

$$= \begin{pmatrix} 0.22 \\ 31.46 \\ 0.96 \end{pmatrix}$$

mit Unsicherheit

$$\boldsymbol{\Sigma}_2 = \begin{pmatrix} 0.4192 & -0.0054 & 0.0389 \\ -0.0054 & 0.0214 & -0.0005 \\ 0.0389 & -0.0005 & 0.0037 \end{pmatrix}.$$

Wie bereits erwähnt, lässt sich die Idee des Kalman-Filters ebenso zur Fusion von *lokalen* Differenzwerten von Aktion und Messung einsetzen. In der hier besprochenen Anwendung würde das bedeuten, dass direkt die Odometrie-Informationen $\boldsymbol{u}$ und die ICP-Messungen $\boldsymbol{z}'$ im lokalen Koordinatensystem fusioniert werden.

Dieser Ansatz unterschlägt die iterative Struktur des Kalman-Filters, da hierzu in jedem Schritt $\boldsymbol{x}_t = \boldsymbol{0}, \boldsymbol{\Sigma}_t = \boldsymbol{0}$ gesetzt werden. Die Fusion von Aktion und Messung berechnet sich also in jedem Schritt aus einer einfachen gewichteten Mittelung von $\boldsymbol{u}$ und $\boldsymbol{z}'$; die Gewichtung der Mittelung wird auch hier bestimmt durch die Kovarianzmatrizen. Die tatsächliche Integrierung der gefilterten Differenz auf die globale Pose, also Rotation um den Winkel der letzten Pose und Addition der Werte, geschieht in jedem Iterationsschritt außerhalb des eigentlichen Filters. Dementsprechend trivial fallen die Matrizen und Funktionen innerhalb des Filters aus:

$$f(\boldsymbol{x}_t, \boldsymbol{u}) = \begin{pmatrix} \bar{x}_t \\ \bar{z}_t \\ \bar{\theta}_t \end{pmatrix} \qquad h(\bar{\boldsymbol{x}}_{t+1}) = \begin{pmatrix} \bar{x}_{t+1} \\ \bar{z}_{t+1} \\ \bar{\theta}_{t+1} \end{pmatrix} , \qquad (5.33)$$

die korrespondierenden Matrizen sind Einheitsmatrizen.

In der Praxis sind die Ergebnisse in etwa ähnlich zu der oben beschriebenen globalen Variante, jedoch zeigt eine Gegenüberstellung der beiden Iterationen von Beispiel 5.3 durchaus eine Änderung in dem Ergebnis des globalen Filters (links) zu der lokalen Variante (rechts). Offensichtlich tritt dieser Unterschied erst in der zweiten Iteration auf, da die initialen Berechnungen identisch sind:

$$\boldsymbol{x}_1 = \begin{pmatrix} 0.029 \\ 21.61 \\ 1.09 \end{pmatrix} \qquad\qquad \boldsymbol{x}_1' = \begin{pmatrix} 0.029 \\ 21.61 \\ 1.09 \end{pmatrix}$$

$$\boldsymbol{x}_2 = \begin{pmatrix} 0.22 \\ 31.46 \\ 0.96 \end{pmatrix} \qquad\qquad \boldsymbol{x}_2' = \begin{pmatrix} -0.071 \\ 30.71 \\ 2.81 \end{pmatrix} .$$

Nachteile unimodaler Lokalisierung

Unimodale Lokalisierungsverfahren, also Algorithmen, die stets genau *eine* Schätzung der Roboterpose aufrecht erhalten, erzielen ihre Berechnungseffizienz zu einem Preis. Zunächst einmal muss die Startpose innerhalb der Karte offensichtlich bekannt sein, um sie nachverfolgen zu können, was in der Praxis nicht immer gegeben ist. Ferner besteht bei jeglichem Lokalisierungsansatz die potenzielle Gefahr, die Pose zu verlieren. Abgesehen von Fehlberechnungen kann das insbesondere auftreten bei Fahrten durch merkmalsarmen Regionen, bei Kartenfehlern, sowie im Falle des Poseversatzes durch äußere Einflüsse.

Der erste Fall der merkmalsarmen Regionen tritt beispielsweise auf, wenn die Roboterlokalisierung mit Hilfe von Landmarken durchgeführt wird, die jedoch in einem gewissen Gebiet nur spärlich vorhanden oder schlecht einsehbar sind. Der gleiche Fall tritt jedoch genauso auch bei rein messdatengestützter Lokalisierung auf, wenn die Trajektorie durch eine weitläufige Umgebung (leere Hallen oder dergleichen) führt, in der Objekte außerhalb der Reichweite der Sensoren liegen oder so weit weg, dass sie für eine Lokalisierung nicht genau genug erfasst werden können. In die zweite Kategorie, Kartenfehler, fallen Stellen, an denen die Karte nicht mit der Wirklichkeit übereinstimmt. Das kann bei ungenauen oder veralteten Karten auftreten, ebenso auch durch dynamische Hindernisse. Der dritte Fall ist gegeben, wenn die Pose des Roboters durch äußere Aktionen modifiziert wird. Das führt zum eingangs erwähnten *kidnapped robot problem*.

Eine einmal verloren gegangene Pose kann nur durch Zufall oder durch globale Informationen wiedergefunden werden, beispielsweise über eindeutige Landmarken, deren Position innerhalb der Karte bekannt sind und die in der Umgebung eindeutig wahrgenommen werden können. Da beides in der Praxis selten ist, beschäftigen sich die nächsten beiden Abschnitte mit Möglichkeiten multimodaler Lokalisierung, die zu jedem Zeitpunkt eine große Anzahl von Hypothesen aufrecht erhalten.

5.3.5 Markow-Lokalisierung

Das vorherige Kapitel hat sich mit dem Kalman-Filter, also einer monomodalen Variante des Bayes-Filters, zur relativen oder absoluten Roboterlokalisierung beschäftigt. Insbesondere wurde also genau *ein* Zustand (als Maximum einer üblicherweise gaußverteilten Wahrscheinlichkeitsverteilung) aufrecht erhalten, die a-priori-Poseschätzung des Bayes-Filters zu einer einfachen Multiplikation reduziert. Ist dagegen eine Karte gegeben, die die Menge der möglichen Zustände repräsentiert, innerhalb derer sich der Roboter lokalisieren muss, sind wir bei der Markow-Lokalisierung angelangt – einer weiteren Instanz eines Bayes-Filters. Die a-priori-Poseschätzung ergibt sich über das

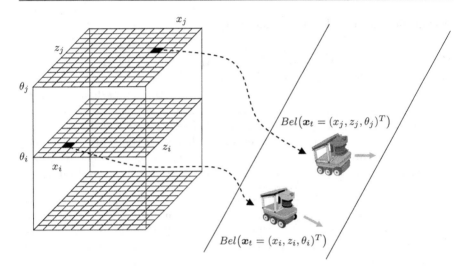

Abbildung 5.22: Diskretisierung der Umgebung in (x, z)-Gittern, dritte Dimension Diskretisierung des Winkels θ. Der Wert einer jeden Gitterzelle $\langle x, z, \theta \rangle$ repräsentiert den Grad von Überzeugung, dass der Roboter die entsprechende Pose inne hat.

gewichtete Integral aller möglichen Zustände innerhalb der Karte. Dieser Fall soll in diesem Abschnitt näher beleuchtet werden.

Üblicherweise wird die Markow-Lokalisierung auf Rasterkarten angewendet, die entsprechend eine Diskretisierung des metrischen Poseraums darstellen. Jedoch sind beispielsweise topologische Karten aufgrund ihrer diskreten Struktur ebenfalls geeignet. Interpretieren wir die Roboterpose $\boldsymbol{x}$ als Zufallsvariable über einen Poseraum, beispielsweise $(x, z, \theta)^T$ im Falle der 2D-Lokalisierung mit drei Freiheitsgraden. Aktionen des Roboters sowie Sensormessungen bilden nun Wahrscheinlichkeitsverteilungen oder -dichten in neue Wahrscheinlichkeitsverteilungen ab, die auf dem Raum der möglichen Posen definiert sind und angeben, mit welcher Wahrscheinlichkeit sich der Roboter an welcher Pose aufhält.

Abbildung 5.22 stellt die Lokalisierung innerhalb einer 2D-Rasterkarte dar, deren Zellen, also diskreten Positionen (x_i, z_i), mit einer entsprechenden Zelle in dem links abgebildeten Gitter assoziiert werden. Das Gitter hat in diesem Fall eine dreidimensionale Struktur $\mathcal{X} = \{\boldsymbol{x}^i = \langle x_i, z_i, \theta_i \rangle\}$, um als dritte Dimension die Orientierung des Roboters aufzunehmen. Der in der Zelle gespeicherte Wert repräsentiert nun die Annahme (Überzeugungszustand Bel), dass sich der Roboter in eben jener Pose befindet. Ein gleiches Vorgehen ist bei topologischen Karten möglich, wenn die einzelnen Rasterzellen mit durchnummerierten topologischen Knoten assoziiert werden.

Die Überzeugungszustände werden, nach erfolgter Aktion $\boldsymbol{u}$ und anschließender Sensormessung $\boldsymbol{z}$, aktualisiert durch Formel 4.41 aus Kapitel 4.3.2:

$$Bel(\boldsymbol{x}_{t+1}) = \eta P(\boldsymbol{z}_{t+1} \mid \boldsymbol{x}_{t+1}) \underbrace{\int P(\boldsymbol{x}_{t+1} \mid \boldsymbol{u}_{t+1}, \boldsymbol{x}_t) Bel(\boldsymbol{x}_t) \, \mathrm{d}\boldsymbol{x}_t}_{=\text{a-priori-Poseschätzung } \overline{Bel}(\boldsymbol{x}_{t+1})} \ . \tag{5.34}$$

Damit lassen sich nun beide bisher angesprochenen Arten der Lokalisierung realisieren:

- Zur *relativen Lokalisierung* (*Tracking*) mit bekannter initiale Pose $\boldsymbol{x}_0$ kann $Bel(\boldsymbol{x})$ durch eine punktförmige Verteilung gegeben sein, mit $Bel(\boldsymbol{x}) = 1$ bei $\boldsymbol{x} = \boldsymbol{x}_0$, und 0 sonst. Ist die Startpose nur approximativ bekannt, so wird $Bel(x)$ beispielsweise mit einer Normalverteilung um $\boldsymbol{x}_0$ mit geringer Varianz initialisiert.

- Für die *globale Lokalisierung* dagegen wird $Bel(\boldsymbol{x})$ mit einer uniformen Gleichverteilung initialisiert. Alternativ kann ebenso a-priori-Wissen über die Umgebung und die Startpose integriert werden: Ist zum Beispiel sicher bekannt, dass der Roboter vor einem Briefkasten steht, kann $Bel(\boldsymbol{x})$ mit Normalverteilungen um die Orte von Briefkästen in der gegebenen Karte belegt werden, und 0 sonst. Entsprechend kann auf gleiche Weise Unsicherheit über die Information „vor einem Briefkasten" integriert werden, indem die übrigen Zellen nicht mit 0, sondern mit einem entsprechend höheren, aber immer noch geringen Wert belegt werden.

In der diskreten Form, gemäß der oben eingeführten Anwendung auf einer diskretisierten Kartenrepräsentation, wird nun für den vollen Zustandsraum, also über alle Zellen $\boldsymbol{x} \in \mathcal{X}$, stets der folgende Zyklus iteriert:

1. Durchführung einer Aktion $\boldsymbol{u}_{t+1}$.

2. Berechnung der a-priori-Überzeugungszustände:

$$\overline{Bel}(\boldsymbol{x}_{t+1}) = \sum_{\boldsymbol{x}_t \in \mathcal{X}_t} P(\boldsymbol{x}_{t+1} \mid \boldsymbol{u}_{t+1}, \boldsymbol{x}_t) Bel(\boldsymbol{x}_t) \ . \tag{5.35}$$

3. Durchführung einer Messung $\boldsymbol{z}_{t+1}$.

4. Berechnung der a-posteriori-Überzeugungszustände:

$$Bel(\boldsymbol{x}_{t+1}) = \eta P(\boldsymbol{z}_{t+1} \mid \boldsymbol{x}_{t+1}) \overline{Bel}(\boldsymbol{x}_{t+1}) \ . \tag{5.36}$$

Ein Problem dieses Ansatzes in der praktischen Anwendung besteht in der Wahl der Zellengröße, da durch sie die durchschnittlich maximal erreichbare Genauigkeit in der Lokalisierung begrenzt wird. Große Zellen und grobe Auflösung der Orientierung bedeuten also ein inhärent schlechteres Lokalisierungsergebnis. Kleine Zellen dagegen erhöhen den Rechenaufwand signifikant. Übliche Größen bewegen sich oftmals in der Größenordnung von 5–10 cm und 2–5 °. Die Zustandsraumgröße, also die Anzahl der Rasterzellen,

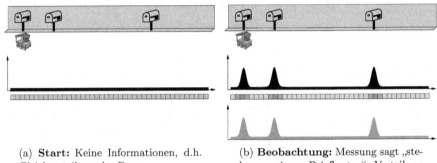

(a) **Start:** Keine Informationen, d.h. Gleichverteilung der Pose.

(b) **Beobachtung:** Messung sagt „stehe vor einem Briefkasten". Verteilung akkumuliert an Briefkästen.

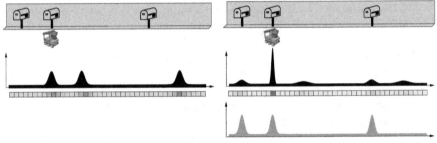

(c) **Bewegung:** Verteilung bewegt sich entsprechend dem Bewegungsmodell.

(d) **Neue Beobachtung:** Wieder Messung, dass sich der Roboter vor einem Briefkasten befindet.

Abbildung 5.23: Markow-Lokalisierung, 1D-Beispiel. Aufgetragen sind $Bel(x)$ (schwarz) und $P(z \,|\, x)$ (grau) gegen x.

beträgt in einem Gebäude mittlerer Größe von $20\,\mathrm{m} \times 50\,\mathrm{m}$ damit beispielsweise $(2000\,\mathrm{cm} \times 5000\,\mathrm{cm})/10\,\mathrm{cm}^2 \times 100$ (Winkelauflösung) $= 10^8$, bei einer Diskretisierung der Position auf $10\,\mathrm{cm}$ und des Winkels auf $3.6\,°$. Das resultiert nicht nur in Laufzeitproblemen, da jede Iterationsschritt quadratisch über alle Zellen laufen muss, sondern auch in nur marginaler Wahrscheinlichkeitsmassen pro Pose, die ohne Weiteres zu Rundungsfehlern führen. Somit ist die Markow-Lokalisierung für kleine diskrete Zustandsräume anwendbar, jedoch nur für die.

5.3.6 Monte-Carlo-Lokalisierung

Monte-Carlo-Algorithmen werden in der Informatik oftmals eingesetzt, wenn die exakte Lösung eines Problems nur aufwändig zu berechnen ist, wo es aber akzeptabel und möglich ist, diese durch effizientes Berechnen der speziellen Lösungen von Stichproben des Problems zu approximieren. Ein Monte-

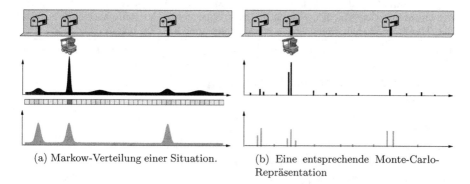

(a) Markow-Verteilung einer Situation.

(b) Eine entsprechende Monte-Carlo-Repräsentation

Abbildung 5.24: Monte-Carlo-Lokalisierung, 1D-Beispiel. Approximiere die Zufalls-verteilungen durch eine geringe Anzahl von Stichproben, am Beispiel von Abbildung 5.23 (d).

Carlo-Algorithmus kann beispielsweise dazu verwendet werden, die Verteilung oder Dichte einer Zufallsvariablen durch eine (relative kleine) Zahl von Stichproben näherungsweise zu bestimmen. Eine solche Situation liegt gerade bei der Markow-Lokalisierung vor. Eine approximative Lösung des Markow-Lokalisierungsproblems werden wir also durch Ziehen von Stichproben der aktuellen Poseverteilung realisieren. Da diese Stichproben als *Partikel* bezeichnet werden, ist dieses Verfahren auch unter dem Namen *Partikelfilter* bekannt. Jedes Partikel repräsentiert dabei eine potenzielle Pose des Roboters, entsprechend den diskreten Zellen des Markow-Vorgehens.

Verbessert wird die a-posteriori-Überzeugung $Bel(\boldsymbol{x}_t)$ durch eine Menge von Partikeln (engl. *particle*, auch *sample*), die gemäß dieser Verteilung gezogen werden. Die Verwendung dieser Approximation beschleunigt die Berechnung deutlich, ohne die Art der Wahrscheinlichkeitsverteilung auf vorher festgelegte, parametrisierte Formen wie beispielsweise Gaußverteilung zu beschränken: Durch die Partikel können beliebige Verteilungen angenähert werden. Abbildung 5.24 zeigt, wie das in Abschnitt 5.3.5 eingeführte Beispiel des Markow-Ansatzes im Fall der Monte-Carlo-Lokalisierung (MCL) approximiert wird. Die Menge von Partikeln sei definiert als $\mathcal{X}_t = \{\langle \boldsymbol{x}_t^i, w_t^i \rangle\}_{i=1,\dots,N}$; dabei sind $\boldsymbol{x}_t^i$ ein möglicher Zustand (z.B. eine Pose) zur Zeit t und w_t^i ein assoziiertes, nicht-negatives Gewicht, das mit der Wahrscheinlichkeit korreliert, dass sich der Roboter in diesem Zustand befindet. Idealerweise soll dabei die Wahrscheinlichkeit eines Zustandes $\boldsymbol{x}_t$, repräsentiert durch ein Partikel aus $\mathcal{X}_t$, proportional sein zu dem Überzeugungszustand $Bel(\boldsymbol{x}_t)$, also $\boldsymbol{x}_t^i \sim P(\boldsymbol{x}_t \mid \boldsymbol{z}_{0:t}, \boldsymbol{u}_{1:t})$, was nur mit einer größeren Anzahl von Partikeln möglich ist.

Algorithmus 5.2 erklärt Schritt für Schritt das Vorgehen. Die N-fache Ausführung der Schritte 4 und 5 („Sample") repräsentiert die Approximation der a-priori-Verteilung $\overline{Bel}(\boldsymbol{x}_{t+1})$, basierend auf der Vorgänger-Verteilung $Bel(\boldsymbol{x}_t)$,

---

Algorithmus 5.2: Monte-Carlo-Lokalisierung. Messung: z.B. Laserscan, als Vektor einzelner Messwerte. Gegebene Karte $\mathcal{M}$. N Partikel, üblicherweise konstant, aber nicht notwendig. Transitionsmodell $P(\boldsymbol{x}_{t+1} \mid \boldsymbol{u}_{t+1}, \boldsymbol{x}_t^i)$ und Sensormodell $P(\boldsymbol{z}_t \mid \boldsymbol{x}_t^i)$.

Eingabe : Partikelmenge $\mathcal{X}_t = \left\{ \langle \boldsymbol{x}_t^i, w_t^i \rangle \right\}_{i=1,\dots,N}$, Aktion $\boldsymbol{u}_{t+1}$, Messung $\boldsymbol{z}_{t+1}$.

Ausgabe: Neue Menge von Partikeln $\mathcal{X}_{t+1}$

1: $\mathcal{X}_{t+1} = \emptyset$
2: $\eta = 0$
3: **for** $i = 1 \dots N$ **do**
4: Ziehe ein j entsprechend der Verteilung über w_t // $Bel(\boldsymbol{x}_t)$
5: Ziehe ein $\boldsymbol{x}_{t+1}^i$ entsprechend $P(\boldsymbol{x}_{t+1} \mid \boldsymbol{u}_{t+1}, \boldsymbol{x}_t^j)$ // $Transition$
6: $w_{t+1}^i = P(\boldsymbol{z}_{t+1} \mid \boldsymbol{x}_{t+1}^i)$ // $Sensormodell$
7: $\eta = \eta + w_{t+1}^i$ // $Update\ des\ Normierungsfaktors$
8: $\mathcal{X}_{t+1} = \mathcal{X}_{t+1} \cup \left\{ \langle \boldsymbol{x}_{t+1}^i, w_{t+1}^i \rangle \right\}$
9: **end for**
10: **for** $i = 1 \dots N$ **do** // $Normierung\ der\ Gewichte\ in\ \mathcal{X}_{t+1}$
11: $\boldsymbol{w}_{t+1}^i = \eta^{-1} w_{t+1}^i$
12: **end for**
13: **return** $\mathcal{X}_{t+1}$

---

und der Transition in den geschätzten aktuellen Zustand bei gegebenem Vorgänger-Zustand $\boldsymbol{x}_t$ und durchgeführter Aktion $\boldsymbol{u}_{t+1}$. Im *ersten* Durchgang des Algorithmus werden die Partikel aus einer fest initialisierten Verteilung gezogen, beispielsweise einer Gleichverteilung über die ganze Karte, bzw. über alle befahrbaren Teile, also ausgenommen Wände und dergleichen.

Zeile 6 berechnet eine Gewichtung der Partikel bei gegebener Messung $\boldsymbol{z}_{t+1}$. Je wahrscheinlicher diese Messung unter einem Zustand (Pose) $\boldsymbol{x}_{t+1}^i$ ist, desto höher das Gewicht w_{t+1}^i. Damit entspricht die Gewichtung approximativ der a-posteriori-Verteilung $Bel(\boldsymbol{x}_{t+1})$. Die Berechnung der Wahrscheinlichkeit wird üblicherweise realisiert durch einen Vergleich der Messung $\boldsymbol{z}_{t+1}$ mit einer simulierten Messung innerhalb der gegebenen Karte von Pose $\boldsymbol{x}_{t+1}^i$ aus. Eine Bewertungsfunktion $\xi(\boldsymbol{x}, \boldsymbol{z})$, auf die wir unten eingehen werden, liefert ein Maß für die Güte der Übereinstimmung.

Die Zeilen 4 und 5 implementieren – unwahrscheinliche Partikel werden durch wahrscheinlichere ersetzt. In der Praxis ist dieser Resampling-Schritt wichtig, da auf diese Weise sichergestellt wird, dass sich viele Partikel in Regionen hoher Wahrscheinlichkeit aufhalten, also solche Regionen hoch auflösen; dagegen sterben Partikel mit niedriger Wahrscheinlichkeit auf Dauer aus. Dieser Schritt ist auch Ort weiterer Verbesserungen: So sollten beispielsweise Partikel, die sich nach der Transition an „unmöglichen" Stellen der Karte befinden, wie innerhalb von Wänden, gelöscht und durch neue Ziehungen ersetzt werden. Ferner macht es Sinn, einige Partikel künstlich mit Rauschen zu belegen, um so eine zu starke Konzentrierung auf *eine* Pose zu vermeiden, die eine unrealistische hohe Sicherheit in eben dieser Pose implizieren würde. Ebenfalls ist es aus Stabilitätsgründen üblich, in jedem Schritt einige wenige Partikel gleichverteilt über die Karte zu verstreuen, um so prinzipiell die Möglichkeit zu behalten, sich aus einer sicheren, jedoch fehlerhaften Lokalisierung zu retten.

Algorithmus 5.2 realisiert somit die zweistufige Berechnung von $Bel(\boldsymbol{x}_{t+1}) = \eta P(\boldsymbol{z}_{t+1} \mid \boldsymbol{x}_{t+1}^i)\overline{Bel}(\boldsymbol{x}_{t+1})$, wie sie schon vom Bayes-Filter sowie von der Markow-Lokalisierung bekannt ist. Zur Verdeutlichung seien noch einmal Formeln (5.35)–(5.36) mit den korrespondierenden Schritten in Algorithmus 5.2 in Bezug gesetzt:

a priori:

$$\overline{Bel}(\boldsymbol{x}_{t+1}) = \sum \underbrace{P(\boldsymbol{x}_{t+1} \mid \boldsymbol{u}_{t+1}, \boldsymbol{x}_t)}_{\substack{\text{Ziehung von } \boldsymbol{x}_{t+1}^i \\ \text{aus } P(\boldsymbol{x}_{t+1} \mid \boldsymbol{u}_{t+1}, \boldsymbol{x}_t^j) \\ \text{(Zeile 5)}}} \underbrace{Bel(\boldsymbol{x}_t)}_{\substack{\text{Ziehung von } \boldsymbol{x}_t^j \\ \text{aus } Bel(\boldsymbol{x}_t) \\ \text{(Zeile 4)}}}. \qquad (5.37)$$

a posteriori:

$$\underbrace{Bel(\boldsymbol{x}_{t+1})}_{\text{(Zeile 11)}} = \underbrace{\eta}_{\text{(Zeile 7)}} \underbrace{P(\boldsymbol{z}_{t+1} \mid \boldsymbol{x}_{t+1})\overline{Bel}(\boldsymbol{x}_{t+1})}_{\substack{\text{Messung} \\ \text{(Zeile 6)}}}. \qquad (5.38)$$

Abbildungen 5.25–5.28 liefern ein praktisches Beispiel der Monte-Carlo-Lokalisierung in einem Gebäude.

Vergleich einer Messung mit der Karte

Wir benötigen nun noch eine Umsetzung der oben eingeführten Bewertungsfunktion $\xi(\boldsymbol{x}, \boldsymbol{z})$, die ein Gütemaß dafür liefert, wie die tatsächliche Messung $\boldsymbol{z}$ zu der Karte an Pose $\boldsymbol{x}$ passt, und die damit für die Gewichtung w einer jeden Stichprobe $\langle \boldsymbol{x}, w \rangle$ verantwortlich ist. Dazu wird üblicherweise bei gegebener Karte von $\boldsymbol{x}$ aus ein Laserscan $\bar{\boldsymbol{z}}$ simuliert und mit $\boldsymbol{z}$ verglichen, so dass ξ ein spezielles Ähnlichkeitsmaß zwischen zwei Scans implementiert.

Es gibt eine Reihe von intuitiven Möglichkeiten, zwei Scans miteinander zu vergleichen. Dazu zählen:

- Berechnung der Korrelation beider Scans. Vergleiche dazu die Korrelation von Winkelhistogrammen.

- Lineare Gewichtung der Entfernungsdifferenzen der einzelnen Messdaten (Strahlen) der beiden 2D-Scans. Sei der Scan $\boldsymbol{z}$ aufgebaut aus den Daten $\boldsymbol{z} = (z_1, \ldots, z_n)$, $\bar{\boldsymbol{z}}$ entsprechend, dann können beispielsweise die Beträge $|z_i - \bar{z}_i|$ über alle n Strahlen zu einem Fehlerterm aufsummiert werden.

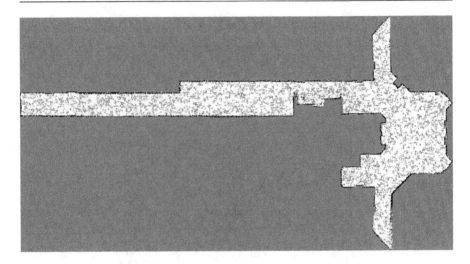

Abbildung 5.25: Beispiel der Monte-Carlo-Lokalisierung in einem Büroflur.
Initial sind die Partikel gleichverteilt über alle zugänglichen Bereiche der gesamten
Karte, sofern die Lokalisierung keine Information über die Startpose hat. Das ermög-
licht, den Roboter global zu lokalisieren. (*weiter in Abbildung 5.26*)

- Nicht-lineare Gewichtung der Entfernungsdifferenzen, die beispielsweise
  geringe Entfernungsdifferenzen stärker gewichtet als große, damit einzelne
  Ausreißer oder Messfehler nicht den Vergleich dominieren.

Besonders die letzten beiden Ansätze mache es leicht, die folgende Beobachtung zu berücksichtigen: Naturgemäß sind Karten weniger detailliert als die
Umgebung, die sie repräsentieren sollen. Einzelne Gegenstände sind nicht modelliert, wurden erst nach Erstellung der Karte platziert oder bewegt, oder
sind dynamischer Natur. Daher gehen in der Praxis meist Strahlen nicht oder
deutlich geringer gewichtet in den Fehlerterm mit ein, die im realen Scan *kürzer* sind als in der Karte, also $z_j < \bar{z}_j$, da dieser Fall eher zu erwarten ist.
Zu lange Distanzen in den realen Messwerten dagegen weisen darauf hin, dass
der simulierte und der tatsächliche Scan schlecht zusammenpassen und somit
auch ihre assoziierten Posen nicht überein stimmen.

Im Fall der Verwendung von topologischen Karten entfällt die Möglichkeit, in
der Karte von gegebenen Posen aus Sensormessungen zu simulieren. Stattdessen wird in der realen Szene nach Merkmalen (Landmarken) gesucht, die von
der aktuellen Pose aus sichtbar sind, und das Ergebnis dieser Suche verglichen mit Merkmalssuchen innerhalb der Karte. Dieser Ansatz kann selbstverständlich auch mit metrischen Karten verfolgt werden, die syntaktische oder
semantische Merkmale enthalten.

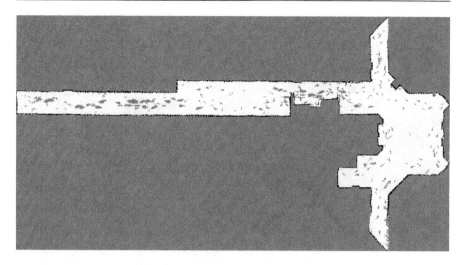

Abbildung 5.26: Fortsetzung des Beispiels aus Abbildung 5.25.
Bereits nach der ersten Messung wird die Verteilung der wahrscheinlichen Posen stark
ausgedünnt. (*weiter in Abbildung 5.27*)

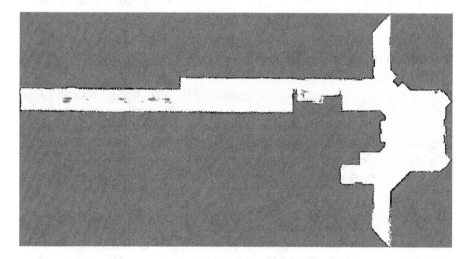

Abbildung 5.27: Fortsetzung des Beispiels aus Abbildung 5.26.
Der Zyklus von Bewegung, Sensormessung und Vergleich der Messung mit simulierten
Scans in der Karte führt nach einigen Iterationen zu einer recht genauen, aber noch
nicht eindeutigen Lokalisierung, da die Messungen an unterschiedlichen Stellen zur
Karte passen. (*weiter in Abbildung 5.28*)

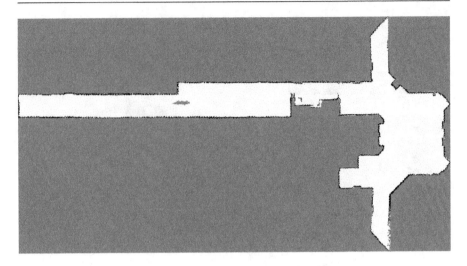

Abbildung 5.28: Fortsetzung des Beispiels aus Abbildung 5.27.
Nach einigen weiteren Bewegungen und Messungen haben sich die Partikel um eine eindeutige Pose verteilt. Üblicherweise werden in jedem Resampling-Schritt neue Partikel randomisiert in die Karte gestreut (hier nicht eingezeichnet), damit sich die Lokalisierung potenziell von Fehlern erholen kann.

Stichprobenziehen gemäß Verteilung

Stichprobenziehen ist nicht nur ein klassisches Problem in der Statistik („Umfrage unter 1000 zufällig ausgewählten Personen"), sondern auch integraler Bestandteil des MCL-Algorithmus (5.2), in Form von Ziehen von Partikeln gemäß einer gegebenen Verteilung. Die Nebenbedingung, dass die Ziehung gemäß einer spezifizierten Verteilung zu erfolgen hat, kann dabei wie folgt durch die Konvertierung einer trivial gleichverteilten Stichprobenmenge umgesetzt werden:

Grundlage bildet ein Zufallszahlengenerator mit einer Funktion $\mathrm{random}(a, b)$, die eine Gleichverteilung auf $[a, b]$ approximiert. Die Stichproben $\tilde{x}^1, \ldots, \tilde{x}^N$ seien gleichverteilt, also beispielsweise $\tilde{x}^i = \mathrm{random}(0, 1)$. Daraus lässt sich folgendermaßen eine beliebige Wahrscheinlichkeitsverteilung P berechnen: Wert von $\tilde{x}^i$ in P ist x^i, für die gilt:

$$\tilde{x}^i = \int\limits_{-\infty}^{x^i} P(x)\,\mathrm{d}x \;. \tag{5.39}$$

Für den Spezialfall der Konstruktion einer *Normalverteilung* aus einer Gleichverteilung existieren eine Reihe von Ansätzen:

Box-Muller-Methode: Seien $\tilde{x}^1, \tilde{x}^2$ zwei gleichverteilte Variablen aus dem Interall $(0, 1)$, so sind x^1, x^2 normalverteilte Variablen, mit

$$x^1 = (-2\ln\tilde{x}^1)^{\frac{1}{2}} \cos(2\pi\tilde{x}^2)$$
$$x^2 = (-2\ln\tilde{x}^1)^{\frac{1}{2}} \sin(2\pi\tilde{x}^2) \ . \tag{5.40}$$

N-Approximation: Auch bekannt unter der Bezeichnung *Zwölferregel*: Eine Normalverteilung mit Mittelwert 0 und Standardabweichung σ ergibt sich mittels:

$$x^i = \frac{1}{2}\sum_{k=1}^{12} \texttt{random}(-\sigma, \sigma) \ . \tag{5.41}$$

b-Dreiecksverteilung: Simple Approximation einer Normalverteilung (Mittelwert 0, Standardabweichung σ) durch eine Dreiecksfunktion:

$$x^i = \frac{\sqrt{6}}{2}\big(\texttt{random}(-\sigma, \sigma) + \texttt{random}(-\sigma, \sigma)\big) \ . \tag{5.42}$$

Sollen die Stichproben gemäß einer *allgemeinen*, also nicht notwendigerweise gaußschen, diskreten Verteilung gezogen werden, so bieten sich folgende Möglichkeiten an:

Rouletterad: Wie in Abbildung 5.29 (links) visualisiert besteht die intuitive Vorstellung der Rouletterad-Methode in einer Verteilung der Stichproben auf einem Kreis. Die Größe eines Segmentes ist jeweils proportional zu dem Gewicht der korrespondierenden Stichprobe. Nun wird N-mal ein „Rouletterad" gestartet und jeweils ein Partikel ausgewählt. Die Menge der so gezogenen Partikel repräsentiert im Idealfall am Ende die Verteilung der Eingabe-Partikel. Algorithmus 5.3 beschreibt eine effiziente Implementation. Die wiederholte Berechnung der aktuellen Rouletterad-Segmente in den Zeilen 5-10 kann man alternativ ersetzen durch Vorab-Berechnen eines entsprechenden Arrays.

Stochastisch universelles Ziehen: Eine alternative Vorgehensweise ist in Abbildung 5.29 (rechts) dargestellt: Das Prinzip gleicht dem Rouletterad, jedoch werden initial eine Anzahl von N Zeigern über das gedachte Rad äquidistant, also mit Distanz $r_{\max}/N$, verteilt, wobei $r_{\max}$ wieder die Summe der Gewichte ist. Der erste Zeiger startet an der Position $r = \texttt{random}(0, r_{\max}/N)$. Nun werden jene N Partikel gezogen, deren Segmente durch die Zeiger r, $r + r_{\max}/N$, $r + 2 \cdot r_{\max}/N$, ... ausgewählt sind. Damit reduziert sich die Laufzeit auf lineare $\mathcal{O}(N)$. Neben der größeren Geschwindigkeit hat dieses Verfahren theoretische Vorteile, da eine statistisch optimale Verteilung (engl. *spread*) der Partikel garantiert wird – also

---

Algorithmus 5.3: Rouletterad-Auswahl zum Resampling einer Menge von Partikeln $\mathcal{X}_{t-1}$ unter der Wahrscheinlichkeitsverteilung, die durch die Gewichte induziert ist (gewichtetes Resampling). Merke: Jedes einzelne Datum $\langle \boldsymbol{x}^i, w^i \rangle$ bleibt unverändert, es wird nur eine neue Auswahl aus der Menge gezogen, bei der die Wahrscheinlichkeit einer jeden Stichprobe proportional zu ihrem Gewicht w^i ist.

Eingabe : Verteilung $\mathcal{X}_t = \big\{ \langle \boldsymbol{x}^i, w^i \rangle \big\}_{i=1,\ldots,N}$

Ausgabe: Verteilung $\mathcal{X}_{t+1}$ gemäß den Gewichten w^i

1: $\mathcal{X}_{t+1} = \emptyset$

2: $r_{\max} = \sum\limits_{i=1}^{N} w^i$

3: **for** $i = 1 \ldots N$ **do**

4:      Zufallszahl $r = \mathtt{random}\,(0, r_{\max})$

5:      $k = 0$ // kumulierte Summe

6:      $j = 0$ // Nummer des Partikels

7:      **while** $k < r$ **do**

8:          $j = j + 1$ // wähle nächstes Partikel

9:          $k = k + w^i$ // Aktualisiere die Summe

10:     **end while**

11:     $\mathcal{X}_{t+1} = \mathcal{X}_{t+1} \cup \big\{ \langle \boldsymbol{x}^j, w^j \rangle \big\}$ // Übernimm das j-te Partikel aus $\mathcal{X}_t$ in $\mathcal{X}_{t+1}$

12: **end for**

13: **return** $\mathcal{X}_{t+1}$

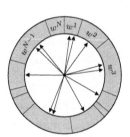 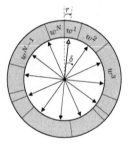

Abbildung 5.29: Ziehen gemäß einer über Gewichte diskret approximierten Wahrscheinlichkeitsverteilung. Links: Rouletterad. Rechts: Stochastisch universelles Ziehen, mit Startpunkt r und äquidistantem Abstand $\delta = {}^{r_{\max}}/{}_N$.

nicht der Fall auftreten kann, dass beispielsweise *ein* Partikel aus $\mathcal{X}_{t-1}$ N-fach in $\mathcal{X}_t$ kopiert wird, was bei der Roulette-Auswahl möglich ist, selbst bei einem Partikel mit geringem Gewicht.

Meint der Roboter, dass er weiß, wo er ist?

In der Überschrift zum MCL-Algorithmus 5.2 findet sich noch ein Detail, das wir bislang nicht thematisiert haben: Die Partikelzahl ist üblicherweise, aber nicht notwendig konstant. Mit der Ermittlung einer sinnvollen variablen Partikelzahl befassen wir uns in den letzten beiden Teilen dieses Abschnitts. Dazu fragen wir zunächst, wie ein Roboter unter MCL feststellen kann, dass er über seine Pose sicher bzw. unsicher ist. Gesucht ist ein also Qualitätsmaß für den aktuellen Überzeugungszustand *Bel*, d.h. ein Maß, das beschreibt, wie „sicher" sich die aktuelle Verteilung ist, das heißt also, wie „weit verteilt" die Partikel im gesamten Poseraum sind.

Die *Entropie* H einer Wahrscheinlichkeitsverteilung $P(\mathcal{X} = \{x^i\}_i)$ über die Variablen x^i ist ein Maß für den mittleren Informationsgehalt oder auch die Informationsdichte der Verteilung. Ein Beispiel einer solchen Verteilung ist $P \equiv Bel$, approximiert durch eine diskrete Menge von gewichteten Partikeln $\mathcal{X}$, so dass die Wahrscheinlichkeit eines Partikels proportional zu seinem Gewicht ist. Dann ist H definiert über

$$H(\mathcal{X}) = -\sum_{i=1}^{|\mathcal{X}|} P(x^i) \log_2 P(x^i) . \tag{5.43}$$

Es gilt: Die Entropie einer Verteilung P...

- ... ist maximal, wenn P gleichverteilt ist, denn dann gilt:

$$\begin{aligned}
H_{\max}(\mathcal{X}) &= -\sum_{i=1}^{|\mathcal{X}|} \underbrace{\frac{1}{|\mathcal{X}|}}_{=P} \log_2 \frac{1}{|\mathcal{X}|} \\
&= -\sum_{i=1}^{|\mathcal{X}|} \frac{1}{|\mathcal{X}|} \left(\log_2 1 - \log_2 |\mathcal{X}| \right) = \log_2 |\mathcal{X}| .
\end{aligned} \tag{5.44}$$

- ... ist minimal bei sicherer Information: $H_{\min} = 0$, da gilt: $\log_2(1) = 0$.

Damit lässt sich die Entropie auf $[0, 1]$ normieren über:

$$\begin{aligned}
\widehat{H}(\mathcal{X}) &= \frac{H(\mathcal{X})}{H_{\max}(\mathcal{X})} = -\sum_{i=0}^{|\mathcal{X}|} P(x_i) \frac{\log_2 P(x^i)}{\log_2 |\mathcal{X}|} \\
&= -\sum_{i=0}^{|\mathcal{X}|} P(x^i) \log_{|\mathcal{X}|} P(x^i) .
\end{aligned} \tag{5.45}$$

So definiert liefert die Funktion $\widehat{H}$ ein Maß der oben gesuchten Form, einsetzbar für die MCL. $\widehat{H}(\mathcal{X}) = 0$ entspricht dabei perfekter Kenntnis der Roboterpose, $\widehat{H}(\mathcal{X}) = 1$ entspricht völliger Unkenntnis. „Kenntnis" ist hierbei nicht zu verwechseln mit „Korrektheit" – der Roboter kann sich im Einzelfall völlig sicher über seine Pose sein, aber dabei objektiv falsch liegen.

Wie viele Stichproben braucht man?

Damit kommen wir nun zu der Frage, wie viele Stichproben N im MCL-Algorithmus 5.2 zur erfolgreichen Lokalisierung in einer gegebenen Karte notwendig sind. Vorab: Dazu gibt es bislang keine eindeutige Antwort. Die benötigte Anzahl der Partikel $N = |\mathcal{X}|$ hängt davon ab, ...

- ... wie groß die relevante Posemenge ist. Offensichtlich gilt, dass eine kleine Menge potenzieller Posen mit einer kleineren Menge von Partikeln repräsentiert werden kann.

- ... wie häufig Landmarken in der Umgebung sind (sofern die Lokalisierung merkmalsbasiert operiert). Gibt es viele Landmarken, reicht ein kleines N.

- ... wie gut die aktuelle Pose bekannt ist: Ist $\widehat{H}(\mathcal{X})$ nahe 0, so ist ein kleines N ausreichend. Nähert sich $\widehat{H}(\mathcal{X})$ an 1, muss auch N wachsen.

Für Gebäudenavigation reichen gewöhnlich $N \ll 10.000$ Partikel aus. Für kleine Areale wie beispielsweise RoboCup ist zumeist $N \ll 1.000$ ausreichend – beides sind jedoch nur sehr grobe Referenzwerte.

KLD-*Sampling* ist ein statistischer Ansatz, um die Anzahl der Partikel während der Laufzeit zu adaptieren. Dabei wird ein Approximationsfehler berechnet, basierend auf der Kullback-Leibler-Divergenz K, einem Maß für die Unterschiedlichkeit zweier Wahrscheinlichkeitsverteilungen P, P':

$$K(P, P') = \sum_{i=1}^{|\mathcal{X}|} P(x^i) \log \frac{P(x^i)}{P'(x^i)} \ . \tag{5.46}$$

Mit Hilfe der Divergenz K wird nun die Anzahl der Partikel zur Laufzeit derart adaptiert, dass mit hoher Wahrscheinlichkeit der Fehler zwischen der anvisierten Wahrscheinlichkeitsverteilung und der durch die Partikel implizierte Verteilung gering ist. Dies hat zur Folge, dass N groß ist bei großer Unsicherheit im aktuellen Zustand, und klein bei kleiner Entropie.

Da in der Praxis die reale Verteilung natürlich nicht bekannt ist, wird hier beim Resampling-Schritt (for-Schleife ab Zeile 3 im MCL-Algorithmus) angesetzt: Es werden so lange neue Partikel aus der alten Verteilung gezogen, bis eine Abbruchbedingung erfüllt ist. Für diese Bedingung wird die Verteilung in Bins unterteilt, und jedes stochastisch gezogene Partikel erhöht einen Zähler

i, wenn es in ein bisher unbenutztes Bin fällt. Die Generierung von neuen Partikeln wird nun gestoppt, wenn N kleiner einer Schranke abhängig von i ist ($N < \frac{1}{2\varepsilon}\chi^2_{i-1,1-\delta}$, mit festen Grenzen ε, δ).

Bemerkungen zur Literatur

Triangulationen und vor allem der Rückwärtsschnitt sind klassische Verfahren zur Bestimmung eines Punktes in der Geodäsie. Viele Verfahren sind zur Lösung dieser Aufgabe bekannt. Sie alle basieren auf trigonometrischen Prinzipien, und die wichtigsten werden in [FLB09] genauer diskutiert. Die Verfahren variieren in ihren Berechnugnsvorschriften und der damit einhergehenden Behandlung der Unsicherheiten. (Von der Betrachtung der Unsicherheiten wurde in diesem Kapitel abgesehen.) Aus numerischer Sicht erweist sich allerdings kein Verfahren als besonders geeignet [Lös]. Der Vorwärtsschnitt und der Bogenschnitt sind ebenfalls klassische Methoden in der Geodäsie.

Als eine der viel zitierten Publikationen zum Thema ICP-Algorithmus und seinen Varianten, welcher auch in diesem Kapitel eine große Rolle gespielt hat, bietet sich der Beitrag [LM94] von Lu und Milios an.

Weitere Informationen über die Zuordnung und Registrierung von Linien, Liniensegmenten und Polylinien sind beispielsweise in [LLSW04,WL04,Ros06, KS03] zu finden. [Lin04,LSNH05] gehen näher auf den HAYAI-Algorithmus ein.

Da die hier vorgestellten globalen Lokalisierungsverfahren auf dem Bayes-Filter des vorherigen Kapitels basieren, bietet sich auch hier das Buch von Thrun et al. als weiterführende Lektüre auf diesem Gebiet an [TBF05]. Das Papier [HK96] liefert dagegen ein Beispiel einer Markow-Lokalisierung innerhalb von topologischen Karten.

Die Darstellung der Kovarianzschätzung folgt Lu [Lu95]. Alternative Schätzungen existieren, so wird z.B. in [BB01] eine Berechnung über die iterativ geschätzte Hessematrix der Fehlerfunktion (5.11) motiviert.

Ausführlichere Darstellung zu SIFT-Merkmalen sind, neben in Kapitel 3, in [Low04, SLL02, Low99] zu finden. Details der Berechnung von SURF-Merkmalen sind in [BTG06] beschrieben. [VL07] liefert qualitative und quantitative Vergleiche der beiden Algorithmen sowie unterschiedlicher Parameterkonfigurationen.

Die in diesem Kapitel skizzierten PCA-Merkmale sind in [Fri01,PFH01] nachzulesen. Lamon et al. stellen in [LNJS01] einen anderen Ansatz visueller Signaturen auf Omni-Kamerabildern vor. [BNLT04] geht auf Signaturen aus Laserscan-Daten ein.

KLD-Sampling wird in [Fox01, Fox03] eingeführt. Die Idee der „Klangkarte" wird in [TZ99] eingeführt. [HLL+08] geht auf die detektion und expliziten Repräsentation von Befahrbarkeit ein,

Aufgaben

Für die folgenden Aufgaben benötigen Sie Sensordaten. Diese können natürlich mit eigener Hardware aufgenommen werden. Alternativ stehen auf http://www.mobile-roboter-dasbuch.de Daten zur Bearbeitung der Aufgaben bereit. Darüber hinaus finden Sie dort auch eine Anleitung, um eine eigene Simulationsumgebung aufzubauen.

Übung 5.1. Schreiben Sie ein Programm, das als Eingabe zwei Laserscans erwartet, den zweiten gegen den ersten registriert, und die Transformation ausgibt. Die Art der Transformationsberechnung soll über einen weiteren Parameter bestimmbar sein, sowie ggf. notwendige Parameter $(d_{max}, B_{\Delta\theta})$. Vergleichen Sie auf diese Weise die Ergebnisse von

- ICP

- IMR

Übung 5.2. Erweitern Sie das Programm aus Aufgabe 5.1, um eine Folge von Laserscans inkrementell zu registrieren, also Scan 2 gegen Scan 1, Scan 3 gegen Scan 2, usw. Die jeweiligen lokalen Transformationen sollen zu einer Trajektorie aufintegriert werden. Vergleichen Sie so die Ergebnisse von

- ICP

- IMR

- IDC

sowie der Trajektorie, die sich aus der Odometrie des Roboters ergeben hat.

Wie lässt sich die Ausgabe robuster gegen Mess- und Registrierungsfehler gestalten? Diskutieren Sie mögliche Verbesserungen.

Übung 5.3. Schreiben Sie ein Programm, das aus zwei registrierten Scans nach Formel (5.24) eine Kovarianzmatrix schätzt. Benutzen Sie dieses Programm, um die Ausgabe von Aufgabe 5.2 um die Kovarianz zu erweitern.

Übung 5.4. Für einen mobilen Roboter (*nicht* vom Typ KURT) bestehe der Zustandsrum aus folgenden Komponenten:

- die Koordinaten x, z

- die Orientierung θ

- der Luftdruck in Osnabrück, λ

- der Name des Papstes, π

Der Roboter hat die beiden möglichen Aktionen:

- $rot(\Delta\theta)$: im Stand rotieren

- $tra(\Delta x, \Delta z)$: um Δx und Δz bewegen (bei Beibehaltung der Orientierung bis auf Rauschen, s.u.)

Unabhängig von den Aktionen des Roboters kann sich der Luftdruck von einem zum nächsten Zustand von selbst mit einer Standardabweichung von 0.001 hPa ändern. Die Roboteraktionen ändern weder den Luftdruck, noch den Namen des Papstes. Der Roboter kann die aktuellen Werte von x, z, θ und λ messen.

Die Aufgabe besteht nun darin, mit einem Kalman-Filter den Zustand nach einer Rotation und Translation des Roboters abzuschätzen. Im Einzelnen:

1. Geben Sie die Matrizen A, B und H für den Kalman-Filter für die beschriebene Domäne an.

2. Modellieren Sie die Aktionen rot und tra:

   - rot rotiert um den vorgegebenen Wert bei einer Standardabweichung von 0.02 und lässt x, z unverändert.

   - tra translatiert den Roboter um die vorgegebenen Werte bei einer Standardabweichung von 0.5 in beiden Dimensionen. Als Nebeneffekt ändert es möglicherweise die Orientierung mit einer Standardabweichung von 0.01

3. Im Startzustand befinde sich der Roboter an $(0, 0, 0)$, der Luftdruck sei 1000 hPa, und der Papst heiße Paul. Berechnen Sie den Zustand (mehrdimensionaler Mittelwert und Standardabweichung), der sich ergibt, wenn der Roboter erst um 0.3 rad rotiert und dann um 2 Einheiten x und 3 Einheiten z translatiert. Geben Sie für alle vorkommenden Zustände die a-priori-Werte für Mittelwert und Varianz sowie die entsprechenden Kalman-Gewinnmatrizen an.

Übung 5.5. Benutzen Sie die Transformationen samt Kovarianzschätzungen der Aufgabe 5.3, um einen erweiterten Kalman-Filter zu implementieren, der die Odometrie mit dem Ergebnis des Scanmatchings fusioniert. Untersuchen Sie unterschiedliche (konstante) Belegungen der Odometrie-Kovarianz.

Wie könnte man die Kovarianz der Odometrie automatisch kalibrieren lassen? Gibt es sinnvolle Möglichkeiten, diese dynamisch während der Fahrt anzupassen?

Übung 5.6. Gegeben sei die unten abgebildete Welt eines mobilen Roboters. Der Roboter bewege sich deterministisch in einem Korridor mit 16 Gitterzellen. In einigen dieser Zellen sind Landmarken angebracht. Wenn der Roboter sich in einer der Zellen mit Landmarken befindet, so wird diese Landmarke von dem Roboter mit einer Wahrscheinlichkeit von 70% detektiert. In allen anderen Zellen (ohne Landmarken) meldet der Roboter aufgrund der Sensorungenaugikeit mit 25% Wahrscheinlichkeit dennoch eine Landmarke.

1	2	3	4	5
16				6
15				7
14				8
13	12	11	10	9

Der Roboter führe die folgenden 5 Kommandos aus:

1. Der Roboter detektiert eine Landmarke.

2. Der Roboter bewegt sich 2 Zellen im Uhrzeigersinn.

3. Der Roboter detektiert wieder eine Landmarke.

4. Der Roboter bewegt sich 4 Zellen im Uhrzeigersinn.

5. Der Roboter detektiert *keine* Landmarke.

Berechnen Sie die Aufenthaltswahrscheinlichkeit für den Roboter für jede Zelle nach jedem einzelnen Schritt. In welcher Zelle ist demnach der Roboter vermutlich gestartet?

Nehmen Sie nun an, dass bei einer Bewegung des Roboters zwar bekannt ist, wie weit sich der Roboter bewegt hat, nicht aber in welche Richtung (im oder entgegen dem Uhrzeigersinn). Berechnen Sie auch hier die Aufenthaltswahrscheinlichkeiten.

Übung 5.7. Ein zentraler Schritt der Monte-Carlo-Lokalisierung besteht in dem Vergleich von simulieren Sensoreindrücken mit den realen Messwerten. D.h., wir müssen berechnen können, wie bei gegebener Karte eine Messung von einer bestimmten Pose aus aussehen würde.

1. Gegeben sei eine Karte als Reihe von belegten Gitterzellen $m_i = (x_i, z_i)$, sowie ein Roboter an Position (x, z, θ). Angenommen, der Roboter sei mit einem Laserscanner ausgestattet, der einen einzelnen Messstrahl direkt

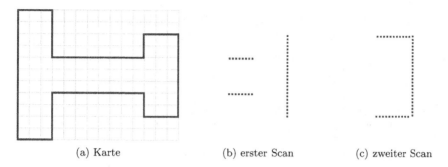

(a) Karte (b) erster Scan (c) zweiter Scan

Abbildung 5.30: Monte-Carlo-Lokalisierung an einem Beispiel.

nach vorne schickt, mit einer Reichweite von r_{max}. Wird diese maximale Reichweite überschritten, soll *kein* Messwert geliefert werden.

a) Wie lässt sich die Ausgabe des Scanners berechnen?

b) Wie ändert sich die Berechnung, wenn sich der Strahl aufweitet (der einzelne Scannstrahl habe einen Öffnungswinkel von α)? Als Stichwort könnte hier der Bresenham-Algorithmus hilfreich sein.

2. Schreiben Sie ein Programm, das eine gegebene Umgebungskarte einliest und einen simulierten Scan zurück liefert. Der Scanner soll 181 Messstrahlen aussenden und damit einen Bereich von 180° vor sich abdecken.

   Karte, Roboterpose und maximale Reichweite sollen als Parameter übergebbar sein.

Übung 5.8. Spielen Sie nun für die folgende Abfolge von Aktionen die einzelnen Schritte der Monte-Carlo-Lokalisierung in der unten gezeigten Umgebung mit den vorgegebenen Messergebnissen durch. Die Karten sind kontinuierlich, die Raster dienen nur als Hilfe für die Roboterbewegung. Auf der Homepage finden Sie auch eine größere Version der Karte zum Ausdrucken.

1. Initialbelegung in der Karte, ohne a priori Vorwissen.

2. Erste Messung: Der Laserscanner des Roboters liefert den Scan aus Abbildung 5.30 (b) zurück.

3. Bewegung: Der Roboter fährt um 2 Einheiten nach vorne.

4. Zweite Messung: Der Laserscanner des Roboters liefert den Scan aus Abbildung 5.30 (c) zurück.

Zeichnen Sie für jede Aktion jeweils eine plausible Partikelverteilung ein. Geben Sie zu jeder Zeichnung eine kurze Erklärung.

Übung 5.9. Vervollständigen Sie die Lösung von Aufgabe 5.7 zu einer vollständigen Monte-Carlo-Lokalisierung: Implementieren Sie einen plausiblen

Vergleich zwischen realen und simulierten Scans, und erweitern Ihr Programm noch um das Bewegungsmodell und das Resampling.

Auf der Homepage finden Sie eine Karte sowie eine Reihe von Laserscans. Wo befand sich der Roboter am Ende?

Übung 5.10. Auf der Homepage sind die Bilder `szene.pgm` und `segment.pgm` bereit. Durchsuchen Sie die Szene und finden Sie die k besten Matches des Bildausschnitts (`segment.pgm`) innerhalb der Szene, nach Ähnlichkeit (Güte des Matchings) sortiert. Verwenden Sie als Maß der Ähnlichkeit die SIFT-Deskriptoren, die beispielsweise über OPENCV oder mit Hilfe des Demo-Programm von `http://www.cs.ubc.ca/~lowe/keypoints/` berechnet werden können.

Ihr Programm soll beide Dateien sowie ein k als Parameter übergeben bekommen und textuell die Koordinaten der umgebenden Boxen der k besten Matches (u_0, v_0, u_1, v_1) ausgeben. Optional können Sie auch die Boxen direkt in die Szene einzeichnen.

6

Kartierung

6.1 Überblick

Das automatische Erstellen von Umgebungskarten durch mobile Roboter war in den letzten Jahren eines der aktivsten Forschungsgebiete innerhalb der Robotik. Die Kartierung durch Roboter ist auch als Problem der gleichzeitigen Lokalisierung und Kartierung bekannt (engl. *simultaneous localization and mapping*, bzw. SMAL). Seit Mitte der 90-er Jahre wurden etliche Lösungsansätze präsentiert und die Bezeichnung SLAM hat sich gegenüber SMAL (engl. *simultaneous mapping and localization*) und CML (engl. *concurrent mapping and localization*) durchgesetzt. Alle Namen deuten auf ein Henne-Ei-Problem hin: Um eine exakte Karte der Umgebung aufzubauen, müsste ein Roboter eigentlich präzise lokalisiert sein; um aber präzise lokalisiert zu sein, müsste er zuvor eine exakte Karte haben. Beide Teilprobleme für sich sind einfach zu lösen. Roboterlokalisierung bei gegebener Karte wurde im Abschnitt 5.3 bereits besprochen. Das Problem, bei präzise bekannten Posen eine Karte aus Sensorwerten zu erstellen, ist ebenfalls einfach und wird in Abschnitt 6.2 behandelt werden. Beide Probleme aber gleichzeitig zu lösen, ist schwieriger.

Die Arbeiten zur Kartenerstellung knüpfen nahtlos an das Thema Kartierung in der Vermessungstechnik an. Das Erstellen beispielsweise von Seekarten war vor noch nicht allzulanger Zeit ebenfalls ein schwieriges Problem. Der linke Teil der Abbildung 6.1 zeigt eine Karte aus dem Ostseeraum aus dem 16. Jahrhundert, während der rechte Teil das gleiche Gebiet in einer aktuellen Karte zeigt. Das Vorhandensein eines globalen Positionierungssystems (GPS) hat das Kartierungsproblem in diesem Maßstab endgültig gelöst.

Sollen Roboter autonom in unbekannten Umgebungen agieren, müssen auch sie das SLAM-Problem lösen können. In Abschnitt 5.3 haben wir die Existenz von Karten zur Lokalisierung vorausgesetzt. Diese sind jedoch oft nur schwer oder gar nicht erhältlich, so dass es sich anbietet, die Karten mit Hilfe des mobilen Roboters selbst aufzubauen und permanent zu aktualisieren.

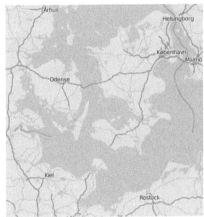

Abbildung 6.1: Das Kartierungsproblem. Links: Seekarte 16. Jahrhundert. Rechts:
Aktuelle Darstellung derselben Region aus Openstreetmap.

Dabei wird die gleiche Sensorik eingesetzt wie anschließend für die Lokalisierung. Die Mehrzahl der aktuellen Kartierungsalgorithmen verwendet probabilistische Ansätze, d.h. Ansätze, die Unsicherheiten explizit modellieren. Diese
Ansätze sind deterministischen zumeist überlegen.

Viele Anwendungen profitieren von der Lösung des SLAM-Problems. Sämtliche Fragen der Erkundungsrobotik, bei denen kein GPS zum Einsatz kommen
kann, nutzen SLAM. Neben der Kartierung von Innenräumen sind mögliche
Anwendungsbereiche Weltraumrobotik, Unterwasserrobotik sowie die Inspek-
tion von Tunneln und Bergwerken.

Für die Lösung des SLAM-Problems stehen den Algorithmen als Eingabe neben den Sensorwerten die Kontrollkommandos des Roboters zur Verfügung,
wie wir es auch bei Lokalisierungsverfahren gesehen haben. Gesucht sind eine
Schätzung der Karte, sowie der Pfad des Roboters, also seine aktuelle Pose und
die Historie der angenommenen Posen. Als Sensordaten werden zumeist die
Beobachtungen von Merkmalen verwendet, z.B. SIFT- oder SURF-Merkmale
in Kamerabildern, oder detektierte Ecken und Linien in Laserscans (vgl. Kapitel 3). Einige Algorithmen arbeiten jedoch direkt auf den Sensorwerten und
benötigen den Schritt der Merkmalsextraktion nicht. Ein Beispiel dafür sind
Scanmatchingverfahren.

SLAM ist schwierig, da Fehler in der Lokalisierung des Roboters, und in der
Folge auch in der Lokalisierung von Merkmalen und Landmarken, die er basierend auf seiner Poseschätzung kartiert, prinzipiell unbegrenzt wachsen. Abbildung 6.2 zeigt einen Roboter und einige Landmarken. Sämtliche Messvorgän-
ge, also auch die Positionsbestimmung der Landmarken, sind fehlerbehaftet;
diese Unsicherheit wird in der Abbildung als Fehlerellipsen dargestellt. Be-

wegt der Roboter sich durch die Szene, vergrößert sich die Unsicherheit seiner Poseschätzung, und somit erhöhen sich auch die Unsicherheiten in der Positionsschätzung der Landmarken. Nimmt der Roboter aber eine bereits gesehene Landmarke wiederum wahr, dann kann er seine aktuelle Pose korrigieren, denn es ist klar, dass sein Weg seit der letzten Sichtung derselben Landmarke eine geschlossene *Schleife* darstellt! Durch Wiedersehen von Landmarken kann also der akkumulierte Posefehler begrenzt werden. Einfügen von Bedingungen zwischen Posen und Landmarken erlaubt dann sogar, zurückliegende Poseschätzungen auf dem Weg entlang der Schleife nachträglich zu korrigieren. Optimierung eines SLAM-*Graphen*, der jene Bedingungen repräsentiert, hilft, das SLAM-Problem zu lösen – das wird bei einigen der nachfolgend beschriebenen Verfahren ausgenutzt.

Die Lösung des SLAM Problems erfordert dann aber, das Datenassoziationsproblem zu lösen: Sobald Landmarken nicht eindeutig unterscheidbar sind, muss die Frage beantwortet werden, in welchen Fällen zwei gleich aussehende Landmarken tatsächlich dieselbe Landmarke waren. Dieser Prozess wird Datenassoziation genannt. Macht der Roboter hier Fehler, kann das katastrophale Auswirkungen auf die Optimierung des SLAM-Graphen und damit im Endeffekt auf die Karte haben. Hilfreich für die Lösung dieses Problems sind genaue Poseschätzungen. Also ist auch die Datenassoziation ein Henne-Ei-Problem: Das Assoziationsproblem wäre leicht zu lösen, lägen genaue Roboterposen vor; wäre Datenassoziation perfekt gelöst, ließen sich die Roboterposen relativ leicht berechnen.

In mathematischer Hinsicht unterscheidet man zwei Varianten von SLAM. Vollständiges SLAM bedeutet, dass der Roboter eine Umgebungskarte m, sowie seine aktuelle Pose x_t und alle zurückliegenden Posen x_{t-1} bis x_1 schätzt. Grundlage dafür sind die bisher wahrgenommenen Sensordaten $z_{1:t}$ und alle ausgeführten Aktionen $u_{1:t-1}$. Folglich muss die Verteilung

$$P(m, x_{1:t} \mid z_{1:t}, u_{1:t-1}) \tag{6.1}$$

geschätzt werden. Inkrementelles SLAM hingegen schätzt nur die Karte m und die aktuelle Pose x_t, d.h.

$$P(m, x_t \mid z_{1:t}, u_{1:t-1}) . \tag{6.2}$$

Beide SLAM-Varianten lassen sich als Erweiterungen der Bayes-Filter-Techniken aus Abschnitt 4.3 auffassen. Abbildung 6.4 zeigt schematisch ein entsprechendes Bayes-Netz.

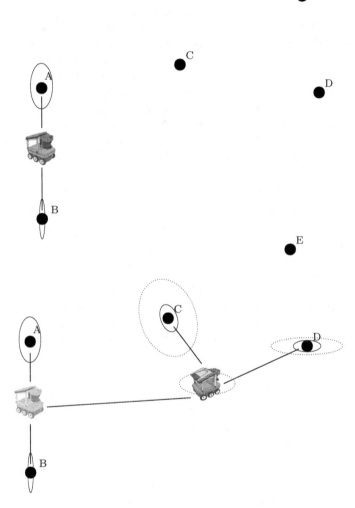

Abbildung 6.2: Lösen des SLAM-Problems durch Aufbau eines SLAM-Graphen. Oben: Zunächst schätzt der Roboter die Landmarken A und B. Unten: Nach Bewegung des Roboters nimmt die Genauigkeit der Lokalisierung ab, und entsprechend steigt die Unsicherheit der Positionsschätzungen der Landmarken C und D. Fortsetzung in Abbildung 6.3.

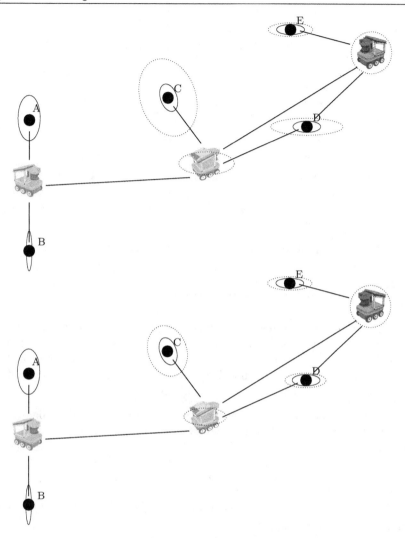

Abbildung 6.3: Fortsetzung von Abbildung 6.2. Oben: Erkennt der Roboter eine zuvor bereits gesehene Landmarke wieder, reduziert die erzwungene Verknüpfung mit der früheren Information über die Landmarke deren Positionsunsicherheit und damit rekursiv die Unsicherheit über die zugehörigen früheren Roboterposen. Unten: Optimierung liefert genauere Roboterpose- und Landmarkenpositionsschätzungen.

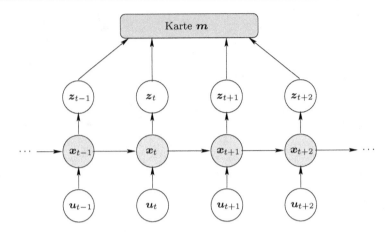

Abbildung 6.4: Schema eines Bayes-Netzes für SLAM.

6.2 Kartierung bei bekannten Posen

Bevor wir uns der allgemeinen Lösung des SLAM-Problems zuwenden, betrachten wir als Spezialfall Erstellen einer Karte unter der Bedingung, dass die Roboterposen genau bekannt sind. Dabei konzentrieren wir uns auf Rasterkarten, d.h. die zu kartierende Umgebung wird in Zellen zerlegt und für jede Zelle muss eine Belegungswahrscheinlichkeit bestimmt werden.

Formal gesehen bestimmt Kartierung mit bekannten Posen diejenige Karte, die unter allen bisherigen Wahrnehmungen und Aktionen am wahrscheinlichsten ist, also

$$m_{\max,t} = \arg\max_{m} P(m \mid z_{1:t}, u_{1:t}). \tag{6.3}$$

Unter der Annahme, dass das Ergebnis der Aktionen $u_{1:t}$ jeweils akkurat ist, können wir $u_{1:t}$ durch $x_{1:t}$ ersetzen:

$$m_{\max,t} = \arg\max_{m} P(m \mid z_{1:t}, x_{1:t}). \tag{6.4}$$

Da die Zellen des Rasters unabhängig sind und die Karte statisch ist, kann dieses hochdimensionale Problem gelöst werden. Weiterhin wird vereinfachend angenommen, dass Zellen entweder belegt oder leer sind, d.h. jede Rasterzelle hat zu jedem Zeitpunkt t eine Wahrscheinlichkeit $P(m_{x,z,t} = \text{belegt})$, wobei (x, z) der Index der Zelle ist. $m_{x,z,t}$ ist eine boolesche Zufallsvariable.

Während der Roboter seine Umgebung kartiert, aktualisiert er in jedem Zeitschritt t die wahrscheinlichste Karte (vgl. Gleichung (6.4)) mit Hilfe eines Bayes-Filters für binäre Zufallsvariablen. Jede Zelle wird durch das *inverse Sensormodel* (s.u.) aktualisiert:

$$P(m_{x,z,t}|\boldsymbol{z}_{1:t}, \boldsymbol{x}_{1:t}) = Bel(m_{x,z,t})$$

$$= \eta \underbrace{P(\boldsymbol{z}_t \,|\, m_{x,z,t}, \boldsymbol{x}_t)}_{\text{inverses Sensormodell}} \cdot Bel(m_{x,z,t-1}) \ . \qquad (6.5)$$

Da die Karte statisch ist und wir boolesche Zufallsvariablen für $m_{x,z,t}$ voraussetzen, folgt:

$$Bel(m_{x,z,t}) =$$

$$1 - \left(1 + \frac{P(m_{x,z,t} \,|\, \boldsymbol{z}_t, \boldsymbol{x}_t)}{1 - P(m_{x,z,t} \,|\, \boldsymbol{z}_t, \boldsymbol{x}_t)} \frac{1 - P(m_{x,z,t})}{P(m_{x,z,t})} \frac{Bel(m_{x,z,t-1})}{1 - Bel(m_{x,z,t-1})}\right)^{-1} \ . \qquad (6.6)$$

Die obige Formel folgt mit Hilfe der Bayesschen Regel

$$\frac{P(m_{x,z,t}|\boldsymbol{z}_{1:t}, \boldsymbol{x}_{1:t})}{1 - P(m_{x,z,t}|\boldsymbol{z}_{1:t}, \boldsymbol{x}_{1:t})}$$

$$= \frac{P(\boldsymbol{z}_t, \boldsymbol{x}_t|m_{x,z,t}, \boldsymbol{z}_{t-1}, \boldsymbol{x}_{t-1})}{1 - P(\boldsymbol{z}_t, \boldsymbol{x}_t|m_{x,z,t}, \boldsymbol{z}_{t-1}, \boldsymbol{x}_{t-1})} \frac{P(m_{x,z,t-1}|\boldsymbol{z}_{1:t-1}, \boldsymbol{x}_{1:t-1})}{1 - P(m_{x,z,t-1}|\boldsymbol{z}_{1:t}, \boldsymbol{x}_{1:t-1})} \ , \qquad (6.7)$$

was nun durch Unabhängigkeitsannahmen vereinfacht werden kann:

$$= \frac{P(\boldsymbol{z}_t, \boldsymbol{x}_t|m_{x,z,t})}{1 - P(\boldsymbol{z}_t, \boldsymbol{x}_t|m_{x,z,t})} \frac{P(m_{x,z,t-1}|\boldsymbol{z}_{1:t-1}, \boldsymbol{x}_{1:t-1})}{1 - P(m_{x,z,t-1}|\boldsymbol{z}_{1:t}, \boldsymbol{x}_{1:t-1})} \ . \qquad (6.8)$$

Wendet man wiederum die Bayessche Regel auf den ersten Term an, ergibt sich

$$= \frac{P(m_{x,z,t}|\boldsymbol{z}_t, \boldsymbol{x}_t)}{1 - P(m_{x,z,t}|\boldsymbol{z}_t, \boldsymbol{x}_t)} \frac{P(m_{x,z,t})}{1 - P(m_{x,z,t})} \frac{P(m_{x,z,t-1}|\boldsymbol{z}_{1:t-1}, \boldsymbol{x}_{1:t-1})}{1 - P(m_{x,z,t-1}|\boldsymbol{z}_{1:t}, \boldsymbol{x}_{1:t-1})} \ . \qquad (6.9)$$

Induktiv erhält man nun aus (6.9) die Gleichung (6.6).

Rechnen mit den obigen Formeln beinhaltet die Gefahr, numerische Instabilitäten zu erzeugen, da die Nenner der jeweiligen Brüche Werte nahe 0 annehmen können. Als Abhilfe wird oft die Formulierung in log-odds-Notation verwendet. Für eine Verteilung P ist odds(x) (auf Deutsch etwa: die Chance für x) definiert als

$$\text{odds}(x) := \frac{P(x)}{1 - P(x)} \ . \qquad (6.10)$$

Der Logarithmus wandelt die Multiplikationen in Additionen um, so dass Gleichung (6.6) die Form

---

Algorithmus 6.1: Rasterkartierung mit bekannten Posen.

Eingabe : Sequenz von Messwerten z_t und korrekten Posen x_t.

Ausgabe: Belegtheitsw.keit $Bel(m_{x,z})$ für jede Rasterzelle (x, z).

1: **for all** $m_{x,z} \in m$ **do**

2:    $Bel(m_{x,z}) = P_{\text{initial}}(m_{x,z})$

3: **end for**

4: **for all** t **do**

5:    $Bel(m_{x,z,t}) = 0$ *// Roboter befindet sich in der Pose (x, z, θ).*

6:   *// Diese Position ist daher mit Sicherheit Freiraum.*

7: **end for**

8: **for all** $m_{x,z,t} \in m$ **do**

9:    **if** Rasterzelle (x, z) ist in Sensorreichweite **then**

10:    $Bel(m_{x,z,t}) = 1 - \left(1 + \frac{P(m_{x,z,t} \mid z_t, x_t)}{1 - P(m_{x,z,t} \mid z_t, x_t)} \frac{1 - P(m_{x,z,t})}{P(m_{x,z,t})} \frac{Bel(m_{x,z,t-1})}{1 - Bel(m_{x,z,t-1})}\right)^{-1}$

11:    **end if**

12: **end for**

13: **return** $Bel(m_{x,z})$

$$\bar{B}(m_{x,z,t}) = \log \text{odds}(m_{x,z,t} \mid z_t, x_t) - \log \text{odds}(m_{x,z,t}) + \bar{B}(m_{x,z,t-1}) \quad (6.11)$$

annimmt. Diese Gleichung (in üblicher oder log odds-Version) gibt uns eine Vorschrift, wie die Wahrscheinlichkeiten in den Zellen zu aktualisieren sind, gegeben genau bekannte Roboterposen, die Sensorwerte und das inverse Sensormodell. Die initiale Wahrscheinlichkeit für $P(m_{x,z,t=1})$ muss ebenfalls bekannt sein. Hier kann man beispielsweise annehmen, dass zum Start des Kartierungsalgorithmus jede Zelle mit Wahrscheinlichkeit 0.5 belegt ist. Oft wählt man jedoch eine kleinere Wahrscheinlichkeit, wenn anzunehmen oder bekannt ist, dass mehr Zellen frei sind. Möglichst wahrheitsgemäße initiale Wahrscheinlichkeiten beschleunigen die Konvergenz der Kartierung.

Nun muss noch geklärt werden, was das inverse Sensormodell ist. Je nach Sensor gibt es hier unterschiedliche Modelle. In Abschnitt 2.5.2 wurden Ultraschallsensoren vorgestellt, die einen Entfernungsmesswert liefern und ein relativ weite Öffnung haben. Zellen innerhalb der Ultraschallkeule haben eine geringe Belegtheitswahrscheinlichkeit, Zellen nahe dem gemessenen Entfernungswert eine große. Abbildung 6.5 skizziert ein solches inverses Sensormodell. Bei Laserscannern ist der Öffnungswinkel jedes einzelnen Messstrahls nahe 0, daher kann man annehmen, dass nur die Rasterzelle, in der die Lasermessung endet, hochwahrscheinlich belegt ist; alle Zellen, die der Strahl passiert, sehr gering wahrscheinlich.

Eine vereinfachte Lösung des Problems der Kartierung mit bekannten Posen, die häufig bei der Verwendung von Laserscannern zum Einsatz kommt, ist die Zählmethode. Hierbei wird lediglich gezählt, wie oft eine Zelle als belegt (engl. *hits*), bzw. als frei (engl. *misses*) gemessen wird und anschließend werden die

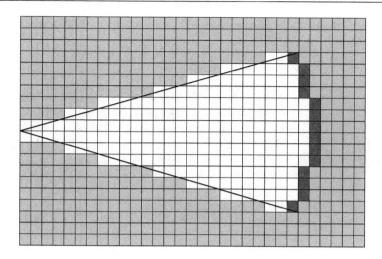

Abbildung 6.5: Inverses Sensormodell für Ultraschallsensoren. Bei gegebenem Entfernungs-Messwert und bekanntem Öffnungswinkel sind die dunkel eingefärbten Zellen wahrscheinlich belegt (*hits*), die weißen wahrscheinlich frei (*misses*), und über die grau gefärbten ergibt sich keine Information.

für jede Zelle akkumulierten Werte in eine Belegtheitskarte umgewandelt, d.h.

$$Bel(m_{x,z}) = \frac{\text{hits}(x,z)}{\text{hits}(x,z) + \text{misses}(x,z)}. \tag{6.12}$$

6.3 Inkrementelles SLAM

Inkrementelles SLAM schätzt eine Karte m und die jeweils aktuelle Pose x_t für den Zeitpunkt t. Im Folgenden behandeln wir zunächst zwei Algorithmen, die auf Merkmalskarten arbeiten, EKF-SLAM und FastSLAM. Letzteren Algorithmus werden wir am Ende dieses Abschnitts auch auf Rasterkarten anwenden.

6.3.1 EKF-SLAM

Eine einfache Lösungsmöglichkeit für das SLAM-Problem stellt die Verwendung des erweiterten Kalman-Filters dar, wie er in Abschnitt 4.3 vorgestellt wurde. Für die Lokalisierung war der Zustandsraum durch die Pose des Roboters gegeben, z.B. $x = (t_x, t_z, \theta)^T$. Für die Kartierung wird dieser Raum erweitert. Er enthält nun die aktuelle Roboterpose, sowie die Positionen der n Landmarken: $x = (t_x, t_z, \theta, l_{1,x}, l_{1,z}, \ldots, l_{n,x}, l_{n,z})^T$. Da nur die aktuelle Roboterpose geschätzt wird, handelt es sich um inkrementelles SLAM. Neben dem

Zustandsraum wird die Karte geschätzt, die sich hier als Kovarianzmatrix präsentiert, d.h.

$$
m =
$$

$$
\begin{pmatrix}
\sigma_x^2 & \sigma_{x,z} & \sigma_{x,\theta} & \sigma_{x,l_{1,x}} & \sigma_{x,l_{1,z}} & \cdots & \sigma_{x,l_{n,x}} & \sigma_{x,l_{n,z}} \\
\sigma_{x,z} & \sigma_z^2 & \sigma_{z,\theta} & \sigma_{z,l_{1,x}} & \sigma_{z,l_{1,z}} & \cdots & \sigma_{z,l_{n,x}} & \sigma_{z,l_{n,z}} \\
\sigma_{x,\theta} & \sigma_{x,\theta} & \sigma_\theta^2 & \sigma_{\theta,l_{1,x}} & \sigma_{\theta,l_{1,z}} & \cdots & \sigma_{\theta,l_{n,x}} & \sigma_{\theta,l_{n,z}} \\
\sigma_{l_{1,x},x} & \sigma_{l_{1,x},z} & \sigma_{l_{1,x},\theta} & \sigma_{l_{1,x}}^2 & \sigma_{l_{1,x},l_{1,z}} & \cdots & \sigma_{l_{1,x},l_{n,x}} & \sigma_{l_{1,x},l_{n,z}} \\
\sigma_{l_{1,z},x} & \sigma_{l_{1,z},z} & \sigma_{l_{1,z},\theta} & \sigma_{l_{1,z},l_{1,x}} & \sigma_{l_{1,z}}^2 & \cdots & \sigma_{l_{1,z},l_{n,x}} & \sigma_{l_{1,z},l_{n,z}} \\
\vdots & \vdots & \vdots & \vdots & \vdots & \ddots & \vdots & \vdots \\
\sigma_{l_{n,x},x} & \sigma_{l_{n,x},z} & \sigma_{l_{n,x},\theta} & \sigma_{l_{n,x},l_{1,x}} & \sigma_{l_{n,x},l_{1,z}} & \cdots & \sigma_{l_{n,x}}^2 & \sigma_{l_{n,x},l_{n,z}} \\
\sigma_{l_{n,z},x} & \sigma_{l_{n,z},z} & \sigma_{l_{n,z},\theta} & \sigma_{l_{n,z},l_{1,x}} & \sigma_{l_{n,z},l_{1,z}} & \cdots & \sigma_{l_{n,z},l_{n,x}} & \sigma_{l_{n,z}}^2
\end{pmatrix}
$$

$$(6.13)$$

Drei verschiedene Typen von Kovarianzen tauchen in dieser Matrix auf. Der obere linke Teil repräsentiert die Unsicherheit in der aktuellen Roboterpose, der obere rechte Teil und der untere linke Teil korreliert die Roboterposen mit den Landmarken. Die Teilmatrix unten rechts bestimmt die Karte, da die x- und z-Koordinaten der Landmarken miteinander in Verbindung gebracht werden. Ist nun die tatsächliche Position einer Landmarke bekannt, lassen sich die Positionen sämtlicher Landmarken schätzen. Die entstandene Karte ist also relativ, in der Regel bestimmt man mit Einschalten des Roboters den Ursprung der Karte.

Abbildung 6.6 zeigt einzelne Schritte des EKF-SLAM-Algorithmus. Der Roboter startet mit einer leeren Karte und integriert nacheinander Messungen, was zur Folge hat, dass sich die Kovarianzmatrix füllt und größer wird. Nimmt man an, dass der Roboter unendlich lange seine Umgebung kartiert, bekommen folgende Sätze Gültigkeit:

Lemma 6. *Die Determinante der Submatrix, die die Landmarken korreliert, nimmt monoton ab.*

Wegen Lemma 6 gilt:

Theorem 1. *Im Grenzwertfall sind die Schätzungen der Landmarken vollständig korreliert.*

Das zweite Theorem besagt, dass im Grenzwertfall, d.h. wenn der Roboter beliebig lange durch das zu kartierende Gebiet fährt und dabei Landmarken korreliert, er die Positionen der Landmarken genau kennt. Da jedoch keine Aussagen über die Teilmatrix, die die Roboterpose enthält, gemacht werden können, folgt, dass sich der Roboter dennoch nicht genau lokalisieren kann, d.h. sein Posefehler strebt nicht gegen Null.

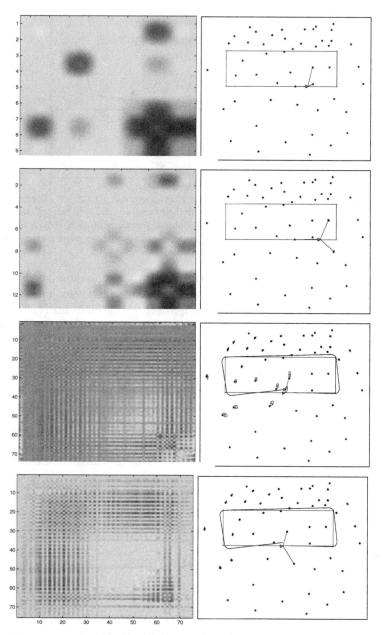

Abbildung 6.6: Simulierte Umgebung und Kalman-Matrix, die die Unsicherheit in der Roboterpose, die Korrelation zwischen Roboterpose und Landmarken, sowie die Korrelationen zwischen den Landmarken repräsentiert. Während der Kartierung wird die Matrix sukzessive gefüllt. Große Matrixeinträge werden durch eine dunklere Farbe dargestellt. Sich abwechselnde x- und z-Einträge im Zustandsvektor ergeben das Schachbrettmuster. Abbildung 6.7 zeigt eine Ausschnittsvergrößerung des Kartenbereichs, in dem das Schleifenschließen stattfindet.

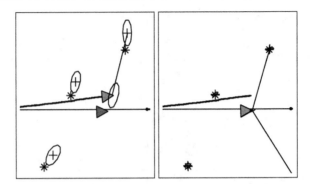

Abbildung 6.7: Schleifenschluss bei der Kartierung mit EKF-SLAM. Erkennt der Roboter Landmarken, die er mit großer Sicherheit bereits vorher gesehen hat, kann der Fehler reduziert werden. Die geschätzte Roboterpose entspricht nach Schleifenschluss in etwa der wahren Pose. Die Fehlerellipsen um die Landmarken werden sehr klein.

Der EKF-SLAM-Algorithmus zur Kartierung von Landmarken hat den Nachteil, dass das Erstellen einer Karte mit n Landmarken sehr aufwändig ist, da in jedem Zeitschritt Matrizen multipliziert werden müssen (vgl. Korrekturschritt in Algorithmus 4.2). Daher ist der Aufwand $\mathcal{O}(n^3)$. Ist vorab die Anzahl der Landmarken unbekannt, kann man die Matrizen je nach Bedarf vergrößern. Eine weitere Voraussetzung vom EKF-SLAM ist, dass die Datenassoziation zuverlässig gelöst sein muss, dass also Landmarken korrekt erkannt und identifiziert werden.

Wichtig bei EKF-SLAM ist, dass die Messfunktion linearisiert wird, also die Schätzung der Merkmale unter Einbeziehung der Roboterorientierung. Diese Linearisierung geschieht zum Zeitpunkt der Messung und kann im Nachhinein nicht rückgängig gemacht werden. Eine einfache geschlossene Schleife wird oftmals zu groß geschätzt.

6.3.2 FastSLAM

Merkmalsbasiertes FastSLAM

Der EKF-SLAM-Algorithmus repräsentiert die Unsicherheiten in der Roboterpose und der Karte als Normalverteilungen durch Mittelwerte und Kovarianzen. Die grundlegende Idee von FastSLAM ist die Verwendung von Partikelfiltern. Partikelfilteralgorithmen bieten die Möglichkeit, beliebige Verteilungen zu repräsentieren und nicht-lineare Prozesse abzubilden. Die resultierenden Kartierungsalgorithmen werden robuster, da nun viele Hypothesen gleichzeitig verfolgt werden können.

Der Zustandsraum für das Kartierungsproblem enthält die aktuelle Roboterpose, sowie die Positionen der Landmarken: $(t_x, t_z, \theta, l_{1,x}, l_{1,z}, \ldots, l_{n,x}, l_{n,z})$.

| **Beispiel 6.1** | *Linearisierung für* EKF-SLAM |

Der mobile Roboter befindet sich in Pose $(0, 0, \theta)^T$ und nimmt in seinem lokalen Koordinatensystem die Landmarke $(x, z)^T$ wahr. Nehmen wir an, wir kennen die Karte, und in globalen Koordinaten liege die Landmarke bei $(1, 0)^T$

$$\begin{pmatrix} 1 \\ 0 \end{pmatrix} = z \approx h\big((x, z, \theta)^T\big) = \begin{pmatrix} \cos\theta \ x + \sin\theta \ z \\ -\sin\theta \ x + \cos\theta \ z \end{pmatrix}.$$

Linearisiert man nun bei der Pose $(1, 0, 0)$, ergibt sich

$$1 \approx 1x + \theta z \approx x \qquad\qquad 0 \approx -\theta x + 1z \approx -\theta + z .$$

Linearisiert man aber bei $(2, 0, 0)$, erhalten wir

$$1 \approx 1x + \theta z \approx x \qquad\qquad 0 \approx -\theta x + 1z \approx -2\theta + z .$$

Weil die Differenz beider Lösungen nicht Null ist, sieht man, dass der Ort der Linearisierung einfließt.

Als erstes tritt das Problem auf, dass die Anzahl der Partikel, die diesen Zustandsraum repräsentieren können, *exponentiell* mit der Dimension des Zustandsraumes steigt. Daher lässt sich der naive Partikelfilter, wie er in Abschnitt 5.3.6 auf das Lokalisierungsproblem angewandt wurde, hier nicht anwenden. Allerdings gibt es einen Zusammenhang zwischen der Pose (t_x, t_z, θ) und der Karte $(l_{1,x}, l_{1,z}, \ldots, l_{n,x}, l_{n,z})$, der sich ausnutzen lässt: Die Karte hängt nämlich von den Roboterposen ab.

Folgende Faktorisierung führt hier weiter:

$$P(\boldsymbol{x}_t, \boldsymbol{l}_{1:n} \mid \boldsymbol{z}_{1:t}, \boldsymbol{u}_{1:t-1}) = P(\boldsymbol{x}_t \mid \boldsymbol{z}_{1:t}, \boldsymbol{u}_{1:t-1}) \, P(\boldsymbol{l}_{1:n} \mid \boldsymbol{z}_{1:t}, \boldsymbol{u}_{1:t-1}) . \quad (6.14)$$

Im zweiten Faktor lassen sich nun die Posen $\boldsymbol{x}_{1:t}$ als Hintergrundwissen hinzufügen

$$= P(\boldsymbol{x}_t \mid \boldsymbol{z}_{1:t}, \boldsymbol{u}_{1:t-1}) \, P(\boldsymbol{l}_{1:n} \mid \boldsymbol{x}_{1:t}, \boldsymbol{z}_{1:t}, \boldsymbol{u}_{1:t-1}) .$$

Dadurch werden die Kommandos $\boldsymbol{u}_{1:t-1}$ überflüssig und es resultiert

$$= \underbrace{P(\boldsymbol{x}_t \mid \boldsymbol{z}_{1:t}, \boldsymbol{u}_{1:t-1})}_{\text{Posterior der Roboterpose}} \underbrace{P(\boldsymbol{l}_{1:n} \mid \boldsymbol{x}_{1:t}, \boldsymbol{z}_{1:t})}_{\text{Positionen der Landmarken}} .$$

$\underbrace{}_{\text{SLAM Posterior}}$

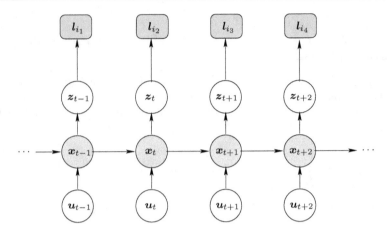

Abbildung 6.8: Bayes-Netz für landmarkenbasiertes SLAM. Die einzelnen Landmarken sind unabhängig, gegeben die Roboterposen.

Diese Faktorisierung hilft, das SLAM-Problem zu lösen. Auch die Landmarkenpositionen sind natürlich untereinander unabhängig, gegeben die Roboterposen, was in das Bayes-Netz in Abbildung 6.8 eingeht. Daher lässt sich der Term weiter vereinfachen zu

$$= P(\boldsymbol{x}_t \mid \boldsymbol{z}_{1:t}, \boldsymbol{u}_{1:t-1}) \prod_{i=1}^{n} P(\boldsymbol{l}_i \mid \boldsymbol{x}_{1:t}, \boldsymbol{z}_{1:t}) . \qquad (6.15)$$

Die obige Faktorisierung wird nach ihren Erfindern auch Rao-Blackwellisierung genannt. Wenn man nun den zweiten Term effizient berechnen kann, lässt sich ein Partikel-Filter für die Kartierung einsetzen.

Eine Lösung wurde von Montemerlo 2002 gefunden. Jede Landmarke (l_x, l_z) wird zusammen mit der Unsicherheit ihrer Schätzung durch einen erweiterten Kalman-Filter repräsentiert. Daher muss jedes Partikel im Filter die Kovarianzmatrizen der n Landmarken enthalten und n erweiterte Kalman-Filter ausführen. Jeder Kalman-Filter benötigt lediglich zwei Werte: die Position der Landmarke und eine 2×2 Matrix für die zugehörige Unsicherheit. Dadurch sind die Berechnungen wesentlich effizienter als im EKF-SLAM-Algorithmus. Abbildung 6.9 zeigt die Struktur der Partikel in FastSLAM. Neben diesen Datenwerten enthalten die Partikel je nach Implementierung noch weitere Variablen zur Programmsteuerung, beispielsweise die Anzahl der momentan detektierten Merkmale.

Der eigentliche FastSLAM-Algorithmus läuft wiederum in zwei Schritten ab (vgl. Algorithmus 5.2). Nach einer Aktion wird jedes Partikel in Übereinstimmung mit dem Bewegungsmodell verschoben. Anschließend wird die neue Messung in eine Landmarkenobservation mit Hilfe des lokalen Koordinaten-

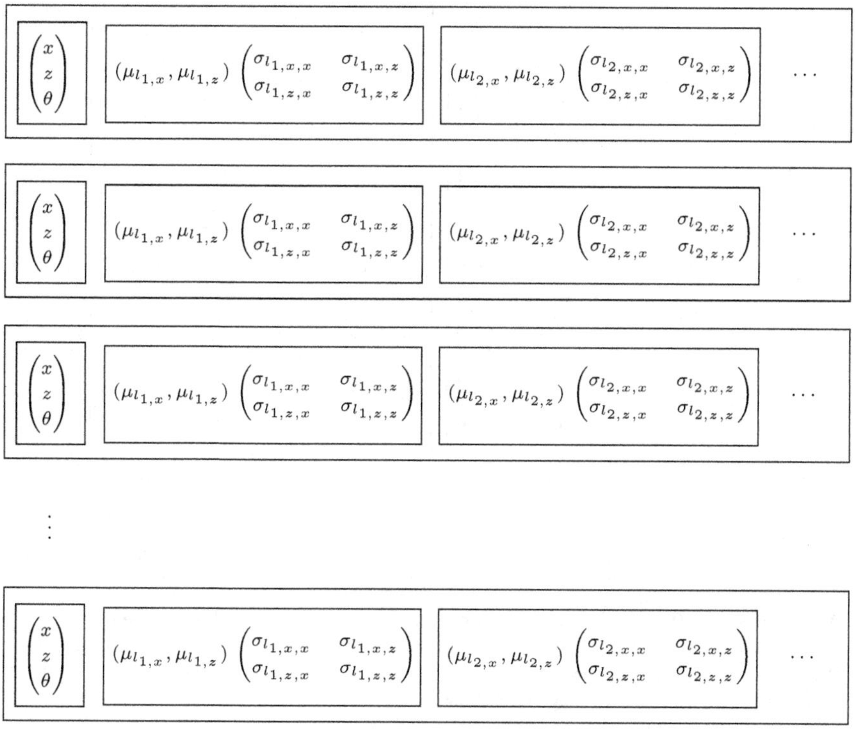

Abbildung 6.9: Struktur der Partikel in FastSLAM.

systems jedes Partikels überführt und mit der Karte des Partikels verglichen. Dies resultiert in einer Gewichtung des Partikels. Nachdem diese Gewichte für alle Partikel bestimmt sind, wird der Resampling-Prozess ausgeführt.

Bemerkung: Wenn unbekanntes Gebiet mit FastSLAM kartiert wird, dann sind die Gewichte aller Partikel in etwa gleich (niedrig). Fährt der Roboter jedoch dann wieder in zuvor kartierte Bereiche, werden automatisch Schleifen geschlossen und die Gewichte der einzelnen Partikel können stark voneinander abweichen.

FastSLAM kommt in zwei Variationen, die „FastSLAM 1.0" und „FastSLAM 2.0" genannt werden. Der Unterschied liegt in der Verschiebung der Partikel bei einer Aktion. FastSLAM 1.0 zieht Stichproben für die neue Pose eines Partikels in Übereinstimmung mit dem Bewegungsmodell, also

$$x_t \sim P(x_t \mid x_{t-1}, u_t) \, . \tag{6.16}$$

Im Gegensatz dazu verwendet FastSLAM 2.0 die Verteilung

$$x_t \sim P(x_t \mid x_{t-1}, u_t, z_t) \tag{6.17}$$

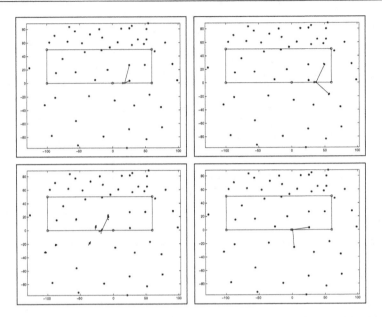

Abbildung 6.10: Simulierte Umgebung und FastSLAM 2.0. Jedes Partikel schätzt eine Roboterpose und die Positionen aller Landmarken. Die Unsicherheiten in der Pose und der Landmarke sind durch die Partikelverteilungen angedeutet (vgl. Abbildung 6.6). Abbildung 6.11 zeigt eine Ausschnittsvergrößerung der unteren Zeile.

und bezieht somit zusätzlich die letzte Sensormessung mit ein. Wenn die Genauigkeit der Aktion wesentlich schlechter ist als die Genauigkeit der Sensorwerte, dann streut FastSLAM 1.0 die Partikel über einen weiten Bereich, aber in der anschließenden Messung passen nur sehr wenige Partikel zu den Messdaten. FastSLAM 2.0 umgeht dieses Problem, da sofort die Messungen berücksichtigt werden und die Partikel im Aktionsschritt nicht so breit gestreut werden.

Die Komplexität des FastSLAM-Algorithmus für m Partikel und n Landmarken ist $\mathcal{O}(m \log n)$ und setzt sich wie folgt zusammen: Die Aktualisierung der Posen in allen Partikeln bei Aktionen kann in konstanter Zeit ausgeführt werden. Der Aufwand beträgt demnach $\mathcal{O}(m)$. Die Aktualisierung der Kalman-Filter in den Partikeln lässt sich in logarithmischer Zeit implementieren, da durch die begrenzte Sensorreichweite immer nur die nächsten der n Landmarken aktualisiert werden müssen. Diese lassen sich durch den Einsatz von kD-Bäumen bestimmen. Wendet man Referenzen auf einen solchen Baum an, lässt sich sogar im Resampling-Schritt des Partikelfilters logarithmische Zeit erreichen.

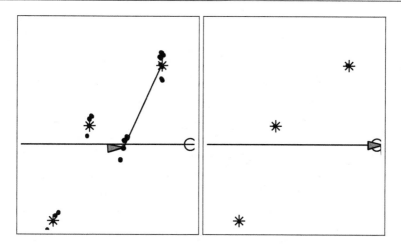

Abbildung 6.11: Schleifenschluss bei der Kartierung mit FastSlam. Ebenso wie bei EKF-Slam wird die Unsicherheit in der Roboterpose und der Landmarken reduziert (vgl. Abbildung 6.7). Die durch die Stichproben repräsentierten Wahrscheinlichkeitsverteilungen liegen genau auf der Roboterpose, bzw. den Landmarken.

Rasterbasiertes FastSlam

Ist man an einer Rasterkarte der Roboterumgebung interessiert, muss der FastSlam-Algorithmus abgewandelt werden. Die hier vorgestellte GridMapping FastSlam-Variante wurde als erstes von Grisetti et al. 2004 vorgestellt. Die Faktorisierung in den Gleichungen (6.14) bis (6.15) muss abgewandelt werden, da die Karte m nun aus Rasterzellen $m_{1,1}, \ldots, m_{x_{\max}, z_{\max}}$ besteht, die jeweils eine binäre Zufallsvariable darstellen:

$$P(\boldsymbol{x}_{1:t}, \boldsymbol{m} \mid \boldsymbol{z}_{1:t}, \boldsymbol{u}_{1:t-1}) = P(\boldsymbol{x}_{1:t} \mid \boldsymbol{z}_{1:t}, \boldsymbol{u}_{1:t-1}) \, P(\boldsymbol{m} \mid \boldsymbol{z}_{1:t}, \boldsymbol{u}_{1:t-1}) \quad (6.18)$$
$$= P(\boldsymbol{x}_{1:t} \mid \boldsymbol{z}_{1:t}, \boldsymbol{u}_{1:t-1}) \, P(\boldsymbol{m} \mid \boldsymbol{x}_{1:t}, \boldsymbol{z}_{1:t}, \boldsymbol{u}_{1:t-1})$$
$$= \underbrace{P(\boldsymbol{x}_{1:t} \mid \boldsymbol{z}_{1:t}, \boldsymbol{u}_{1:t-1})}_{\text{Lokalisierung}} \underbrace{P(\boldsymbol{m} \mid \boldsymbol{x}_{1:t}, \boldsymbol{z}_{1:t})}_{\substack{\text{Kartierung mit} \\ \text{bekannten Posen}}} .$$

$\underbrace{}_{\text{SLAM Posterior}}$

Leider gilt das letzte Argument zur Herleitung von Gleichung (6.15) (bedingte Unabhängigkeit der Landmarken voneinander bei gegebenen Roboterposen) im Fall von Rasterzellen nicht und es gilt wieder das Bayes-Netz aus Abbildung 6.4. Aber der letzte Faktor kann als Kartierungsproblem mit bekannten Posen aufgefasst werden. Dieses Problem wurde bereits in Abschnitt 6.2 gelöst und kann nun verwendet werden. Dabei wird zunächst angenommen, dass die Lokalisierung perfekt war. Der erste Term stellt die Lösung des Lokalisierungsproblems dar (vgl. Abschnitt 5.3). Eine weitere wichtige Annahme ist, dass die zu schätzende Karte sich nicht ändert, also statisch ist. Abbildung 6.12 zeigt die Kartierung eines Büroflurs mit rasterbasiertem FastSlam.

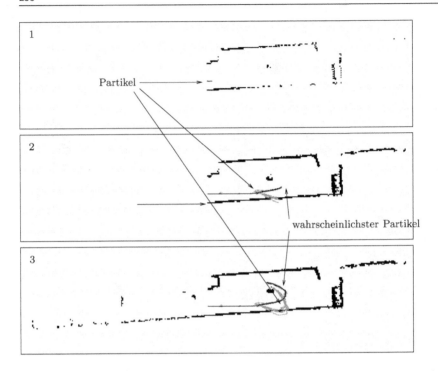

Abbildung 6.12: Kartierung mit rasterbasiertem FastSLAM. Oben: Kartierung mit bekannter Startpose $(0, 0, 0)^T$. Mitte: Aufgrund von Odometriefehlern nimmt die Mehrzahl der Partikel den falschen Weg, dennoch bleibt die Karte korrekt. Unten: Alle Partikel nähern sich der korrekten Pose an.

Der Partikelfilter für rasterbasiertes FastSLAM muss nun für jedes Partikel die Roboterpose und eine aktuelle Rasterkarte aufrechterhalten. In die Rasterkarte werden immer die aktuellen Sensordaten integriert und anschließend die Pose „vergessen". Alternativ zur Rasterkarte kann auch die bisherige Trajektorie gespeichert werden, da die Karte sich aus der Trajektorie berechnen lässt. Dieser Ansatz wird in der Praxis nicht verfolgt, da in jedem Schritt die Karte erzeugt werden müsste. Man nimmt daher lieber den hohen Speicherbedarf (jedes Partikel enthält eine speicherintensive Rasterkarte) in Kauf. Die Komplexität von rasterbasiertem FastSLAM steigt wiederum linear mit der Anzahl der Partikel. Viele aktuelle Arbeiten beschäftigen sich daher mit der Reduktion der Partikelanzahl.

6.4 Vollständiges SLAM

Vollständiges SLAM schätzt nicht nur eine Umgebungskarte und die aktuelle Pose, sondern auch alle bis dahin eingenommenen Posen des Roboters. Daher ist es in der Lage, die gesamte zurückliegende Trajektorie zu ermitteln. In Folge dessen ist vollständiges SLAM berechnungsintensiver: Bei konstanter Kartengröße steigt der Aufwand mit der Anzahl der zu betrachtenden Posen. Anderseits ermöglichen Algorithmen, die vollständiges SLAM lösen, dass der Posefehler gegen Null konvergiert.

6.4.1 GraphSLAM

Vollständiges SLAM lässt sich durch den Aufbau eines Graphen lösen. Darin kommen zwei Typen von Knoten vor: Zum einen die Roboterposen und zum anderen die gemessenen Merkmale. Damit entspricht die Graphenformulierung den Abbildungen 6.3 und 6.2.

GraphSLAM-Algorithmen transformieren das SLAM-Problem in ein Problem der kleinsten Quadrate (vgl. Anhang A.3). Dazu verwenden sie einen probabilistischen Ansatz: Zu schätzen sind die wahrscheinlichsten Zustände und Landmarkenpositionen. Dazu erzeugen wir uns einen Vektor y, der die t Roboterzustände (Posen) und n Landmarkenpositionen enthält: $y = (x_{1,x}, x_{1,z}, x_{1,\theta}, \ldots, x_{t,x}, x_{t,z}, x_{t,\theta}, l_{1,x}, l_{1,z}, \ldots, l_{n,x}, l_{n,z})^T$. GraphSLAM leistet die Berechnung des wahrscheinlichsten Vektors y, d.h.

$$\hat{y} = \arg\max_{y} P(y \mid z). \tag{6.19}$$

Odometrie wird hier nicht als Aktion betrachtet, sondern geht zusammen mit den Observationen in den Vektor z ein. Des Weiteren wird angenommen, dass die Unsicherheit des Vektors z sich durch eine Normalverteilung mit Mittelwert 0 und Kovarianzmatrix C darstellen lässt.

Mit Hilfe der Bayesschen Regel ergibt sich für eine Messung z von Pose x aus

$$P(y|z) \propto P(z|y)$$
$$\propto \mathcal{N}(f(y), C)(z) = \exp\left(\frac{1}{2}(z - f(y))^T C^{-1}(z - f(y))\right). \tag{6.20}$$

Für alle Landmarkenmessungen z und Posen $x_{1:t}$ erhalten wir aus Formel (6.19) folgendes Optimierungsproblem:

$$\hat{y} = \arg\max_{y} P(y \mid z)$$
$$= \arg\min_{y} \exp\left(\frac{1}{2}(z - f(y))^T C^{-1}(z - f(y))\right). \tag{6.21}$$

Die optimale Lösung lässt sich finden, indem man nach Logarithmieren obigen
Term ableitet und die Ableitung gleich Null setzt. Demnach ist

$$0 = -(z - f(\hat{y}))^T \, C^{-1} \frac{\partial f_i(\hat{y})}{\partial y_i} \qquad \text{für alle } 1 \leq i \leq t + n.$$

$$= \frac{d}{dy} f(\hat{y})^T \, C^{-1} \, (z - f(\hat{y})) \tag{6.22}$$

Linearisiert man nun die Messfunktion f durch die Taylorapproximation
$f(y) \approx f(\check{y}) + \frac{d}{dy} f(\check{y})(y - \check{y})$, ergibt sich für die Gleichung (6.22):

$$0 \approx \frac{d}{dy} f(\check{y})^T \, C^{-1} \left(z - f(\check{y}) - \frac{d}{dy} f(\check{y})(\hat{y} - \check{y}) \right)$$

$$= \frac{d}{dy} f(\check{y})^T \, C^{-1} \left(z - f(\check{y}) - \frac{d}{dy} f(\check{y})(\hat{y}) + \frac{d}{dy} f(\check{y})(\check{y}) \right) \tag{6.23}$$

Nach Umschreiben ergibt sich das zu lösende lineare Gleichungssystem

$$\underbrace{\frac{d}{dy} f(\check{y})^T \, C^{-1} \frac{d}{dy} f(\check{y})}_{A} (\hat{y}) = \underbrace{\frac{d}{dy} f(\check{y})^T \, C^{-1} \left(z - f(\check{y}) + \frac{d}{dy} f(\check{y})(\check{y}) \right)}_{b} \, .$$

$$ \qquad \qquad \hat{y} = \qquad \qquad \qquad \tag{6.24}$$

Die Matrix A wird auch Informationsmatrix und der Vektor b Informations-
vektor genannt. Die Lösung des Systems ergibt sich als $\hat{y} = A^{-1} b$, beziehungsweise

$$\hat{y} = \check{y} + \underbrace{\left(\frac{d}{dy} f(\check{y})^T \, C^{-1} \frac{d}{dy} f(\check{y}) \right)^{-1}}_{Kovarianzmatrix} \frac{d}{dy} f(\check{y})^T \, C^{-1} \, (z - f(\check{y})) \, . \tag{6.25}$$

Die inverse Matrix der Informationsmatrix ist die vollständige Kovarianzmatrix. Eine Teilmatrix davon tauchte auch bei EKF-SLAM auf (vgl. Abbildung 6.13). Das Lösen von GraphSLAM erfordert nur das Lösen von Glei-
chungssystemen. Die Methode der kleinsten Quadrate war anwendbar, weil
wir Normalverteilungen vorausgesetzt und die Messfunktion linearisiert haben. Im Gegensatz zu der Linearisierung bei EKF-SLAM kann bei iterativer
Anwendung jedoch in jedem Schritt an einem anderen Punkt linearisiert werden. Dadurch erreicht man mit GraphSLAM größere Genauigkeiten.

Die Berechnung der Einträge in der Informationsmatrix kann durch Summa-
tionen über alle Merkmale geschehen, d.h.,

$$\frac{d}{dy} f(\check{y})^T C^{-1} \frac{d}{dy} f(\check{y}) = \sum_i \frac{\partial}{\partial y_i} f_i(\check{y})^T C^{-1} \frac{\partial}{\partial y_i} f_i(\check{y}). \tag{6.26}$$

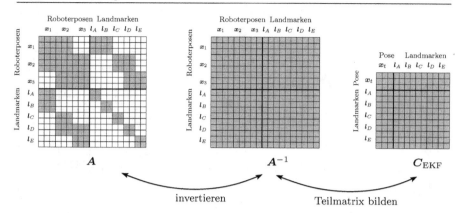

$$A \qquad A^{-1} \qquad C_{\mathrm{EKF}}$$

invertieren \qquad Teilmatrix bilden

Abbildung 6.13: Die Informationsmatrix A ist die Inverse der vollständigen Kovarianzmatrix A^{-1}. Die Teilmatrix von A^{-1}, die die Landmarken korreliert und die aktuelle Roboterpose enthält, entspricht der Matrix, die auch bei EKF-SLAM betrachtet wird (siehe Gleichung (6.13)).

Die Einträge in die Informationsmatrix können lokal berechnet und an den entsprechenden Stellen der Matrix aufaddiert werden. Abbildung 6.14 visualisiert das Füllen der Matrizen. Des Weiteren ist zu GraphSLAM anzumerken, dass die Informationsmatrix dünn besetzt ist, was die Basis für effiziente Algorithmen bietet.

Im Folgenden behandeln wir eine sehr weit verbreitete Variante von Graph-SLAM, nämlich das Scanmatching-basierte GraphSLAM. Dabei führen wir die im SLAM-Kontext oft verwendeten Verbundoperatoren ein. Allerdings lassen sich auch die in diesem Abschnitt dargestellten Wahrscheinlichkeitsverteilungen mit diesem Operator darstellen. Beim Scanmatching-basierten GraphSLAM werden weder Positionen von Landmarken noch Belegtheitswahrscheinlichkeiten geschätzt. Es wird versucht, einen Graphen von korrelierten Posen aufzubauen und die Scans global konsistent zu registrieren, d.h. die Scanposen im globalen Koordinatensystem möglichst genau zu schätzen. Die Herleitung geschieht anders als in diesem Abschnitt, sie läuft jedoch auf das selbe Ergebnis hinaus.

6.4.2 Scanmatching-basiertes GraphSLAM

Scanmatching-basierte SLAM-Verfahren stellen nicht das Erzeugen einer Karte in den Vordergrund, sondern fokussieren auf das genaue Schätzen der Roboterposen. Abbildung 6.15 zeigt ein zugehöriges Bayes-Netz. Es ist ein Spezialfall des vollständigen SLAM, weil die Messwerte als korrekt angenommen werden. Sind die Roboterposen richtig geschätzt, lässt sich mit Hilfe der Methoden aus Abschnitt 6.2 daraus eine Rasterkarte konstruieren.

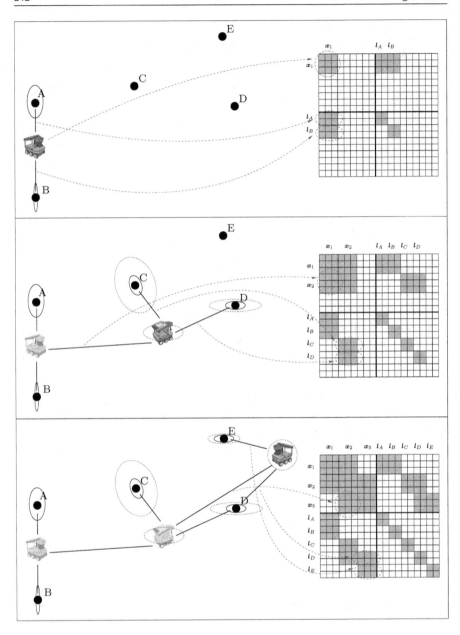

Abbildung 6.14: Füllen der Informationsmatrix für GraphSLAM. Die Roboterpositionen werden in der linken oberen Teilmatrix korreliert. Die Korrelation zwischen Roboterposen und Landmarken findet sich in der Teilmatrix rechts oben bzw. links unten. Merkmale untereinander sind durch die Einheitsmatrix im rechten unteren Teil verbunden. Kommen neue Einträge hinzu, werden sie zu den vorhandenen Einträgen der Informationsmatrix addiert.

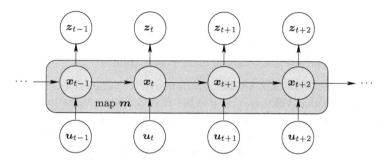

Abbildung 6.15: Bayes-Netz zum Schätzen von Posen. Die Karte erhält man anschließend durch den Algorithmus „Kartierung mit bekannten Posen".

Abschnitt 5.3.1 beschreibt Scanmatching für zwei Punktmengen. Für Kartierung kann der Algorithmus 5.1 ebenfalls benutzt werden. Angenommen, der Roboter hat während einer Fahrt n Scans aufgenommen. Nun definiert der erste Scan das Koordinatensystem. Der zweite Scan wird gegen den ersten registriert; der dritte Scan gegen den zweiten, und so weiter. Alternativ kann man jeden neuen Scan auch gegen die akkumulierte Punktwolke aus allen vorhergehenden Scans matchen. Durch das sukzessive Registrieren erhält man nun sämtliche Roboterposen, und eine große Punktwolke entsteht. Wenn die Messwerte nicht verrauscht wären und das Registrieren von Scans vollkommen fehlerfrei ablaufen würde, wäre SLAM damit gelöst. Leider akkumulieren sich sämtliche Fehler, sodass globale Ausgleichsrechnung verwendet werden muss, um diese Fehlerakkumulation zu vermeiden.

Modellierung als Minimierungsproblem

Der Roboter nimmt während des Kartierungsvorgangs die Posen $x_1, x_2, \ldots, x_n$ ein. Jede Pose hat zunächst 3 Freiheitsgrade. Eine Kante von Pose i nach j im Graphen wird nur hinzugefügt, wenn eine Posetransformation $T_{i,j}$ gemessen werden kann. Hierbei ist $T_{i,j}$ eine nichtlineare Funktion von x_i und x_j. Nach der Linearisierung der Messfunktion können wir annehmen, dass $T_{i,j} = x_i - x_j$ gilt. Anschließend modellieren wir die Observation von $T_{i,j}$ als $\check{T}_{i,j} = T_{i,j} + \Delta T_{i,j}$, wobei $T_{i,j}$ die korrekte, aber leider unbekannte Observation ist und $\Delta T_{i,j}$ ein normalverteilter Fehler mit Mittelwert 0 und Kovarianz $\Sigma_{i,j}$.

Mit obiger Formulierung sind für Scanmatching-basiertes GraphSLAM die Messungen $\check{T}_{i,j}$ zwischen den verbundenen Knoten im Graphen gegeben und wir nehmen an, dass wir die Kovarianzmatrizen $\Sigma_{i,j}$ kennen. Gesucht sind die wahren Posen $T_{i,j}$, so dass die resultierende Karte am wahrscheinlichsten ist. Dazu ist die Mahalanobis-Distanz zu minimieren:

$$W = \sum_{i \to j} (\boldsymbol{T}_{i,j} - \check{\boldsymbol{T}}_{i,j})^T \boldsymbol{\Sigma}_{i,j} (\boldsymbol{t}_{i,j} - \check{\boldsymbol{T}}_{i,j}) \,. \qquad (6.27)$$

W ist eine Fehlerfunktion, die von allen Posen abhängt.

Die Mahalanobis-Distanz ist ein Distanzmaß zwischen Punkten in einem mehrdimensionalen Vektorraum, das bei multivariaten Verteilungen verwendet wird. Die Mahalanobis-Distanz ergibt sich aus einer m-dimensionalen Normalverteilung mit Erwartungswertvektor $\boldsymbol{\mu}$ und Kovarianzmatrix $\boldsymbol{\Sigma}$, wobei $\det(\boldsymbol{\Sigma}) \neq 0$ gelten muss. Diese Wahrscheinlichkeitsverteilung ist

$$\mathcal{N}(\boldsymbol{\mu}, \boldsymbol{\Sigma})(\boldsymbol{x}) = \frac{1}{(2\pi)^{\frac{m}{2}} \sqrt{|\det(\boldsymbol{\Sigma})|}} \cdot \exp\left(-\frac{1}{2}(\boldsymbol{x} - \boldsymbol{\mu})^T S^{-1} (\boldsymbol{x} - \boldsymbol{\mu}) \right). \quad (6.28)$$

Durch Logarithmieren dieses Ausdrucks erhält man

$$-\frac{1}{2}(\boldsymbol{x} - \boldsymbol{\mu})^T \boldsymbol{\Sigma}^{-1} (\boldsymbol{x} - \boldsymbol{\mu}) - c \qquad (6.29)$$

für eine Konstante c, was bis auf die fehlende Wurzel, den Vorfaktor und den Summanden c der Mahalanobis-Distanz entspricht (vgl. Anhang A.2).

Wenn wir immer von einem vollständigen Graphen ausgehen, d.h. alle Posen stehen in Relation zueinander, dann können wir statt Gleichung (6.27)

$$W = \sum_{i \to j} (\boldsymbol{x}_i - \boldsymbol{x}_j - \check{\boldsymbol{T}}_{i,j})^T \boldsymbol{\Sigma}_{i,j} (\boldsymbol{x}_i - \boldsymbol{x}_j - \check{\boldsymbol{T}}_{i,j}) \qquad (6.30)$$

schreiben, wobei für fehlende Kanten die Einträge für $\boldsymbol{\Sigma}_{i,j}^{-1}$ auf $\boldsymbol{0}$ gesetzt werden.

Um die Fehlerfunktion (6.30) zu minimieren, genügt es, ein lineares Gleichungssystem zu lösen. Dazu verwendet man einen Vektor $\boldsymbol{x}$, der die Konkatenation aller Roboterposen ist. Der Vektor $\boldsymbol{T}$ ist die Konkatenation sämtlicher Posedifferenzen $\boldsymbol{T}_{i,j} = \boldsymbol{x}_i - \boldsymbol{x}_j$. Mit Hilfe einer Inzidenzmatrix $\boldsymbol{H}$, die Einträge aus $\{-1, 0, 1\}$ enthält, ergibt sich

$$\boldsymbol{T} = \boldsymbol{H}\boldsymbol{x} \qquad (6.31)$$

und für die Fehlerfunktion (6.30)

$$W = (\check{\boldsymbol{T}} - \boldsymbol{H}\boldsymbol{x}) \boldsymbol{\Sigma}^{-1} (\check{\boldsymbol{T}} - \boldsymbol{H}\boldsymbol{x}) \,. \qquad (6.32)$$

$\check{\boldsymbol{T}}$ ist die Konkatenation der observierten Posedifferenzen. Der Lösungsvektor $\boldsymbol{x}$, der Gleichung (6.30) bzw. Gleichung (6.32) minimiert, ist

$$\boldsymbol{x} = (\boldsymbol{H}^T \boldsymbol{\Sigma}^{-1} \boldsymbol{H})^{-1} \boldsymbol{H}^T \boldsymbol{\Sigma}^{-1} \check{\boldsymbol{T}} \qquad (6.33)$$

und seine Kovarianz ist

$$\Sigma_T = (H^T \Sigma^{-1} H)^{-1} \,. \tag{6.34}$$

Die Matrix $H^T \Sigma^{-1} H$ ist wiederum die Informationsmatrix. Gibt man ihr den Namen

$$A := H^T \Sigma^{-1} H \qquad \text{und definiert} \qquad b := H^T \Sigma^{-1} \tilde{T} \,, \tag{6.35}$$

lassen sich die Gleichungen (6.33) und (6.34) vereinfacht als

$$x = A^{-1} b \qquad \Sigma_T = A^{-1} \tag{6.36}$$

schreiben. Die Einträge von A und b ergeben sich durch Summation:

$$A_{i,i} = \sum_{j=0}^{n} \Sigma_{i,j}^{-1}$$
$$A_{i,j} = -\Sigma_{i,j}^{-1} \quad \text{für } i \neq j \tag{6.37}$$
$$b_i = \sum_{\substack{j=0 \\ j \neq i}}^{n} \Sigma_{i,j} \check{T}_{i,j} \,.$$

Die Teilmatrizen $A_{i,j}$ haben eine Größe von $d \times d$, wobei d die Anzahl der Freiheitsgrade ist, hier also $d = 3$. Die Vektoren b_i sind d Einträge groß.

Diese Herleitung ist identisch zu der Darstellung in Abschnitt 6.4.1. Der einzige Unterschied ist, dass nur der linke obere Teil betrachtet wird, also die Relationen zwischen Posen. Nun muss lediglich noch geklärt werden, wie die Einträge in der Informationsmatrix A berechnet werden. Ausgangspunkt dafür ist das Scanmatching.

Der Verbundoperator

Der Verbundoperator (engl. *compound operator*) wird sehr häufig zur Modellierung des SLAM-Problems verwendet. Angenommen, unser mobiler Roboter startet bei der Pose $x_b = (x_b, z_b, \theta_b)^T$ und macht eine Poseänderung bzw. Transformation von $T = (\Delta x, \Delta z, \Delta \theta)^T$. Dabei wird er in die Pose $x_a = (x_a, z_a, \theta_a)^T$ überführt und man sagt, dass die Pose x_a der Verbund von x_b und T ist. Dieser Verbund wird wie folgt dargestellt:

$$x_a = x_b \oplus T \,.$$

Die Koordinaten der Posen x_a und x_b berechnen sich als

Beispiel 6.2   *GraphSLAM in einem einfachen Posenetz*

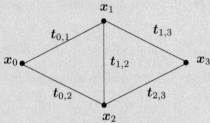

Betrachten wir obigen Graphen, wobei jeder Knoten eine Pose repräsentiert. Nun müssen die Posen x_1, x_2, x_3 bestimmt werden. Pose x_0 wird fixiert und stellt dadurch Bezug zu einem globalen Referenzsystem dar. O.b.d.A. sei $x_0 = (0, 0, 0)^T$. Der zu bestimmende Vektor x ist die Konkatenation der Posen, also $x = (x_1, z_1, \theta_1, x_2, z_2, \theta_2, x_3, z_3, \theta_3)^T$.

Nun müssen für das Gleichungssystem $Ax = b$ die Matrizen A und der Vektor b aufgestellt werden. Es ist

$$A = \begin{pmatrix} \Sigma_{0,1}^{-1} + \Sigma_{1,2}^{-1} + \Sigma_{1,3}^{-1} & -\Sigma_{1,2}^{-1} & -\Sigma_{1,3}^{-1} \\ -\Sigma_{1,2}^{-1} & \Sigma_{0,2}^{-1} + \Sigma_{1,2}^{-1} + \Sigma_{2,3}^{-1} & -\Sigma_{2,3}^{-1} \\ -\Sigma_{1,3}^{-1} & -\Sigma_{2,3}^{-1} & \Sigma_{1,3}^{-1} + \Sigma_{2,3}^{-1} \end{pmatrix}$$

$$b = \begin{pmatrix} \Sigma_{0,1}^{-1}\check{T}_{0,1} + \Sigma_{1,2}^{-1}\check{T}_{1,2} + \Sigma_{1,3}^{-1}\check{T}_{1,3} \\ \Sigma_{0,2}^{-1}\check{T}_{0,2} - \Sigma_{1,2}^{-1}\check{T}_{1,2} + \Sigma_{2,3}^{-1}\check{T}_{2,3} \\ -\Sigma_{1,3}^{-1}\check{T}_{1,3} - \Sigma_{2,3}^{-1}\check{T}_{2,3} \end{pmatrix}.$$

$$x_a = x_b + \Delta x \cos\theta_b - \Delta y \sin\theta_b \tag{6.38}$$

$$z_a = z_b + \Delta x \sin\theta_b + \Delta y \cos\theta_b \tag{6.39}$$

$$\theta_a = \theta_b + \Delta\theta .$$

Die Definition des Verbundoperators induziert eine Definition des inversen Verbundoperators. Gegeben seien zwei Posen x_a und x_b. Der inverse Verbundoperator ist

$$T = x_a \ominus x_b \tag{6.40}$$

und ergibt

$$\Delta x = (x_a - x_b)\cos\theta_b + (z_a - z_b)\sin\theta_b$$
$$\Delta z = -(x_a - x_b)\sin\theta_b + (z_a - z_b)\cos\theta_b \tag{6.41}$$
$$\Delta\theta = \theta_a - \theta_b \, .$$

Der Verbundoperator ist so definiert, dass Posen mit ihm verbunden werden können. Sind die Sensorwerte Messpunkte in 2D, ist es üblich, den Verbundoperator auf sie zu übertragen und man definiert für einen 2D-Punkt $\boldsymbol{p} = (p_x, p_z)^T$ den transformierten Vektor $\boldsymbol{p}' = (p'_x, p'_z)^T$ als

$$\boldsymbol{p}' = \boldsymbol{x}_b \oplus \boldsymbol{p} \, . \tag{6.42}$$

Die Koordinaten von $\boldsymbol{p}'$ ergeben sich als Anwendung der Gleichungen (6.38) und (6.39).

Berechnung der Kovarianz aus dem Scanmatching

Scanmatching, wie in Abschnitt 5.3.1 beschrieben, zielt darauf ab, eine Fehlerfunktion über korrespondierende Punkte zu minimieren (vgl. Fehlerfunktion (5.11)). Die Gleichung (5.12) lässt sich mit Hilfe des Verbundoperators umschreiben zu

$$
\begin{aligned}
E(\boldsymbol{x}_a, \boldsymbol{x}_b) &= \sum_{i=1}^{N} \left\| (\boldsymbol{x}_a \oplus \boldsymbol{p}_i^a) - (\boldsymbol{x}_b \oplus \boldsymbol{p}_i^b) \right\|^2 \\
&= \sum_{i=1}^{N} \Delta\boldsymbol{D}_i \, .
\end{aligned} \tag{6.43}
$$

Bei obiger Formulierung sind die Messpunkte $\boldsymbol{p}$ Punkte im lokalen Koordinatensystem und werden mit Hilfe der Roboterposen in das globale Koordinatensystem der Karte transformiert. Ist das Scanmatching perfekt, ergibt sich für alle i: $\Delta\boldsymbol{D}_i = 0$. Nun betrachten wir $\boldsymbol{D}_i$ als Zufallsvariable mit Mittelwert $\boldsymbol{0}$ und unbekannter Kovarianz $\boldsymbol{\Sigma}_i^D$.

Gleichung (6.43) lässt sich umschreiben zu

$$E(\boldsymbol{x}_a, \boldsymbol{x}_b) = \sum_{i=1}^{N} \left\| ((\boldsymbol{x}_a \ominus \boldsymbol{x}_b) \oplus \boldsymbol{p}_i^a) - \boldsymbol{p}_i^b \right\|^2 \, . \tag{6.44}$$

Um (6.44) auf Mahalanobis-Distanzform zu bringen, linearisieren wir den Term $\Delta\boldsymbol{D}_i$. Seien dazu $\breve{\boldsymbol{x}}_a = (\breve{x}_a, \breve{z}_a, \breve{\theta}_a)^T$ und $\breve{\boldsymbol{x}}_b = (\breve{x}_b, \breve{z}_b, \breve{\theta}_b)^T$ die gemessenen Posen in der Nähe der unbekannten wahren Posen $\boldsymbol{x}_a$ und $\boldsymbol{x}_b$. Weiterhin definieren wir $\Delta\boldsymbol{x}_a = \breve{\boldsymbol{x}}_a - \boldsymbol{x}_a$ und $\Delta\boldsymbol{x}_b = \breve{\boldsymbol{x}}_b - \boldsymbol{x}_b$, sowie für die Messpunkte $\boldsymbol{p}_i = (x_i, z_i)^T = \boldsymbol{x}_a \oplus \boldsymbol{p}_i^a \approx \boldsymbol{x}_b \oplus \boldsymbol{p}_i^b$. Für kleine Poseänderungen $\Delta\boldsymbol{x}_a$ und $\Delta\boldsymbol{x}_b$ lässt sich durch Taylor-Expansion

$$\Delta D_i = (x_a \oplus p_i^a) - (x_b \oplus p_i^b) \tag{6.45}$$

$$= ((\check{x}_a - \Delta x_a) \oplus p_i^a) - ((\check{x}_b - \Delta x_b) \oplus p_i^b)$$

$$\approx ((\check{x}_a \oplus p_i^a) - (\check{x}_b \oplus p_i^b))$$

$$- \left(\begin{pmatrix} 1 & 0 & \check{z}_a - p_{z,i} \\ 0 & 1 & -\check{x}_a - p_{z,i} \end{pmatrix} \Delta x_a - \begin{pmatrix} 1 & 0 & \check{z}_a - p_{z,i} \\ 0 & 1 & -\check{x}_a - p_{z,i} \end{pmatrix} \Delta x_b \right)$$

$$= ((\check{x}_a \oplus p_i^a) - (\check{x}_b \oplus p_i^b)) - \begin{pmatrix} 1 & 0 & -p_{z,i} \\ 0 & 1 & -p_{x,i} \end{pmatrix} (\check{H}_a \Delta x_a - \check{H}_b \Delta x_b)$$

bestimmen, wobei die Matrizen $\check{H}_a$ und $\check{H}_b$ folgende Einträge haben müssen:

$$\check{H}_a = \begin{pmatrix} 1 & 0 & \check{z}_a \\ 0 & 1 & -\check{x}_a \\ 0 & 0 & 1 \end{pmatrix}, \qquad \check{H}_b = \begin{pmatrix} 1 & 0 & \check{z}_b \\ 0 & 1 & -\check{x}_b \\ 0 & 0 & 1 \end{pmatrix},$$

$$\approx \check{D}_i - M_i T \tag{6.46}$$

mit

$$\check{D}_i = \check{x}_a \oplus p_i^a - \check{x}_b \oplus p_i^b$$

$$M_i = \begin{pmatrix} 1 & 0 & -p_{z,i} \\ 0 & 1 & -p_{x,i} \end{pmatrix} \tag{6.47}$$

$$T = (\check{H}_a x_a - \check{H}_b x_b) .$$

Die letzte Gleichung bezeichnet eine Posedifferenz. Konkateniert man alle $\check{D}_i$, erhalten wir den Vektor D. Die Verkettung aller M_i ergibt M. Damit lässt sich (6.44) umschreiben als

$$E(T) = \sum_{i=1}^{N} (\Delta D_i)^T (\Delta D_i)$$

$$\approx (D - MT)^T (D - MT) . \tag{6.48}$$

Das obige lineare Gleichungssystem hat die Lösung $\hat{T} = (M^T M)^{-1} M^T D$. In Gleichung (6.46) ist M_k bekannt und $\check{D}_i$ sind die gemessenen Punkte mit dem Fehler Δd_i. Dieser Fehler ist normalverteilt mit Mittelwert 0 und Kovarianz Σ_i^D. Sind alle Fehler unabhängig, können wir annehmen, dass diese Kovarianz die Form

$$\mathbf{\Sigma}_i^D = \begin{pmatrix} \sigma^2 & 0 \\ 0 & \sigma^2 \end{pmatrix} \tag{6.49}$$

hat und somit ist auch die Lösung eine Gaussverteilung, deren Kovarianz durch

$$\mathbf{\Sigma}_T = s^2 (\mathbf{M}^T \mathbf{M})^{-1} \tag{6.50}$$

bestimmt ist. s ist eine Schätzung von σ:

$$s^2 = \frac{(\mathbf{D} - \mathbf{M}\hat{\mathbf{T}})^T (\mathbf{D} - \mathbf{M}\hat{\mathbf{T}})}{2N - 3} = \frac{E(\hat{\mathbf{T}})}{2N - 3} . \tag{6.51}$$

Die Formeln (6.50) und (6.51) stellen die gesuchte Kovarianz dar. Sie wurden bereits in Abschnitt 5.3.1 angegeben.

Abbildung 6.16 zeigt die Wirkungsweise von Kartierung durch global konsistentes Scanmatching. Scanmatching ist niemals völlig akkurat (oben) und dadurch summieren sich Registrierungsfehler (Mitte). Globale Ausgleichsrechnung über einen Posegraph minimiert den Gesamtfehler über alle Posen (unten).

6.4.3 6D-Slam

Vollständiges 6D-Slam bestimmt die Poseschätzung mit 6 Freiheitsgraden aus 3D-Sensorinformationen. Die Aufnahme von 3D-Daten ist in der Regel zeitintensiv, wie zum Beispiel das Aufnehmen von 3D-Laserscans, bei der die Umgebungsoberfläche abgetastet wird. 6D-Slam registriert die Daten in einem globalen Koordinatensystem. Dazu wird eine initiale Poseschätzung, beispielsweise Odometrie oder Gyrodometrie, durch den ICP-Algorithmus verbessert. Die 3D-Daten sind so reichhaltig an Information, dass es für kleine Szenen vollkommen ausreichend ist, den ICP-Algorithmus sukzessive anzuwenden. Liegen jedoch sehr viele zu registrierende 3D-Scans vor, muss auch hier Scanmatching-basiertes GraphSlam angewendet werden.

Im Folgenden beschreiben wir zunächst die Erweiterung des ICP-Algorithmus auf 3D-Daten. Im Anschluss daran erweitern wir die Ergebnisse des vorangegangenen Abschnitts auf 3D-Daten und Posen mit 6 Freiheitsgraden.

Das Registrieren von 3D-Scans

Das vollständige Erfassen komplexer Szenen erfordert das Scannen von mehreren Roboterposen aus. Nach dem Scanvorgang werden die aufgenommenen

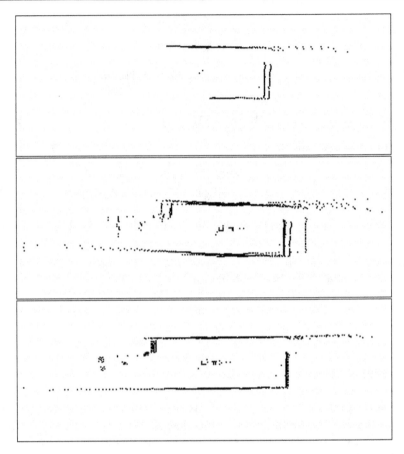

Abbildung 6.16: Kartierung durch global konsistentes Scanmatching. Oben: fehlerbehaftetes Scanmatching zweier Datensätze. Mitte: Akkumulation der Fehler über den gesamten Datensatz. Unten: Ergebnis von Scanmatching-basiertem GraphSLAM.

3D-Scans so aneinandergefügt, dass sie die Objekte und die Szene richtig repräsentieren. Das Aneinanderfügen von Scans in einem gemeinsamen Koordinatensystem heißt Registrieren. Die Bewegung eines Roboters auf natürlichen Untergründen vor allem außerhalb von Gebäuden muss neben der Position auch den Roll-, Gier-, und Nickwinkel berücksichtigen. Die Aufgabe der Registrierung muss daher die 6 Freiheitsgrade respektieren. Die Pose enthält die 6 freien Parameter $(x, y, z, \theta_x, \theta_y, \theta_z)$ und wird durch einen Vektor oder durch eine Matrix angegeben.

Für die Repräsentation von Posen mit 6 Freiheitsgraden bieten sich verschiedene Möglichkeiten an, z.B.

1. Ein 6-Vektor $x = (x, y, z, \theta_x, \theta_y, \theta_z)$, der neben der Position die Eulerwinkel enthält. Bei der Verwendung von Eulerwinkeln tritt der so genannte *Gimbal Lock* auf:

   Eulerwinkel beschreiben drei nacheinander ausgeführten Drehungen, wobei die Drehachse jeweils von den vorherigen Drehungen mitbestimmt wird. Das Problem entsteht dadurch, dass die Achse der ersten Drehung und die der dritten zusammenfallen können. Dann ist nur noch die Summe aus erstem und drittem Winkel ausschlaggebend, verschiedene Kombinationen ergeben also dieselbe Drehung. Damit fehlt unter Umständen ein Freiheitsgrad.

2. Ein Tupel $x = T = (R, t)$, bestehend aus einer 3×3 Rotationsmatrix und einem Translationsvektor $t = (x, y, z)$. Die Rotationsmatrix berechnet sich aus den Eulerwinkeln als $R =$

$$
\begin{pmatrix}
\cos\theta_y \cos\theta_z & -\cos\theta_y \sin\theta_z \\
\cos\theta_z \sin\theta_x \sin\theta_y + \cos\theta_x \sin\theta_z & \cos\theta_x \cos\theta_z - \sin\theta_x \sin\theta_y \sin\theta_z \\
\sin\theta_x \sin\theta_z - \cos\theta_x \cos\theta_z \sin\theta_y & \cos\theta_z \sin\theta_x + \cos\theta_x \sin\theta_y \sin\theta_z
\end{pmatrix}
$$

$$
\begin{pmatrix}
\sin\theta_y \\
-\cos\theta_y \sin\theta_x \\
\cos\theta_x \cos\theta_y
\end{pmatrix}. \tag{6.52}
$$

Umgekehrt müssen wir Algorithmus 6.2 verwenden, um die Eulerwinkel aus einer Matrix R zu berechnen.

Die Schwierigkeit in der Verwendung der Darstellung als Rotationsmatrix und Translationsvektor besteht darin, dass alle Algorithmen die Orthonormalitätsbedingung für die Matrix aufrecht halten müssen.

3. Ein Tupel $x = T = (\dot{q}, t)$, das aus einem Einheitsquaternion $\dot{q}$ und einem Translationsvektor besteht. Quaternionen sind 4-Vektoren, die die komplexen Zahlen erweitern und sich zur Darstellung von Rotationen eignen, weil sie eine Drehachse und einen Winkel repräsentieren. Bei der Verwendung von Quaternionen muss immer darauf geachtet werden, dass der 4-Vektor die Länge 1 besitzt.

Unter mathematischen Gesichtspunkten sind die Rotationsdarstellungen äquivalent, verschiedene Berechnungen lassen sich jedoch unterschiedlich effizient durchführen. Daher ist es oftmals einfacher, die Repräsentationen zu konvertieren, um leistungsfähige Software zu erstellen.

Ist die Position des Scanners und damit jene des Roboters genau bekannt, können die 3D-Scans auf der Grundlage dieser Position registriert werden. Leider ist die Selbstlokalisation des Roboters stets mit einem Fehler behaftet. Das Zusammenfügen der 3D-Scans darf deshalb nicht nur auf der Roboterposition basieren, sondern muss auch auf der Grundlage der 3D-Scans selbst gesche-

---

Algorithmus 6.2: Berechnung der Eulerwinkel aus einer 3×3 Rotationsmatrix.

Eingabe : Rotationsmatrix $\boldsymbol{R}$ mit den Einträgen $r_{i,j}$ für $1 \leq i, j, \leq 3$.

Ausgabe: Eulerwinkel $(\theta_x, \theta_y, \theta_z)$.

1: **if** $r_{1,1} > 0$ **then**
2:    $\theta_y = \arcsin(r_{3,1})$ *// Berechnung der Drehung um y-Achse*
3: **else**
4:    $\theta_y = \pi - \arcsin(r_{3,1})$
5: **end if**
6: $c = \cos(r_{1,2})$
7: **if** $|c| > \varepsilon$ **then**
8:    $a = r_{3,3}/c \qquad b = -r_{3,2}/c$
9:    $\theta_x = \text{atan2}(a, b)$
10:    $a = r_{1,1}/c \qquad b = -r_{2,1}/c$
11:    $\theta_z = \text{atan2}(a, b)$
12: **else**
13:    $\theta_x = 0$ *// Gimbal Lock trat auf*
14:    $a = r_{2,2}/c \qquad b = -r_{1,2}/c$
15:    $\theta_z = \text{atan2}(a, b)$
16: **end if**
17: **return** $(\theta_x, \theta_y, \theta_z)$

---

hen. Das geht auch hier wieder mit Scanmatching wie in Abschnitt 5.3.1, nun allerdings für 3D-Scans.

Der Scanmatchingalgorithmus für 3D-Punkte wurde bereits 1991 veröffentlicht und damit etwas früher als sein Äquivalent in 2D (vgl. Abschnitt 5.3.1), dessen Formulierung wir nun auf 3D-Daten erweitern. Der Scanmatchingalgorithmus für 3D-Punkte ist ebenfalls der ICP-Algorithmus, vergleiche dazu auch Kapitel 5.3.1. Gegeben seien zwei hier unabhängig voneinander aufgenommene 3D-Punktmengen M (Modellmenge, $|M| = N_M$) und D (Datenmenge, $|D| = N_D$), die eine Oberfläche im 3D-Raum repräsentieren. Gesucht ist die Transformation, bestehend aus einer Rotation $\boldsymbol{R}$ und einer Translation $\boldsymbol{t}$, die folgende Fehlerfunktion minimiert (vgl. Gleichung 5.11):

$$E(\boldsymbol{R}_{\text{opt}}, \boldsymbol{t}_{\text{opt}}) = \sum_{i=1}^{N_M} \sum_{j=1}^{N_D} w_{i,j} \left\| \boldsymbol{m}_i - \underbrace{(\boldsymbol{R}_{\text{opt}} \boldsymbol{d}_j + \boldsymbol{t}_{\text{opt}})}_{\substack{\text{transformierter} \\ \text{Punkt } \boldsymbol{d}_j}} \right\|^2 . \tag{6.53}$$

Den Gewichten $w_{i,j}$ wird dabei der Wert 1 zugewiesen, falls der i-te 3D-Punkt der Menge M den gleichen Punkt im Raum beschreibt wie der j-te 3D-Punkt der Menge D. Ist dies nicht der Fall, gilt $w_{i,j} = 0$. Für die Minimierung sind zwei Dinge zu berechnen: Erstens die korrespondierenden Punkte $w_{i,j}$ und zweitens die Transformation $(\boldsymbol{R}_{\text{opt}}, \boldsymbol{t}_{\text{opt}})$, die $E(\boldsymbol{R}, \boldsymbol{t})$ von den errechneten Punktkorrespondenzen ausgehend minimiert. Der ICP-Algorithmus berechnet iterativ die Punkt-Korrespondenzen. In jedem Iterationsschritt wählt der Algorithmus für einen gegebenen 3D-Punkt der Menge D den nächsten 3D-Punkt in M als korrespondierenden Punkt. Beim Bilden dieser Korre-

---

Algorithmus 6.3: 3D-Scanmatching: Registrierung von Scan D an M, gebildet aus dem Vorgänger-Scan oder mehreren akkumulierten Vorgänger-Scans. Optional kann eine initiale Poseschätzung beispielsweise mittels Odometrie einfließen.

Eingabe : Scan M, Scan D.

Ausgabe: Transformation als Tupel $T = (R, t)$ aus einer Rotationsmatrix R und Translationsvektor t, die D mit M registriert.

1: **if** initiale Poseschätzung existiert **then**
2:     Setze T gleich dem geschätzten Poseversatz
3:     Transformiere D um T
4: **else**
5:     $T = (1, 0)$
6: **end if**
7: **repeat**
8:     Bestimme die Paarungen korrespondierender Punkte mittels ICP-Regel
9:     Berechne die optimale Transformation (R_{opt}, t_{opt}) durch Minimierung der Fehlerfunktion (6.53) mit Hilfe des Theorems 2 und der Gleichung (6.64)
10:     $T = (R_{opt} R, \ R_{opt} t + t_{opt})$ // *Aktualisierung der Transformation*
11:     Transformiere D mit (R_{opt}, t_{opt})
12: **until** Transformations-Inkrement (R_{opt}, t_{opt}) ist betragsmäßig unter einer Grenze.
13: **return** T

---

spondenzen kommt in der implementierten Programmfassung ein Schwellwert *dmax* für den maximal zulässigen Abstand zum Einsatz. Nur wenn dieser nicht überschritten wird, bildet man das Punktpaar. Anschließend berechnet der ICP-Algorithmus die Transformation, die die Gleichung (6.53) minimiert. Die Annahme ist, dass die Punktkorrespondenzen in der letzten Iteration korrekt sind. Der vollständige Algorithmus zum Registrieren von 3D-Scans ist als Algorithmus 6.3 angegeben. Abbildung 6.17 zeigt das Registrieren zweier 3D-Scans.

Der Unterschied der Fehlerfunktion (6.53) zu (5.11) im Abschnitt 5.3.1 ist lediglich, dass nun Punkte aus $\mathbb{R}^3$ verwendet werden. Weiterhin zielen die Kartierungsalgorithmen darauf ab, durch sukzessives Scanmatching das Problem der gleichzeitigen Lokalisierung und Kartierung zu lösen. Algorithmen, die die Fehlerfunktion (6.53) minimieren, müssen nun jedoch gültige Rotationsmatrizen erzeugen, d.h. R_{opt} muss orthonormal sein. Analog der Argumente im Beweis des Lemmas 5 lässt sich die Berechnung der Rotation von der Berechnung der Translation entkoppeln und folgende Fehlerfunktion entsteht:

$$\hat{E}(R_{opt}) = \sum_{i=1}^{N} \bar{p}_i \cdot R_{opt} \bar{p}_i' \, . \tag{6.54}$$

Ein beliebtes, da einfach zu implementierendes, Verfahren zur Minimierung obiger Fehlerfunktion basiert auf der Singulärwertzerlegung. Die Rotation R_{opt} wird als orthonormale 3×3 Matrix ausgedrückt. Der folgende Satz liefert die Methode.

Abbildung 6.17: Das Registrieren von 3D-Scans. Die Szene zeigt 3D-Scans aufgenommen auf dem Domshof in Bremen. Links: Darstellung der 3D-Punktwolke. Rechts:
Ansicht von oben. Oben: Initiale Lage der 3D-Scans basierend auf groben Schätzungen. Mitte: Ergebnis nach 5 iterationen des ICP-Algorithmus. Unten: Registrierung
nach der Terminierung des ICP-Algorithmus.

Theorem 2. *Die optimale Rotation ergibt sich als* $\boldsymbol{R}_{opt} = \boldsymbol{V}\boldsymbol{U}^T$. *Dabei stammen* $\boldsymbol{V}$ *und* $\boldsymbol{U}$ *aus der Singulärwertzerlegung* $\boldsymbol{H} = \boldsymbol{U}\boldsymbol{\Lambda}\boldsymbol{V}^T$ *einer Korrelationsmatrix* $\boldsymbol{H}$. *Die* 3×3 *Korrelationsmatrix* $\boldsymbol{H}$ *ist dabei gegeben durch*

$$\boldsymbol{H} = \sum_{i=1}^{N} \boldsymbol{p}_i \boldsymbol{p}_i'^T = \begin{pmatrix} S_{xx} & S_{xy} & S_{xz} \\ S_{yx} & S_{yy} & S_{yz} \\ S_{zx} & S_{zy} & S_{zz} \end{pmatrix}, \tag{6.55}$$

mit $S_{xx} = \sum_{i=1}^{N} p'_{ix}p_{ix}$, $S_{xy} = \sum_{i=1}^{N} p'_{ix}p_{iy}$, ...

Beweis. Gleichung (6.54) lässt sich umschreiben zu

$$\hat{E}(\boldsymbol{R}_{\text{opt}}) = \sum_{i=1}^{N} \boldsymbol{p}_i'^T \boldsymbol{R}_{\text{opt}} \boldsymbol{p}_i$$
$$= \text{Spur} \sum_{i=1}^{N} \boldsymbol{R}_{\text{opt}} \boldsymbol{d}_i' \boldsymbol{m}_i'^T = \text{Spur}\, \boldsymbol{R}_{\text{opt}} \boldsymbol{H} \ . \tag{6.56}$$

Dazu muss die Matrix $\boldsymbol{H}$ wie in (6.55) definiert sein.

Lemma 7. *Für jede positiv definite Matrix* $\boldsymbol{A}\boldsymbol{A}^T$ *und jede orthonormale Matrix* $\boldsymbol{B}$ *gilt:*

$$\text{Spur}\, \boldsymbol{A}\boldsymbol{A}^T \geq \text{Spur}\, \boldsymbol{B}\boldsymbol{A}\boldsymbol{A}^T. \tag{6.57}$$

Beweis. Sei $\boldsymbol{a}_i$ die i-te Spalte von $\boldsymbol{A}$. Damit lässt sich errechnen:

$$\text{Spur}\, \boldsymbol{B}\boldsymbol{A}\boldsymbol{A}^T = \text{Spur}\, \boldsymbol{A}^T \boldsymbol{B}\boldsymbol{A}$$
$$= \sum_{i=1}^{N} \boldsymbol{a}_i^T (\boldsymbol{B}\boldsymbol{a}_i^T) \ . \tag{6.58}$$

Durch die Ungleichung von Cauchy-Schwarz gilt:

$$\boldsymbol{a}_i^T (\boldsymbol{B}\boldsymbol{a}_i) \leq \sqrt{(\boldsymbol{a}_i^T \boldsymbol{a}_i)(\boldsymbol{a}_i^T \boldsymbol{B}^T \boldsymbol{B}\boldsymbol{a}_i)} = \boldsymbol{a}_i^T \boldsymbol{a}_i \ . \tag{6.59}$$

Damit ergibt sich Spur $\boldsymbol{B}\boldsymbol{A}\boldsymbol{A}^T \leq \sum_{i}^{N} \boldsymbol{a}_i^T \boldsymbol{a}_i = \text{Spur}\, \boldsymbol{A}\boldsymbol{A}^T$ und die Behauptung des Lemmas. $\square$

Sei nun die Singulärwertzerlegung von

$$\boldsymbol{H} = \boldsymbol{U}\boldsymbol{\Lambda}\boldsymbol{V}^T \ , \tag{6.60}$$

wobei $\boldsymbol{U}$ und $\boldsymbol{V}$ orthonormale 3×3 Matrizen und $\boldsymbol{\Lambda}$ eine 3×3 Diagonalmatrix ohne negative Einträge ist. Sei jetzt

$$R_{\mathrm{opt}} = VU^T \,. \tag{6.61}$$

Offensichtlich ist R orthonormal und es ergibt sich

$$
\begin{aligned}
R_{\mathrm{opt}} H &= VU^T U \Lambda V^T \\
&= V \Lambda V^T
\end{aligned} \tag{6.62}
$$

als eine symmetrische und positiv definite Matrix. Mit Lemma 7 gilt für jede 3×3 orthonormale Matrix B:

$$\mathrm{Spur}\, R_{\mathrm{opt}} H \geq \mathrm{Spur}\, B R_{\mathrm{opt}} H. \tag{6.63}$$

Daher ist R_{opt} diejenige 3×3 orthonormale Matrix, die (6.56) maximiert und somit die gewünschte Rotation für (6.54) und (6.53). $\square$

Nachdem eine Lösung für die Rotation R_{opt} bestimmt ist, ergibt sich die Translation t nach Formel (6.53) als

$$t_{\mathrm{opt}} = c_m - R_{\mathrm{opt}} c_d \,. \tag{6.64}$$

Der Algorithmus 6.3 ist sehr rechenintensiv. Die Scanmatchingschleife in den Zeilen 7–12 wird solange durchlaufen, bis der Algorithmus konvergiert. Zunächst müssen Punktpaare gebildet werden. Für jeden 3D-Punkt in der Menge D muss der nächste Nachbar in der Menge M bestimmt werden. Der naive Ansatz, für jeden Punkt in D alle Punkte in M zu betrachten, führt zu quadratischer Rechenzeit ($\mathcal{O}(N_d N_m)$) und ist daher in realen Anwendungen nicht praktikabel. Neben Punktreduktionen, die auf Octrees beruhen (vgl. Anhang B.2.3), kommen üblicherweise kD-Bäume (vgl. Anhang B.2.1) zum Einsatz, mit denen sich nächste Nachbarn in logarithmischer Zeit bestimmen lassen. Die Gesamtrechenzeit ergibt sich dann zu $\mathcal{O}(N_d \log N_m)$.

In jedem Schleifendurchlauf wird weiterhin die Transformation errechnet. Die Rechenzeit dafür hängt von der Anzahl der korrespondierenden Punkte ab und ist in linearer Zeit möglich, da für die Matrixeinträge in H nur summiert werden muss.

Scanmatching-basiertes GraphSLAM für 3D-Scans

Mit Algorithmus 6.3 sind wir in der Lage, 3D-Scans zu registrieren. Wendet man diesen Algorithmus auf viele 3D-Scans an, akkumulieren wieder Fehler und globale Ausgleichsrechnung wird benötigt. GraphSLAM hilft dies zu vermeiden. Dazu wird ein Graph aus überlappenden Posen gebildet. Anschließend muss das Verfahren in Abschnitt 6.4.2 auf sechs Freiheitsgrade erweitert werden. Die Posen werden als 6-Vektoren $x = (x, y, z, \theta_x, \theta_y, \theta_z)$ dargestellt.

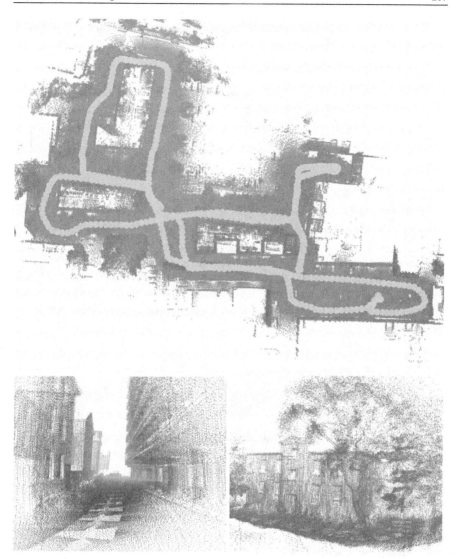

Abbildung 6.18: Oben: Große 3D-Punktwolke in einer Aufsicht. Der Roboterpfad
ist hellgrau dargestellt. Unten: Detaildarstellungen.

Da die Rechnungen analog ablaufen, beschränken wir uns darauf, die Formeln anzugeben:

$$H =$$

$$\begin{pmatrix}
1 & 0 & 0 & 0 & -\bar{z}\cos(\bar{\theta}_x) + \bar{y}\sin(\bar{\theta}_x) & \bar{y}\cos(\bar{\theta}_x)\cos(\bar{\theta}_y) + \bar{z}\cos(\bar{\theta}_y)\sin(\bar{\theta}_x) \\
0 & 1 & 0 & \bar{z} & -\bar{x}\sin(\bar{\theta}_x) & -\bar{x}\cos(\bar{\theta}_x)\cos(\bar{\theta}_y) + \bar{z}\sin(\bar{\theta}_y) \\
0 & 0 & 1 & -\bar{y} & \bar{x}\cos(\bar{\theta}_x) & -\bar{x}\cos(\bar{\theta}_y)\sin(\bar{\theta}_x) - \bar{y}\sin(\bar{\theta}_y) \\
0 & 0 & 0 & 1 & 0 & \sin(\bar{\theta}_y) \\
0 & 0 & 0 & 0 & \sin(\bar{\theta}_x) & \cos(\bar{\theta}_x)\cos(\bar{\theta}_y) \\
0 & 0 & 0 & 0 & \cos(\bar{\theta}_x) & -\cos(\bar{\theta}_y)\sin(\bar{\theta}_x)
\end{pmatrix}$$

$$M_i = \begin{pmatrix}
1 & 0 & 0 & 0 & -p_{y,i} & p_{z,i} \\
0 & 1 & 0 & -p_{z,i} & p_{x,i} & 0 \\
0 & 0 & 1 & p_{y,i} & 0 & -p_{x,i}
\end{pmatrix}. \tag{6.65}$$

Abbildung 6.18 zeigt eine 3D-Punktwolke, die aus 468 3D-Scans besteht. Hierbei wurden zunächst die 3D-Scans sukzessive registriert und falls eine Schleife geschlossen wurde, d.h. wenn eine Position erreicht wurde, an der der Roboter schon einmal einen 3D-Scan ausgenommen hat, wurde globale Ausgleichsrechnung angewandt.

Bemerkungen zur Literatur

Mit dem Erscheinen mobiler Roboter war die Erstellung von Umgebungskarten ein wichtiger Gesichtspunkt. Erst die Lösung des SLAM-Problems garantiert, dass autonome Roboter in unbekannten Umgebungen operieren können. Erste Algorithmen zur Lösung von SLAM wurden von Moravec und Elfes [ME85] angegeben. Die Versuche, das SLAM-Problem zu lösen, haben einen wesentlichen Beitrag zum Erfolg probabilistischer Methoden in der Robotik beigetragen. Dies mündete in der Aussage von S. Thrun, dass alle aktuellen Methoden probabilistisch sind [Thr02].

2001 wurde SLAM unter Verwendung von Kalman-Filtern entwickelt und die Sätze über die theoretisch erreichbaren Genauigkeiten wurden von Dissanayake et al. bewiesen [DNC+01]. Eine Herleitung von EKF-SLAM sowie der Algorithmus in Pseudocode findet sich in [TBF05], da eine ausführliche Diskussion den Rahmen dieses Buches sprengen würde.

Die für FastSLAM benötigte Faktorisierung wurde erstmals 1999 von Murphy [MR01] durchgeführt. Partikelfilter zur Lösung von SLAM wurden in einer Dissertation von M. Montemerlo entwickelt [Mon03], unter Ausnutzung der Beobachtung, dass die Positionen der Landmarken unabhängig voneinander sind, gegeben die Roboterposen. Die Erweiterung auf Rasterkarten stammt von Grisetti et al. [GSB05]. Es existieren sehr viele Arbeiten zur Laufzeit-reduktion von FastSLAM, zum Beispiel erreicht man logarithmische Laufzeit des Resampling-Schritts des Partikelfilters durch geeignete baumartige Datenstrukturen [GTS+06].

GraphSLAM-Methoden werden seit langem in der Vermessungstechnik eingesetzt und haben wesentlich zur Entwicklung der linearen Ausgleichsrechnung durch C. F. Gauss beigetragen. Die derzeit in der Robotik übliche rechenweise mit Verbund-Operator (*compound operator*) wurde erstmals von Smith, Self und Cheseman eingeführt [SSC90]. Die Anwendung auf 2D-Laserscans wurde von Lu und Milios 1997 präsentiert [LM97a]. Die Erweiterung dieses Verfahrens auf 3D-Laserscans und Roboterposen mit 6 Freiheitgraden wurde zuerst in [BEL+08] veröffentlicht und hier befinden sich die Herleitungen für die in Abschnitt 6.4.3 angegebenen Formeln für Scanmatching-basiertes GraphSLAM. Eine ausführliche Diskussion von GraphSLAM mit Merkmalen findet sich in [Fre06], [Fre08] und in [TBF05].

Alle Variationen von SLAM, d.h. GraphSLAM, EKF-SLAM und SLAM mit dünn-besetzten erweiterten Informationsmatrizen (engl. *Sparse Extended Information Filters, SEIFs*) hängen eng miteinander zusammen. Einen guten Überblick gibt [Fre06], an dem wir uns hier orientiert haben.

3D-Scan-Registrierung mit ICP-Algorithmus wurde 1991 unabhängig voneinander von 3 Arbeitsgruppen entwickelt, nämlich von Besl und McKay [BM92], Chen und Medioni [CM92] und Zhang [Zha94, Zha92]. Für die Minimierung der ICP-Fehlerfunktions-Gleichung (6.53) wurden vier geschlossene Lösungs-methoden vorgeschlagen [AHB87, Hor87, HHN88, WSV91], wobei wir die erste und einfachste Lösungsvariante von Arun, Huang und Blostein [AHB87] in diesem Kapitel vorgestellt haben.

Bei der Arbeit mit Roboterposen mit 6 Freiheitsgraden müssen Rotationen im 3D-Raum berücksichtigt werden. Unter mathematischen Gesichtspunkten sind die Rotationsdarstellungen äquivalent, verschiedene Berechnungen lassen sich jedoch unterschiedlich effizient durchführen [Die06]. Eine Diskussion von Quaternionen findet sich auch in [Nüc09] und [NESP10].

Aufgaben

Für die folgenden Aufgaben benötigen Sie Sensordaten. Diese können natürlich mit eigener Hardware aufgenommen werden. Alternativ stehen auf http://www.mobile-roboter-dasbuch.de Daten zur Bearbeitung der Aufgaben bereit. Darüber hinaus finden Sie dort auch eine Anleitung, um eine eigene Simulationsumgebung aufzubauen.

Übung 6.1. Diese Aufgabe baut auf Aufgabe 5.2 auf. Verwenden Sie 2D-Scanmatching, um eine Karte aufzubauen. Dazu sollte Ihr Programm alle gegebenen Scans einladen und inkrementell matchen, d.h. Scan 2 gegen Scan 1, Scan 3 gegen Scan 2, Scan 4 gegen Scan 3, etc. Die Pose des vorangegangenen 2D-Scans soll dabei als initiale Schätzung dienen.

Nachdem Sie alle Scans registriert haben haben, fügen Sie jeden 10-ten Scan in eine Punktwolke ein. Wo und warum gibt es hier Probleme?

Übung 6.2. Verwenden Sie das Ergebnis der vorangegangenen Aufgabe, um den Algorithmus „Kartierung mit bekannten Posen" durchzuführen. Da die Eingaben präzise Laserscans waren, bietet es sich an, das inverse Sensormodell durch das Zeichnen einer Linie vom Scanner zum Endpunkt zu ersetzen. Als Datenstruktur ist es günstig, ein .ppm bzw. .pgm-Bild zu verwenden.

Übung 6.3. Erweitern Sie das Programm aus Aufgabe 6.1 auf global konsistentes 2D-Scanmatching. Als Startschätzung verwenden Sie das Ergebnis des inkrementellen Scanmatchings. Für das Lösen dieser Aufgabe müssen Sie einen Graphen erstellen, beispielsweise wie folgt: Sie vergleichen alle vorregistrierten Scans paarweise miteinander und fügen einen Link dem Graphen hinzu, sobald es mehr als N korrespondierende nächste Punkte gibt.

Übung 6.4. Implementieren Sie das Registrieren von 3D-Scans. Verwenden Sie Theorem 2 zur Bestimmung der optimalen Rotation und Gleichung (6.64) für die optimale Translation. Für die Suche nach nächsten Punkten bietet sich die Bibliothek ANN (*Approximate Nearest Neigbor*) [MA] an.

Übung 6.5. Installieren Sie das „3DTK – 3D Toolkit" [BLNe] und führen Sie die Beispiele aus der README aus. Anschließend verwenden Sie das Programm slam6D, um die 2D-Scans aus Aufgabe 5.2 zu registrieren. Da Sie hier 2D-Daten verwenden, slam6D jedoch auf 3D-Daten optimiert ist, treten numerische Effekte deutlich zu Tage. Versuchen Sie folgenden Programmaufruf, um die ersten 2000 Scans zu registrieren:

```
bin/slam6D -s 1 -e 2000 -f front ~/dat -i 200 --algo=6
        --epsICP=0.000001 -p --metascan
bin/show -s 1 -e 2000 -f front ~/dat
```

Was bedeuten die Parameter? Betrachten Sie die Szene in einer Darstellung von oben. Warum treten Fehler auf?

7

Navigation

7.1 Hintergrund

Die im letzten Kapitel besprochene Kartenerstellung mit Robotern erfordert nicht nur, das Problem des gleichzeitigen Lokalisierens und Kartierens zu lösen, sondern setzt auch eine übergeordnete Strategie zur Exploration voraus. Im Allgemeinen basiert jedes zielorientierte Handeln auf einer Form von Planung: Wo will ich hin? und Wie komme ich dahin? Besteht bei einem mobilen Roboter das Handeln wesentlich darin, von A nach B zu fahren, muss dafür der räumliche Weg geplant werden; ist ein Zielpunkt B nicht vorgegeben, ist er zuvor zu bestimmen; und schließlich soll der Roboter beim Fahren des geplanten Weges unvorhergesehenen Hindernissen ausweichen. Bezogen auf mobile Roboter werden alle diese Aufgaben unter dem Begriff *Navigation* subsumiert.

Wie werden aber Pläne für Roboter aufgestellt und ihre Ausführung überwacht? Wir haben in den vorangegangenen Kapiteln gesehen, dass im Allgemeinen Informationen, die einem Roboter zur Verfügung stehen, unvollständig und unsicher sind – darauf muss planbasierte Kontrolle speziell Rücksicht nehmen. Einen Weg von A nach B geplant zu haben, soll zum Beispiel nicht heißen, dass der Roboter alles plattfährt, das zur Planungszeit nicht bekannt war, aber zur Ausführungszeit im Weg steht. Der Einsatz eines Planungsmoduls in der Roboterkontrolle bedeutet also nicht, dass der Roboter auf einem

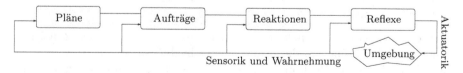

Abbildung 7.1: Modulkette zur Roboterkontrolle. Die ungerichteten Verbindungen zwischen den Stufen deuten eine gegenseitige Beeinflussung der Funktion der entsprechenden Stufen an.

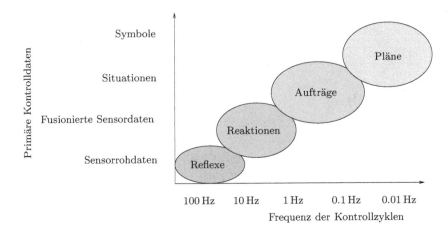

Abbildung 7.2: Größenordnungen der Kontrollzyklusfrequenzen.

einmal entwickelten Plan bestehen soll – es muss weitere Module geben, welche den Plan bei Ausführung an die am Ende vorgefundenen Verhältnisse anpassen. „Anpassen" bedeutet nicht, den Plan beim ersten unvorhergesehenen Ereignis aufzugeben: Steht bei der Fahrt durch den Flur ein Papierkorb im Weg, sollte er verschoben oder umfahren werden.

Es ist ein schwieriges und derzeit nicht allgemein gelöstes Problem, die Information aus einem Plan, also zum Beispiel einen geplanten Fahrweg, in der Roboterkontrolle zusammenzubringen mit den Erfordernissen, auf unvorhergesehene Ereignisse vom Plan abweichend zu reagieren, ohne dabei den Plan insgesamt aus den Augen zu verlieren. Das Thema wird allgemeiner in Kapitel 9 behandelt. Für den Augenblick verwenden wir statt der einfachen Regelschleife zur Roboterkontrolle aus Abbildung 1.1 eine Version in kaskadierter Form, siehe Abbildung 7.1. Diese Abbildung lässt offen, wie sich benachbarte Komponenten genau beeinflussen. Grundsätzlich geht die Beeinflussung in beide Richtungen: Ein Pfadplan bestimmt zum Beispiel den nächsten Fahr-Auftrag; Information aus der Ausführung eines Fahrauftrags geht aber auch zurück in den Pfadplan, insbesondere wenn der Auftrag zum Beispiel an einer unvorhergesehen verschlossenen Tür scheitert. Wir werden für die Beeinflussung in diesem Kapitel einige Beispiele sehen; das Thema wird ebenfalls in Kapitel 9 behandelt.

In der dargestellten Modulkette wird die Regelung je nach den Zeitskalen und Abstraktionsebenen, die in den unterschiedlichen Stufen relevant sind, in Pläne, Aufträge, Reaktionen und Reflexe eingeteilt. Abbildung 7.2 gibt die Größenordnungen der entsprechenden Zeiten an. Pläne am „langen Ende" gelten langfristig und müssen dafür auch nur von Zeit zu Zeit überprüft und aktualisiert werden. Durch Reaktionen und Reflexe dagegen soll sich die

Roboterkontrolle sehr schnell auf Bedingungen in der Umgebung einstellen: Mit entsprechend hohen Frequenzen müssen sie die aktuellen Sensordaten aus der Umgebung auswerten. Mit der Zeitauflösung der Kontrollzyklen variiert die Granularität, in der die Roboteraktion auf den entsprechenden Stufen beschrieben und behandelt wird: Feiner Zeitauflösung entspricht eine feine Auflösung der Aktionsbeschreibung; grober Zeitauflösung ein hoher Abstraktionsgrad.

Reflexe wandeln am schnellsten Sensorsignale in Steuersignale um. Oftmals sind sie sogar in Hardware implementiert. Extreme Beispiele sind Not-Aus-Schalter, Kontaktsensoren oder Schutzfelder eines Laserscanners. Hier stoppt der Roboter sofort, indem die Motoren blockiert werden. Reflexe überschreiben hart andere Steuersignale.

Reaktionen verwenden ebenfalls Sensorsingale für die Kontrolle, diese können aber vorverarbeitet und fusioniert sein. Reaktionen bilden die Basis für die sogenannte *verhaltensbasierte Robotik* (engl. *behavior-based robotics*). Der Name kommt daher, dass jede einzelne Reaktion in Form eines kleinen Software-Moduls implementiert ist, die *behaviors*, auf Deutsch also etwa: Verhaltensbausteine heißen. Jeder Verhaltensbaustein wartet im Prinzip permanent aktiv darauf, durch die passenden Sensorsignale angestoßen zu werden und seinen Beitrag zur laufenden Aktion des Roboters zu liefern. Im Zusammenspiel mit den Beiträgen aller anderer Verhaltensbausteine ergibt sich das Gesamt-Verhalten des Roboters. Die verhaltensbasierte Robotik ist ein Thema in Kapitel 9.

Manche Aufgaben lassen sich mittels rein reaktiver Kontrollsysteme auch ohne darüber liegende Auftrags- oder Plankomponenten elegant und leicht lösen – interessanterweise gerade auch grundlegende Aufgaben, die Teil der Kontrolle jedes mobilen Roboters sein müssen, wie Hindernisvermeidung oder präzises Anfahren einer Zielpose. Andere wichtige Aufgaben lassen sich aber nur mit viel gutem Willen als reaktiv interpretieren: Ein Beispiel ist das Finden eines kürzesten Weges von der aktuellen Pose zu einem Zielpunkt basierend auf einer Karte, die zum Beispiel mit den Methoden aus dem vorigen Kapitel erzeugt wurde. Folgendes Vorgehen erscheint hier plausibel: Ein Modul zur *Wegeplanung* findet nach Karte (und ohne Berücksichtigung der laufenden Sensordaten) einen Weg von der aktuellen Pose zum Ziel; dieser Weg wird geeignet in Etappen oder Unter-Fahraufträge eingeteilt („Von hier zur Flurtür", „Von der Flurtür zum Fahrstuhl", „Vom Fahrstuhl zum ..."), und diese *Aufträge* werden einer nach dem anderen abgearbeitet, wobei reaktive Module darauf achten, Hindernisse zu umfahren, nicht an den Etappenzielen vorbeizufahren und dergleichen. Eine solche Aufteilung ist mit der Modulkette in Abbildung 7.1 gemeint.

Im Rest dieses Kapitels behandeln wir die Kontrollstufen von hoher zu niedriger Frequenz. Dabei beziehen wir uns primär auf Aktionen, die mit Roboternavigation zu tun haben, dem grundlegenden Handlungsfeld für mobile Roboter.

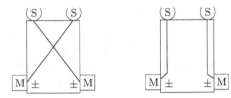

Abbildung 7.3: Einfache Braitenberg-Vehikel.

Zum Abschluss streifen wir kurz Handlungsplanung für Roboter, bei der die Handlungen nicht eingeschränkt sind auf Navigation, wie etwa in den Beispielen für einen imaginären Haushaltshilfsroboter „Sauge das Wohnzimmer" und „Hol den Kuchen aus dem Ofen, wenn er gar ist".

7.2 Navigation auf Basis von Reflexen: Braitenberg-Vehikel

Braitenberg-Vehikel, benannt nach ihrem Erfinder Valentino Braitenberg, sind mit Sensoren ausgestattete physische künstliche „Wesen", an denen komplexe Verhalten beobachtet werden können.[1] Abbildung 7.3 zeigt zwei einfache differentialgetriebene Roboter als Beispiele. Die Motoren sind direkt mit den Sensoren verbunden, die umgebungsabhängig einen skalaren Wert liefern – also zum Beispiel Helligkeitssensoren. Je nach Einstellung des Vorzeichens ± entspricht ein erhöhtes Sensorsignal einer erhöhten (Fall: +) oder einer reduzierten Motordrehzahl (Fall: −). Abbildung 7.3 zeigt weiterhin zwei Varianten der Kopplung. Zum einen kann der linke Sensor mit dem linken Rad, bzw. der rechte Sensor mit dem rechten Rad gekoppelt werden, zum anderen kann die Information diagonal übertragen werden, d.h. der linke Sensor mit dem rechten Rad und der rechte Sensor mit dem linken Rad.

Verwendet man nun eine Lichtquelle und Helligkeitssensoren, lassen sich verschiedene Verhaltensmuster beobachten. Abbildung 7.4 zeigt vier Vehikel, die auf die Lichtquelle auffahren bzw. ihr ausweichen – gewissermaßen „aggressive" und „aversive" Vehikel.

Verwendet man statt Helligkeitssensoren Abstandssensoren, entstehen Vehikel, die immer in den Freiraum navigieren. Da es oftmals nicht genügt, den Freiraum mit nur zwei Sensoren zu erfassen (vgl. Abbildung 7.4), fusioniert das

---

[1] Tatsächlich beschreibt und diskutiert Braitenberg in [Bra86] nur *Gedankenexperimente* zu solchen physischen Vehikeln, ohne dass sie tatsächlich körperlich gebaut werden müssen, und argumentiert auf Basis dieser Gedankenexperimente. Zumindest einige Vehikel sind aber so einfach, dass sie leicht nachgebaut werden können. Siehe Übungen am Ende dieses Kapitels.

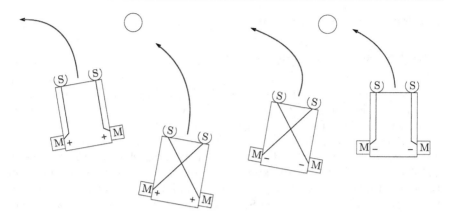

Abbildung 7.4: Verhalten einfacher Braitenberg-Vehikel. Erklärungen im Text.

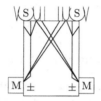

Abbildung 7.5: Komplexes Braitenberg-Vehikel.

Roboterkontrollprogramm zunächst die Werte einzelner Sensoren und leitet daraus Steuersignale für die Motoren ab (vgl. Abbildung 7.5).

Durch Einsatz mehrerer Sensoren und deren unterschiedliche Gewichtung bezüglich der Motoren des Differentialantriebs lassen sich „aggressive", „neugierige", „ängstliche" und „zutrauliche Vehikel" konstruieren (vgl. Abbildung 7.5), und es ist Teil der Faszination von Braitenbergs Originalarbeit [Bra86], dass er mit solch komplexen Verhaltensinterpretationen der minimalistisch konstruierten Vehikel spielt. Behalten wir im Sinn, dass höchst schlichte Roboterkontrollprogramme (hier sogar: Kontrollschaltungen) in einer passenden Umgebung zu Gesamtverhalten führen können, das einem Betrachter kompliziert vorkommt und das in mentalistischen, emotionalen oder intentionalen Kategorien interpretiert werden kann. Der Umkehrschluss, dass z.B. alles intentionale Verhalten durch solch minimalistische Kontrollschaltungen erklärbar sei, ist durch Braitenbergs Gedankenexperimente natürlich nicht bewiesen.

7.3 Reaktive Navigation

7.3.1 Freiraumnavigation mit Spurfahrt

Für einen Roboter, der durch ein Gebäude fährt, ist es grundsätzlich eine gute Idee, immer dort entlang zu fahren, wo der Raum weit und frei von Hindernissen ist. Für diese Freiraumnavigation gib es mehrere Ansätze. Als Beispiel präsentieren wir hier einen einfachen Fuzzy-Regler. Als Grundidee soll er in den freien Raum steuern und dabei die zuletzt eingestellte Richtung relativ stabil halten, damit die Trajektorie nicht oszilliert. Kontrollprogramme auf Basis von Reflexen oder Reaktionen ohne Dämpfung, das heißt mit direkter Reaktion auf den jeweils letzten Sensordatensatz, tendieren genau zu solcher Oszillation: wenn nämlich schon kleine Änderungen der Messwerte zu schnell und zu heftig in Änderungen der Stellgrößen resultieren. Dieses Phänomen ist aus der Regelungstechnik bekannt (vgl. Anhang C).

Eine Fuzzy-Regel in 181 Ausprägungen (vgl. Formel (7.1)) bestimmt in diesem Regler die zu fahrende Richtung, gegeben die 181 Messwerte eines Laserscanners. Die i-te Regel wendet der Regler auf den i-ten Abstandswert an:

WENN (Winkel_i ist in Fahrtrichtung) UND
    (Entfernung_i ist groß)   (7.1)
    DANN fahre in diese Richtung.

Das Fuzzy-UND ist als Multiplikation der verknüpften Fuzzy-Werte implementiert. Abbildung 7.6 zeigt die Definitionen der beiden Fuzzy-Prädikate „ist in Fahrtrichtung" und „ist groß" in den Fuzzy-Regeln (7.1).

Die zu fahrende Richtung α ergibt sich aus der gewichteten Addition aller i Richtungsvektoren; d.h. aus den Messwerten $\{(\varphi_i, r_i)\}_{i=1,\ldots,181}$ wird α durch

$$\alpha = \operatorname{atan2}\left(\sum_{i=1}^{181} \sin(\varphi_i) \cdot f_1(\varphi_i) \cdot f_2(r_i), \sum_{i=1}^{181} \cos(\varphi_i) \cdot f_1(\varphi_i) \cdot f_2(r_i)\right) \quad (7.2)$$

berechnet. Die Funktionen f_1 und f_2 stehen für die beiden Fuzzy-Prädikate „ist in Fahrtrichtung", „ist groß". Die Drehgeschwindigkeit ω_{ref} für die Motorenregelung ist direkt proportional zu α.

Um auch bei hohen Geschwindigkeiten sicher fahren zu können, wenden wir folgenden Algorithmus für die Bestimmung der zu fahrenden Geschwindigkeit an: Eine virtuelle Straße definiert sich abhängig von der Roboterbreite (vgl. Abbildung 7.7). Falls sich auf dieser Straße kein Hindernis vor dem Roboter befindet, wird die Stellgröße v_{ref} auf v_{max} gesetzt. Falls ein Hindernis näher als dto_{max} auf der virtuellen Straße detektiert wird, skaliert sich die Geschwindigkeit durch $v_{\mathrm{ref}} = dto/dto_{\mathrm{max}} \, v_{\mathrm{max}}$, wobei dto die gemessene Distanz zum

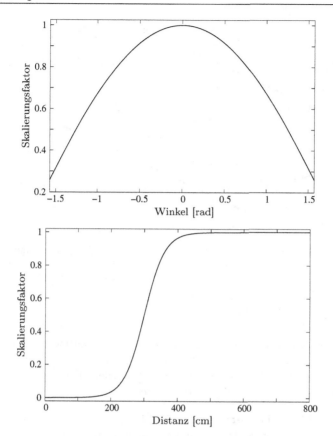

Abbildung 7.6: Definitionen der Fuzzy-Prädikate in den Gleichungen (7.1), (7.2). Oben: „ist in Fahrtrichtung" wichtet die Orientierung (abgekürzt als f_1 in Gleichung (7.2)); der Eingabewinkel liegt in Roboterkoordinaten vor, d.h. 0 deg entspricht geradeaus. Unten: „ist groß" (f_2 in Gleichung (7.2)) wichtet die Abstandswerte.

Hindernis (*distance to obstacle*) ist. Nun steuert die Fuzzy-Regelung den Roboter um Hindernisse. Liegt *dto* unter einer definierten Schwelle dto_{min} (zum Beispiel dadurch, dass plötzlich eine Person in den Weg tritt), wird v_{ref} auf 0 gesetzt und ω_{ref} erhält einen konstanten Wert. Dadurch dreht sich der Roboter vom Hindernis weg, bis die virtuelle Straße wieder frei ist. Plausible Konstanten sind beispielsweise: $dto_{\text{min}} = 50$ cm, $dto_{\text{max}} = 600$ cm, mit einer maximalen Geschwindigkeit v_{max} von 4 m/s.

Das Verfahren zur Freiraumnavigation ist duch Spurfahren im Straßenverkehr inspiriert. Hindernisse, die nicht in der Spur des Autos liegen, Autos auf der Gegenfahrbahn zum Beispiel, haben keinen Einfluss auf die Geschwindigkeit und sollten den gefahrenen Weg des Autos nur minimal beeinflussen.

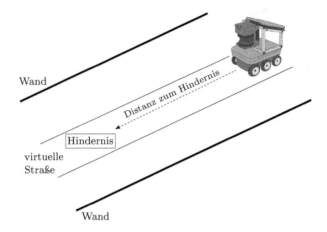

Abbildung 7.7: Um sicher zu navigieren, wird die Stellgröße Geschwindigkeit v_{ref} als Funktion des Abstandes eines Hindernisses auf einer virtuellen Straße berechnet.

7.3.2 Konturverfolgung

Im Gegensatz zur Freiraumnavigation versucht die Konturverfolgung, den Roboter an einem Objekt, z.B. einer Wand, entlangzubewegen. Dabei sollte möglichst ein gegebener Abstand d eingehalten werden. Folgende Regeln lassen sich benutzen, um auf den Abstand d zu regeln:

$$\text{WENN (Entfernung zur Wand} > d)$$
$$\text{DANN drehe in Richtung Wand.}$$
$$\text{WENN (Entfernung zur Wand} < d)$$
$$\text{DANN drehe von der Wand weg.}$$

$$(7.3)$$

Ungedämpftes Zusammenspiel dieser Regeln resultiert in oszillierendem Verhalten: Der Roboter pendelt immer um den vorgegebenen Abstand d an der Kontur entlang. Die Regelungstechnik (vgl. Anhang C) hat Methoden entwickelt, dieses Problem zu lösen.

7.3.3 Bug-Algorithmen

In diesem Abschnitt betrachten wir reaktive Robotersteuerungsalgorithmen, bei denen der Roboter neben der Hindernisvermeidung einen gegebenen Zielpunkt anfahren soll. Die Umgebung ist unbekannt, aber wir nehmen an, der Roboter habe einen „Zielkompass", sei also immer in der Lage, die Richtung zum Ziel zu bestimmen. Unter diesen Voraussetzungen sind Bug-Algorithmen (von Englisch *bug*: Insekt, Käfer) anwendbar. Tatsächlich gibt es eine ganze

---

Algorithmus 7.1: Der Bug 1-Algorithmus.

Eingabe : Richtung zum Ziel und Sensorwerte, die es erlauben, Hinderniskontakt festzustellen.

Ausgabe: Steuerbefehle, die vom Startpunkt zum Ziel führen.

1: **repeat**
2: **repeat**
3:   fahre durch den Freiraum aufs Ziel zu
4:   terminiere, falls Ziel erreicht
5: **until** Kontakt mit Hindernis
6: k = aktuelle Position   *// Kontaktpunkt mit Hindernis*
7: $nz = k$ *// der bekannte Punkt auf Hinderniskontur, der dem Ziel am nächsten liegt*
8: **repeat**
9:   fahre entlang der Hinderniskontur
10:   **if** aktuelle Position liegt näher am Ziel als nz **then**
11:    nz = aktuelle Position
12:   **end if**
13: **until** aktuelle Position $== k$
14: fahre auf kürzestem Weg entlang der Hinderniskontur zu nz
15: **until** Ziel erreicht

Familie von Bug-Algorithmen, die sich in der Strategie unterscheiden, entlang von Hindernissen zwischen Start und Ziel zu navigieren, und die entsprechend in unterschiedlichen Pfaden resultieren.

Bug 1

Die elementarste Bug-Strategie besteht darin (vgl. Algorithmus 7.1), dass der Roboter zunächst geradlinig aufs Ziel zufährt; trifft er auf ein Hindernis, folgt er dessen Kontur, wie in Abschnitt 7.3.2 beschrieben. Zunächst umrundet er das Hindernis vollständig. Anschließend fährt er diejenige Position an der Hinderniskontur an, welche den kleinsten Abstand zum Zielpunkt hat. Von dort aus fährt er wieder durch den Freiraum in Richtung Ziel, und so fort. Abbildung 7.8 visualisiert das Roboterverhalten.

Der Algorithmus 7.1 findet stets den Zielpunkt, sofern es überhaupt einen möglichen Pfad gibt. Als Sensoren genügen also ein Tastsensor, um die Hindernisse zu erkennen und sie zu umfahren, sowie der „Zielkompass".

Bug 3

Es ist nicht sonderlich effizient, wie Bug 1 stets um das komplette Hindernis „herumzukrabbeln", und zwar im Mittel eineinviertel Mal. Andere Strategien

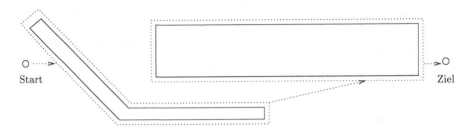

Abbildung 7.8: Die Bug 1-Strategie führt den Roboter vom Start zum Ziel. Jedes Objekt wird einmal vollständig umrundet.

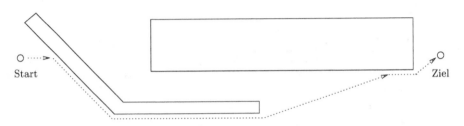

Abbildung 7.9: Die Bug 3-Strategie führt den Roboter vom Start zum Ziel. Sobald die Richtung zum Ziel frei ist, verlässt er das Hindernis und fährt dorthin.

Algorithmus 7.2: Der Bug 3-Algorithmus.

Eingabe : Richtung zum Ziel und Sensorwerte, die es erlauben Hinderniskontakt festzustellen.

Ausgabe: Trajektorie, die vom Startpunkt um Ziel führt.

1: **repeat**
2:    **repeat**
3:        fahre durch den Freiraum aufs Ziel zu
4:        terminiere, falls Ziel erreicht
5:    **until** Kontakt mit Hindernis
6:    **repeat**
7:        fahre entlang der Hinderniskontur startend in einer festen Richtung (z.B. rechts)
8:    **until** Richtung zum Ziel ist frei & schneidet nicht den bisherigen Weg
9: **until** Ziel erreicht

---

aus der Bug-Familie modifizieren dieses Verhalten. Beispielhaft sei hier Bug 3 vorgestellt (vgl. Algorithmus 7.2). Die Verbesserung im Vergleich zu Bug 1 beruht auf der Idee: Wenn schon ein „Zielkompass" vorausgesetzt ist, dann kann das gerade umfahrene Hindernis bereits in dem Moment verlassen werden, wo in Zielrichtung der Raum frei ist. Abbildung 7.9 veranschaulicht das Verfahren.

Man beachte, dass das Hindernis nur dann Richtung Ziel verlassen werden darf, wenn diese Richtung nicht den bisherigen Weg schneidet. Im andern Fall könnte Bug 3 eine Endlosschleife fahren, wenn er beispielsweise an einen Punkt am aktuellen Hindernis zurückkäme, den er kurz zuvor passiert hat. Außer einem Zielkompass ist hier also Nachhalten der Fahrstrecke erforderlich.

Sind Bug-Strategien kompetitiv?

Die Bug-Algorithmen finden für eine gegebene Hindernis-Geometrie nur selten den optimalen Weg zum Ziel. Das sollte nicht überraschen, denn sie haben vorab ja keine Information über die aktuelle Umgebung; folglich bleibt keine andere Wahl als bei Hinderniskontakt die nächste Fahrtrichtung zu raten – und dabei kann auch die falsche Entscheidung getroffen werden. Verfahren wie Bug, bei denen die Problemstellung erst klar wird, während die Problemlösung läuft, nennt man *online-Verfahren*. Sie treten in der Praxis häufig auf; ein anwendungsnahes Beispiel ist Maschinenbelegungsplanung in einer industriellen Fertigung, wo laufend neue Aufträge einkommen, die „möglichst gut" in die bereits eingeplanten Aufträge einzufügen sind.

Aufgrund der Unvollständigkeit ihrer Information können online-Verfahren im allgemeinen keine so guten Lösungen liefern wie ein *off-line-Verfahren*, also eines, das von vornherein volle Information hat. Im Beispiel der Roboternavigation ist plausibel, dass ein Planungsverfahren, das vorab eine Karte der Umgebung hätte, in der alle Hindernisse eingezeichnet sind, einen optimalen Weg zum Ziel planen könnte – solche Verfahren werden wir im nächsten Abschnitt behandeln. Man kann aber analysieren, ob die Verschlechterung der Lösung eines online-Verfahrens im Vergleich zu einer optimalen Lösung (die naturgemäß nur durch ein off-line-Verfahren mit vollständiger Information ermittelt werden kann) nicht wenigstens begrenzt ist. Eine plausible Begrenzung wäre, zu sagen, dass ein online-Verfahren garantiert eine Lösung findet, die höchstens irgendein konstantes Vielfaches von den Kosten einer optimalen Lösung verursacht.

Ein solches Vielfaches, wenn es denn existiert, heißt *kompetitiver Faktor*. Er ist folgendermaßen definiert: Ein online-Verfahren V ist *kompetitiv* mit Faktor $C \geq 1$, wenn für die Kosten K_V der V-Lösung und die Kosten K_{opt} einer optimalen Lösung eines jeden Problems aus der gegebenen Domäne gilt

$$K_V \leq C \cdot K_{opt} + C' \qquad (7.4)$$

für eine beliebige aber feste Konstante C'.

Dann stellt sich unmittelbar die Frage: Sind die genannten Bug-Strategien kompetitiv, und, falls ja, mit welchem Faktor? Die Antwort lautet allerdings: Im allgemeinen nein! Umwege, welche die beiden beschriebenen Bug-Strategien machen können, sind theoretisch durch keinen konstanten Faktor begrenzbar. Zur Veranschaulichung stelle man sich vor, dass bei dem „Winkelhindernis" in den Abbildungen 7.8 und 7.9 der rechteck-parallele Schenkel beliebig verlängert wird. Dann müsste Bug 1 eine beliebig lange Hinderniskontur umfahren, und Bug 3 bei der vorausgesetzten Bewegungsrichtung Rechts an einem Hindernis müsste den langen Schenkel entlangfahren, bevor der Weg zum Ziel frei ist. Die Sachlage ändert sich natürlich, wenn eine Maximalzahl M von Hindernissen und für alle Hindernisse eine globale Oberschranke U für ihren Umfang bekannt ist (was beispielsweise für Umgebungen in Gebäuden nicht völlig unplausibel ist). In diesem Fall sind die Bug-Algorithmen kompetitiv mit einem Faktor, der von M und U abhängt – aber sie sind im schlimmsten Fall, um den es hier geht, recht schlecht.

Es gibt andere online-Verfahren in der Bewegungsplanung, die mit annehmbaren Faktoren kompetitiv sind. Es sprengt jedoch den Rahmen, hier darauf einzugehen; stattdessen verweisen wir auf die Hinweise zur Literatur.

7.4 Pfadplanung

Wenn eine Karte der Umgebung gegeben oder durch ein Kartierungsverfahren erworben ist, löst Pfadplanung das Problem, einen Weg zwischen gegebener Start- und Zielpose zu berechnen, den der Roboter abfahren kann. Je nach Kartentyp (vgl. Abschnitt 5.1) existieren unterschiedliche Pfadplanungsverfahren, die wir im folgenden skizzieren. Die meisten Verfahren führen die Berechnung des Pfades auf ein Suchproblem zwischen Start- und Zielknoten in Graphen zurück und wenden dann einen Standard-Graphsuch-Algorithmus an, wie zum Beispiel den Dijkstra- oder den A*-Algorithmus (vgl. Anhang B.1.2). Diese Suchverfahren behandeln wir hier nicht, sondern konzentrieren uns auf Varianten der Repäsentation des Suchraumes.

Dazu zunächst ein wenig Terminologie. Unter dem *Arbeitsraum* versteht man den physischen Raum, in dem sich der Roboter befindet. Er wird durch die Geometrie des Raumes beschrieben, gewöhnlich in kartesischen Koordinaten. Der *Konfigurationsraum* ist der Parameterraum, der mögliche Posen des Roboters im Arbeitsraum beschreibt. Er ist von der Kinematik und der Geometrie des Roboters abhängig. Ein mobiler Roboter vom Typ Kurt auf ebenem Untergrund bewegt sich folglich in einem Konfigurationsraum mit drei Dimensionen (x, z, Orientierung). Die Dimensionen des Konfigurationsraums entsprechen dem effektiven Freiheitsgrad (s. Abschnitt 4.1): Ein Kurt in der Ebene, also im dreidimensionalen Konfigurationsraum, hat also drei effektive Freiheitsgrade; wir erinnern uns, dass er allerdings nur zwei aktive Freiheitsgrade (Motor rechts, Motor links) hat. Entsprechend läge eine Nische im Arbeitsraum, die zu schmal zum Befahren ist, nicht im Konfigurationsraum, weil der Kurt diese Pose nicht anfahren kann; für einen kleineren Roboter mit gleicher Kinematik läge sie im Konfigurationsraum.

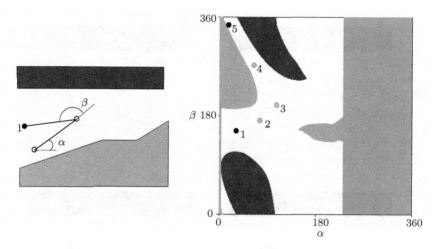

Abbildung 7.10: Ein planarer „Roboterarm" in seiner Umgebung. Links: Die Hindernisse in Grau und Schwarz definieren den Arbeitsraum. Die einstellbaren Winkel α und β bestimmen den Konfigurationsraum, der rechts dargestellt ist. Ein Pfad im Konfigurationsraum entspricht einer ausführbaren Bewegung im Arbeitsraum. Der Konfigurationsraum ist oben/unten und rechts/links „zusammengerollt" zu denken. (Für die numerierten Punkte vgl. Abbildung 7.11.)

Ist die Umgebung nicht eben, enthält sie also zum Beispiel eine Rampe, muss der Konfigurationsraum für einen Kurt in den sechs Dimensionen modelliert werden, welche die Pose eines starren Körpers im Raum beschreiben (x, y, z, Gier-, Nick-, Rollwinkel). Es bleibt natürlich auch dann bei den zwei aktiven Freiheitsgraden eines Kurt-Roboters. Wiederum weist die geringere Zahl von Steuerungs- als von effektiven Freiheitsgraden darauf hin, dass der Roboter schon kinematisch nicht von sich aus jede Pose im Arbeitsraum einnehmen kann – und tatsächlich können wir einen Kurt ja nicht einfach in eine Pose 50 cm über Grund steuern.

Für Roboter mit komplexeren Kinematiken kann die Dimensionalität des Konfigurationsraums deutlich höher sein, entsprechend der höheren Dimensionalität ihrer Posen. Der Unterschied zwischen Arbeits- und Konfigurationsraum wird hier besonders deutlich. Als Beispiel (Abbildung 7.10) betrachten wir einen planaren Roboterarm mit zwei Gelenken in einem Arbeitsraum mit Hindernissen und den zugehörigen Konfigurationsraum. Vorab: Um das Beispiel im Bild präsentieren zu können, müssen wir natürlich sowohl den Arbeits- als auch den Konfigurationsraum zweidimensional halten.

Die Abbildung 7.10 zeigt links die ebene Geometrie des Arbeitsraums; der Freiraum ist weiß; die beiden Begrenzungen sind unterschiedlich gefärbt, um sie später im Konfigurationsraum „wiedererkennen" zu können. Der Roboterarm sei fixiert an dem Punkt, an dem der Winkel α eingezeichnet ist; die Spitze des Arms (schwarzer Punkt) soll an definierte Positionen bewegt werden. Die

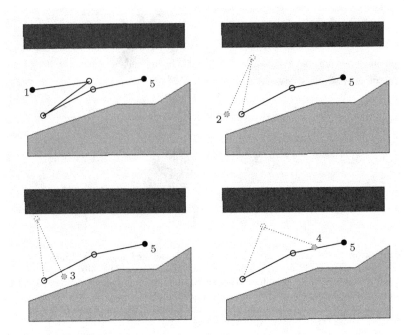

Abbildung 7.11: Der planare Roboterarm aus Abb. 7.10 wird von Startpose 1 in Zielpose 5 bewegt (Bildfolge von oben links nach unten rechts). Die Posen 1 - 5 sind in Abb. 7.10(rechts) im Konfigurationsraum eingetragen.

beiden Gelenke können aktiv kontrolliert werden durch Einstellen der Winkel α (Winkel zur Horizontalen) und β (Winkel zum Oberarmsegment). Rechts in der Abbildung 7.10 ist der Konfigurationsraum aufgetragen, also der Parameterraum in α und β. Die Konfiguration links in der Abbildung entspricht dem eingezeichneten Punkt 1 ($\alpha \approx 40\,\mathrm{deg}$, $\beta \approx 160\,\mathrm{deg}$). Wäre beispielsweise konstant $\beta = 180\,\mathrm{deg}$ (die Armspitze läge überm Fixierungspunkt), würde $\alpha = 0\,\mathrm{deg}$ zur Kollision mit dem grauen Hindernis führen; alle α-Winkel zwischen $\approx 5\,\mathrm{deg}$ und $\approx 210\,\mathrm{deg}$ wären realisierbar; darüber stieße der Oberarm an der Ecke des grauen Hindernisses an.

Abbildung 7.11 skizziert als Beispiel eine kinematisch und geometrisch mögliche Bewegungssequenz von Pose 1 nach Pose 5 im Arbeitsraum. Dieselben fünf Posen sind im Konfigurationsraum in Abb. 7.10 (rechts) eingezeichnet. Das Beispiel suggeriert den Nutzen des Konfigurationsraums für die Pfadplanung: Ein freier Pfad von Pose 1 nach Pose 5 ist hier unmittelbar ersichtlich als Pfad durch freies Gebiet im Konfigurationsraum, während das entsprechende Manöver im Arbeitsraum ein wenig „kompliziert" erscheint. Insbesondere erlaubt der Konfigurationsraum, Untermengen von Posen leicht zu identifizieren, zwischen denen es keine realisierbaren Trajektorien gibt.

Ein weiterer Vorteil der Pfadplanung im Konfigurationsraum besteht darin, dass die Kontrollkommandos zur Realisierung einer geplanten Trajektorie als Teil der Lösung direkt gegeben sind. Der Nachteil ist allerdings, dass die Umgebungssensorik in der Regel im Arbeits-, nicht im Konfigurationsraum misst. Um einen im Konfigurationsraum geplanten Pfad eines mobilen Roboters mit laufender Lokalisierung nach Karte abzufahren und dabei ggf. dynamische Hindernisse zu umfahren, müsste man also permanent zwischen Arbeits- und Konfigurationsraum hin und her transformieren. Reine Pfad- oder Trajektorienplanung im Konfigurationsraum lohnt daher besonders in solchen Fällen, wo dieser konstant ist. Das ist zum Beispiel normalerweise für stationäre Handhabungsroboter in der Automatisierung der Fall.

Für die Pfadplanung in der mobilen Robotik wird meist eine Repräsentation gewählt, die eine Mischung aus Arbeits- und Konfigurationsraum darstellt: Man geht von der metrischen Darstellung des Arbeitsraums in 2D aus, reduziert den Roboter auf einen holonomen Punkt ohne Orientierung, und im Gegenzug vergrößert man alle Objekte in der metrischen Karte um den halben Roboterradius. Dadurch werden geometrisch unzugängliche Areale des Arbeitsraums, in die der Roboter „nicht hineinpasst", auch für die Planung unzugänglich.

Für diese Repräsentation existieren drei Klassen von Pfadplanungsmethoden für mobile Roboter, basierend auf Straßenkarten, Rasterkarten und Potenzialfeldern. Straßenkarten repräsentieren mögliche Pfade im Freiraum, während Rasterkarten, die wir bereits aus den Abschnitten 5.1.2 und 5.1.3 kennen, freie Areale als solche darstellen, in denen Wege zu suchen sind. Die Potenzialfeldmethode überzieht das gesamte Gebiet mit einem Gradienten, aus dem die zu fahrende Richtung jeweils lokal ersichtlich ist.

7.4.1 Sichtbarkeitsgraphen

Zur Kategorie der Straßenkarten gehören die *Sichtbarkeitsgraphen*. Die 2D-Umgebungskarte wird als Menge von Polygonen aufgefasst. Knoten des Sichtbarkeitsgraphen sind alle Polygonecken. Zwei Polygonecken sind genau dann mit einer Kante verbunden, wenn die Sichtlinie zwischen ihnen frei ist. Abbildung 7.12 demonstriert den Aufbau. Nachdem alle Sichtbarkeitskanten eingetragen sind, werden Knoten für die Startposition und die Zielpostion hinzugefügt und mit jeder sichtbaren Polygonecke verbunden. Als Kosten für das Begehen einer Kante im Graphen verwenden wir die kartesische Entfernung der entsprechenden Polygonecken in der Umgebung.

Das Pfadplanungsproblem besteht nun darin, in diesem Graphen einen Weg vom Start- zum Zielknoten zu finden. Dafür kann jeder beliebige Graphsuchalgorithmus verwendet werden; der A^*-Algorithmus ist einer davon. Als Heuristikfunktion in A^* für einen Knoten k lässt sich die euklidische Distanz von

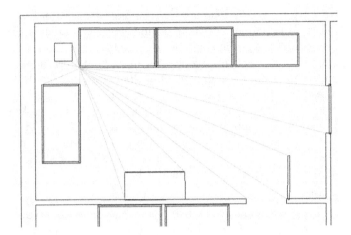

Abbildung 7.12: Sichtbarkeitsgraph (Ausschnitt). Jede Ecke eines Polygons wird mit jeder anderen sichtbaren Ecke verbunden.

k bis zum Ziel (Luftlinie) benutzen; diese Heuristik ist zulässig, da sie die tatsächlichen Kosten unterschätzt. Somit liefert A* eine optimale Lösung für das Pfadplanungsproblem. Aufgrund der Konstruktion des Sichtbarkeitsgraphen ist gewährleistet, dass ein Pfad mit minimalen Kosten im Graphen einem kürzesten Weg vom Startpunkt zum Zielpunkt entspricht.

Problematisch bei der Pfadplanung in Sichtbarkeitsgraphen ist, dass der berechnete Pfad direkt an Objektecken und Hindernissen entlangführt. Da die zur Planung verwendete Umgebungskarte die um den halben Roboterradius vergrößerten Objekte enthält, ist der geplante Abstand zwischen Robotermittelpunkt und Hindernis genau dieser halbe Roboterradius – oder kurz: der geplante Pfad führt den Roboter real mit Abstand 0 an den Objektecken entlang. Dicht an Hindernissen vorbeizufahren, ist aber in der Regel unerwünscht, weil es den Roboter und die Hindernisecken gefährdet. Der geplante Pfad wäre zur Ausführung also dergestalt zu modifizieren, dass ein Sicherheitsabstand zu allen Hindernissen eingehalten wird, soweit ausreichend Platz dafür vorhanden ist. Der tatsächlich gefahrene Weg kann dadurch im Einzelfall seltsam aussehen, weil er eine Mischung aus „Ideallinie" zwischen Hindernissen und sorgfältigem Ausweichen vor diesen Hindernissen darstellt.

7.4.2 Probabilistische Straßenkarten

Um von vornherein plausiblere Pfade zu planen, verwendet man bei probabilistischen Straßenkarten andere Knoten im Suchgraphen. In den Freiraum in der Umgebungskarte werden zusätzlich zu Start- und Zielpunkt N zufällige, gleichverteilte Punkte eingestreut. Anschließend bestimmt man für jeden

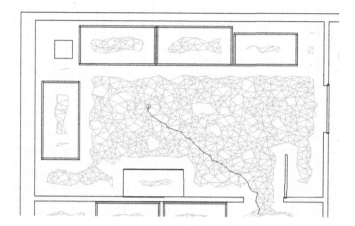

Abbildung 7.13: Probabilistische Straßenkarte. Der Graph entsteht durch zufällig bestimmte Punkte im freien Raum als Knoten.

Punkt n nächste Nachbarn und verbindet sie jeweils mit einer Kante; diese dürfen Hindernisse nicht schneiden. (Es macht Sinn, eine obere Schranke für den Abstand zwischen Nachbarn vorzugeben; falls der zu durchsuchende Graph planar sein soll, verbietet man Kanten, die bereits eingefügte Kanten schneiden.) Der entstandene Graph dient nun wie zuvor zur Suche eines Pfades vom Start zum Ziel, zum Beispiel wieder mit A*.

Abbildung 7.13 zeigt einen Kartenausschnitt mit zufällig erzeugtem Graphen. Die Knoten und Kanten liegen alle mindestens einen halben Roboterdurchmesser von Hindernissen entfernt. Es wurde nicht unterschieden zwischen dem Inneren und dem Äußeren von Hindernissen; das ist unproblematisch, da Punkte in real unzugänglichen Arealen im Graphen mit den Punkten im Freiraum unverbunden sind.

Wie zuvor hängen gefundene Wege vom verwendeten Suchverfahren ab; A* würde mit zulässiger Heuristik eine optimale Lösung finden, und mit wachsendem N nähert sich diese optimale Lösung asymptotisch dem tatsächlich optimalen Pfad an, nämlich dem, den wir zuvor im Sichtbarkeitsgraphen ermittelt haben. Für realistisches N lässt ein optimaler Weg aber im Mittel mehr Abstand zu den Objektecken. Allerdings kann er im Gegenzug, wie in Abbildung 7.13 ersichtlich, möglicherweise unnötige „Zacken" enthalten. Der Grund dafür ist, dass die Knotenpunkte zufällig im Freiraum verteilt sind. Je kleiner man N wählt, desto effizienter wird natürlich die Suche, aber desto zackiger wird auch der gefundene Pfad. Daher schaltet man oft Verfahren nach, die diesen Pfad unter Berücksichtigung eines Mindestabstands zu Objekten glätten. Eine Möglichkeit dazu ist, ausgewählte Zwischenpunkte derart herauszunehmen, dass der resultierende Pfad metrisch kürzer wird, aber den

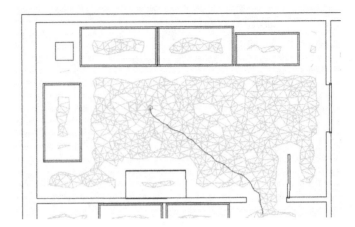

Abbildung 7.14: Pfadplanung mit probabilistischen Straßenkarten und Glättung des Pfades durch Splines (vgl. Abbildung 7.13).

Mindestabstand von Objekten einhält. Abbildung 7.14 zeigt einen leicht geglätteten Pfad.

Um den gefundenen Pfad weiter von Objekten wegzuführen, können die Pfadkosten außer der euklidischen Entfernung übrigens Objektnähe bewerten. Beispielsweise könnte man für einen Knoten, der näher als 1 m an einem Objekt liegt, die Kosten seiner Kanten um einen konstanten oder entfernungsabhängigen Faktor erhöhen. Pfadkosten entsprechen dann nicht mehr tatsächlicher Länge, sondern der optimale Weg im Sinne der Bewertung wird in der Tendenz weiter weg von Objekten verlaufen.

7.4.3 Voronoi-Diagramme als Straßenkarten

Die beiden vorgenannten Straßenkarten-Verfahren sollen das Problem lösen, einen kürzesten Weg vom Start- zum Zielpunkt zu finden. Das führt automatisch dazu, maximal dicht (Sichtbarkeitsgraphen) oder relativ dicht (probabilistische Straßenkarten) an Objekten entlangzuplanen – denn der optimale Weg ist nun einmal der im Sichtbarkeitsgraphen. Suche im *Voronoi-Graphen* definiert das Problem um: nun geht es nicht mehr um einen kartesisch kürzesten Weg, sondern um einen kürzesten, der stets möglichst viel Freiraum lässt.

Das *Voronoi-Diagramm* einer gegebenen, hier zweidimensionalen Umgebung entsteht folgendermaßen. Jeder Raumpunkt p im Freiraum hat zu allen belegten Raumpunkten einen eindeutigen euklidischen Abstand. Dann gibt es natürlich auch einen belegten Raumpunkt, der zu p minimalen Abstand hat – das ist ein Punkt auf der Oberfläche eines Objekts, dem p am nächsten

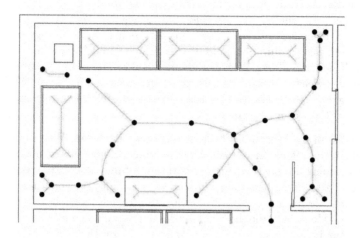

Abbildung 7.15: Voronoi-Diagramm und Voronoi-Graph zur Pfadplanung. Punkte auf Linien außerhalb des Freiraums sind ausgelassen. Die Auswahl von Punkten auf Linienstücken außer an Verzweigungen und Linienenden ist willkürlich.

liegt. Nun gibt es in Umgebungen mit mehreren Objekten immer auch solche Punkte v, die exakt gleich nah an *zwei* Punkten unterschiedlicher nächst benachbarter Objekte liegen – die v-Punkte liegen genau mitten zwischen zwei nächsten Objekten. Wenn also ein Roboterpfad stets auf den Linien aus diesen Punkten liefe, dann hielte er automatisch immer den weitestmöglichen Abstand zu den jeweils nächsten Objekten.

Abbildung 7.15 zeigt das Voronoi-Diagramm der Beispiel-Umgebung. Die eingezeichneten Linien sind die genannten, die genau zwischen ihren nächst benachbarten Objekten liegen und die den Mindest-Objektabstand eines halben Roboterdurchmessers einhalten. Das Diagramm enthält offensichtlich gerade und parabolische Linienstücke. Geraden ergeben sich zum Beispiel zwischen linearen Objektgrenzen; Parabelstücke ergeben sich zwischen konvexen Objektecken und linearen Objektgrenzen.

Um die Pfadplanung wiederum auf ein Graphsuchproblem abzubilden, setzt man Knoten an allen Kreuzungspunkten des Voronoi-Diagramms und an allen freien Pfad-Enden; parabolische Pfadstücke werden zum Beispiel durch eine Sequenz von Knoten approximiert. Kanten verbinden dann die Knoten entsprechend dem Voronoi-Diagramm. Der resultierende Graph ist der Voronoi-Graph.

Zur Pfadplanung von Start- nach Zielpunkt, die im freien Raum liegen, aber in der Regel nicht auf Linien des Voronoi-Diagramms, muss man sie zunächst mit dem Diagramm verbinden. Dazu wählt man von diesen Punkten jeweils eine

Linie, die den Abstand zum nächsten Objekt maximal schnell vergrößert (also zum Beispiel die Senkrechte zu einer nah gelegenen Wand). Dem Voronoi-Graphen werden dann Start-, Ziel- und die neuen Verbindungspunkte aus dem Voronoi-Diagramm hinzugefügt. Graphsuche zum Beispiel mit A* findet wie üblich den kürzesten Weg in diesem Suchgraphen. Dieser kürzeste Weg im Graphen weicht jetzt in der Regel deutlich vom kürzesten Weg in der Umgebung ab. Aber das Ziel bestand hier ja darin, Wege mit maximalem Abstand zu Objekten zu planen.

Auch das kann im Einzelfall übrigens unzweckmäßig sein. Wenn eine Umgebung sehr weite offene Areale enthält, also zum Beispiel eine große Eingangshalle, dann führt der nach Voronoi-Diagramm gefundene Weg immer durch die Mitte der Halle, läuft also unter Umständen weit entfernt von allen Objekten in der Karte. Je nach verwendeter Sensorik und nach möglicher Dynamik der Umgebung (Menschen, die die Sicht verdecken) kann das die Lokalisierung gefährden. Zur Lösung dieses Problems kann man zum Beispiel erzwingen, dass der Roboter stets in Sensor-Sichtweite von Objekten bleibt – in der Literatur heißt diese Strategie *Küstennavigation* (*coastal navigation*). Dafür müsste man das Voronoi-Diagramm dadurch abändern, dass bei Überschreitung eines Maximalabstands (z.B. 2 m) stets die Punkte mit dieser Objektentfernung verwendet werden.

7.4.4 Pfadplanung in Raster- und Zellkarten

Wie bereits in Abschnitt 5.1 über Karten geschrieben, benötigt die Pfadplanung eine Darstellung des freien Raums – anders als etwa Lokalisierung, für die eine Karte Landmarken enthalten muss. Mit Rasterkarten wie in Abb. 5.4 haben wir aber bereits früher einen Kartentyp kennengelernt, der den Freiraum explizit repräsentiert, nämlich als freie Rasterzellen.

Uniforme Rasterkarten können in der offensichtlichen Weise zur Pfadplanung dienen: Repräsentiert man jeweils den Mittelpunkt freier Zellen als Knoten und die Verbindungen zu den jeweiligen Mittelpunkt-Knoten der maximal vier direkt angrenzenden freien Zellen als Kanten, hat man einen Suchgraphen, der stark dem für die probabilistischen Straßenkarten ähnelt – nur dass die Knoten eben metrisch präzise uniform über den Freiraum verteilt sind. Kantenkosten sind die euklidischen Längen der entsprechenden Strecken. Als Start- und Zielknoten der Pfadplanung wählt man die entsprechenden Zell-Mittelpunkte, und dann findet wie zuvor A* den optimalen Pfad. Bezüglich der Glättung des gefundenen Pfades und der Möglichkeit, durch Modifikation der Kantenkosten den optimalen Pfad von Objektgrenzen weg zu führen, gilt das, was oben zu probabilistischen Straßenkarten steht.

Über die Rastergröße kann direkt die Zahl der Knoten im Suchgraphen beeinflusst werden. Wählt man allerdings die Zellen zu groß, kann es vorkommen, dass fahrbare Wege im Graphen nicht repräsentiert sind.

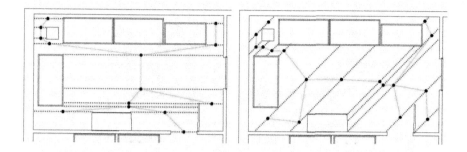

Abbildung 7.16: Suchgraphen basierend auf exakter Zellzerlegung (ohne Start- und Zielpunkte).

Quadtrees, wie ebenfalls in Abschnitt 5.1 eingeführt, lösen dieses Auflösungsproblem bekanntlich elegant und bieten sich daher zur Darstellung des Freiraums an. Bei der „Übersetzung" in einen Suchgraphen darf man in der Regel aber nicht einfach die Mittelpunkte aller Zellen als Knoten wählen. Das kann im Einzelfall dazu führen, dass Strecken zwischen benachbarten Knoten tatsächlich durch kartierte Objekte hindurch laufen. Besser wählt man als Knoten die Mittelpunkte der Zellgrenzen; Kanten sind innerhalb einer Zelle sind dann alle Verbindungen zwischen Knoten durch die Zelle hindurch. Als Start- und Zielknoten fügt man dem Graphen Knoten an den entsprechenden kartesischen Positionen hinzu.

Schließlich hat Abschnitt 5.1 die exakte Zellzerlegung als eine Möglichkeit vorgestellt, Freiraum effizient zu repräsentieren. Auch diese Darstellung kann entsprechend dem Aufbau eines Suchgraphen zugrunde liegen. Wie bei der Quadtree-Darstellung wählt man zweckmäßigerweise nicht die Zellmittelpunkte als Knoten im Suchgraphen, sondern die Punkte auf Zellkanten durch den freien Raum. Abbildung 7.16 zeigt die resultierenden Graphen zweier möglicher Zerlegungen, wobei die Kantenmittelpunkte als Knoten im Suchgraphen dienen. Wie die Abbildung zeigt, können sich bei Zerlegung durch parallele Linien im Einzelfall „lange" Zellen ergeben, die zu ungünstigen Pfaden führen.

7.4.5 Potenzialfelder

In Anwendungen mobiler Roboter ist es oft der Fall, dass bestimmte Positionen immer wieder angefahren werden müssen. In Gebäuden sind Türdurchgänge wie der rechts unten in den Abbildungen dieses Unterkapitels Beispiele für solche Positionen (siehe Abbildung 7.17): Wann immer der Roboter den Raum betritt oder verlässt, muss er die Türöffnung, und zwar idealerweise ihren Mittelpunkt, passieren. Wenn es nur wenige solche Standard-Zielpositionen gibt, dann liegt es nahe, die Wege zu ihnen vorzumerken.

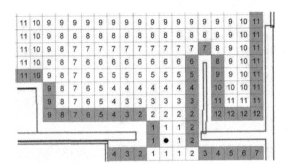

Abbildung 7.17: Entfernungswerte ($c = 1$) zu einer Standard-Zielposition (Punkt) im Türdurchgang in uniformer Rasterkarte. An Hindernisse angrenzende Zellen, hier grau unterlegt, erhalten zusätzlich einen Strafwert p.

Eine Möglichkeit dazu besteht darin, in Zellzerlegungsdarstellungen für jede Zelle die Entfernung zur Standard-Zielposition zu speichern und, falls aktuell diese Position angefahren werden soll, in die Nachbarzelle mit dem kleinsten entsprechenden Entfernungswert zu fahren. Pfadplanung zum Zielpunkt ist dann zur Ausführungszeit gar nicht mehr erforderlich, sondern der Roboter folgt von Zelle zu Zelle nach lokal vorliegender Information dem absteigenden Entfernungsgradienten.

Die Entfernungswerte werden off-line ein für allemal beispielsweise durch einen *Wavefront*-Algorithmus berechnet: Der Entfernungswert der Zelle mit dem Zielpunkt selber ist 0; der Entfernungswert einer noch unbewerteten Zelle, deren am niedrigsten bewerteter direkter Nachbar den Wert i hat, ist $i + c$, wobei c die Kosten des Übergangs zwischen den beiden Zellen ist. In einer uniformen Rasterkarte zum Beispiel könnte man $c = 1$ normieren und das Raster wie beschrieben rekursiv mit den Entfernungswerten „fluten". Dann hätte jede Zelle, von der aus ein Weg zum Zielpunkt führt, lokal die Angabe über die Entfernung in Termini der Zellübergänge. Abbildung 7.17 zeigt einen entsprechenden Kartenausschnitt.

Der absteigende Entfernungswert einer Nachbarzelle übt für die Robotersteuerung jetzt gewissermaßen eine „Anziehungskraft" Richtung Zielpunkt aus. Diese hat in der bisher beschriebenen Form noch einen Schönheitsfehler: die Pfade führen möglicherweise wieder eng an Hindernissen vorbei. Das kann gemildert werden, indem Objekte eine lokale „Abstoßungskraft" bekommen: Zum Wert einer jeden Zelle direkt oder nah an Hindernissen addiert man auf den errechneten Entfernungswert einen positiven Strafwert p, der bewirkt, dass der Pfad mit dem steilsten Gradienten tendenziell Abstand zu Objekten einhält. In Abbildung 7.17 sind die direkten Nachbarzellen von Hindernissen grau markiert, auf deren Wert p addiert wird. Vorsichtshalber sollte $p < c$ gelten; andernfalls kann es vorkommen, dass vor eigentlich passierbaren Engstellen lokale Minima entstehen, aus denen der Gradientenabstieg nicht mehr hinaus findet.

Potenzialfeldverfahren zur Pfadplanung verallgemeinern die Idee, dass der Roboter einem lokalen Gradienten zum Ziel folgen soll, auf beliebige Zielpositionen. Der Name leitet sich aus der Analogie zur Physik ab, wo ein Objekt entlang des Gradienten der Potenzialenergie in einem Potenzialfeld auf einen Attraktor gelenkt wird, also beispielsweise ein elektrisch geladenes Teilchen auf eine entgegengesetzte Ladung.

Das Potenzial $U(p)$ an einem Raumpunkt p setzt sich nun zusammen aus einer Komponente, die Richtung Zielpunkt „zieht" und Komponenten, die von anderen Objekten „abstoßen":

$$U(p) = U_{\text{Ziel}}(p) + \sum U_{\text{Obj}}(p) \,, \qquad (7.5)$$

wobei U_{Ziel} und U_{Obj} für alle Objekte entgegengesetzt wirken. Wir legen als Konvention fest, dass wie zuvor im Rasterkartenfall der Zielpunkt das Potenzial 0 haben soll; es geht also Richtung Ziel „bergab" und Richtung Hindernissen „bergauf". Die „Kraft", die auf den Roboter an seiner aktuellen Position $p = (x, z)$ wirkt und der er folgt, entspricht dem lokalen Gradienten des Potenzials, für eine partiell differenzierbare Potenzialfunktion also

$$F(p) = - \begin{bmatrix} \partial U / \partial x \\ \partial U / \partial z \end{bmatrix} \,. \qquad (7.6)$$

Bleibt die Potenzialfunktion zu definieren. Die Komponente U_{Ziel} wird üblicherweise durch den euklidischen Abstand zum Zielpunkt (b) definiert, etwa in linearer oder quadratischer Abhängigkeit. Wir setzen also beispielsweise

$$U_{\text{Ziel}}(p) = c_U \cdot \text{dist}(p, b) \qquad (7.7)$$

für den euklidischen Abstand dist und eine positive Konstante c_U. Die Abstoßung durch Objekte modelliert man entsprechend beispielsweise als

$$U_o(p) = c_o \cdot \text{dist}(p, o)^{-2} \,, \qquad (7.8)$$

wobei für das Objekt o der Punkt o derjenige Objektpunkt ist, der p am nächsten liegt. Um bei einer größeren Menge von Objekten die Berechnung handhabbar zu machen, würde man üblicherweise nur solche Objekte berücksichtigen, die in einem begrenzten Radius um p herum liegen. Abbildung 7.18 zeigt eine Umgebung und das zugehörige Potenzialfeld.

Theoretisch beschreibt ein Pfad nach Potenzialfeldmethode eine elegante, „glatte" Trajektorie. Praktisch bestimmt man bei der Fahrt in jeden Planungszyklus den nächsten Schritt nach einer festen Schrittweite, man ersetzt also das Potenzialfeld praktisch durch ein Vektorfeld.

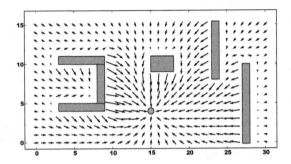

Abbildung 7.18: Potenzialfeld in einer einfachen Umgebung mit einer anziehenden Zielposition (15,4) und abstoßenden Hindernissen. Im linken Teil befindet sich eine „Roboterfalle" aus der kein Pfad zur Zielposition berechnet werden kann.

Robotertrajektorien nach Potenzialfeldmethode haben aber einen schweren Nachteil: Da die Potenzial-Komponente U_{Ziel} anders als bei der Zellbewertung durch den Wavefront-Algorithmus keine Rücksicht auf die Konfiguration der Hindernisse nimmt, kann es vorkommen, dass das Potenzialfeld lokale Minima abseits der Zielposition hat, etwa vor Objekten mit konkaver Form wie das Hindernis links in Abbildung 7.18. In dem Fall muss die Steuerung auf eine lokale Ausweichstrategie umschalten. Bug-Algorithmen, wie oben beschrieben, sind eine Möglichkeit.

7.4.6 Pfadpläne ausführen

Was gerade für die Potenzialfeldmethode anklang, gilt natürlich für Pfadplanung generell: der geplante Pfad ist die Leitlinie für die Roboterfahrt – nicht mehr und nicht weniger. Der Roboter soll ihm in den Grenzen der Lokalisierungs- und der Steuerungsgenauigkeit folgen, wann immer es geht. Doch was ist, wenn es nicht geht? Wenn beispielsweise genau auf dem Pfad durch den ansonsten freien Raum ein Papierkorb steht? Wenn eine als offen angenommene Tür verschlossen ist?

Durch reaktive Komponenten muss die Roboterkontrolle zu allererst dafür sorgen, dass der geplante Pfad nicht stur verfolgt wird, wenn die Umgebung im Detail anders ist als zur Planungszeit. Im Extremfall muss der Roboter vor einem Hindernis stoppen und einen alternativen Pfad zum Ziel planen, wenn es denn einen gibt. Das wäre beispielsweise angemessen für eine unvorhergesehen verschlossene Tür.

Unterhalb dieser extremen Lösung gibt es jedoch „weichere". Die Knoten im Pfadplanungsgraphen können beim Abfahren des Pfades sinnvollerweise als Zwischenzielpunkte dienen, die der Roboter der Reihe nach passiert. Enthält der Pfad von der Planung im Graphen her nur relativ wenige, weit entfernte

Zwischenzielpunkte, können weitere Hilfspunkte auf den Pfad gelegt werden. Beim Fahren ist es dann nicht erforderlich, *genau* die den Punkten entsprechenden Positionen zu durchfahren, sondern eine Region um die Position herum reicht aus. Sollte ein Zwischenzielpunkt großräumig blockiert sein, ist das immer noch nicht tragisch: In der Regel reicht es auch, unter Auslassung eines Zwischenzielpunkts die Region des *darauffolgenden* zu passieren, um dann den geplanten Pfad fortzusetzen.

Kurzum: Konzeptuell wandelt man für die Fahrsteuerung den geplanten Pfad analog der Potenzialfeldmethode in einen „Potenzialschlauch" von einem Zwischenzielpunkt zum nächsten um, dem der Roboter lokal folgt, wobei dynamische Hindernisse im Nahbereich als abstoßendes Potenzial berücksichtigt werden. Für die Parametrierung dieses Verfahrens für einen konkreten Roboter in seiner Umgebung gibt es allerdings kein sicheres Rezept: sie kann nur experimentell ermittelt werden.

7.5 Explorationsplanung

Im vorangegangenen Abschnitt haben wir Wege von einer Startposition zur Zielposition geplant. In vielen Anwendungen sind diese Positionen gegeben: Sie ergeben sich aus Nutzeranfragen. Eine Ausnahme davon bildet die Exploration. Hier muss der Roboter selbst entscheiden, wo er als nächstes hinnavigieren soll, um dort mit seinen Sensoren die Umgebung zu erkunden und zu kartieren.

Mobile Roboter, die ihre Umgebung explorieren und kartieren, lösen das Problem der gleichzeitigen Exploration, Lokalisierung und Kartierung, das SPLAM-Problem (engl. *simultaneous planning, localization and mapping*). Gesucht ist hier eine Strategie, die trotz unvollständiger Information den Roboter effizient steuert. Bewertet werden die Strategien wiederum mit dem kompetitiven Faktor (vgl. Gleichung (7.4)), der die Kosten der optimalen Lösung unter unbekannter Information mit denjenigen Kosten bei vollständiger Information vergleicht. Gute Strategien weisen einen kleinen kompetitiven Faktor auf. Ein Faktor von $c = 1$ bedeutet, dass die Strategie mit unvollständiger Information bis auf *overhead* gleich performant ist wie das Verfahren, dem sämtliche Information zur Verfügung steht.

Im Folgenden unterscheiden wir das Planen in Polygon- und Rasterkarten. Polygonkarten sind in der Theorie, z.B. der in der algorithmischen Geometrie, schon gut untersucht, allerdings finden in praktischen Anwendungen meist Rasterkarten Anwendung.

7.5.1 Theorie zur Polygonexploration

Wenn ein mobiler Roboter einen Innenraum kartiert, muss er einzelne Posen, bzw. Positionen anfahren und von dort die Umgebung beispielsweise durch das Aufnehmen eines 2D- oder 3D-Scans erfassen. Ein verwandtes geometrisches Problem ist das Kunstausstellungsproblem, bei dem gefragt wird, wie man n Wachmänner so postiert, dass die gesamte Ausstellung eingesehen werden kann. Wenn ein mobiler Roboter die Positionen der Wachleute nacheinander abfährt und dort einen Scan aufnimmt, ist die gesamte Umgebung kartiert.

Das Kunstaustellungsproblem

Das *Kunstausstellungsproblem* ist die Frage: Wie viele Wächter müssen in einer Kunstausstellung in einem gegebenen Raum wo postiert werden, damit kein Fleck in der Kunstausstellung unbewacht bleibt? Dabei stehen die Wächter jeweils an festen Positionen und können rundum 360 ° und beliebig weit alle Flächen bis zu den Wänden einsehen.

Zur formalen Untersuchung wird das Kunstausstellungsproblem folgendermaßen präzisiert: Eine 2D-Karte einer Kunstausstellung wird als Polygon $\mathcal{P}$ repräsentiert, das als eine Menge von n Eckpunkten $v_1, v_2, \ldots, v_n$, und n Kanten $v_1 v_2, v_2 v_3, \ldots, v_{n-1} v_n, v_n v_1$ (Kantenzug) definiert ist. Es handelt sich also um eine geschlossene, endliche, verbundene Region einer Ebene, die vom genannten Kantenzug umschlossen ist. Ein so definiertes Polygon hat keine Löcher. Alle nun folgenden Aussagen beziehen sich auf diesen Fall. Man definiert, ein Punkt $x \in \mathbb{R}^2$ sieht Punkt $y \in \mathbb{R}^2$, wenn das Liniensegment xy vollständig in $\mathcal{P}$ liegt ($xy \subseteq \mathcal{P}$).

Für das Kunstausstellungsproblem gibt folgender Satz eine Obergrenze für die Anzahl der benötigten Wachpersonen.

Theorem 3. *Eine Kunstausstellung kann immer von $\lfloor n/3 \rfloor$ Wachposten bewacht werden.*

Die Beweisidee für das Theorem ist die folgende: Bezeichne $g(\mathcal{P})$ die Anzahl der Wachleute für $\mathcal{P}$. Dann lassen sich so genannte „Kronen"-Polygone konstruieren, in denen immer $\lfloor n/3 \rfloor$ Wächter benötigt werden (vgl. Abbildung 7.19, oben). Dass $n/3$ Wächter immer ausreichen, ist durch das Triangulationstheorem gegeben. Es besagt, dass man jedes Polygon triangulieren kann. Des weiteren lässt sich zeigen, dass ein solcher Triangulationsgraph sich immer mit 3 Farben einfärben lässt (vgl. Abbildung 7.20). Postiert man nun die Wachen an den Ecken des Polygons, die mit einer der drei Farben eingefärbt wurden, kann es vollständig eingesehen werden.

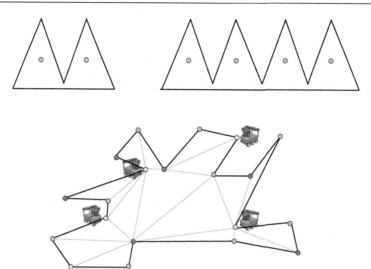

Abbildung 7.19: Beweisidee für das Kunstausstellungtheorem. Oben: In Polygonen, die wie Kronen geformt sind, werden immer $\lfloor n/3 \rfloor$ Wächter benötigt. Unten: Durch Triangulation lässt sich die obere Schanke beweisen.

Das Theorem bietet eine obere Schranke für den allgemeinen Fall. Viel spannender ist aber der tatsächliche Wert für ein konkretes Polygon, d.h. wie viel Wachpersonal wird *minimal* benötigt, um eine gegebene Kunstaustellung vollständig einzusehen? Folgendes Theorem macht wenig Hoffnung, diese Frage effizient zu beantworten.

Theorem 4. *Das Kunstausstellungsproblem ist NP-hart.*

Für den Beweis der NP-Härte reduziert man das NP-harte Problem 3-SAT auf das Kunstausstellungsproblem. 3-SAT ist eine Variante des Erfüllbarkeitsproblems der Aussagenlogik, wobei entschieden werden muss, ob eine in konjunktiver Normalform vorliegende aussagenlogische Formel F, die höchstens 3 Literale pro Klausel enthält, erfüllbar ist. Beispielsweise ist $F = (u_1 \lor \neg u_2 \lor u_3) \land (\neg u_1 \lor \neg u_2 \lor u_3)$ eine solche Formel. Die Beweisidee ist nun, für jede Instanz des 3-SAT Problems ein Polygon zu konstruieren und anschließend folgende Aussage zu zeigen: Genau dann, wenn die gegebene Formel erfüllbar ist, kann das konstruierte Polygon mit einer bestimmten Anzahl von Wachleuten beschützt werden. Abbildung 7.20 zeigt ein solch konstruiertes Polygon für die erwähnte Formel. Wäre nun also das Kunstausstellungsproblem mit polynomiellem Aufwand entscheidbar, wäre über den Umweg der genannten Polygon-Konstruktion also auch 3-SAT polynomiell entscheidbar.

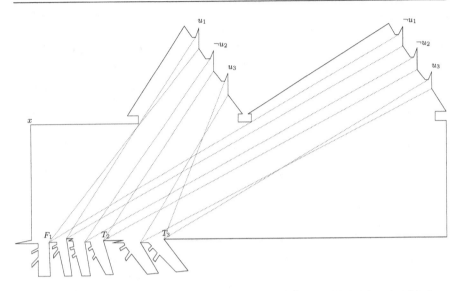

Abbildung 7.20: Ein Beispiel für ein Polygon, das zu einem booleschen Ausdruck mit drei Variablen und zwei Klauseln ($u_1 \vee \neg u_2 \vee u_3$ und $\neg u_1 \vee \neg u_2 \vee u_3$) korrespondiert. Jedes Literal wird zu einem so genannten Literalmuster (oben). Das gesamte Polygon ist so konstruiert, dass der Punkt and der Spitze von keinem anderen Eckpunkt aus zu sehen ist. Die Literale werden zu einer Klausel vereint, so dass die Ecke p nur gesehen wird, wenn die Klausel wahr ist. Konsistenz zwischen den Variablen erzwingen die Klauselzusammenführungen (unten links). Die Konsequenz dieser Anordnung ist, dass eine gegebene 3-SAT Formel ist genau dann erfüllbar, wenn sich das konstruierte Polygon mit $3m + n + 1$ Wachposten beschützen lässt (m Klauseln, n Variablen).

Das Wächterproblem

Eine Abwandlung des Kunstausstellungsproblems ist das Wächterproblem. Es ist ebenfalls ein Optimierungsproblem der algorithmische Geometrie. Gesucht ist die kürzeste Route, die ein Wachmann nehmen sollte, um die gesamte 2D-Karte einer Kunstausstellung eingesehen zu haben. Die Herausforderung besteht darin, dass der Wächter in alle Ecken schauen muss und eine Reihenfolge finden muss, die die Bearbeitungszeit dieses Vorgangs minimiert. Erstaunlicherweise lässt sich das Wächterproblem in Polynomialzeit lösen.

7.5.2 Polygonexploration

Das Kunstausstellungsproblem und das Wächterproblem setzen das Vorhandensein einer 2D-Umgebungskarte voraus, in der die entsprechenden Aktionen geplant werden können. Die Exploration des Polygons hingegen zielt darauf ab, eine unbekannte Umgebung zu erfassen, ist also ein online-Problem. Bislang konnte nur eine Strategie mit einem hohen kompetitiven Faktor von 26.5

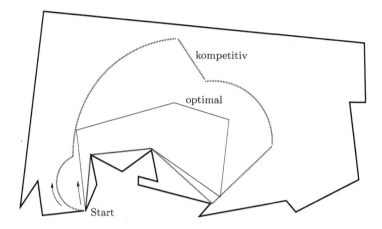

Abbildung 7.21: Polygon mit Explorationstrajektorie (gestrichelt) und Trajektorie, die aus der Lösung des Wächterproblems resultiert.

entwickelt werden. Dieser hohe Faktor bedeutet, dass die Exploration im ungünstigen Fall aufwändig werden kann. Abbildung 7.21 zeigt eine in einem Polygon online geplante Explorationstrajektorie im Vergleich zu der optimalen Trajektorie.

Praktisch anwendbare Strategien sind in der Regel nicht an der Minimierung des kompetitiven Faktors interessiert, sondern versuchen, Lösungen heuristisch zu finden. Eine besondere Rolle spielen dabei die Grenzen zwischen bereits exploriertem Gebiet und unbekanntem Terrain. Abbildung 7.22 zeigt ein Polygon. Innerhalb dieses Polygons ist nun von der aktuellen Pose x_{Start} ein Pfad zur Zielpose x_{Ziel} und der Pfad dahin zu planen, die definierten Bedingungen genügt, z.B. als

$$
\begin{aligned}
x_{\text{Ziel}} = \arg\max_{x} \quad & w_1 IG(x) + \\
& w_2 \| x_{\text{Start}} - x \| + \\
& w_3 \| \theta_{\text{Start}} - \theta(x) \| \, .
\end{aligned}
\tag{7.9}
$$

Obige Gleichung gewichtet mit $w_{1,\dots,3}$ den zu erwartenden Informationsgewinn (engl. *Information Gain*) IG, den Abstand zur aktuellen Position und die Differenz in der Orientierung. Der Informationsgewinn ist in der Regel unbekannt, daher schätzt man ihn durch die Fläche ab, die im Optimalfall zusätzlich sichtbar gemacht werden könnte (vgl. Abbildung 7.22).

Die optimale Zielpose ist demnach jene, die hohen Informationsgewinn bietet, nah an der aktuellen Position liegt und mit minimaler Orientierungsänderung angefahren werden kann. Würde man allein den Informationsgewinn berücksichtigen, wäre es möglich, dass der Roboter zwischen entfernten Posen hinund herpendelt, die ähnliche Gewinne versprechen. Nach Gleichung (7.9) kön-

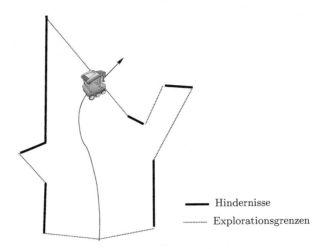

Abbildung 7.22: Geplante Zielpose in einem Polygon mit Explorationsgrenzen.

nen nun Kandidatenpositionen evaluiert und die erfolgversprechendste ausgewählt werden. Üblicherweise generiert man Kandidatenpositionen ausschließlich in der Nähe der Explorationsgrenzen.

7.5.3 Planen in Rasterkarten

Ziel- und Poseplanung in Polygonkarten setzt voraus, dass zuvor ein Polygon aus den Sonsordaten extrahiert werden muss. Das entfällt bei Verwendung von Rasterkarten. Während der Kartierung (vgl. Kapitel 6) lassen sich Explorationsgrenzen in der eben beschriebenen Weise bestimmen. Abbildung 7.23 zeigt ein Beispiel einer Rasterkarte, sowie die extrahierten Explorationsgrenzen. Nun definiert man wiederum eine Bewertungsfunktion für die Rasterzellen, bei welcher der zu erwartende Informationsgewinn mit den Explorationskosten gewichtet wird.

7.6 Planbasierte Robotersteuerung

Bezogen auf die Kontroll-Kette in Abbildung 7.1 und die Größenordnungen von Kontrollzyklus-Frequenzen in Abbildung 7.2 bedient die Explorationsplanung die Auftrag-Ebene: Abhängig vom aktuellen Stand der Exploration ermittelt der Roboter die jeweils nächste Zielpose, plant einen Pfad dorthin und fährt ihn reaktiv ab. Für das vollständige Bild fehlt jetzt noch die Planungs-Ebene.

| Beispiel 7.1 | *Explorationspolygon aus 3D-Scans* |

Aus einem 3D-Scan werden in einer definierten Höhe 3D-Punkte ausgeschnitten. Im Beispiel werden alle Punkte in der Höhe von 150 cm bis 160 cm ausgewählt. Anschließend projiziert man die Punkte in die (x, z)-Ebene und führt eine Linienerkennung durch.

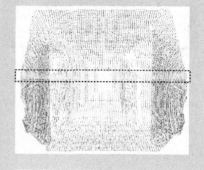

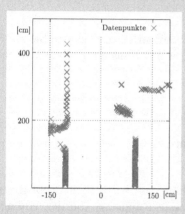

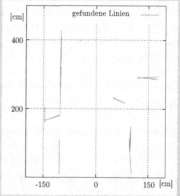

Die extrahierten Linien werden mit einem Sweepline Algorithmus verbunden. Da der 3D-Scan von Position $(0, 0)$ aufgenommen wurde, können die Endpunkte der Linien von rechts nach links untersucht und verbunden werden. Die dabei eingefügten Linien stellen die Grenze zwischen bereits exploriertem und unbekanntem Gebiet dar.

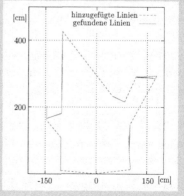

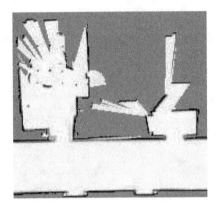 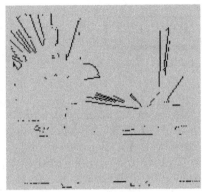

Abbildung 7.23: Exploration mit Rasterkarten. Links: Rasterkarte, die durch einen SLAM-Algorithmus erzeugt wurde. Rechts: Extrahierte Explorationsgrenzen. (Abbildungen aus [WP07])

Deren Zweck soll folgendes Alltagsbeispiel verdeutlichen. Nehmen Sie an, Sie wollen an einem Sommersamstag zu Fuß in der Umgebung Ihrer Wohnung folgende Besorgungen machen:

- Lebensmittel im Supermarkt kaufen,

- Hackfleisch beim Fleischer kaufen,

- einen Espresso beim Italiener trinken und

- das Altglas zum Container bringen.

Bezogen auf den Navigations-Aspekt enthält das Beispiel ein Problem vom Typ *Traveling Salesman*: Finde eine kürzeste Rundreise von der Wohnung über alle vier Stationen zurück zur Wohnung. Pfadplanung haben wir zuvor nicht für solche Probleme eingeführt; doch es ist offensichtlich, dass man eine solche kürzeste Rundreise algorithmisch finden kann.

Entspricht der kürzeste Weg auch dem intuitiv besten Besorgungs-Plan? Nicht unbedingt, denn es gibt Nebenbedingungen an diesen Plan, die nicht die Weglänge, sondern die Reihenfolge oder die Ausführungszeit der Aktionen betreffen und die den Weg somit indirekt beeinflussen. Im Beispiel könnten etwa folgende Nebenbedingungen gelten:

- Geh vorm Supermarkt zum Glascontainer! (Der Einkaufsrucksack muss leer von Altglas sein, bevor die Lebensmittel hineinpassen.)

- Sei vor 12 Uhr beim Fleischer! (Samstags hat er später kein frisches Hackfleisch mehr.)

- Kauf das Hackfleisch zuletzt! (Frisches Hackfleisch sollte im Sommer schnell in den Kühlschrank.)

- Geh möglichst vorm Italiener zum Supermarkt! (Dann gibts zum Espresso noch die Lieblings-Samstagszeitung.)

Der Navigationsaspekt, insbesondere die Weglänge, ist hier also nur einer unter mehreren, die zusammen die Qualität des Handelns ausmachen. Pfadplanung, Reihenfolgeplanung und Zeitplanung beeinflussen sich wechselseitig.

Handlungsplanung ist eines der klassischen Teilgebiete der KI. Es umfassend darzustellen, würde ein weiteres Lehrbuch erfordern, weshalb wir hier hauptsächlich auf die Literatur verweisen. Wir wollen es jedoch immerhin soweit anreißen, dass klar wird, wie es in den Rahmen der Roboterkontrolle passt und wo die Schwierigkeiten dabei sind.

7.6.1 Planungsdomänen und -algorithmen

Planung im traditionellen Sinn der KI ist weit überwiegend Reihenfolgeplanung: Gegeben

- ein Repertoire von abstrakt beschriebenen Aktionen (z.B. *Einkaufen, Altglasentsorgen* oder *Zeitunglesen*, möglicherweise mit Aktions-Argumenten, z.B. wo und was eingekauft werden soll),

- eine Beschreibung des aktuellen Zustands im relevanten Ausschnitt der Umgebung (z.B. *Kühlschrank-enthält-keine-Butter, Altglaskorb-ist-voll*), und

- eine Menge von Merkmalen, die in einem Zielzustand gelten sollen (z.B. *Kühlschrank-enthält-Hackfleisch, Altglaskorb-ist-leer*),

finde einen Plan, die Zielmerkmale wahr zu machen. Ein Plan besteht in der einfachsten Form aus einer Menge von Instanzen von Aktionen und einer Ordnung auf diesen, die die Ausführungsreihenfolge angibt. Damit ist er für einen zu kontrollierenden Roboter so etwas wie ein einfaches, abstraktes Programm ohne Verzweigungen und Schleifen: Erst *Altglasentsorgen*, dann *Einkaufen(Supermarkt, [Butter, Zeitung])*, dann *EspressobeimItalienertrinken*, dann *Einkaufen(Fleischer, [Hackfleisch])*.

Ein Planungsalgorithmus arbeitet auf einer Repräsentation der *Planungsdomäne*, also der Merkmale und ausführbaren Aktionen im relevanten Weltausschnitt. Repräsentation ist ähnlich, aber nicht zu verwechseln mit Simulation: Während eine Simulation in der Regel so wahrheitsgetreu wie möglich sein soll, um Vorgänge in der simulierten Umgebung möglichst echt abzubilden, reduziert eine *Planungsdomänen-Repräsentation* auf die als wesentlich oder typisch erachteten Merkmale. In einer Simulation des Samstagseinkaufs müsste man zum Beispiel Stückzahl, Formen, Farben, Gewicht von Altglasteilen berücksichtigen, um sie etwa grafisch darstellen und ihr Gesamtgewicht errechnen zu können; in der entsprechenden Planungsdomänen-Repräsentation würde man eher mit der booleschen Information arbeiten, ob oder ob nicht Altglas da ist und wo es sich befindet (Sammelkorb oder Einkaufsrucksack). Diese bewusste Reduktion ermöglicht effiziente Planung, aber sie setzt Flexibilität bei der Ausführung von Plänen voraus. Gerade für Roboter ist dieser Punkt schwierig, worauf wir unten in Abschnitt 7.6.2 zurückkommen werden.

Aktionen werden repräsentiert durch ihre *Vorbedingungen*, also Merkmale in der Umgebung, die gelten müssen, damit die Aktion anwendbar ist, und ihre *Nachbedingungen*, also Merkmale, die in der Umgebung nach Ausführung der Aktion gelten oder eben nicht mehr gelten. Soll beispielsweise in der Planungsdomänen-Repräsentation die Aktion *Altglasentsorgen* die Handlung repräsentieren, Altglas aus dem Einkaufsrucksack in den Container zu werfen, wären plausible Vorbedingungen: der Akteur befindet sich beim Altglascontainer, das Altglas ist im Rucksack; als Nachbedingung wäre das Altglas nicht mehr im Rucksack. Außerdem liegt es dann in Scherben im Container, und die Scherben haben noch dieselben Glasfarben wie die Flaschen, aus denen sie entstanden sind. Das ist zwar so, aber vermutlich ist es irrelevant für Planen in der Samstagseinkauf-Domäne, weshalb man es darin nicht repräsentieren würde.

Handlungsplanung in der gerade skizzierten Variante entspricht *propositionaler Planung* (*propositional planning*) in der KI-Literatur. Sie ist insofern eine sehr schlichte Variante von Handlungsplanung, als sie rigide Einschränkungen für ihre Anwendbarkeit macht: Zum Beispiel darf es nur endlich viele Objekte und Aktionen geben; Dauer von Aktionen spielt keine Rolle, sondern nur Reihenfolge; Dynamik der Umgebung ist nicht berücksichtigt; und eine Reihe weiterer, die von Algorithmen zur Plangenerierung ausgenutzt werden können.

Propositionales Planen ist bei aller Schlichtheit der Planungsdomänen, die damit behandelt werden können, algorithmisch nicht zu unterschätzen: Tatsächlich ist die Frage, ob es für ein gegebenes Planungsproblem einen Plan gibt, NP-vollständig. (Der übliche Beweis verwendet wiederun das 3-SAT-Problem, wie schon bei der Analyse des Kunstausstellungsproblems in Abschnitt 7.5.1 – dieses Mal wird es als propositionales Planungsproblem reformuliert.) Andere Varianten von Handlungsplanung, die weniger rigide Einschränkungen an ihre Anwendbarkeit machen, können also nicht weniger komplex sein – in der Regel ist die Existenz eines Plans zur Lösung eines gegebenen Planungsproblems dann nicht einmal mehr entscheidbar.

Als ein Kompromiss zwischen Ausdrucksfähigkeit (niedriger als man eigentlich wünscht) und Komplexität bzw. Entscheidbarkeit (schwieriger als man wünscht) ist propositionales Planen in der KI sehr gut untersucht. Es gibt eine beträchtliche Zahl frei verfügbarer Implementierungen dazu. In der Regel verwenden propositionale Planer Varianten von *PDDL* (*Planning Domain Description Language*) als Eingabesprache zur Definition von Planungsdomänen und -problemen, sodass sie in Grenzen untereinander austauschbar sind.

Somit ist eigentlich alles da, was gebraucht wird für zumindest eine schlichte Version der Planungsebene in der Kontrollkaskade in Abbildung 7.1. Warum das aber doch nicht ganz so einfach ist, beschreibt der folgende Abschnitt.

7.6.2 Warum fällt Robotern das Planen schwer?

Es erscheint offensichtlich, dass Handlungspläne in der Kontrolle eines Roboters eine sinnvolle Rolle spielen könnten, um seine Aktionen auf makroskopischer Ebene längerfristig zu koordinieren und zielgerichtet zu optimieren, aber auch um beispielsweise in der Mensch-Roboter-Interaktion über aktuell verfolgte und zukünftige Aktionen auf einer für Menschen nachvollziehbaren Abstraktionsebene zu kommunizieren. In der KI ist die algorithmische Seite der Handlungsplanung für propositionales Planen und einige seiner Varianten und Erweiterungen sehr gut verstanden, und Handlungsplanung hat sich in vielen realen Anwendungen bewährt. Eine wichtige Wurzel des Gebiets liegt übrigens in der Robotik, nämlich im Planungssystem STRIPS, das in den späten 1960er Jahren Handlungspläne zur Ausführung durch den schon genannten Roboter SHAKEY generiert hat.

Und doch wird Handlungsplanung in heutigen Robotersteuerungen nur ganz selten verwendet. Das liegt daran, dass planbasierte Robotersteuerung einige Probleme stellt, die an die Grenze des Wissens in der Robotik wie auch der Handlungsplanung führen und die wir nachfolgend skizzieren.

Roboterumgebung propositional beschreiben und Beschreibung aktualisieren.

Gerade in Abschnitt 7.6.1 war die Rede von Merkmalen, die den aktuellen Zustand der Umgebung zur Planungszeit bzw. vor Beginn der Aktion beschreiben, und Merkmalen, die im Zielzustand gelten sollen. Alle diese Merkmale sind im propositionalen Planen boolesche Aussagen, die Fakten über die Umgebung ausdrücken.

Menschen fällt es so mühelos leicht, Aussagen des Kalibers in den Beispielen oben (*Altglaskorb-ist-leer* etc.) zu treffen, dass das entsprechende technische Problem für Roboter zuweilen drastisch unterschätzt wird. Roboter „sehen" ihre Umgebung vermittels Umgebungssensoren, also zum Beispiel Kameras oder Laserscannern, und: *Daten von Umgebungssensoren liefern uninterpretierte Messwerte, aber keine booleschen Aussagen über die Umgebung!* Von diesen Messwerten liefern sie oft eine große Menge, also zum Beispiel einige Megapixel im Fall einer Kamera, oder einige Hunderttausende von 3D-Punkten im Fall eines 3D-Laserscanners; aber das ändert nichts daran, dass diese Daten uninterpretiert sind. Sie bilden zum Beispiel den Altglaskorb in allen Details ab, doch sie enthalten ohne Weiteres nicht die propositionale Information, ob er leer ist oder nicht.

In Kapitel 8 werden wir den Stand der Wissenschaft zu diesem Thema an zwei Stellen punktuell tiefer behandeln. Doch hier sei als Problem festgehalten: Wenn und soweit planbasierte Robotersteuerung Varianten existierender Handlungsplanungsverfahren aus der KI verwenden soll, setzt sie die Lösung des Problems voraus, die Fakten, die in der Planungsdomänen-Repräsentation verwendet sind, in Echtzeit aus der Umgebungssensorik zu ermitteln. Soweit Umgebungssensorik nur uninterpretierte Abbilder der Umgebung liefert (z.B. Farbe, Textur, Geometrie), ist das derzeit nur in engen Grenzen möglich. Allerdings kann es helfen, die Umgebung zu „instrumentieren", also beispielsweise individuelle Objekte mit RFID-Tags zu versehen, die propositionale Aussagen direkt errechnen lassen („Tasse T7 befindet sich in Hängeschrank H19"), oder die helfen, aus Abbildern der Umgebung propositionale Aussagen zu erzeugen („Die zylindrische Punktwolke auf der Tischebene ist Tasse T7" – oder kurz: „Tasse T7 steht aufm Tisch").

Planausführung überwachen.

Algorithmen zur Plangenerierung können es sich leisten, von zeitlichen Aspekten einzelner Handlungen zu abstrahieren, und das propositionale Planen tut dies weitgehend, wie oben beschrieben. Bei der physischen Planausführung geht das aber nicht mehr. Die Planungsdomänen-Repräsentation enthält für jede Aktion Information darüber, wie die Aktion nominal oder ideal wirken soll. Um zu beurteilen, ob sie das bei der Ausführung auch tut, muss zum einen die propositionale Beschreibung der Roboterumgebung laufend aktualisiert werden, um zu prüfen, ob die nominalen Aktions-Nachbedingungen eingetreten sind. Das macht die Schwierigkeiten, die im vorigen Absatz skizziert wurden.

Zusätzlich aber müssen Bedingungen in der Umgebung überwacht werden, die üblicherweise nicht in der nominalen Aktionsrepräsentation enthalten sind. Diese werden dafür gebraucht, um bei der Ausführungsüberwachung zu unterscheiden zwischen

- Aktion läuft, Ausführung im Rahmen des Erwarteten;

- Aktion läuft, Ausführung kritisch (z.B. erwartete Zeit überschritten, unerwartete Bedingungen oder Effekte aufgetreten);

- Aktion beendet, Ausführung erfolgreich;

- Aktion beendet, Ausführung gescheitert.

Ohne die Interpretation der Umgebungswahrnehmung in solchen semantischen Termini („erwartet", „erfolgreich", „gescheitert") ist eine sinnvolle Überwachung der Planausführung durch den Roboter selbst unmöglich.

Diese Interpretation erfordert einerseits deutlich mehr an Information über die Roboteraktionen als sie für die Plangenerierung genutzt wird und vorhanden ist: Zusätzlich zu propositionalen Vor- und Nachbedingungen muss Wissen vorhanden sein z.b. über erwartete Dauer, erwartete Ereignisse oder Bedingungen während der Ausführung, Abbruchbedingungen während der Ausführung und dergleichen. Es geht also letztlich um Modellierung von Aspekten des zeitlichen Verlaufs der Aktionsausführung. Andererseits muss klar sein, was passieren soll, wenn eine Aktion nicht im Rahmen dessen läuft was nominal akzeptiert wird. Kann eine erfolglose Aktion wiederholt werden? Gibt es eine andere Aktion, um die gebrauchten Merkmale herzustellen? Muss umgeplant werden? Müssen vielleicht gar die Ziele aufgegeben werden, zu deren Erfüllung der in der Ausführung gerade fehlgeschlagene Plan erzeugt wurde?

Zu diesen Fragen und generell zum Problem der Planausführungsüberwachung gibt es in der Robotik derzeit keine Lösung. Es wird in der Regel in die Ebenen *Aktionsauswahl* und *reaktive Aktionsüberwachung* hybrider Roboterkontrollarchitekturen verlagert (s. 9.1, Abbildung 9.4) und dort für den Anwendungsbereich des jeweiligen Roboters durch domänen- und roboterspezifische Software gelöst. Das zu verbessern, ist Gegenstand der Forschung zu planbasierter Robotersteuerung.

Wissen in Planungs-Domänenbeschreibungen aktualisieren und revidieren.

Selbst wenn das Problem gelöst wäre, Sensordaten on-line in propositionaler Form zu interpretieren, um damit die Domänendarstellung eines Roboters zu aktualisieren, bliebe es dabei, dass eine über die Zeit fortgeschriebene Domänendarstellung zum einen Fehlinformationen enthält, die aus verrauschten Sensordaten oder durch Fehlinterpretation entstanden sind, und zum anderen selbst ursprünglich korrekte Informationen durch die Umgebungsdynamik ohne Zutun und ohne Wissen des Roboters mit Zeit veralten, also falsch werden können. Die Domänenbeschreibung würde dadurch zum einen in sich inkonsistent, und zum anderen bildete sie nicht mehr die Umgebung ab, in der ein erzeugter Plan auszuführen wäre. Beides könnte man optimistisch der Planausführung zur kurzfristigen Lösung überlassen; unabhängig davon kommen aber derzeit verfügbare Planungsalgorithmen mit inkonsistenten Domänenbeschreibungen nicht zurecht. Für Roboterkontrolle müsste also eine Form von inkonsistenztolerantem Planen verwendet werden, oder die Domänenbeschreibung müsste durch einen aktiven Prozess permanent aktualisiert und revidiert werden, um sie konsistent zu halten. Beides scheint es derzeit nicht zu geben.

Ein weiterer Punkt unterscheidet Roboter-Planungsdomänen von denen, die typisch sind für Planungsanwendungen in der Literatur. Domänenbeschreibungen für Planungsanwendungen können im Einzelfall sehr umfangreich sein, doch sie sind im Regelfall sorgfältig so entworfen, dass sie keine unnötige Information enthalten. Irrelevantes in der Domänenbeschreibung kann dazu führen, dass die Planungszeit, die typischerweise exponentiell mit der Größe der Domänenbeschreibung wächst, unnötig steigt. Umgebungsmodelle für Roboter,

also beispielsweise das Modell eines kompletten Büroflurs für einen Botenrobo-
ter, sind so reichhaltig, dass es zu langen Planungszeiten führen dürfte, wenn
man sie für jedes Planungsproblem 1:1 in die Planungs-Domänenbeschreibung
übernähme. Das ist umso ärgerlicher, als Roboterpläne typischerweise eher
kurz sein sollten, denn es macht für einen Roboter wenig Sinn, in dynamischer
Umgebung hunderte von Schritten in die Zukunft zu planen. Wir bräuchten
einen Mechanismus, der für eine aktuell gegebene Zielbeschreibung aus einem gegebenen Roboter-Umgebungsmodell nur den „möglicherweise relevanten" Anteil in die Planungs-Domänenbeschreibung des aktuellen Planungsproblems überführt. Auch dazu findet sich derzeit wenig in der Planungsliteratur.

Bemerkungen zur Literatur

Zum Thema Braitenbergsche Vehikel empfehlen wir, das Original-Buch [Bra86]
dazu zu lesen, das nicht nur einflussreich war, sondern auch noch kurz,
leicht lesbar und anregend ist. Weitere Literatur zu Roboter-Kontrollprogram-
mierung auf Basis von Reflexen und Reaktionen finden sich in den Literatur-
hinweisen zu Kapitel 9. Die Originalarbeit zu Bug-Algorithmen ist [LS87].

Die vorgestellte Freiraumnavigation wird in [LNHS05] genau behandelt und
ist sehr ähnlich zu den bekannten Ansätzen, die unter dem Namen Vek-
torfeldhistogramme (engl. *vector field histrogram*) VFH bzw. VFH+ laufen
[BK89, BK91]. Hier wird jedoch nicht auf Basis eines Laserscans gearbeitet,
sondern es werden die Sensordaten der letzten n Zeitschritte integriert und
berücksichtigt. Daher man spricht vom *local perceptional space* (LPS). Dieses vorgehen ist bei Verwendung von Sonardaten zwingend notwendig und
wird derzeit auch in den ROS-Modulen zur Navigation verwendet. Aufbauend
auf die VFH haben Fox, Burgard und Thrun den Dynamic Window Approach
(DWA) entwickelt [FBT97]. Hier wird der LPS durch eine Geschwindigkeitskar-
te ersetzt. Eine globale Variante des DWA findet sich in [BK99]. Das Abfahren
einer definierten Trajektorie wird in der Regelungstechnik häufig behandelt.
Dort gibt es geschlossene nicht-lineare [Ind99, IC04] und Fuzzy-basierte Regler [SHP95, LV11], die das Problem zuverlässig lösen.

Viele Themen, die im vorliegenden Kapitel anklingen, werden theoretisch oder
analytisch in der Algorithmischen Geometrie untersucht. Als Referenz dazu
empfehlen wir [Kle05], das eine besonders robotik-relevante Themenauswahl
trifft.

Zum Thema Planen auf unterschiedlichen Betrachtungs- und Abstraktionsebenen gibt es eine Flut an Literatur. Als relativ kurzen und aktuellen Überblickstext zur Pfad- und Bewegungsplanung empfehlen wir den Handbuch-
Artikel [KL08] von Kavraki und LaValle. Planung umfassend und ausführlich

behandelt das Buch [LaV06] ebenfalls von LaValle. Die klassische, und für die grundlegende Verfahren bis heute lesenswerte Einführung in Pfad- und Bewegungsplanung ist das Buch von Latombe [Lat91]. Ghallab et al. [GNT04] behandeln das Thema Planung ausführlich aus Sicht der KI; Kapitel 20 behandelt Planung in der Robotik. Der Artikel von McDermott [McD92] ist einflussreich gewesen in Hinblick auf die Verbindung von Handlungsplanung in der KI und Robotersteuerung.

Das Thema Explorationsplanung wird verblüffend selten betrachtet. [KB91] betrachtet das Problem im Kontext von topologischen Karten. Der Ansatz, den dieses Kapitel vorgestellt hat, ist ausführlicher in [SNH03] dargestellt. Das Kunstausstellungsproblem behandelt [O'R87].

Aufgaben

Übung 7.1. Bauen Sie eines der einfachen Braitenberg-Vehikel aus Abbildung 7.3 in Hardware. Je nach Verfügbarkeit von Material können Sie dafür zum Beispiel Lego („Mindstorms"), Fischertechnik-Komponenten oder Komponenten aus dem Praktikum Technische Informatik (Dozent/in fragen!) benutzen. Achten Sie darauf, die Beeinflussungsrichtung (+ vs. −) und die Kopplung der Sensorik der Seiten mit der Aktorik der Seiten flexibel zu halten.

Übung 7.2. Implementieren Sie die Freiraumnavigation mit Spurfahrt auf Ihrem Roboter. Alternativ können Sie sich den Robotersimulator USARSIM installieren und dieses Experiment in der Simulation durchführen.

Übung 7.3. Der Bug 3-Algorithmus umfährt die Hindernisse immer rechts herum, bzw. immer links herum. Skizzieren Sie ein Szenario, bei dem eine abwechselnde Wahl von rechts-herum und links-herum dazu führt, dass der Zielpunkt nicht erreicht wird.

Übung 7.4. Vergleichen Sie die Strategien Bug 1 und Bug 3 und entwickeln Sie ein Szenario, in dem Bug 1 effizienter ist als Bug 3.

Übung 7.5. In Abschnitt 7.4 wurden die Begriffe Arbeitsraum und Konfigurationsraum eingeführt. Wie sieht für einen KURT-Roboter der Konfigurationsraum für einen Seminarraum mit ebenem Fußboden aus? Wo liegen Unterschiede zum Arbeitsraum? Geben Sie Beispiele für Posen im Arbeitsraum, die der Roboter nicht einnehmen kann.

Übung 7.6. Schauen Sie eine Videoversion des klassischen Loriot-Sketchs *„Das Bild hängt schief!"* an und diskutieren Sie die Handlung in Termini der Planausführungsüberwachung. Fragen sind beispielsweise:

- Was ist eine angemessene Planungsdomänen-Repräsentation?

- Was ist der ursprüngliche Handlungsplan des Akteurs?

- Über welche Fähigkeiten muss die Umgebungswahrnehmung zur Ausführungskontrolle verfügen?

- Würden Sie die Planausführung als beendet bezeichnen? Wenn nein, wie sieht der am Ende des Sketchs aktuelle Plan aus?

- An welcher Stelle hätte die Ausführungskontrolle die Planausführung möglicherweise beenden können? Was würde das bezüglich des Modells nominaler bzw. fehlerhafter Aktionsausführung erfordern?

- In welcher Hinsicht ist die Aussage „Das Bild hängt schief!" am Ende des Sketchs semantisch und pragmatisch adäquat zur Charakterisierung der dann aktuellen Situation?

8

Umgebungsdateninterpretation

In Abschnitt 7.6.2 tauchte gerade das Problem auf, Sensordaten aus der Umgebung auf propositionaler Ebene zu interpretieren. Darum geht es in diesem Kapitel. Auch bislang haben wir Daten der Umgebungssensoren eines Roboters schon ausgewertet; das war jedoch im wesentlichen beschränkt auf die Frage, wo und ggf. in welcher geometrischen Form in 2D oder 3D der Raum in der Umgebung des Roboters belegt war (z.B. Hindernisvermeidung, Kartenbau, Lokalisierung, Pfadplanung). Bei der Umgebungsdateninterpretation geht es nun darum, Objekte oder Fakten in der Umgebung aus den Sensordaten abzulesen. Das ist die Voraussetzung dafür, diese Objekte in der Robotersteuerung zu verwenden, also beispielsweise den Auftrag geben und vom Roboter ausführen lassen zu können: „Hol die Tasse vom Besprechungstisch!"

Das Ergebnis der Umgebungsdateninterpretation, nämlich eine semantische Ebene der Umgebungsbeschreibung, dient aber dem Roboter gleichzeitig als Quelle von Wissen über die Umgebung. Können Fakten und Objekte in der Umgebung in Echtzeit erkannt werden und verfügt der Roboter zudem über statisches Wissen über Zusammenhänge zwischen Fakten und Objekten, die in seiner Umgebung vorkommen können, dann kann er darüber schlussfolgern. Handlungsplanung, wie im vorigen Kapitel skizziert, ist eine spezielle Form von Schlussfolgerung; Ableitungen neuer Fakten (besser: Fakten-Hypothesen) aus wahrgenommenen Fakten ist eine weitere. Zum Beispiel könnte der Roboter aus der Wahrnehmung eines Objekts vom Typ „Besprechungstisch" und zweier Stühle von ihm aus gesehen vor dem Besprechungstisch schließen, dass zwei weitere, großenteils verdeckte Objekte hinter dem Besprechungstisch vermutlich ebenfalls Stühle sind, obwohl er sie nur ausschnittweise in den Sensordaten hat. Es führt also nicht nur ein Weg von Sensordaten zu Wissen über die Umgebung, sondern Wissen über die Umgebung unterstützt die Auswertung von Umgebungsdaten.

In diesem Kapitel behandeln wir zwei Ausschnitte des Themas Umgebungsdateninterpretation. Auch hierzu gibt es unabhängig von der Robotik eine Fülle relevanter Arbeiten, die darzustellen ein eigenes Lehrbuch Wert wäre. Diese Arbeiten schließen zum Teil direkt an den Stoff aus Kapitel 4 (Sensordatenverarbeitung) an. Objekterkennung in Bildern ist zum Beispiel ein klassisches Thema in der Bildverarbeitung; in der KI hat das Thema *Szenenverstehen* eine lange Tradition (gerade auch in der Forschung in Deutschland); und in den letzten Jahren hat sich *Cognitive Vision* als Forschungsrichtung etabliert.

Für dieses Kapitel wählen wir in diesem weiten Feld zwei Themen aus, deren Ansätze direkt aus Arbeiten zur Robotik motiviert sind und die entsprechend besonders gut in den Kontext dieses Buches passen: Objektverankerung von Symbolen und den Aufbau von semantischen Karten.

Diese lediglich kleine Auswahl von Themen und ihre nur skizzenhafte Behandlung in den folgenden Unterkapiteln liegt wiederum daran, dass wir den Charakter dieses Buches als Einführung beibehalten wollen. Die Kürze der Behandlung spiegelt nicht unsere Einschätzung der Bedeutung der Umgebungsdateninterpretation wider: Tatsächlich sind wir der Überzeugung, dass sie für die Zukunft der Robotik extrem wichtig ist und dass Fortschritte darin die Robotik rasant weiterbringen werden. Hier bewegen wir uns aber wiederum an den Rand dessen, was in der Forschung derzeit verstanden und beherrscht wird. Entsprechend führt ausführliche Behandlung des Themas Umgebungsdateninterpretation aus einer Einführung in die Robotik derzeit hinaus.

8.1 Objektverankerung

Umgebungsdateninterpretation enthält also das Problem, Objekte, Ereignisse oder Fakten in den Sensordaten zu erkennen. Ironisch, aber nichtsdestoweniger treffend wird das zuweilen das *Pixels-to-Predicates*-Problem genannt. Dieses Problem geht über die Robotik eigentlich weit hinaus. Die Frage, wie aus Sensordaten interpretierte Situationsbeschreibungen werden, stellt sich analog in der Kognitionswissenschaft zum Beispiel für Menschen: Wie funktioniert es eigentlich, dass wir aus den „Sensordaten" unserer Sinne blitzschnell, anscheinend mühelos und in der Regel unbewusst ein kognitives Abbild unserer Umgebung machen, das wir zum Beispiel mit Sprache beschreiben können („Ein Klavier, ein Klavier!")?

In der Kognitionswissenschaft wird diese Frage umfassend mit dem Begriff *Symbol Grounding-Problem* bezeichnet. Das ist das Problem, wie ein Symbol aus einer komplexen Symbolsprache, das von einem autonomen System (Roboter) intern verwendet wird, von diesem verknüpft wird mit dem Bezugsobjekt, also dem durch das Symbol bezeichneten Ding in der Welt. In der Kognitionswissenschaft wird das Problem unter Einschluss seiner philosophischen, linguistischen und neurobiologischen Dimensionen diskutiert.

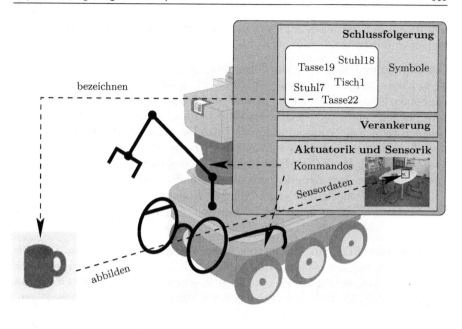

Abbildung 8.1: Struktur der Objektverankerung (Bild nach [CS03]). Erklärungen im Text.

In der Robotik liegt es nahe, mit einem deutlich bescheideneren Ausschnitt anzufangen, den wir *Objektverankerung* (*Object Anchoring*) nennen. Objektverankerung ist der Prozess, in einem Roboter die Verknüpfung zwischen einem Symbol und dem bezeichneten individuellen, physischen, sensorisch wahrnehmbaren Bezugsobjekt der Roboterumgebung herzustellen und aufrecht zu erhalten. Das ist eine Einschränkung des allgemeinen *Symbol Grounding*-Problems, denn es geht weder um abstrakte Konzepte (z.B. „das Wetter", „Glück"), noch um Handlungen oder Ereignisse (z.B. „Kochen", „das Erdbeben in Chile"), noch um Eigenschaften (z.B. „rot", „klüger als").

Abbildung 8.1 skizziert die Struktur, die dem Problem der Objektverankerung hinterliegt. Die Komponenten sind allesamt offensichtlich, bis auf den „Verankerung"-Kasten, um den es hier geht. Die Idee ist, dass es für jedes Symbol einen *Anker* gibt. Gegeben eine Grounding-Relation G und eine Logik-Sprache Σ zur Beschreibung der Umgebung, ist ein Anker ein Tripel

$$\alpha = \langle \sigma, \pi_\sigma, \hat{\gamma}_\sigma \rangle \tag{8.1}$$

mit den folgenden Komponenten: σ („Symbol") ist eine Individuenkonstante aus Σ, also beispielsweise *Tasse22*. π_σ („Perzept") ist ein segmentierter Ausschnitt aus den aktuellen Sensordaten, der gemäß G mutmaßlich dem Objekt namens σ entspricht.

Die Grounding-Relation G tut Folgendes: Für jedes Prädikatensymbol P in Σ, welches eine sensorisch wahrnehmbare Eigenschaft eines einzelnen Objekts oder einer Klasse von Objekten in der Umgebung bezeichnet, gibt sie die entsprechenden Sensorwerte an, die erwartet werden, wenn P gelten soll. Benutzt beispielsweise die Repräsentation der Umgebung das Prädikat Red(.), muss in G festgelegt sein, dass es zum Beispiel auf die HSV-Farbwinkel $[-20...20]$ abgebildet wird; für das Prädikat Cylindric(.) muss G die erlaubte Abweichung des Objekts von einer Zylinderform angeben und so fort. Ist dann für *Tasse22* definiert, dass Red(*Tasse22*) und Cylindric(*Tasse22*) und möglicherweise weitere Eigenschaften, so muss das Perzept $\pi_{Tasse22}$ im Anker für das Symbol *Tasse22* mindestens diese beiden Bedingungen aus G erfüllen.

Fehlt noch die Erklärung der dritten Anker-Komponente, $\hat{\gamma}_\sigma$. Diese *Signatur* ist eine Schätzung (angedeutet durch das „Dach") der aktuellen Attributwerte des Anker-Symbols σ. Damit hat es Folgendes auf sich. Solange ein Objekt im Blick der Sensorik bleibt, ist es keine große Kunst, es über die Zeit zu verfolgen. Hat der Roboter zum Beispiel zum Zeitpunkt t die rote, zylindrische *Tasse22* an einer konkreten Position in den Sensordaten, dann ist zu erwarten, dass *Tasse22* an $t+1$ ungefähr an derselben Stelle zu sehen sein wird, abzüglich ggf. einer Relativbewegung zwischen Roboter und Tasse. Das heißt andererseits: Wenn im Sensordatensatz zur Zeit $t + 1$ an der entsprechenden Stelle etwas Rotes, Zylindrisches wahrgenommen wird, dann wird es dieselbe *Tasse22* sein wie zur Zeit t, und nicht das andere Individuum *Tasse19*, das ebenfalls rot und zylindrisch ist. Doch was soll passieren, wenn der Roboter für eine kurze Zeit den Raum verlassen hat, zurückkommt und an ungefähr derselben Stelle, da sich zuvor *Tasse22* befand, etwas Rotes, Zylindrisches wahrnimmt?

Intuitiv würde man erwarten, es solle klar sein, dass es sich dabei um *Tasse22* handelt. A-priori ist das aber nicht so: Gibt es mehrere gleich oder ähnlich aussehende Tassen, ist aus Sicht kontextfreier Perzeption jede dieser Tassen ein gleich wahrscheinlicher Kandidat. Die Signatur $\hat{\gamma}_\sigma$ hat den Sinn, für das verankerte Objekt namens σ die Schätzung von dessen Attributwerten auch dann fortzuschreiben, wenn es sich gerade außerhalb der Sensordaten befindet. Wenn also der Ort einer Tasse unter den Tassen-Attributen ist und wenn die Fortschreibung dieses Attributs darin besteht anzunehmen, dass sich dieser Ort mangels Information über das Gegenteil nicht ändert, dann würde ein rotes, zylindrisches Objekt, das an der Stelle entdeckt wird, wo vorher *Tasse22* stand, bis zum Beweis des Gegenteils für *Tasse22* gehalten werden.

Auch wenn der Aufwand für die Fortschreibung sich bei Verwendung vieler Symbole pragmatisch in Grenzen halten muss, darf sie im allgemeinen aber nicht einfach aus dem Festhalten der jeweils letzte Werte bestehen. Objekte können zwischen zwei Sichtungen ihre Attribute ändern bzw. geändert bekommen: Der Büro-Papierkorb, der am Morgen leerer ist als am Abend zuvor; die Wanduhr, die nicht mehr dieselbe Zeit zeigt wie fünf Minuten früher; *Tasse22*, die bei Sonnenschein und bei Dämmerung im Kamerabild objektiv unterschiedliche Farbwerte hat. Grundsätzlich sieht die Signatur $\hat{\gamma}$ vor, zu jedem Zeitpunkt eine Schätzung zu errechnen, welche Attribute ein Objekt gerade hat und wie es entsprechend aktuell in den Sensordaten erscheinen müsste. Gewisse Attribute sind dabei fest (Grundsätzliche Farbe der Tasse und des Papierkorbs), andere variieren vorhersagbar (Zeigerpositionen auf der Wanduhr), andere variieren in Grenzen stochastisch (die genaue Position des Papierkorbs), wieder andere sind nicht realistisch vorhersagbar (der Ort von *Tasse22*, nachdem ich sie in der Instituts-Teeküche hinterlassen habe).

Unter Verwendung von $\hat{\gamma}$ müssen für ein gegebenes σ also einige Funktionen zur Verfügung stehen, um die Objektverankerung zu realisieren. Das sind mindestens die folgenden:

Find σ. Installiere (erstmals) einen Anker für gegebenes Symbol σ, der kompatibel mit G ist und ein aktuelles Perzept π verankert.

Track σ. Verfolge σ über die Zeit unter Verwendung der Signatur $\hat{\gamma}_\sigma$ und der Perzepte, wenn σ aktuell in den Sensordaten vorkommt.

Reacquire σ. Sofern die Signatur $\hat{\gamma}_\sigma$ zu unsicher geworden ist bei Fortschreibung ohne Verifikation in aktuellen Perzepten, versuche $\hat{\gamma}_\sigma$ zu aktualisieren durch Perzipieren des durch σ bezeichneten Objekts.

Die Definition des Ankers wie auch die gerade genannten Funktionen auf Symbolen legen die Struktur der Objektverankerung fest, sie lösen das Problem aber nicht ohne weiteres – eine umfassende, allgemein anwendbare Lösung für das Problem Objektverankerung ist derzeit nicht bekannt, sondern es ist Gegenstand der Forschung. Von praktischen Problemen, zum Beispiel der Verwendung einer Signatur mit realistischem Rechenaufwand, abgesehen, stellen sich einige grundsätzlichere Fragen. Für welche Objekte in der Umgebung braucht man zum Beispiel ein Symbol und entsprechend einen Anker? Für die nervige Fliege im Büro? Die attraktive Paketbotin im Büro? Den langweiligen neuen Kollegen im Büro?

Dann ist das Konzept des Objekt-Individuums praktisch nicht unproblematisch. Auf die Aufforderung „Bring mir eine Tasse Kaffee!" könnte ein objektverankernder Roboter plausibel zurückfragen: „*Tasse22*, *Tasse19*, oder lieber *Tasse7*?", was besonders dann stört, wenn alle diese Tassen völlig gleich sind. In vielen Fällen werden temporäre Anker für funktionale Individuen gebraucht („meine Tasse"), die später wieder aufgegeben, also gewissermaßen ent-ankert werden (beispielsweise, wenn der Tisch abgeräumt wird). Die Zuordnung zu den objektiven Individuen (*Tasse22*, *Tasse19* etc.) ist dann völlig irrelevant.

Kurzum: Objektverankerung ist eine notwendige Funktionalität im Rahmen der Umgebungsdateninterpretation. Sie liegt derzeit am äußeren Rand des Standes der Wissenschaft.

8.2 Semantische Karten

Kapitel 5 hat das Thema Roboterkarten bereits ausführlich und in unterschiedlichen Facetten behandelt. Auch der Begriff Semantische Karte ist dort bereits gefallen, und wir haben semantische Merkmale kennengelernt als mögliche Ausprägung der in einer Karte verzeichneten Elemente. Allerdings haben wir dort eine Eigenschaft noch nicht ausgenutzt, welche semantische Merkmale im Kontext von Umgebungsdateninterpretation bieten: Über Schlussfolgerung Information über die Umgebung zu erzielen, die deutlich über das hinausgeht, was die Sensordaten liefern. Wir werden sehen, dass solche erschlossenen Informationen nicht nur den Inhalt der semantischen Karte anreichern, sondern auch ihren Aufbau erheblich beeinflussen können.

In Abschnitt 5.1 ist eine Roboterkarte definiert als

> eine explizite Repräsentation des Raums, die der Roboter für seine Zwecke effizient nutzen kann.

Als Zwecke sind dort im Wesentlichen Lokalisierung und Pfadplanung behandelt – für einen mobilen Roboter zentrale Fragen. Eine semantische Karte erweitert diesen Begriff der Roboterkarte nun in zweierlei Hinsicht:

1. Einige oder alle kartierten Objekte und/oder Strukturen der Umgebung sind *klassifiziert* als zugehörig zu bekannten Klassen.

2. Über die Klassen als solche und/oder über individuelle Objekte, die in der Karte vorkommen, liegt *Wissen* vor, das in einer *Wissensrepräsentationssprache* formuliert ist, für die mit Hilfe effektiver *Inferenzverfahren* weiteres Wissen abgeleitet werden kann.

Abbildung 8.2 zeigt das Rendering einer 3D-Karte aus 3D-Laserscans, in der Teil-Punktwolken als Tische oder Stühle erkannt wurden – tatsächlich lief diese Erkennung sogar automatisch mit Verfahren, die weiter unten (8.2.3) skizziert werden. Die Teil-Punktwolken, die erkannten Objekten entsprechen, sind durch kompakte und texturierte CAD-Objekte ersetzt. Das erfüllt den ersten Punkt, Klassifikation von Objekten. Über den zweiten Punkt, dahinter liegendes Wissen über die Objekte, ist nichts ausgesagt; wir werden darauf in 8.2.2 eingehen.

Der Rest dieses Abschnittes behandelt nun drei Punkte. Erstens: Für alle mit einem soliden Hintergrund in KI ist klar, was mit Wissensrepräsentation und Inferenz gemeint ist; für alle anderen wollen wir das kurz erklären. Zweitens: Wir werden den Inhalt einer semantischen Karte rekapitulieren. Und drittens: Wir werden den Prozess der Kartierung für semantische Karten skizzieren, und dabei erklären, wie das Wissen, das in einer semantischen Karte enthalten ist, die Kartierung und damit auch die aufgebauten Karten beeinflusst.

Wie für viele Themen gegen Ende dieses Buches trifft auch für Semantische Karten die Aussage zu, dass wir uns hier dem Rand des Standes der Wissen-

Abbildung 8.2: Rendering einer 3D-Punktwolke eines Büros mit eingefügten körperlichen 3D-Objekten aus CAD-Modellierung (Stühle, Tische). Ist das ein Blick in eine semantische 3D-Karte? Diskussion im Text.

schaft nähern. Folglich wollen wir nur skizzieren, worum es bei Semantischen Karten geht und wozu sie nützen. Weitere Details gehen über den Rahmen einer Einführung hinaus.

8.2.1 Wissensrepräsentation und Inferenz

Das Gebiet *Wissensrepräsentation* in der KI befasst sich damit, Formalismen zu entwickeln, in denen Wissen explizit dargestellt werden kann und für die es effektive Verfahren gibt, um aus repräsentiertem Wissen, der *Wissensbasis*, neues Wissen automatisch herzuleiten, zu *inferieren*. Dabei sind naturgemäß *korrekte* Inferenzverfahren von Interesse, also solche, bei denen inferiertes Wissen auch auf der *semantischen* Ebene, also bezogen auf die Bedeutung des Wissens, aus dem Ausgangswissen folgt. Kurzum: Ein gutes Inferenzverfahren soll nur wahre Konsequenzen aus gegebenem Wissen folgern, und das möglichst effizient.

Die Archetypen der Wissensrepräsentationsformalismen (WRFen) sind Aussage- und Prädikatenlogik; Inferenzverfahren dafür werden in der Logik etwa seit den 1920er Jahren entwickelt, und die KI hat das etwa seit den 1960er Jahren forciert. Diese Logiken sind aber bei Weitem nicht die einzigen WRFen. Zum einen gibt es sehr viele Varianten dieser beiden, die für praktische Zwecke geeigneter sind, weil es für sie beispielsweise effizientere Inferenzverfahren gibt.

(Korrekte und vollständige Inferenz in Aussagelogik ist grundsätzlich nur mit NP-vollständigen Verfahren möglich, Prädikatenlogik ist gar unentscheidbar – beides keine Eigenschaften, die man bei einem effizienten Inferenzverfahren gebrauchen kann.) Gleich werden wir im Beispiel mit Beschreibungslogik eine Logik-Variante sehen, für die effiziente Inferenz möglich ist. Zum zweiten gibt es andere Arten von Wissen als logische Zusammenhänge zwischen Sachverhalten, wie sie in Logik elegant formalisiert werden können. Statistische Zusammenhänge beispielsweise würde man sicherlich in einem WRF formalisieren, der auf Wahrscheinlichkeitstheorie (s. A.2) beruht. Das Wissen hat dann die Form gemeinsamer Verteilungen von Zufallsvariablen, die teils abhängig, teils unabhängig voneinander sind; ein Inferenzverfahren wäre beispielsweise das Ermitteln gemeinsamer Verteilungen unter Evidenz in einem Bayes-Netz. Kurzum: Wissensrepräsentation muss nicht Logik sein, und Inferenz nicht logische Deduktion; Formalismen mit einem Logik-Hintergrund sind aber praktisch die Marktführer.

Als kurzes Beispiel betrachten wir eine Formalisierung in *Beschreibungslogiken* (*Description Logics*, DL). Beschreibungslogiken sind Teilmengen der Prädikatenlogik. Tatsächlich gibt es eine ganze Familie davon, die sich wesentlich darin unterscheiden, welche elementaren Operatoren sie zur Verfügung stellen. Für etliche ist Inferenz in polynomieller Zeit in Abhängigkeit von der Größe der Wissensbasis implementierbar.

Eine Wissensbasis in DL hat zwei Teile: Zum einen werden die Prädikate definiert, die hier in *Konzepte* und *Rollen* (ein- und zweistellige Prädikate) unterschieden sind; zum anderen werden individuelle Objekte (Konstanten) eingeführt.

Die Definition von Konzepten und Rollen zusammen genommen wird auch als *Ontologie* bezeichnet. Ein Konzept ist ein einstelliges Prädikat. In einer Wissensbasis für Roboternavigation müsste es beispielsweise die Konzepte Door, Location usf. geben. Konzepte werden in eine hierarchische Ordnung gebracht durch die Festlegung von Konzept-Gleichheit = oder Unterkonzept-Verhältnis wie Room $\sqsubseteq$ Location und Corridor $\sqsubseteq$ Location. Konzeptdefinitionen können Konjunktion $\sqcap$, Disjunktion $\sqcup$ und Negation/Komplement $\neg$ verwenden. Folgendes wären also Beispiele für Konzeptdefinitionen:

$$Location = Room \sqcup Corridor,$$
$$Door = Closed \sqcup Open, \qquad (8.2)$$
$$Open = \neg Closed.$$

Rollen in einer DL entsprechen zweistelligen Prädikaten wie beispielsweise leadsTo(d, l) für eine Tür d und einen Ort l. Inverse, Durchschnitt und Vereinigung von Rollen auf passenden Argumenten lassen sich definieren; leadsTo = leadsFrom^{-1} ist ein Beispiel für die Definition einer inversen Rolle. Analog zu Konzepten können Rollen zusammengesetzt definiert werden; ein

Beispiel ist

$$\mathsf{openExit} \sqsubseteq \mathsf{leadsTo} \sqcap \mathsf{fireEscape}. \tag{8.3}$$

(Eine Tür in einen Raum, die ein Notausgang ist, ist ein offener Ausgang.)

Schließlich können Konzepte und Rollen kombiniert werden, um neue Konzepte und Rollen zu definieren. Insbesondere darf man über die *Füller* einer Rolle quantifizieren, das heißt, über die Objekt-Individuen, die konsistent eingesetzt werden können für Rollen-Argumente. Beispielsweise lässt sich (die intuitiven Regeln für Priorität der Bindung von Operatoren vorausgesetzt) definieren

$$\mathsf{BlockedLoc} = \mathsf{Location} \sqcap \neg\exists\mathsf{leadsFrom.Open} \tag{8.4}$$

(Ein blockierter Ort ist ein Ort, für den es keine offene Tür gibt, die aus ihm heraus führt.)

Im zweiten Teil einer DL-Wissensbasis werden Objekt-Individuen in die *Terminologie* von Konzepten und Rollen eingeführt. Zum Beispiel könnte deklariert werden, dass gilt: $\mathsf{Room}(R_{509})$, $\mathsf{leadsTo}(D_{509}, R_{509})$, and $\mathsf{Closed}(D_{509})$. In erster Näherung sind die Namen der Objekt-Individuen die Symbole, die im vorigen Abschnitt 8.1 zu verankern waren. Konzepte und Rollen waren dort Prädikate, die Eigenschaften auf Objekten postulieren.

DLs erlauben eine ganze Reihe von Inferenzen, gegeben Konzept- und Rollendefinitionen und Individuen. Sie erlauben insbesondere zu entscheiden, ob die Konzeptdefinitionen widerspruchsfrei sind, ob ein Konzept Unterkonzept eines anderen ist und ob zwei Konzepte als äquivalent definiert sind. Aus den konkreten Definitionen oben lässt sich zum Beispiel ableiten, dass alle Definitionen widerspruchsfrei sind und dass gilt $\mathsf{BlockedLoc}(R_{509})$.

Im Jahr 2004 hat das WWW-Konsortium (W3C) die *Web Ontology Language* (OWL) als eine technische Basis für das *Semantic Web* definiert. Die klassische DL namens OWL-DL ist Teil dieser Sprache. Einige OWL-DL-Ontologien sind frei im Web verfügbar, und ihre Zahl wächst. Darunter sind solche, die ausdrücklich die Modellierung von Alltagsumgebungen für mobile Roboter zum Ziel haben.

Diese ganz kurze Skizze sollte eine Idee davon vermitteln, worum es bei Wissensrepräsentation und Inferenz geht. Vertiefte Arbeit in Semantischer Kartierung setzt vertiefte Kenntnisse in WRFen voraus. In den Bemerkungen zur Literatur am Ende des Kapitels finden sich Hinweise auf ausführliche Einführungen ins Thema.

8.2.2 Was ist eine semantische Karte?

Der Klarheit halber sei zunächst in Form einer verbalen Definition rekapituliert, was wir bislang (einschließlich in Kapitel 5.1) zum Thema semantische Karten gesagt haben:

> Eine *semantische Karte* ist eine *Roboterkarte*, die zusätzlich zu metrischen und geometrischen Informationen Zuordnungen von kartierten Strukturen und Objekten zu bekannten Konzepten und Relationen enthält. Weiterhin umfasst die semantische Karte statisches Wissen über diese Konzepte und Relationen, das in einer *Wissensbasis* abgelegt ist. *Inferenzen* sind möglich, welche die raumbezogene Information und das statische Wissen über Objekte in der semantischen Karte kombinieren.

Mit Blick auf Karten im Alltagsverständnis sind semantische Karten übrigens nichts Besonderes, sondern sie sind eher die Regel. Praktisch alle Karten, die Sie in Ihrem alten Schulatlas finden, sind gewissermaßen semantische Karten; „gewissermaßen" insofern, als die Wissensbasis, die jeweils dazu gehört, bei den interpretierenden Menschen im Kopf vorausgesetzt ist.

Mit gutem Recht könnte man eine semantische Karte, also eine Roboterkarte mit Wissensbasis, anders herum als eine Wissensbasis mit Raumbezug einiger ihrer Konzepte und Objekte sehen. Diese beiden Sichten sind bestens kompatibel, und welche im Vordergrund steht, ist eher eine Frage, ob man stärker an Wissensrepräsentation und Inferenz oder – wie in diesem Buch – an Robotersteuerung interessiert ist. Auch für die Robotersteuerer bleibt aber ein Punkt essenziell, der in manchen Arbeiten weggelassen wird, die vorgeblich zu semantischen Roboterkarten beitragen sollen: Keine semantische Karte ohne Wissensrepräsentation und Inferenz! Warum ist das wichtig?

Es ist *ein* Ding, in einer metrischen oder geometrischen Roboterkarte, wie wir sie weiter vorn kennengelernt und verwendet haben und wie sie Abbildung 8.2 zeigt, Strukturen oder Objekte oder räumlich klar zuordenbare Merkmalsmengen gleichsam mit einem Etikett zu versehen. Das Etikett kann ja irgendeinen frei gewählten Namen tragen, also zum Beispiel *QpX17* oder auch *JoachimsSchreibtischstuhl*. Bei der Programmierung lernen wir, Namen mit offensichtlicher Bedeutung zu verwenden; aber der Compiler eines C-Programms findet die beiden Variablennamen *QpX17* und *obereSchranke* völlig gleichwertig: Sprechende Namen helfen dem Menschen, der den Programmtext liest; der Compiler macht keinen Unterschied zwischen ihnen. Dasselbe gilt für den Roboter, der in einer Karte seiner Umgebung eine Merkmalsmenge, zum Beispiel eine Landmarke vorliegen hat, die (von wem auch immer) einen Namen bekommen hat: Ein Name allein, und sei er für den betrachtenden Menschen noch so sprechend, hat für den Roboter keine Bedeutung. Eine Roboterkarte mit Namensschildchen an allerlei Orten ist keine semantische Karte, sondern

eine Roboterkarte mit Namensschildchen – oder auch mit Bedeutung sugge-
rierenden Objektdarstellungen wie in Abbildung 8.2.

Es ist daher *ein anderes* Ding, wenn die Namen, die (von wem auch immer)
an Objekte in einer Roboterkarte vergeben wurden, mit Objektindividuen in
einer Wissensbasis korrespondieren. In diesem Fall haben sie auch für den
Roboter Bedeutung in dem Maß, wie die Konzepte und Relationen in der
Umgebung in der Wissensbasis repräsentiert und modelliert sind. Der Roboter kann beispielsweise selber erschließen, dass ein Objekt, das ein Stuhl zu
sein scheint, das aber nicht auf einer soliden Fläche (Boden, Tisch) steht, tatsächlich kein Stuhl sein kann. Tatsächlich unterliegt, was man dem Bild nicht
ansieht, der 3D-Karte hinter Abbildung 8.2 eine kleine DL-Wissensbasis über
Büromöbel.

Eine semantische Karte bietet eine ganze Reihe von Möglichkeiten über eine
uninterpretierte Karte hinaus.

- Objekte (Tisch, Stuhl, Tasse) und Strukturen (Wand, Boden Decke) im
  Raum können über ihre Klassenzugehörigkeit oder bei erfolgreicher Ob-
  jektverankerung über ihren individuellen Namen angesprochen werden.
  Das ermöglicht erst eine höhere Interaktionsebene in der Mensch-Roboter-
  Interaktion. Ein Kommando der Art „Bring mir eine Tasse vom Küchen-
  tisch!" ist ohne stabile Kategorisierung nicht möglich.

- Viele wichtige Kategorien in alltäglichen Umgebungen ergeben sich nicht
  aus gut definierten Mengen von Sensormerkmalen, sondern aus Inferenz
  über erkannte Objekte (und möglicherweise Funktionen, deren Erkennung
  wir hier nicht behandeln). Eine Küche zum Beispiel ist ein Zimmer oder
  eine Region, in der auf jeden Fall ein Kochherd, eine Spüle und ein Kühlschrank vorhanden sind; in einem abgeschlossenen Küchen-Raum (im Gegensatz zur offenen Küchenzeile) sind typischerweise zusätzlich noch ein
  Backherd, ein Küchentisch, Schränke und eine Spülmaschine vorhanden.

- Eine semantische Karte enthält implizit deutlich mehr Information als
  durch die Sensordaten aufgezeichnet wurde. Um bei Küchen-Beispiel zu
  bleiben: Ist die Information einmal da, dass es sich bei einem bestimmten Raum um eine Küche handelt (sei es sicher oder vermutet), folgt
  umgehend, dass dieser Raum vermutlich auch Objekte enthält, die zur
  Küche gehören, die aber noch nicht aus den Sensordaten erkannt sind;
  entsprechend könnte in vorhandenen Sensordaten der Küche aktiv nach
  der Spülmaschine gesucht werden, also nach den (objektiv nicht besonders auffälligen) Merkmalen, welche die Unterschränke in einer konkreten
  Küche von der Spülmaschine unterscheiden, die wiederum typischerweise nahe bei der Spüle stehen wird. Auch erkannte Strukturen können auf
  semantischer Ebene geometrisch vervollständigt werden: Eine Wand geht
  vermutlich hinterm Bücherregal weiter; gleiches gilt für die Bodenebene,
  die unterm Regal vermutlich bis zur Wand geht. Abschnitt 8.2.3 skizziert

Abbildung 8.3: Büroszene. Wie viele Stühle sehen Sie? Was lehrt uns das über den Aufbau einer Semantischen Karte? Diskussion im Text.

die Konsequenz für die Kartierung aus dieser Art von Schlussfolgerung über Szenenobjekte.

Mit der Forderung nach Anbindung an eine Wissensbasis ist natürlich kein scharfes Kriterium formuliert, „wie viel Wissen" erforderlich ist, damit eine Roboterkarte sinnvollerweise zu einer semantischen Karte wird; denn auch eine im Wesentlichen leere Wissensbasis ist ja eine Wissensbasis. Ein objektives Kriterium dafür erscheint auch gar nicht sinnvoll. Wie tief die Roboterumgebung modelliert sein muss, bemisst sich danach, was der Roboter in seiner Umgebung tun soll und welche Möglichkeiten zur Inferenz dabei helfen. Soweit der Roboter aber selber seine semantische Karte aufbauen und pflegen soll, hilft die Modellierung räumlicher Aspekte der Objekte in der Umgebung. Wie die Wissensrepräsentation beim Aufbau, also der Kartierung der semantischen Karte hilft, skizziert der folgende Abschnitt.

8.2.3 Kartierung für semantische Karten

Beginnen wir mit einem ganz einfachen Experiment. Betrachten Sie bitte Abbildung 8.3. Wie viele Stühle sehen Sie auf dem Bild?

Für uns Menschen ist das eine völlig einfache Aufgabe – so einfach, dass wir uns der Leistung in der Regel gar nicht bewusst sind, die dahinter steht. Es geht nämlich nicht nur darum, aus einem Foto (das im Druck sogar nur Grauwerte enthält) Stühle zu erkennen, wobei zuvor gar nicht klar ist, welches genau die Form und Textur dieser Stühle ist. Sondern Sie haben vermutlich die korrekte Antwort (zur Sicherheit: fünf!) gefunden, obwohl nur ein einziger

Stuhl, nämlich der rechts im Bild, ohne Verdeckung abgebildet ist; alle anderen sind mehr oder weniger verdeckt durch den Tisch, von dem am Hinterende ist gar nur die obere Hälfte der Rückenlehne zu sehen. Selbst der rechte Stuhl ist nicht voll sichtbar, sondern durch Selbstverdeckung nur partiell – eben, wie wir es gewohnt sind, nur von der Aufsicht-Seite. In einem Sensordatensatz von einer einzigen Pose aus ist ein sichtbares Objekt nur in Ausnahmefällen (z.B. ein Poster an einer freien Wand) vollständig sichtbar; in der Regel sind Objekte partiell verdeckt durch Selbstverdeckung und/oder durch andere Objekte. Das gilt für Fotos wie für Laserscans, und es ist keine neue Erkenntnis.

Wieso aber konnten Sie die Frage nach der Zahl von Stühlen korrekt beantworten, obwohl sie weder den entsprechenden Raum kennen (na gut – er war schon einmal, mit anderer Stuhl-Anordnung, zu sehen in Abbildung 8.2), noch die Geometrie und Farbe/Textur der Stühle wussten?

Vermutlich unter anderem deshalb: Die im Bild klar sichtbaren Elemente (Tisch, Regal, Stühle im Vordergrund) legen den Schluss nahe, dass es sich auf dem Foto um einen Büro- oder Besprechungsraum handelt. Wenn dann direkt am Besprechungstisch Möbelteile sichtbar sind, welche dieselbe Textur bzw. Farbe wie die klar sichtbaren Stühle haben und in der Form dazu passen, dann werden sie zu entsprechenden Stühlen gehören – der Schluss liegt einfach nahe.

Für diesen Schluss sind also zwei Zutaten erforderlich: Erstens: Im Bild müssen spontan gewisse Elemente erkannt werden, beispielsweise die genannten klar sichtbaren Elemente (Tisch, Regal, Stühle im Vordergrund). Zweitens: Es muss Wissen oder Erfahrung darüber vorhanden sein, was in einem typischen Büro- oder Besprechungsraum an Ausstattung zu erwarten ist; dass um einen Besprechungstisch herum oft Stühle herum stehen; und dass solche Stühle oft gleich aussehen. Anscheinend erlaubt also Wissen über die Szene und Objekte darin, gemeinsam mit Information, die direkt aus dem Bild erkannt wurde, weitere Information zu erschließen oder wenigstens zu vermuten, die in den reinen Sensordaten objektiv gar nicht enthalten ist.

Einen solchen Effekt möchte man sich nun beim Aufbau von semantischen Karten zunutze machen. Wir müssen dann also Kartierungsverfahren, wie wir sie in Kapitel 6 kennengelernt haben, erstens ergänzen um Objekterkennung für „klar sichtbare" Objekte; das entspricht der Objekterkennung, wie wir sie bei der Objektverankerung in Abschnitt 8.1 benutzen. Und wir müssen, zweitens, aus erkannten Objekten mit Hilfe der Wissensbasis, die zur semantischen Karte gehört, Hypothesen über weitere Objekte bilden und an den Sensordaten überprüfen; das ähnelt der Verifikation von Objekten in Sensordaten, die wir in 8.1 im Rahmen der Funktionen Track und Reacquire eingeführt haben.

Beim Kartieren bekommen wir Sensordaten bekanntlich nicht fertig vorgesetzt, sondern generieren sie zu einem wesentlichen Teil selbst, indem wir, wie in Abschnitt 7.5, die nächste Pose für die Sensordatenaufnahme bestimmen.

Folglich haben wir es in der Hand, neue Daten auch daraufhin aufzunehmen, Objekt-Hypothesen besonders gut zu prüfen, also beispielsweise einen 3D-Scan aus einer Pose zu machen, die einen potenziellen Stuhl von einer zuvor verdeckten Seite scannt. Kartierung für semantische Karten kann also ein weiteres Kriterium für die Poseplanung verwenden: Nämlich an welchen Stellen in der im Aufbau befindlichen semantischen Karte gemäß Inferenz aus hinreichend sicher erkannten Objekten und der zugehörigen Wissensbasis Objekte hypothetisiert werden, und von wo aus diese Stellen einsehbar zu sein scheinen, um die Objekthypothesen zu prüfen.

Ein Verfahren zur semantischen Kartierung sollte also beispielsweise auf Basis einer unvollständigen Karte, welche die Information wie in Abbildung 8.3 enthält, als ein Kriterium für die nächste Zielpose zur Sensordatenaufnahme eine Pose hinterm Tisch vorschlagen, um die Stuhl-Hypothesen zu prüfen, die aus einem mit hoher Sicherheit erkannten Besprechungstisch und einem oder zwei gleichartigen Stühlen nahe dabei ableitbar ist.

Dabei ergibt sich der typische Effekt, dass weitere Interpretation von neuen Sensordaten oft umso leichter ist, je weiter die Interpretation von früheren Sensordaten in einer Szene fortgeschritten ist. Bei der 3D-Kartierung eines Gebäudeinneren zum Beispiel ist die Bodenebene typischerweise sehr leicht zu erkennen als die größte Ebene unterm Roboter, die eine Normale senkrecht nach oben hat. Objekte, die zwangsweise oder typischerweise auf dieser Bodenebene stehen (Schreibtisch, Tisch, Regal, Stuhl), sind folglich nur auf dieser Ebene zu suchen. Ein üblicher Schreib- oder Besprechungstisch beispielsweise hat eine Platte (Ebene!) typischerweise 60–80 cm überm Boden, folglich sucht man sie zunächst in diesem Bereich. Stühle sucht man gezielt um einen Tisch oder beim Schreibtisch, *Tasse22* auf dem Besprechungs- oder Schreibtisch, und so fort. (Wissen dieser Art lag der Klassifikation von Objekten in Abbildung 8.2 zugrunde.) Beim Prozess der Erstellung einer semantischen Karte dient die Interpretation von kartierten Objekten und Strukturen in der unfertigen Karte also als Hilfe bei der Zielposeplanung und bei der Bildung oder Bestätigung von Hypothesen über Objekte und Strukturen, die in den Sensordaten nicht oder nicht eindeutig abgebildet sind.

Zum Schluss sei noch erwähnt, dass der Aufbau einer semantischen Karte noch einen Aspekt haben kann, der sich von der Kartierung wie in Kapitel 6 fundamental unterscheidet. Bei den Gedanken-Beispielen in diesem Abschnitt sind wir davon ausgegangen, dass die Wissensbasis der semantischen Karte bereits gegeben ist. Auch sie kann grundsätzlich durch Lernverfahren aufgebaut oder modifiziert werden. Für eine Wissensbasis in einem logik-orientierten Formalismus, wie wir ihn für die Beispiele vorausgesetzt haben, bieten sich dafür beispielsweise Verfahren der Induktiven Logischen Programmierung (ILP) an; es gibt weiterhin experimentelle Ansätze, Wissensbasen aus webbasierten Faktensammlungen wie dem *Openmind Indoor Common Sense Repository* aufzubauen. Auch dieses Thema sprengt aber den Rahmen einer Einführung.

Bemerkungen zur Literatur

Der Originalartikel zum *Symbol Grounding*-Problem ist von Stevan Harnad [Har90]. Derselbe Autor pflegt auch in Scholarpedia den entsprechenden Artikel [Har]. Objektverankerung wurde von Silvia Coradeschi und Alessandro Saffiotti [CS03] konzipiert. [CN06] bietet eine gute, aber leider nicht mehr ganz neue Stichprobe zu internationalen Arbeiten zum Thema *Cognitive Vision*.

Über Planungs- und Inferenzmethoden für Roboter gibt [HC08] einen Überblick; daraus ist das DL-Beispiel in Abschnitt 8.2.1 entlehnt. Zu Wissensrepräsentation und Inferenz s. [BL04] oder die entsprechenden Abschnitte von Einführungen in die KI, beispielsweise [RN10, Parts III, IV]. Eine deutschsprachige Einführung in das Thema gibt [BKI08].

Semantische Karten und Semantische Kartierung sind in neuerer Zeit wiederholt Themen von speziellen Workshops und Tagungen, mit steigender Frequenz und wachsendem Umfang. [HS08] enthält eine Sammlung von Originalarbeiten.

Aufgaben

Übung 8.1. Definieren Sie für einen Sensor oder eine Sensorkonfiguration Ihrer Wahl (z.B. eine Kamera, und/oder einen 3D-Laserscanner und/oder eine Kinect) und für ein Alltagsobjekt Ihrer Wahl (z.B. einen Kaffeebecher, einen Bürostuhl, einen Laptop) eine Grounding-Relation zur Verankerung des Objekts in den entsprechenden Sensordaten. Definieren Sie dafür Prädikate, die das Objekt beschreiben, und Sensorwerte, die diese Prädikate repräsentieren. Geben Sie an, welche Varianzen die Prädikatsdefinitionen einschließen müssen, um das Objekt mit der Track-Funktion über plausible Veränderungen der Umgebungsbedingungen (z.B. Beleuchtungsunterschiede) und Veränderungen der relativen Position zum Objekt (z.B. Entfernung, Blickrichtung) zu verfolgen.

Spezifizieren Sie die Signatur $\hat{\gamma}$ des Objekts. Was sind erwartete Änderungen im Ort und möglicherweise im Erscheinungsbild in Abhängigkeit von der Zeit und möglicherweise von weiteren Umgebungsbedingungen?

Übung 8.2. *Für Leserinnen und Leser mit einem Hintergrund in Wissensrepräsentation.*

Im Text ist zum Bürofoto in Abbildung 8.3 angedeutet, dass das Semantische Kartieren eine Beschreibungslogik-Ontologie verwenden könnte, die Objekt-

Aggregate modelliert. In der Abbildung ist zum Beispiel das Aggregat *Bespre-chungstisch* enthalten, das aus einem Tisch mit einer Anzahl Stühlen drum-herum besteht, und möglicherweise noch mit einer Kaffeekanne und Kaffee-bechern auf dem Tisch.

Modellieren Sie dieses Aggregat in einer Beschreibungslogik-Variante Ihrer Wahl. Machen Sie sich bei der Auswahl der Variante und beim Modellieren Gedanken zu den folgenden Fragen:

1. Wie modellieren Sie die Tatsache, dass um einen Besprechungstisch typi-scherweise zwischen drei und sechs Stühlen herum stehen, aber die genaue Zahl nicht bekannt sein muss?

2. Wie modellieren Sie in der Ontologie die räumlichen Relationen, dass je-der Stuhl *nahe beim* Besprechungstisch steht, die Kaffeekanne *auf* dem Tisch, jeder Stuhl *vorm* Tisch (vom Stuhl aus gesehen)? (Achtung: Mo-dellierung von Raumrelationen im Allgemeinen ist ein bekannt schwieriges Problemfeld in der Wissensrepräsentation.)

3. Kennen oder finden Sie Beschreibungslogik-Varianten, die mit Unsicher-heit in den Sensordaten und mit Unsicherheit in den repräsentierten Kon-zepten umgehen können? Zum Beispiel könnte im Kontext der Roboter-kontrolle ein Objekt nicht mit Sicherheit, aber mit einer gewissen hohen Wahrscheinlichkeit als Stuhl erkannt worden sein; oder ein Besprechungs-tisch darf, aber muss nicht mit einer Kaffeekanne versehen sein.

9

Roboterkontrollarchitekturen

In den vorangehenden Kapiteln haben wir Methoden und Algorithmen vorgestellt, mit denen mobile Roboter die wichtigsten Funktionen realisieren können, die von ihnen erwartet werden: Gezielte Bewegung, Lokalisation, Kartenbau, Bewegungsplanung, Interpretation der Sensordaten aus der Umgebung und andere mehr. An einigen Stellen haben wir das Problem angesprochen, dass alle diese Funktionen letztendlich in einem kompletten Kontrollprogramm integriert laufen müssen; in Abbildung 7.1 haben wir dazu bereits ein grobes Schema als Arbeitsgrundlage vorgestellt.

In diesem Kapitel soll nun dieses Problem der Integration der unterschiedlichen Kontrollbestandteile vertieft werden. Es geht um die *Roboterkontrollarchitektur* (engl. *Robot Control Architecture*), also um die Struktur der Software zur Roboterkontrolle.

Sich um Softwarestruktur Gedanken zu machen, ist bekanntlich keine Besonderheit bei der Roboterkontrolle: Diese Frage stellt sich bei jedem größeren Stück Software. Eine gute Architektur soll beispielsweise dafür sorgen oder dabei helfen, die Software klar zu strukturieren und zu dokumentieren, transparenten Kontroll- und Datenfluss zu organisieren, die Wartbarkeit der Software zu verbessern, systematische Verifikationen und Tests zu erleichtern und damit letztlich die Kosten der Software über ihren Lebenszyklus für den Hersteller und den Anwender zu minimieren.

Das sind anspruchsvolle Ziele. Bei Software zur Roboterkontrolle stellen sich zusätzlich eine Reihe von speziellen Problemen. Roboter sind eingebettete Systeme, die in geschlossener Regelung laufen und daher ihre Sensordatenströme in Echtzeit verarbeiten müssen. Was dabei Echtzeit ist, ist für unterschiedliche Datenarten und Roboterfunktionen unterschiedlich – wir haben die Tatsache unterschiedlicher Zeitskalen bereits angesprochen. Daher ist ein standardisierter Kontroll- und Datenfluss, den die Architektur abbilden könnte, nicht möglich. Und schließlich sind, wie wir in früheren Abschnitten angemerkt haben, für etliche algorithmische Teilprobleme in der Roboterkontrolle keine effizienten Verfahren bekannt, und die Prozessorkapazität ist überdies oft begrenzt auf einen Bordrechner.

Aus alldem folgt: eine geeignete Roboterkontrollarchitektur zu finden, ist ein schwieriges Problem. Und zwar ist es allein schon aus funktionaler Sicht schwierig, wenn also allein die einzelnen Roboterfunktionen zu einem funktionierenden Ganzen zusammengesetzt werden sollen; andere übliche Fragestellungen der Softwaretechnik, wie die Senkung der Lebenszykluskosten, sind dabei noch ganz außen vor.

Für dieses schwierige Problem gibt es derzeit keine befriedigende Lösung. Das liegt nicht nur am Kaliber des Problems an sich, sondern auch daran, dass das Thema Roboterkontrollarchitekturen wissenschaftlich und technisch ein „sperriges" Thema ist. Für einzelne Algorithmen oder Sensoren zum Beispiel lässt sich eine Verbesserung durch eine neue Entwicklung relativ leicht nachweisen: Man nehme einen Roboter, teste seine Performanz mit der alten Komponente, tausche sie gegen die neue aus und messe die neue Performanz. Dieses Verfahren funktioniert offenbar nicht für Roboterkontrollarchitekturen, denn wie soll man, unter Beibehaltung aller anderen Parameter, eine Software*architektur* austauschen, um sie mit einer anderen zu vergleichen?

Folglich ist es schwer zu argumentieren, dass diese oder jene Architektur in irgendeinem strengen Sinn besser als eine andere ist. In der wissenschaftlichen Diskussion werden zuweilen Hilfsargumente bemüht, wie Eleganz der Struktur (die nicht alle gleich empfinden), „biologische Plausibilität" (die zum einen nicht immer sicher zu bewerten ist und über deren Relevanz für den Bau von Robotern die Meinungen auseinandergehen) oder auch schlicht Verbreitung (was ein interessantes Kriterium ist, aber zu einer Aussage über die Qualität der entsprechenden Architektur nicht taugt – wie man aus den Märkten zum Beispiel von Tageszeitungen und Computerbetriebssystemen analog vermuten kann).

Wir beleuchten im Folgenden zwei Aspekte des Themas Roboterkontrollarchitekturen: Zum einen skizzieren wir Grundstrukturen von Architekturen, die in der Diskussion in der Literatur wie in laufenden Roboterkontrollsystemen eine wichtige Rolle spielen: Kaskadierten und parallelen Kontrollfluss unter den Modulen und eine Kompromisslinie zwischen den beiden. Zum anderen skizzieren wir Ros (*Robot Operating System*) als einen derzeit aktuellen und immer weiter verbreiteten Vertreter von Roboter-„Middleware", also einem Satz von Software-Tools und Kontrollstrukturen, die auf Roboterkontrollsoftware zugeschnitten sind und aus denen Roboterkontrollsysteme deutlich einfacher und robuster aufgebaut werden können als auf Ebene einer „nackten" Programmiersprache.

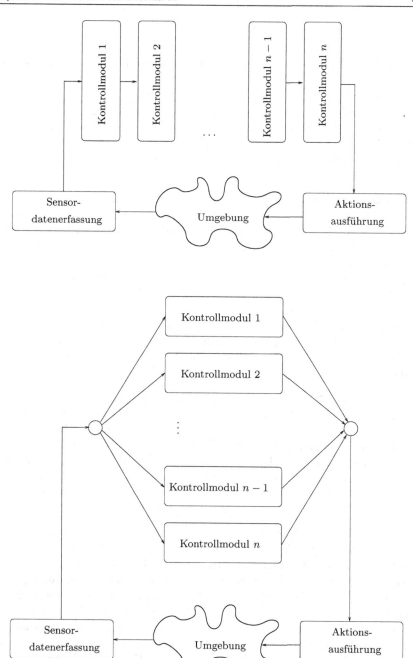

Abbildung 9.1: Sequenzielle (oben) und nebenläufige (unten) Organisation von Modulen im Kontext einer Roboterkontrollsoftware, die als Ganze Sensordaten in physische Roboteraktion abbildet. Erklärungen im Text.

9.1 Architekturschemata

Für die Bearbeitung mehrerer eigenständiger Softwaremodule im Rahmen eines Hauptprogramms gibt es grundsätzlich zwei Möglichkeiten: sequenziell oder nebenläufig – wobei die Module bei hinreichend vielen Prozessoren physisch nebenläufig laufen können, oder die Nebenläufigkeit ist lediglich konzeptueller Natur. Abbildung 9.1 zeigt den Unterschied schematisch. Obwohl die Abbildung natürlich grob vereinfacht, können wir einige Probleme an ihr diskutieren, über die in der Literatur über Roboterkontrollarchitekturen heftig gestritten wurde.

Unterstellen wir zunächst, die Module i in beiden Varianten hätten dieselbe Funktion. Dann ist offensichtlich, dass die parallele Version zu einem deutlich kürzeren Kontrollzyklus führt, sofern tatsächlich mehrere, im Idealfall mindestens n, Prozessoren zur Verfügung stehen und die Module untereinander unabhängig sind: Während die sequenzielle Ordnung die Summe über alle n Modullaufzeiten braucht, läuft die parallele Variante lediglich ein wenig länger als das langsamste der n Module. „Ein wenig länger" meint: Tatsächlich müssen in dem Kreis im Anschluss an die n nebenläufigen Module die unabhängig erzielten Ergebnisse der Module noch geeignet verrechnet werden: Sagt beispielsweise Modul i bezüglich der Fahrtrichtung *rechts* und j *links*, so muss vor der Aktionsausführung dieser Konflikt gelöst werden, was zusätzlich Laufzeit kostet.

Auch wenn nicht der Luxus von n Prozessoren verfügbar ist, kann die nebenläufige Variante noch deutlich schneller laufen: Im Kreis vor den Modulen kann, wiederum auf Kosten von etwas Laufzeit-Overhead, eine Entscheidung getroffen werden, im aktuellen Kontrollzyklus einige voraussichtlich nicht relevante Module auszusparen. Ist beispielsweise die aktuelle Aufgabe, im Rahmen von Navigation den nächsten Zwischenzielpunkt anzufahren, können etwa das Pfadplanungs- und das Objekterkennungsmodul außen vor bleiben; Lokalisierung und Kollisionsvermeidung hingegen bleiben aktiv.

Doch auch die sequenzielle Verarbeitung hat ihre Vorteile. Gerade hatten wir vorausgesetzt, die jeweiligen Module i in beiden Varianten hätten dieselbe Funktionalität, Sensordaten auf Kontrollkommandos oder Beiträge zu solchen Kommandos abzubilden. Das wäre für den sequenziellen Fall aber dumm, denn dem Modul $i + 1$ stehen außer den letzten Sensordaten außerdem noch die Ausgaben der vorigen Module bis i desselben Kontrollzyklus' zur Verfügung. Kurzum: Die Module können Information aggregieren und dabei Doppelarbeit sparen, die für die unabhängigen Modulen im nebenläufigen Fall nötig sein kann. Das heißt aber: Wir sprechen in den beiden Fällen nicht über dieselben Module, sondern ihre Input-Output-Signaturen werden unterschiedlich sein, selbst wenn Standardfunktionen der Roboterkontrolle wie Kollisionsvermeidung oder relative Lokalisierung im wesentlichen gleich realisiert sein mögen.

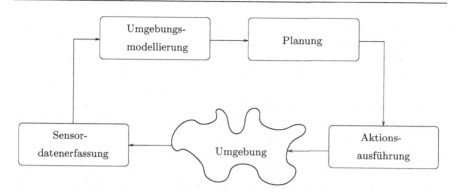

Abbildung 9.2: Die SMPA-Architektur (englisch *Sense, Model, Plan, Act*), ein idealisiertes und abstrahiertes Schema einer sequenziellen Roboterkontrollarchitektur.

Obwohl diese grundsätzlichen Überlegungen zu sequenzieller versus nebenläufiger Programmstruktur in der Informatik keineswegs neu oder originell sind, bilden sie in der Robotikliteratur (und gleichermaßen in Teilen der KI-Literatur) den Kern zu einer hitzigen Debatte, die Mitte der 1980er Jahren begann und einige Autoren bis heute umzutreiben scheint. Stellvertreter für die beiden Pole der Debatte sind die SMPA-Architektur (*Sense-Model-Plan-Act*, zuweilen auch SPA-Architektur unter Auslassung der M-Komponente) für den rein sequenziellen Part und verhaltensbasierte Architekturen (*behavior-based architectures*) für die nebenläufigen. Unter diesen ist die die Subsumptions-Architektur (*subsumption architecture*) nach Rodney Brooks besonders prominent. Der Begriff Subsumption steht dabei für das Verfahren, wie in einer nebenläufigen Organisation wie in Abbildung 9.1 rechts im Kreis unter den parallelen Modulen die Beiträge aller Module in jedem Kontrollzyklus verrechnet werden.

Die SMPA-Architektur

Die *SMPA-Architektur* zur Roboterkontrolle (Abbildung 9.2) wird und wurde in Reinform eigentlich nie auf realen Robotern eingesetzt. Sie ist eine Zuspitzung von sequenziellen Architekturanteilen, die von Vertretern nebenläufiger Architekturen in die Debatte eingebracht wurde, um diese zu fokussieren. Die Grundidee besteht darin: In jedem Kontrollzyklus wird nach Aufnahme der Sensordaten (*Sense*) der aktuelle Datensatz analysiert, und seine relevanten Aspekte werden in ein partielles Modell der Umgebung überführt (*Model*). Darauf aufbauend wird geprüft, wie der Bearbeitungsstand der aktuell in Ausführung befindlichen Aktion des aktuellen Plans (Handlungsplans, Pfadplans) ist, und im Zweifel wird umgeplant oder der nächste Schritt geplant (*Plan*). Anschließend wird die laufende oder neu ermittelte Aktion ausgeführt (*Act*).

Während diese Sequenz die wesentlichen Komponenten umgebungsabhängiger Kontrolle eines Roboters auf plausible und übersichtliche Art zusammenfasst, ist offensichtlich, dass es zu Problemen führt, sie direkt auf den Ablauf in jedem einzelnen Kontrollzyklus abzubilden. In dieser starren Struktur sind mindestens zwei potenzielle Rechenzeitfresser eingebaut, welche den Kontrollzyklus bremsen und die Reaktionszeit des Roboters verlängern: Das *Model*- und das *Plan*-Modul. Wie aus Kapitel 8 bekannt, kann Umgebungsmodellierung auf Basis von Sensordaten beliebig aufwändig werden, ist aber andererseits erforderlich, wenn beispielsweise aus den interpretierten Daten der Fortschritt bei der Ausführung eines Handlungsplans beurteilt werden soll. Plangenerierung, wie in Kapitel 7 beschrieben, ist ebenfalls von hoher Komplexität. Sollte in eiliger Fahrt des Roboters jemals ein Hindernis vor diesem auftauchen, ist Kollision zu erwarten, wenn vor einem schnellen Brems- oder Ausweichreflex zunächst alle Sensordaten ausführlich analysiert und interpretiert werden.

Die SMPA-Architektur hat einen Denkfehler fest eingebaut, den wir weiter vorn im Text schon überwunden hatten: Sie berücksichtigt nicht die Tatsache, dass es nicht die *eine* einzige Kontrollzyklusfrequenz gibt, sondern, wie in Abbildung 7.2 skizziert, unterschiedliche, die zu Kontrolldaten auf unterschiedlichen Granularitätsebenen passen. Die SMPA-Architektur schlägt alles gleichermaßen über den einen Leisten der langsamsten Frequenz. Würde man sie nicht nur als Denkmodell, sondern als reale Roboterkontrollarchitektur einsetzen, wäre klar, dass das nicht gut funktioniert.

Darüber hinaus weist das Schema in Abbildung 9.2 eine Eigenschaft auf, die es mit fast allen Skizzen von Architekturschemata in der Robotik-Literatur teilt: alle Pfeile (ob sie nun Kontroll- oder Datenfluss oder beide andeuten) gehen in dieselbe Richtung! Wie wir zum Beispiel im vorigen Kapitel bei der Sensordateninterpretation gesehen haben, ist das im Allgemeinen nicht sinnvoll und richtig. Es schlösse nämlich beispielsweise die Möglichkeit aus, dass die Modellierung die Sensordatenerfassung direkt beeinflusst – auf Kosten der Möglichkeit, Sensordaten gezielt für die Lösung von Modellierungsproblemen zu erfassen. Architekturschemata mit eindeutigem „Drehsinn" sind in der Literatur zwar üblich; doch Roboterkontrollarchitekturen sollten grundsätzlich die Option für „rückwärts" wirkenden Kontroll- und Datenfluss offen halten.

Verhaltensbasierte Architekturen

Die Grundidee in einer *verhaltensbasierten Architektur* ist, Softwaremodule, die „Verhaltenselementen" des Roboters entsprechen, die *Verhaltensbausteine*, ständig nebenläufig die Sensordaten analysieren zu lassen, ihren jeweiligen Beitrag zur Roboterkontrolle in jedem Zyklus zu sammeln und daraus jeweils die effektiven Kontrollkommandos zu errechnen. Verhaltensbausteine

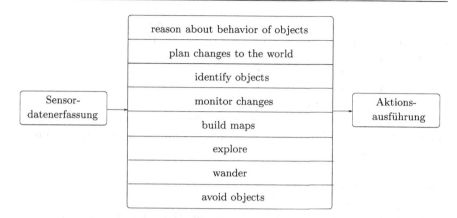

Abbildung 9.3: Die Subsumptions-Architektur als Beispiel einer verhaltensbasierten, und somit einer nebenläufigen Roboterkontrollarchitektur. Nach [Bro86].

entsprechen den üblichen Teilleistungen von Robotern wie durch die Umgebung streifen (*wander* in Abbildung 9.3), Hindernisvermeidung (*avoid objects*), Kartierung (*build maps*), Objekterkennung (*identify objects*), bis hin zur Handlungsplanung (*plan changes to the world*).

Diese Verhaltensbausteine entstammen bewusst unterschiedlichen Zeitskalen: Es ist nicht erforderlich, dass jedes Modul in jedem Kontrollzyklus einen Beitrag liefert. Tatsächlich dürfen die Verhaltensbausteine jeweils einen internen Zustand haben, sodass sie nicht direkte Abbildungen von Sensordaten in Kontrollparameter sind, sondern ihr „Gedächtnis" verwenden dürfen. Rein reaktive, „gedächtnislose" Verhaltensbausteine sind aber immer Teile einer verhaltensbasierten Architektur, und sie sorgen für die Reaktivität der Roboterkontrolle insgesamt. Von den Verhaltensbausteinen in Abbildung 9.3 ist die Hindernisvermeidung ein Kandidat dafür.

Die Subsumptions-Architektur von Brooks war die erste verhaltensbasierte Architektur, die dieses Architekturprinzip ausdrücklich zum Thema gemacht hat. Zudem hat sie einen speziellen Mechanismus definiert, mittels dessen im aktuellen Kontrollzyklus die Systemantwort aus den aktuellen Beiträgen der Verhaltensbausteine ermittelt wird: Die *Subsumption*. Subsumption – übertragen etwa: Überschreiben oder Überstimmen – bedeutet, dass der Output eines Verhaltensbausteins den eines anderen überschreibt. Festzulegen, unter welchen Voraussetzungen ein Verhaltensbaustein einen anderen subsumiert, ist Teil der Programmierung des Roboterkontrollsystems.

Verhaltensbasierte Architekturen erlauben es, relativ einfach und transparent Roboterkontrollsysteme zu bauen, die elementare, gewissermaßen unvermeidliche Verhaltensbausteine in ein funktionierendes und reaktives Gesamtsystem integrieren. Brooks' Argument war in seinen Publikationen der 1980er und 1990er Jahre, in der Subsumptions-Architektur könne man zusätzliche, insbesondere höher-granulare Verhaltensbausteine im Nachhinein in ein funktionierendes Roboterkontrollsystem integrieren. Im Prinzip ist das Argument nachvollziehbar. Praktisch wurden schon immer Zweifel daran geäußert, ob der Subsumptionsmechanismus zwischen vielen Verhaltensbausteinen über mehrere Kontrollzyklus-Zeitskalen tatsächlich realisierbar und dann auch noch durchschaubar sei. Mit hinreichendem Zeitabstand kann man sagen: Es scheint tatsächlich nicht recht geklappt zu haben, denn verhaltensbasierte Roboterkontrollsysteme mit einem reichen und multi-granularen Satz an Verhaltensbausteinen sind höchst selten.

Hybride Architekturen

Nach Veröffentlichung von Brooks' Subsumptions-Architektur wurde eine Zeitlang die Frage heiß diskutiert, ob eine Roboterkontrollarchitektur nicht sogar verhaltensbasiert sein *müsse*, und einige Autoren riefen auf zur Revolution gegen die SMPA-Architektur im Speziellen und allgemein gegen die angeblich dazu gehörige „*Good Old-Fashioned AI*" mit ihren symbol- oder gar logik-basierten Verfahren zum Schlussfolgern und Planen.

Diese Debatte (die von einigen Unermüdlichen bis heute geführt wird) finden wir lehrreich und unterhaltsam, und sie liefert Material für spannende Seminarsitzungen. Sachlich ist sie aber seit Längerem entschieden: Die Frage „SMPA oder verhaltensbasiert?" war falsch gestellt. Beide Modelle haben komplementäre Stärken und Schwächen, und beide liefern Elemente für die Roboterkontrolle, auf die man nicht verzichten will: ein verhaltensbasierter Anteil in einer Roboterkontrollarchitektur ist hervorragend geeignet, den erforderlichen reaktiven Part der Roboterkontrolle strukturiert zu realisieren. Verhaltensbasierte Kontrolle ist aber kein gutes Mittel, um auf längere Sicht und in einem weiten Zeithorizont zielgerichtete Aktion zu koordinieren. Dafür aber ist ein SMPA-artiger Anteil geeignet, der wiederum die genannten Probleme mit Reaktivität hat. Kurzum: Man sucht eigentlich eine Architektur, in der die hochgranularen, symbolorientierten Kontrollanteile wie Umgebungsdateninterpretation und Handlungsplanung von einem Stück SMPA-Architektur behandelt werden, und die feingranularen, datengetriebenen, also Reflexe und Reaktionen, durch einen verhaltensbasierten Anteil.

Genau das realisieren *hybride Roboterkontrollarchitekturen*. Abbildung 9.4 zeigt die grobe Struktur: Die Handlungsplanung arbeitet auf hoher, „strategischer" Granularitätsstufe in langen Zeitzyklen; die reaktive Aktionsüberwachung enthält die Verhaltensbausteine auf „operativer" Stufe, die in schnellen Zeitzyklen die physische Roboteraktion anstoßen und überwachen. Zwischen diesen beiden Kontrollebenen vermittelt eine dritte, „taktische" Stufe, welche die Aufgabe hat, die jeweils nächste Aktion aus dem aktuellen Plan auszusuchen, gegebenenfalls passend zu instanzieren und auf die Ebene der Verhaltensbausteine zu zerlegen; in der Gegenrichtung muss sie die Rückmeldungen von der Aktionsüberwachung interpretieren, entscheiden, ob eine Aktion

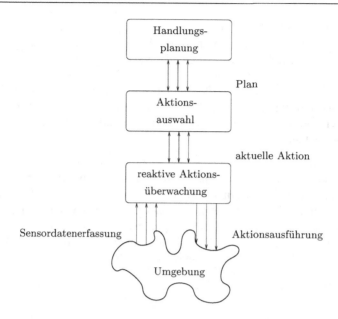

Abbildung 9.4: Schema der 3T (*Three Tiers*, auf Deutsch also etwa: Drei Schichten)
Architektur nach [BFG+97]. Erklärungen im Text.

beispielsweise erfolgreich oder erfolglos abgeschlossen ist, weiterlaufen muss,
möglicherweise variiert werden muss, oder ob die Handlungsplanung einen
neuen Plan erstellen und dafür mit den aktuellen Umgebungssensordaten ver-
sorgt werden muss. Die Vielzahl von Pfeilen zwischen denselben Kästen soll
andeuten, dass hier nicht nur potenziell große Datenvolumina hin und her
fließen, sondern dass die Daten jeweils von unterschiedlichen Arten und Gra-
nularitäten sind.

Schon die verbale Beschreibung macht klar, dass die mittlere Stufe der Aktionsauswahl die problematischste ist. Planung und reaktive Aktionsüberwachung können zumindest konzeptuell so übernommen werden, wie man sie
aus der KI-Literatur (Wissensrepräsentation, Handlungsplanung) und der verhaltensbasierten Roboterkontrolle (reaktive Aktionsüberwachung) kennt. Die
Vermittlung zwischen diesen beiden Ebenen durch die Aktionsauswahl macht
in hybriden Roboterkontrollarchitekturen den größten konzeptuellen und pro-
grammiertechnischen Aufwand. Das ist übrigens auch eine Kritik an diesen
Architekturen: Die Strukturierung eines Problems, die das Problem in drei
Teilprobleme zerlegt, von denen eines wiederum deutlich größer ist als die
beiden anderen, ist eigentlich keine gute Strukturierung.

Es gibt in der Literatur eine Reihe von Modellierungssprachen, welche die
„taktische" Stufe der Aktionsauswahl implementieren helfen sollen, doch keine hat sich bislang wirklich durchgesetzt. Es herrscht weitgehend Einigkeit,

dass hybride Architekturen eine adäquate Struktur für Roboterkontrollsoftware darstellen; dabei muss eine hybride Architektur nicht notwendigerweise genau drei Stufen haben, sondern es gibt Varianten von Zwischenstufen und Interaktionsprotokollen zwischen den Stufen, die auf zwei, vier, oder andere Stufenzahlen hinauslaufen – der gemeinsame Nenner hybrider Architekturen ist, dass sie planbasierte und verhaltensbasierte Anteile integrieren. *Die richtige hybride Roboterkontrollarchitektur zu finden, ist derzeit ein offenes Forschungsproblem.*

Da ein Architekturschema derzeit nicht bekannt ist, das den Bau von Roboterkontrollsoftware in idealer Weise strukturiert und unterstützt, findet diese Unterstützung derzeit auf einer anderen Ebene statt, nämlich der Ebene von Middleware und Software-Tools. Damit bleibt die Frage nach der Roboterkontrollarchitektur prinzipiell nach wie vor unbeantwortet, doch strukturiert die Verwendung einer Middleware die Roboterkontrollsoftware auf ihre Weise. Im folgenden stellen wir das dar am Beispiel von Ros.

9.2 Ros

Ros ist ein quelloffenes (engl. *open-source*) Metabetriebssystem für Roboter (engl. *Robot Operating System*). Es wurde anfänglich von der Stanford Universität, der Firma Willow Garage und der Universität von Südkalifornien im Rahmen des STAIR Projektes und des Personal Robots Programs entwickelt. In kürzester Zeit hat es sich zu einem Standard für Robotersteuerungssoftware durchgesetzt und einen breiten Entwickler- und Anwenderkreis gewonnen. Vor Ros gab es bereits mehrere Rahmenwerke für Roboterkontrollprogramme, z.B. Player, CARMEN (engl. *Carnegie Mellon Robot Navigation Toolkit*) OROCOS (engl. *Open Robot Control Software*) und MOAST (engl. *Mobility Open Architecture Simulation and Tools Framework*). Die Einschränkungen dieser Rahmenwerke versuchen die Erfinder von Ros zu umgehen. Im folgenden skizzieren wir kurz die grundeliegenden Prinzipien und die verwendete Nomenklatur.

9.2.1 Design-Prinzipien

Peer-to-Peer. Ein Roboterkontrollprogramm, das Ros verwendet, besteht aus etlichen Prozessen, die potenziell über viele Rechner verteilt werden können. Diese Prozesse werden zur Laufzeit mit einer Peer-to-Peer-Topologie verbunden und benötigen keinen zentralen Server. Typischerweise hat ein Roboter mehrere Rechner, die über eine WLAN-Brücke mit weiteren leistungsfähigeren Rechnern verbunden sind, die rechenintensive Aufgaben wie Bildverarbeitung oder Spacherkennung übernehmen können. Abbildung 9.5 zeigt eine

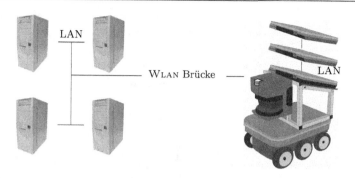

Abbildung 9.5: Eine typische ROS-Netzwerkarchitektur.

typische Konfiguration. Wenn hier ein Rechner ein zentraler Server wäre, gäbe es unnötigen Netzverkehr über die WLAN-Brücke. Daher wurde auf die Einführung eines solchen Servers verzichtet.

Die Peer-To-Peer-Topologie benötigt ein Verzeichnis der Prozesse, damit diese sich gegenseitig finden können. Diesen Namensdienst erledigt der so genannte *master*.

Mehrsprachig. Jeder Programmierer bevorzugt eine bestimmt Programmiersprache und ROS möchte hier keine Restriktionen auferlegen. Anfänglich wurden C++, Python, Octave und LISP unterstützt und nachfolgend kamen etliche hinzu, so dass nun alle wichtigen Programmiersprachen unterstützt werden.

Die wichtigste Aufgabe von ROS ist es, eine Nachrichtenschicht zu spezifizieren. Die Peer-to-Peer-Verbindungen und Konfigurationen werden dann mit Hilfe von XML-RPC realisiert, für die es Schnittstellen zu allen wichtigen Programmiersprachen gibt. Statt ROS in C zu implementieren und anschließend einen Wrapper für die Zielsprache zu schreiben, hat man es vorgezogen, die ROS-Nachrichtenschicht nativ für jede Sprache zur Verfügung zu stellen. Um dies zu erreichen, benutzt ROS die sprachneutrale IDL (engl. *interface definition language*), um die Nachrichten, die zwischen den Modulen ausgetauscht werden, zu spezifizieren. IDL verwendet sehr kurze Textdateien, um die Nachrichten zu beschreiben. Beispielsweise sieht eine IDL-Datei zur Spezifikation einer Punktwolke wie folgt aus:

```
Header header
Point32[] pts
ChannelFloat32[] chan
```

Code-Generatoren generieren aus dieser Spezifikation native Implementationen und stellen automatisch Funktionen zum Serialisieren und De-Serialisieren der Objekte für ROS zur Verfügung. Zum Beispiel wird für C++ obiges Code-Fragment auf 137 Zeilen und für Python auf 96 Zeilen aufgebläht. ROS stellt

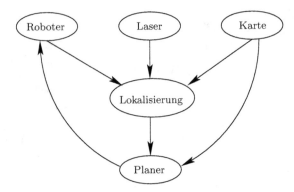

Abbildung 9.6: Ros Netzwerkgraph nach der Übernahme der Navigationssoftware des Player-Projekts. Nach [QCG+09].

mehrere hundert solcher Nachrichtenspezifikationen zur Verfügung, die von der Beschreibung von Sensorwerten über Objektdetektionen bis hin zu Roboterkarten reichen.

Werkzeugbasiert. Um Ros, beziehungsweise um die Software, die Ros verwendet, verwalten zu können, stellt Ros eine Reihe von Werkzeugen zur Verfügung. Dies beinhaltet zum Beispiel Werkzeuge zum Verzeichniswechseln `roscd`, zum Visualisieren der Netztopologie `rxgraph` und von mittels `rosbag` aufgezeichneten Daten `rxbag`, etc. Eine globale Uhr und ein Datenlogger auf Seiten des *masters* wurde nicht implementiert. Weitere Ros-Werkzeuge sind `rospack` zum inspizieren des Code-Baumes, `rosmake` zum rekursiven Übersetzen und Verbinden der Software, sowie `roslaunch` zum Starten des Systems. `roslaunch` liest dazu eine XML-Datei mit der Beschreibung des Graphen und instanziert den Graphen auf dem Rechnerverbund.

Schlank. Ros verlangt, dass alle Treiber und Algorithmen als eigenständige Bibliotheken implementiert werden, die keine Abhängigkeiten haben. Der Übersetzungsprozess basiert auf `CMake` und es ist einfach, Bibliotheken der Übersetzungsstruktur hinzuzufügen. Weiterhin fordert der Ros-Stil, dass kleine ausführbare Programme erstellt werden, die dann als Prozesse laufen und über das Peer-to-Peer-Netz kommunizieren. Auf diese Weise wurden von den Ros-Entwicklern Treiber, Navigationssystem und Simulatoren des Player-Projekts (vgl. Abbildung 9.6), Bildverarbeitung mit OpenCV, Punktwolkenverarbeitung mit PCL und Planungsalgorithmen von OpenRave angebunden. Ros wird also nur verwendet, um Daten in diese Software hinein zu leiten und Ergebnisse abzufragen und zu verteilen.

Gratis und quelloffen. Ros ist frei verfügbar und quelloffen und unterscheidet sich damit von proprietären Entwicklungen wie dem Robotics Studio von Microsoft oder Webots.

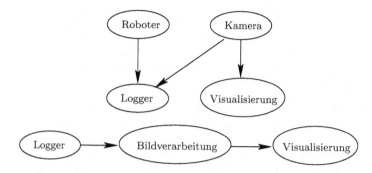

Abbildung 9.7: Oben: Ros-Architektur zum Aufzeichnen von Bilddaten (eines Roboters). Unten: Zurückspielen der Daten zum effizienten Testen von Entwicklungen. Nach [QCG+09].

9.2.2 Nomenklatur

Die wichtigsten Konzepte von ROS heißen *Node*, *Message*, *Topic* und *Service*.

Nodes sind die Prozesse, die die Datenverarbeitung durchführen. Eine Roboterkontrollarchitektur besteht typischerweise aus sehr vielen solcher Software-Module, bzw. *Nodes*.

Messages werden von *Nodes* ausgetauscht, wenn sie miteinander kommunizieren. Eine *Message* ist eine strikt typisierte Datenstruktur, die aus den primitiven Datentypen `int`, `float`, `bool`, etc. bzw. Feldern dieser Typen besteht. Eine *Message* kann andere *Messages* oder Felder von *Messages* enthalten. Dieser Verschachtelung sind keine Grenzen gesetzt.

Topics sind Themen, zu denen die *Nodes* *Messages* versenden. Ein *Topic* ist ein einfacher String, z.B. „odometry" oder „map". In einer ROS-Architektur kann es verschiedene *Nodes* geben, die zu einem bestimmten *Topic* Nachrichten versenden, beispielsweise können mehrere Kartierungsalgorithmen laufen und die Karte jeweils anderen *Nodes* zur Verfügung stellen. Ein *Node* kann sich prinzipell zu mehreren *Topics* einschreiben und mehrere *Topics* publizieren. Die *Nodes* wissen in der Regel nicht, wer zu welchen *Topics* eingeschrieben ist und auf welche *Messages* gehört wird.

Services dienen zur Herstellung von synchronen Transaktionen und um Broadcasting zu vermeiden. Ähnlich wie bei Webservices, die durch eine URL definiert werden, kann ein *Node* genau einen *Service* annoncieren.

9.2.3 Anwendungen

Eine wichtiges Merkmal von ROS ist es, Daten aufzuzeichenen und zurückzuspielen. Damit ist es möglich, effizient die eigentlichen Algorithmen zu debuggen, ohne permanent Experimente wiederholen zu müssen und ohne Simulatoren zu verwenden. Abbildung 9.7 zeigt unten einen Ros-Graphen mit *Nodes*, die für die Entwicklung von Algorithmen im Bereich Bildverarbeitung verwendet werden können, der obere Teil der Abbildung stellt notwendige *Nodes* zum Aufzeichnen der Daten dar.

Ein wichtiger Bestandteil von Ros ist der Transformationsbaum (engl. *transformation tree*) des Roboters, der durch die *tf* Bibliothek zur Verfügung gestellt wird. Ein Transformationsbaum definiert den Versatz zwischen zwei Koordinatensystemen durch Rotation und Translation. Wird beispielsweise der Referenzpunkt des Roboters in dessen Zentrum gelegt, weist das Koordinatensystem des Laserscanners einen solchen Versatz auf (vgl. Beispiel 9.1). Das Paket *tf* wird nun dazu verwendet, dies zu modellieren und exakte Sensordaten vom Referenzpunkt des Roboter aus zu berechnen. Ros verwendet anders als in diesem Buch ein rechtshändisches Koordinatensystem, wobei die z-Achse nach oben zeigt. Die Basiseinheit von Ros ist Meter.

Beispiel 9.1 *Transformation mit tf*

Unter der Annahme, dass der Laserscanner sich 10 cm vor und
20 cm über dem Roboterreferenz-
punkt befindet, ergibt sich eine
Translation von $t = (0.1, 0, 0.2)^T$
vom Referenzpunkt zum Laserscanner, bzw. die inverse Translation als $t = (-0.1, 0, -0.2)^T$. Diese
Information wird nun dem Transformationsbaum hinzugefügt.

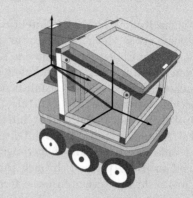

Der Transformationsbaum in diesem Beispiel enthält zwei Knoten, einen
für den Roboter und einen für den Laserscanner. Zunächst muss entschieden werden, welcher Knoten der Vaterknoten wird. Diese Festlegung
ist wichtig, da die Auswertung innerhalb von *tf* immer in Richtung
Kindknoten abläuft. Sei das Roboterkoordinatensystem der Vaterknoten. Nachdem der Transformationsbaum erstellt wurde, lassen sich die
Daten des Scanners in das Koordinatensystem des Roboters durch einen
Aufruf von *tf* konvertieren und daher kann der Roboter die Sensordaten
dazu benutzen, um sicher um Hindernisse zu navigieren.

Hinweis: Das ROS und damit auch das *tf* Koordinatensystem unterscheidet sich von dem im Anhang A.1 definierten.

Scannerkoordinaten-
system

Roboterkoordinatensystem

Roboterkoordinatensystem

$(0.1, 0.0, 0.2)^T$

Scannerkoordinatensystem

$\begin{pmatrix} 0.3 \\ 0 \\ 0 \end{pmatrix}$

$\begin{pmatrix} 0.4 \\ 0 \\ 0.2 \end{pmatrix}$

tf Transformation zwischen
Vater- und Kindknoten

Bemerkungen zur Literatur

Das Thema Roboterkontrollarchitekturen ist vielschichtig nicht nur dadurch, dass es eine große Menge an Literatur dazu gibt, sondern auch dadurch, dass es, wie in der Einleitung zu diesem Kapitel skizziert, in der Regel schwer fällt, den Architektur-Anteil am Erfolg eines Roboterkontrollsystems dingfest zu machen. [KS08] ist ein ausführlicher Übersichtsartikel zum Thema mit zahlreichen Referenzen. Die zentrale Arbeit zur Subsumptions-Architektur ist [Bro86]. Sie behandelt die Architekturidee auf einer technischen Ebene. Brooks' Argumentation für Architekturen ohne Wissensrepräsentation und darauf aufsetzenden Schlussfolgerungs- und Planungsverfahren findet sich prägnant in [Bro91]. Das Lehrbuch [Ark98] gibt eine Einführung in die Robotik aus Sicht der verhaltensbasierten Robotik. Der Überblickstext [MM08] gibt einen neueren, gerafften Überblick über verhaltensbasierte Architekturen; er ist insbesondere dafür empfehlenswert, dass er aus Sicht der Verhaltensbasierung den scheinbaren Gegensatz zwischen Verhaltensbaustein und Repräsentation abbaut.

Die 3T-Architektur [BFG$^+$97] ist eine der klassischen, meist zitierten hybriden Architekturen. Ein einflussreicher Vorgänger von 3T war ATLANTIS [Gat92]; die namenlose Architektur („LAAS-Architektur") in [ACF$^+$98] sei genannt, weil sie eine klassische hybride Architektur aus einem für Forschung zu mobilen Robotern wichtigen europäischen Institut stammt, dem LAAS in Toulouse. Im übrigen verweisen wir hier auf den genannten Überblick in [KS08].

Die Tabellen 9.1 und 9.2 geben die Referenzen zu den aktuell wichtigsten Roboter-Middleware-Systemen und den verwendeten zu Grunde liegenden Programmbibliotheken wieder.

Tabelle 9.1: Roboter-Middleware-Systeme, Entwickler und Referenzen.

Roboterkontroll-rahmenwerk	Projekt bzw. Entwickler	Literatur
Ros	STAIR Projekt und das „Personal Robots" Programm	[QBN07, WBLS08]
Player	entwickelt aus Golem und Arena an der Usc	[VG07]
CARMEN	Carnegie Mellon Robot Navigation Toolkit	[MRT03]
OROCOS	K. U. Leuven (Belgien), LAAS Toulouse (Frankreich) und KTH Stockholm (Sweden)	[BSK03]
MOAST	Mobility Open Architecture Simulation and Tools Framework von NIST	[BSM05]
Robotics Studio	Microsoft	[Mor08, JT08]
Webots[1]	Cyberbotics	[Mic04]

Tabelle 9.2: Bibliotheken, Entwickler und Referenzen.

Softwarebibliothek	Anwendungsbereich	Entwickler	Literatur
OpenCV	Bildverarbeitung	Willow Garage	[BK08]
Pcl	Punktwolkenverarbeitung	Willow Garage	[RC11]
OpenRave	Bewegungsplanung	Rosen Diankov	[Dia10]

Aufgaben

Übung 9.1. Auf der Website zu SHAKEY [SRI] finden Sie den Report [Nil84]. Verschaffen Sie sich dadurch einen Überblick über die historische Kontrollarchitektur von SHAKEY. Diskutieren Sie, ob und inwieweit in dieser Architektur das SMPA-Architekturschema, Teile von verhaltensbasierter Architektur und/oder Ideen hybrider Architekturen zu finden sind. Gehen Sie dabei besonders ein auf die Kapitel 4 und 5 des genannten Reports. Wie werden Operatoren aus Plänen des Planungssystems STRIPS in Kontrollroutinen des Roboters SHAKEY übersetzt?

Übung 9.2. Besuchen Sie die ROS-Webseite [ROS] und installieren Sie sich eine aktuelle Version. Folgen Sie der Installationsanweisung. Des Weiteren schauen Sie sich die *Tutorials* für Anfänger an. Verfolgen Sie aufmerksam, wie ein *Publisher* und ein *Subscriber Node* geschrieben wird.

Schreiben Sie einen ROS *Node*, der sich zu einer USARSIM Robotersimulation verbindet und einen Roboter erzeugt, beispielsweise den P2AT Roboter.

Übung 9.3. Erweitern Sie Ihren *Node* aus Aufgabe 9.2 um folgende Funktionen:

• Publizieren von Sensorinformationen als *Topic /RobotName/sensor*

• Erzeugen eines *Service /RobotName/drive*. Dieser soll Ihnen erlauben, den Roboter in der Simulation zu steuern.

Übung 9.4. Fügen Sie nun Ihrem Roboterkontrollprogramm aus Aufgabe 9.3 die Fuzzy Freiraumnavigation mit Spurfahrt (vgl. Aufgabe 7.2) hinzu.

Ausblick

Mobile Roboter, wie zu Eingang dieses Buches charakterisiert, werden in den letzten Jahren in der wissenschaftlichen Diskussion, aber ebenso in populärwissenschatflichen Darstellungen intensiv behandelt. Wissenschaftlich hat das Gebiet im Vergleich zu vor zehn oder fünfzehn Jahren erhebliche Fortschritte gemacht; tatsächlich waren viele der Methoden, Techniken und Ergebnisse in diesem Buch vor zehn Jahren unbekannt. Für den Einsatz von Robotern in der Industrie und in Konsumentenprodukten werden seit Jahren optimistische Prognosen abgegeben, wie beispielsweise die jährlichen Prognosen der UNECE, siehe Abb. 1.3. Demnach haben Roboter begonnen, Teil unseres Lebens zu werden, und diese Entwicklung wird sich in der Zukunft rasant fortsetzen.

Wir können die Faszination des Gebiets Robotik natürlich nachvollziehen, und zwar sowohl wenn es sich um die Faszination an der Mechatronik und Algorithmik von Robotern handelt, als auch wenn es um kreative Science-Fiction-Zukunftsvisionen mit Robotern, insbesondere Humanoiden geht. Wir sind aber der Meinung, dass bei ernst gemeinten Prognosen über die Zukunft der Robotik zwei Dinge zuweilen durcheinander gehen: Das Potenzial von Robotern, die jedermann sofort als solche erkennen und bezeichnen würde, und das Potenzial der Methoden und Techniken, die hinter solchen Robotern stehen und die wir aus Sicht der Informatik in diesem Buch dargestellt haben.

Diese Methoden und Techniken erlauben es, Maschinen auf Basis von Umgebungssensordaten in geschlossener Regelung in Umgebungen agieren zu lassen, die zur Zeit der Programmierung nicht genau bekannt und/oder dynamisch und/oder nicht vollständig erfassbar sind. Autonome mobile Roboter sind Beispiele für solche Maschinen, sie sind besonders in der Forschung und in der Lehre an Hochschulen weit verbreitet. Es gibt aber auch Beispiele aus dem Alltagsleben für solche Maschinen: Einige Autos, automatisierte Gebäude, automatisierte Hochregallager, manche Komponenten von Landmaschinen, Systeme zur Gebäudesicherheit, autonome Rasenmäher und Staubsauger und viele mehr – teilweise in Versionen, die heute bereits laufen, andernteils in Versionen, die derzeit in der Entwicklung und in, sagen wir, fünf oder zehn Jahren verfügbar sind.

All diesen Maschinen ist gemeinsam, dass sie für die Menschen, von welchen sie benutzt werden, jeweils ganz spezielle Leistungen erbringen und dass diese Leistungen technisch unter anderem auf geschlossener Regelung in Echtzeit auf Basis von Umgebungssensordaten, auf Sensordateninterpretation, Schlussfolgern und auf der Ausführung physischer Aktion beruhen. Methoden und Techniken, die wir in diesem Buch unter der Überschrift Robotik dargestellt haben, können also in neuen Versionen von solchen Maschinen und Systemen, die in älteren Versionen von Menschen gesteuert werden, zur Erhöhung des Automationsgrads dienen. Dadurch kann zum Beispiel die Leistung der Maschinen ausgebaut oder die Benutzbarkeit für den Menschen erleichtert werden. In diesem Fall geht es also darum, Maschinen, die es heute bereits gibt, zu verbessern. Die Maschine behält aber ihre Funktionalität bei: Ein Auto bleibt auch mit verbesserter Fahrerassistenz ein Auto, ein Mähdrescher ein Mähdrescher, und ein Haus mit einigen automatisierten Funktionen ein Haus. Die neuen Methoden und Techniken mögen zusätzlich zu ganz neuen Maschinen und Funktionen führen – mehr dazu weiter unten.

Wir halten fest: Ergebnisse der Robotik sind nicht nur in Maschinen verwendbar, die schon auf den ersten Blick als Roboter erscheinen. Daraus folgt: Wenn wir im Sinne eines Ausblicks fragen, wie die Zukunftsperspektive der Methoden und Techniken aussieht, welche derzeit in der Forschung in Robotik entwickelt werden, dann ist das *nicht* gleichbedeutend mit der Frage, wie viele Roboter jetzt oder in soundsovielen Jahren laufen. Die Methoden und Techniken können Teil von Maschinen sein, die sich von ihren konventionellen Vorgängern funktional wenig unterscheiden: Autonome Staubsauger oder Rasenmäher sind zu allererst Staubsauger oder Rasenmäher – nur eben automatischer.

Diese Tatsache macht die Beurteilung des Potenzials der Robotik für die Gesellschaft einerseits einfacher und andererseits schwieriger. Sie ist einfacher, weil wir nicht über hypothetische zukünftige Haushaltsroboter oder dergleichen mutmaßen müssen, sondern Geräte oder Maschinen ansehen können, die bereits heute verwendet werden. Sie ist schwieriger, weil es zwischen autonomen mobilen Robotern und „klassischem Zeug" keine klare, funktional beschriebene Grenze gibt, an der sich die Beurteilung orientieren könnte. Wir wollen diese Beurteilung am Schluss dieses Buches dennoch versuchen. Dazu haben wir drei Thesen.

Einzelne Robotik-Methoden und -Techniken sind bereits heute weit verbreitet.

Diesen Punkt haben wir in diesem Kapitel und auch in früheren bereits vielfach mit Beispielen belegt. Daher nur zur Erinnerung: Autonome Staubsauger, autonome Rasenmäher und Fahrerassistenzsysteme in PKWs mit Einzelfunktionen wie Verkehrszeichenerkennung oder der autonomen Einparkfunktion sind offensichtliche Beispiele für die Verwendung von Robotiktechniken in Produkten für den Massenmarkt. Im Industrieeinsatz ziehen autonome Teilfunktionen zum Beispiel in der Steuerung von Fahrerlosen Transportsystemen und in der Fertigungstechnik ein.

Die eingesetzten Robotik-Methoden und -Techniken werden von ihren Benutzern meistens nicht als solche identifiziert.

Die stolzen Besitzerinnen und Besitzer eines Autos mit autonomer Einparkfunktion sind nach unserer Beobachtung der Meinung, sie würden ein Auto besitzen, keinen autonomen mobilen Roboter. Dabei ist das autonome Einparken ein klares Beispiel von autonomer Navigation: Eine Parklücke (die der Fahrer vorher aussucht) wird durch Vorbeifahren geometrisch vermessen, kurzum: die lokale Umgebung wird kartiert, und sofern die Lücke ausreichend groß ist, steuert das Auto/der Roboter bei reaktiver Kollisionsvermeidung vollständig autonom hinein. Wer immer einen mobilen Roboter mit Ackermann-Kinematik zur Verfügung hat, kann das praktisch identisch als Übungsaufgabe zur Robotik implementieren.

Methoden und Techniken aus der Robotik, die heute bereits verwendet werden, werden in der Regel als *disappearing technology* eingesetzt, also als Technik, deren Existenz bei der Nutzung nicht auffällt – von Details ihrer Funktionsweise ganz zu schweigen. Das gilt grundsätzlich, nicht nur bezüglich Techniken aus der Robotik, als ein Zeichen von gutem, funktionsorientiertem Design. Es zu erzielen, fällt natürlich besonders leicht, wenn die geleistete Funktion dem Nutzer naheliegt, zum Beispiel weil die Technik ihm exakt eine Funktion, für die er zuvor selber zuständig war, 1:1 abnimmt (einparken, staubsaugen, rasenmähen). Bei der Beschreibung zum Beispiel der Einparkfunktion in der Betriebsanleitung eines Autos umständlich von Robotertechnik zu schreiben, wäre mindestens unnötig. Es wäre darüber hinaus möglicherweise image-schädlich: Autohersteller, die das Fahrvergnügen ihrer Kundinnen und Kunden betonen wollen, haben vermutlich kein strategisches Interesse, den Blick darauf zu lenken, dass die persönliche Kontrolle über moderne Autos aus guten Gründen geringer oder zumindest weniger erforderlich wird. In Extremsituationen, wie zum Beispiel beim harten Bremsen, überschreibt inzwischen in praktisch allen PKWs das ABS die konkrete Bremsaktion des Fahrers und bremst autonom maximal effektiv. Das wird aber naheliegenderweise nicht als Entzug der Kontrolle durch den Fahrer beschrieben („Von Notbremsung verstehen Sie eh nichts!"), sondern als Sicherheitsmerkmal.

Interessanterweise gibt die wiederholt genannte UNECE-Studie *World Robotics* über die Verbreitung der Techniken aus der Robotik keine Auskunft. Sie beschränkt sich auf die Untersuchung der Verbreitung von kompletten Robotern, was, wie schon zu Eingang dieses Buches ausgeführt, ein unklarer Begriff ist. Automatische Staubsauger und Rasenmäher werden dann als Dienstleistungsroboter aufgeführt (s. Abb. 1.3), nicht aber der automatisch einparkende PKW – obwohl dessen Steuerung mindestens so viele Robotikanteile enthält wie die des mehr oder minder zufällig durchs Zimmer fahrenden automatischen Staubsaugers.

Kurzum: Autonome mobile Roboter mögen das Publikum faszinieren; die tatsächlich stattfindende Verwendung der entsprechenden Methoden und Techniken zur Realisierung autonomer Funktionen in alltäglich genutzten Geräten ist aber heute weder ein Werbefaktor noch überhaupt leicht zu identifizieren und zu quantifizieren. Entsprechend ist sie den Nutzerinnen und Nutzern dieser Geräte in der Regel nicht bewusst.

Signifikanten Einfluss bekommt die Robotik, wenn sie zu massenhaft verbreiteten Produkten oder Leistungen führt, die ohne ihre Techniken nicht denkbar waren.

Hier begeben wir uns am Schluss aufs dünne Eis von Spekulation. Die Frage ist: Hat die Robotik das Potenzial, zu einer Schlüsseltechnologie zu werden, die unseren Alltag maßgeblich prägt?

Wir würden nicht sagen, dass sie das – ihre Erfolge hin oder her – derzeit bereits tut. Wir haben aber den Eindruck, dass sie dieses Potenzial hat. Um das zu begründen, machen wir einen kleinen Umweg über die Informatik. Wir würden eindeutig sagen, dass deren Ergebnisse und Erzeugnisse unseren Alltag prägen. Und damit meinen wir (die Autoren dieses Buches, alle drei von Ausbildung aus Informatiker) nicht nur unseren eigenen Alltag, sondern den von Menschen in heutigen westlichen Gesellschaften. Mobiltelefone, Satellitennavigation und schließlich das Internet einschließlich WWW und Sozialen Netzwerken zum Beispiel haben unbestreitbar signifikanten Einfluss auf das Leben, Handeln und Denken eines weiten Teils der Gesellschaft. Sie sind ihrerseits unmöglich ohne die Entwicklung der Informatik. (Und natürlich nicht der Informatik allein – es geht nicht um die Behauptung, *nur* Informatik präge die Gesellschaft.)

Hätte man aber zum Beispiel im Jahr 1965 ehrlich behaupten können, die Informatik präge die Gesellschaft? Abgesehen davon, dass es den Begriff Informatik zu der Zeit noch gar nicht gab, wäre das sicherlich nicht zutreffend. Es gab durchaus etliche Computer, genauer: Großrechner in Betrieb; die später legendäre IBM 360 war neu auf dem Markt, die Zahl verwendeter Computer entsprechend vor einer rasanten Steigerung; Mikroprozessoren gab es noch nicht; die Entwicklung des ARPAnet hatte gerade begonnen; das Potenzial und die Zukunft von „Elektronengehirnen" (damals eine besonders von Journalisten gern verwendete Metapher) beschäftigte die Gesellschaft von Populärwissenschaft bis hin zu Science Fiction. Verwendet wurden die Computer für Aufgaben, die man vordem mehr oder weniger mühevoll ohne Computer erledigte: zum Beispiel komplizierte und umfangreiche Berechnungen und Verwaltung großer (nach damaligem Maßstab) Datenbestände – Grundlagen für Datenbanken wurden gerade entwickelt.

Damals prägte die Informatik die Gesellschaft sicherlich *nicht,* und zwar aus zwei Gründen. Erstens, Informatik und ihre praktischen Ergebnisse, nämlich Computer und Software, waren für den allergrößten Teil der Gesellschaft nicht zugänglich – weder physisch noch intellektuell noch in der Nutzung. Zweitens, es gab keine Produkte und Abläufe über die Computer selbst hinaus, die durch Computer erst ermöglicht wurden. Einige Rechnungen oder Verwaltungsleistungen mögen schon 1965 durch Benutzung der damals neuen Computer vereinfacht oder verbessert worden sein, aber in ihrer ganz überwiegenden Zahl und für die überwältigende Mehrheit der Menschen brachte ein Computer nichts Neues, das es in etwas anderer Form nicht vorher auch schon gegeben hatte. Kurzum: Hätte man die Informatik hypothetisch um 1965 von jetzt auf gleich ent-erfunden, hätte sich damals für die allermeisten Menschen praktisch nichts geändert.

Vergleichen Sie das mit heute! Stellen Sie sich vor, von jetzt auf gleich gäbe es keine Mikroprozessoren mehr, kein Internet, keine Mobiltelefonie, keine Satellitennavigation, keinen MP3-Player ... setzen Sie die Liste fort, wie Sie mögen. Unser Alltagsleben würde sich drastisch ändern. Und wichtig für die Argumentation hier: Einige Dinge gäbe es nicht nur in schlechterer Qualität in dem Sinne, dass man halt von Digitalfunk wieder auf das alte UKW-Analogradio zurückgehen müsste; sondern viele Komponenten unseres Alltags gäbe es überhaupt gar nicht mehr, weil sie durch Nutzung von Informatik-Ergebnissen überhaupt erst möglich wurden, wie zum Beispiel das Internet mit all seinen Services.

Eine Technologie ist erst dann prägend für eine Gesellschaft, wenn sie nicht nur längst vorhandene Produkte und Abläufe inkrementell verbessert, sondern wenn sie zu Produkten und Abläufen führt, die vorher unmöglich oder gar undenkbar waren. Für Wikipedia und soziale Netzwerke in der heutigen Form zum Beispiel gab es im Jahr 1965 nicht einmal Vorüberlegungen oder Pläne, weil sie als Ideen praktisch erst entwickelt werden konnten, als das Internet technisch vorhanden war und massenhaft benutzt werden konnte und wurde.

Damit sind wir zurück bei der Frage des zukünftigen Einflusses der Robotik und ihrer Methoden und Techniken auf die Gesellschaft. In vielen Fällen wird sie, ganz im Stil der Erhebungen der UNECE-Studie, zu beantworten versucht durch Aufzählung von möglichen Arten von Servicerobotern. Das halten wir für eine falsche, oder wenigstens uninteressante Art, sie anzugehen. Denn zum einen glauben wir nicht wirklich an den Sinn und den Markt zum Beispiel von universalen Haushaltsrobotern, die nebenher noch Altenpflege und Betreuung der Kleinkinder erledigen. Und zum anderen halten wir es, durch das Gedankenbeispiel der Informatik aus Sicht von 1965 zur Vorsicht gemahnt, für wenig sinnvoll, aus heutiger Sicht darüber zu spekulieren, welche heute „irgendwie" erledigten Arbeiten in Zukunft vielleicht durch einen universalen oder viele spezialisierte Roboter erledigt werden könnten. Prognosen sind ihrer Natur nach unsicher – das ist nicht das Problem. Das Problem ist, dass Prognosen über die Zukunft der Verwendung von Robotern, die lediglich die Automatisierung von heute bekannten Dienstleistungen extrapolieren, am wichtigsten Potenzial von technologischen Neuerungen vorbei zielen, nämlich am Entstehen von Geräten und Leistungen, die vor Verbreitung der entsprechenden Technologie völlig unbekannt und undenkbar waren.

Da es natürlich auch wenig Sinn hat, über die zukünftige Verbreitung von Robotiktechnik in der Realisierung heute undenkbarer Leistungen nachzudenken, meinen wir, das Zukunftspotenzial der Robotik muss anders charakterisiert werden. Nämlich so: Die Methoden und Techniken der Robotik, die wir in diesem Buch einführend dargestellt haben, sind dafür geeignet, in einer sehr großen Menge von Geräten und Leistungen eingesetzt zu werden, um deren Grad von deren Automation, Effizienz und Zuverlässigkeit in alltäglichen, nicht kontrollierten und fixierten Umgebungen zu erhöhen. Diese Geräte müssen von ihren Nutzerinnen und Nutzern nicht als Roboter wahrgenommen werden; die Robotiktechniken dürfen hinter der Funktionalität aus Nutzungssicht verschwinden. Diese Eignung von Robotiktechniken können wir bereits heute daran sehen, dass sie vielfach eingesetzt werden – Beispiele siehe oben.

Wir sind überzeugt, dass Robotiktechniken sich besonders dann noch rasant weiter in funktional definierten Geräten und Leistungen verbreiten werden, wenn es gelingt, Daten von Umgebungssensoren kontextadäquat zu interpretieren und so der Behandlung durch Methoden der Wissensverarbeitung zugänglich zu machen. Dass dann irgendwann aus diesen Techniken neue Anwendungen – heißen sie Roboter oder nicht – entstehen werden, die die zukünftige Gesellschaft prägen werden, dafür hat die Robotik das Potenzial. Ob das geschehen wird? Schaun wir mal ...

Bemerkungen zur Literatur

Auf nationaler und internationaler Ebene wurden und werden Forschungsprogramme definiert, um die Forschung zum Thema mobile Roboter zu fördern und zu fokussieren. Aktuell gibt es die folgenden:

- in Deutschland die *Effirob*-Studie („Wirtschaftlichkeitsanalysen neuartiger Servicerobotik- Anwendungen und ihre Bedeutung für die Robotik-Entwicklung") fürs Bundesforschungsministerium [IPA11] von 2011;

- in Europa die Studie *Robotic Visions to 2020 and Beyond* für die Europäische Kommission [SRA09] von 2009;

- in den USA die Studie *A Roadmap for US Robotics – From Internet to Robotics* [CCC09] von 2009.

Diese Studien empfehlen wir durchzusehen zur Information über derzeit durch die Wissenschaft bzw. durch die Forschungsförderung verfolgten Pläne über Forschung und Entwicklung zu mobilen Robotern.

Aufgaben

Übung 10.1. In Aufgabe 1.1 am Anfang des Buches sollten Sie sich einen einen „erschwinglichen" Roboter ausdenken. Am Ende dieses Buches sollen Sie auf Ihre Idee oder Ideen daraus zurückgreifen. (Wir hoffen, Sie haben Aufgabe 1.1 am Anfang des Buches gemacht.)

1. Was sagen Sie nach Lesen dieses Buches zur Machbarkeit Ihrer Idee und zu Ihrer Schätzung eines realistischen Verkaufspreises?

2. Welche Themen, die in diesem Buch behandelt wurden, helfen Ihnen bei der Realisierung Ihrer Roboteridee? Wo bzw. wofür benötigen Sie Methoden und Techniken von gänzlich außerhalb der Informatik oder Robotik, um die Idee zu realisieren? (Elektronik, Werkstofftechnik, Marketing, ...)

3. Wenn Sie Ihre Idee vermarkten sollten – würden Sie sie als Roboter zu verkaufen versuchen, oder nach Kategorien der Funktion oder des Nutzers? (Also, um ein Beispiel aus Aufgabe 1.1 aufzugreifen: Würden Sie den Fliegen-Terminator-Roboter verkaufen, oder die automatische Fliegenklatsche?)

4. Können Sie Ihre Roboteridee in die Forschungslandschaft der Studien einordnen, die in der Literatur zu Kapitel 10 genannt sind? Falls nein, liegt das an Ihrer Idee oder an den Studien?

A

Mathematische Grundlagen

In diesem Anhang erinnern wir an einige mathematische Grundbegriffe, die im Rest des Buches gebraucht werden, bei Studierenden aber erfahrungsgemäß nicht immer präsent sind. Die Darstellung ist, obwohl der Anhang zahlreiche Formeln enthält, eher intuitiv. Sie ersetzt, wenn man die entsprechenden Inhalte neu lernen oder erarbeiten will, auf gar keinen Fall eine mathematisch saubere und strikte Einführung der entsprechenden Themen. Ein Hinweis zur Literatur ist jeweils angegeben.

A.1 Rotation

A.1.1 Rotationsdarstellung

In diesem Buch sind, wenn nicht anders gesagt, die Achsen des verwendeten Koordinatensystems definiert gemäß Abbildung A.1. (Das selbe Koordinatensystem wird beispielsweise im Computergrafikprogramm POV-Ray verwendet.) Der Winkel bei Drehungen um die x-Achse wird als *Nickwinkel* (engl.

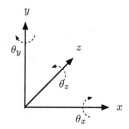

Abbildung A.1: Definition des verwendeten 3D-Koordinatensystems, der Achsenbezeichnungen sowie der verwendeten Rotationswinkel um die Koordinatenachsen.

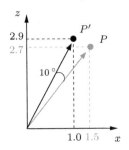 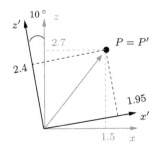

Abbildung A.2: Rotation um $\varphi = 10°$. Links: Rotation des Punktes P (grau) *im Bezugssystem* ergibt den rotierten Punkt P' (schwarz). Rechts: Rotation *des Bezugsystems*.

pitch) bezeichnet, um die y-Achse als *Gierwinkel* (engl. yaw), sowie um die z-Achse als *Rollwinkel* (engl. roll).

In unserem Koordinatensystem ist der positive Drehsinn um die y-Achse im mathematisch negativen Sinn definiert! Drehungen um die x- und z-Achsen verlaufen im mathematisch positiven Sinn.

A.1.2 Rotationsmatrizen

Rotation im 2D

Allgemein wird eine Rotation im 2D um einen Winkel φ durch die Rotationsmatrix $\boldsymbol{R}_\varphi$ beschrieben:

$$\boldsymbol{R}_\varphi = \begin{pmatrix} \cos\varphi & -\sin\varphi \\ \sin\varphi & \cos\varphi \end{pmatrix} . \tag{A.1}$$

Die Anwendung dieser Matrix auf einen Punkt, $\boldsymbol{R}_\varphi\boldsymbol{P}$, führt eine Rotation *im Bezugsystem* im mathematisch positiven Sinne, also im Gegenuhrzeigersinn durch. Eine Rotation *des Bezugsystems* dagegen ergibt sich durch Verwendung der inversen Rotationsmatrix

$$\boldsymbol{R}_\varphi^{-1} = \begin{pmatrix} \cos\varphi & \sin\varphi \\ -\sin\varphi & \cos\varphi \end{pmatrix} . \tag{A.2}$$

Abbildung A.2 verdeutlicht diesen Sachverhalt.

Rotation im 3D

Die Formeln (A.3)–(A.5) beschreiben Rotationen im 3D aufgeschlüsselt in Einzel-Rotationsmatrizen, die die Rotation um die jeweilige Achse darstellen:

$$R_\alpha^x = \begin{pmatrix} 1 & 0 & 0 \\ 0 & \cos\alpha & -\sin\alpha \\ 0 & \sin\alpha & \cos\alpha \end{pmatrix} \tag{A.3}$$

$$R_\beta^y = \begin{pmatrix} \cos\beta & 0 & \sin\beta \\ 0 & 1 & 0 \\ -\sin\beta & 0 & \cos\beta \end{pmatrix} \tag{A.4}$$

$$R_\gamma^z = \begin{pmatrix} \cos\gamma & -\sin\gamma & 0 \\ \sin\gamma & \cos\gamma & 0 \\ 0 & 0 & 1 \end{pmatrix} \tag{A.5}$$

Man beachte den Vorzeichenwechsel bei der Rotation um die y-Achse (anderer Drehsinn in unserem Koordinatensystem).

Zusammengesetzt ergibt sich daraus eine Rotationsmatrix $R_{\alpha,\beta,\gamma}$, wobei α der Rotationswinkel um die x-Achse ist, β, γ entsprechend:

$$R_{\alpha,\beta,\gamma}^{x,y,z} =$$
$$\begin{pmatrix} \cos\beta\cos\gamma & -\cos\beta\sin\gamma & \sin\beta \\ \cos\alpha\sin\gamma + \cos\gamma\sin\alpha\sin\beta & \cos\alpha\cos\gamma - \sin\alpha\sin\beta\sin\gamma & -\cos\beta\sin\alpha \\ \sin\alpha\sin\gamma - \cos\alpha\cos\gamma\sin\beta & \cos\alpha\sin\beta\sin\gamma + \cos\gamma\sin\alpha & \cos\alpha\cos\beta \end{pmatrix} \tag{A.6}$$

Eine Rotationsmatrix R hat folgende Eigenschaften:

- Es gilt: $RR^T = \mathbb{1}$, $\det R = 1$ und $R^{-1} = R^T$

- R ist normalisiert: Die Summe der quadrierten Einträge jeder Spalte/Zeile ist 1.

- R ist orthogonal: Das Skalarprodukt aller zwei Spalten/Zeilen ist 0.

- Die Spalten repräsentieren die Bilder der kanonishen Basisvektoren.

- Die Zeilen entsprechen genau den Vektoren, die die neue Orthonormalbasis bilden.

Unter Ausnutzung dieser Eigenschaften lässt sich leicht verifizieren, dass durch eine orthonormale Transformation die Norm und damit die Länge von Vektoren erhalten bleibt:

$$\|x\| = \sqrt{x^T x} = \sqrt{(Ry)^T Ry} = \sqrt{y^T R^T Ry} = \|y\|. \tag{A.7}$$

A.1.3 Homogene Koordinaten

Rotation, Skalierung und Scherung eines Objektes lassen sich in 3D durch eine Matrix $\boldsymbol{R} \in \mathbb{R}^{3 \times 3}$ beschreiben, eine Translation hingegen durch einen Vektor $\boldsymbol{t} \in \mathbb{R}^3$. Häufig kommen beide Operationen gemeinsam vor und durch das Verwenden homogener Koordinaten und Matrizen lassen sie sich in einer Matrixoperation kombinieren. Die Transformation von kartesischen Koordinaten zu homogenen Koordinaten erfolgt durch

$$(x, y, z)^T \mapsto (x, y, z, 1)^T. \tag{A.8}$$

Folgende Matrizen können für Translation, Rotation, Skalierung verwendet werden:

Translation

$$\boldsymbol{T} = \begin{pmatrix} 1 & 0 & 0 & t_x \\ 0 & 1 & 0 & t_y \\ 0 & 0 & 1 & t_z \\ 0 & 0 & 0 & 1 \end{pmatrix} \tag{A.9}$$

Rotation

$$\boldsymbol{R} = \begin{pmatrix} & & & 0 \\ & \boldsymbol{R}^{x,y,z}_{\alpha,\beta,\gamma} & & 0 \\ & & & 0 \\ 0 & 0 & 0 & 1 \end{pmatrix} \tag{A.10}$$

obige Rotations kombiniert mit einer Translation

$$\boldsymbol{TR} = \begin{pmatrix} & \boldsymbol{R} & & \boldsymbol{t} \\ 0 & 0 & 0 & 1 \end{pmatrix} \tag{A.11}$$

inverse Transformation von (A.11)

$$(\boldsymbol{TR})^{-1} = \begin{pmatrix} & \boldsymbol{R}^T & & -\boldsymbol{R}^T \boldsymbol{t} \\ 0 & 0 & 0 & 1 \end{pmatrix} \tag{A.12}$$

Skalierung

$$S = \begin{pmatrix} s_x & 0 & 0 & 0 \\ 0 & s_y & 0 & 0 \\ 0 & 0 & s_z & 0 \\ 0 & 0 & 0 & 1 \end{pmatrix} \qquad (A.13)$$

Eine geeignete Rücktransformation von homogenen Koordinaten in unser kartesisches Koordinatensystem erlaubt es sogar, die perspektivische Abbildung durch eine Matrix zu beschreiben.

$$\left(\frac{x'}{w'}, \frac{y'}{w'}, \frac{z'}{w'} \right)^T \hookleftarrow (x', y', z', w')^T \qquad (A.14)$$

Perspektive

$$P = \begin{pmatrix} 1 & 0 & 0 & 0 \\ 0 & 1 & 0 & 0 \\ 0 & 0 & 1 & 0 \\ 0 & 0 & \frac{1}{d} & 0 \end{pmatrix} \qquad (A.15)$$

Orthogonale Projektion

$$P_{\text{orth},y=0} = \begin{pmatrix} 1 & 0 & 0 & 0 \\ 0 & 1 & 0 & 0 \\ 0 & 0 & 0 & 0 \\ 0 & 0 & 0 & 1 \end{pmatrix} \qquad (A.16)$$

A.2 Grundbegriffe der Wahrscheinlichkeitstheorie

Dieses Unterkapitel liefert eine kurze Einführung in benötigte Begriffe der Wahrscheinlichkeitsrechnung, soweit für das Verständnis dieses Buches benötigt. Als umfangreichere Lektüre seien beispielsweise [Kre02, Bau01] empfohlen.

Als *Ereignisraum* Ω wird der Raum der möglichen Ereignisse bezeichnet. Im Falle eines Würfels wäre beispielsweise $\Omega = \{\text{„1"}, \text{„2"}, \dots, \text{„6"}\}$. Ein *Ereignis* ist eine Teilmenge $\Omega' \subseteq \Omega$. In obigem Beispiel wäre das Ereignis „gerade" die Teilmenge $\Omega' = \{\text{„2"}, \text{„4"}, \text{„6"}\}$. Ein einzelnes Element $\omega \in \Omega$ aus dem Ereignisraum wird als *Elementarereignis* bezeichnet.

Eine *Zufallsvariable* ist eine Funktion $X \colon \Omega \to \mathcal{D}$, die ein Elementarereignis ω in einen Wertebereich abbildet. Wertebereiche können beispielsweise boolesch sein, $\mathcal{D} = \{true, false\}$, mehrwertig diskret wie in unserem Würfelbeispiel, oder auch reellwertig wie die x-Position eines Roboters, $\mathcal{D} = \mathbb{R}$. Wir benutzen die Notation, Zufallsvariablen mit einem Großbuchstaben beginnen zu lassen.

Ein *Wahrscheinlichkeitsraum* (Ω, P) ist ein Paar aus einem nicht-leeren Ereignisraum und einer auf Ereignissen aus Ω definierten, reellwertigen Wahrscheinlichkeitsfunktion P, sodass die Kolmogorow-Axiome gelten:

1. $0 \leq P(e) \leq 1$ für alle $e \subseteq \Omega$.

2. $P(\Omega) = 1$.

3. $P(d \cup e) = P(d) + P(e)$ für $d, e \subseteq \Omega$ mit $d \cap e = \emptyset$.

Beispiel: $P(\textit{Gerade}) = P(\text{„2"}) + P(\text{„4"}) + P(\text{„6"}) = 1/6 + 1/6 + 1/6 = 1/2$.

Eine übliche, verkürzende – wenngleich prinzipiell mehrdeutige – Schreibweise für die Wahrscheinlichkeit, dass eine Zufallsvariable einen bestimmten Wert annimmt, also $P(X = a)$ für $a \in \mathcal{D}$, ist: „$P(a)$". Die Wahrscheinlichkeit für das gemeinsame Auftreten zweier Ereinisse lässt sich dazu konform abkürzend schreiben als:

$$P(X = x \wedge Y = y) = P(x, y) . \tag{A.17}$$

Wahrscheinlichkeiten ohne weitere Informationen werden als *unbedingte* oder *totale* oder *a-priori-Wahrscheinlichkeiten* bezeichnet. Beispiel: $P(\textit{Wetter} = \textit{verregnet}) = 0.3$.

Eine *Wahrscheinlichkeitsverteilung* P einer diskreten Zufallsvariablen ist ein Vektor aus Wahrscheinlichkeiten der möglichen Werte der Zufallsvariablen mit

$$\sum_{\omega \in \Omega} P(\omega) = 1.$$

Eine *Wahrscheinlichkeitsdichte* P einer kontinuierlichen Zufallsvariablen ist eine nicht-negative Funktion auf dem Wertebereich der Zufallsvariablen, mit

$$\int_{\Omega} P(x)\,\mathrm{d}x = 1 \qquad P(a \leq X \leq b) = \int_{a}^{b} P(x)\,\mathrm{d}x . \tag{A.18}$$

Die gemeinsame Verteilung von n Zufallsvariablen entspricht einer n-dimensionalen Matrix. Die Vollständige gemeinsame Verteilung gibt die Wahrscheinlichkeit aller Elementarereignisse an. Tabelle A.1 liefert dazu ein Beispiel.

Tabelle A.1: Beispiel einer Wahrscheinlichkeitsverteilung.

Briefkasten \ *Wetter*	*sonnig*	*wolkig*	*verregnet*	*frostig*
leer	0.225	0.36	0.27	0.045
voll	0.025	0.04	0.03	0.005

Eine *bedingte* oder *a-posteriori-Wahrscheinlichkeit* $P(x \mid y)$ ist die Wahrscheinlichkeit von x, gegeben y, und ist für $P(y) > 0$ definiert als

$$P(x \mid y) = \frac{P(x \cup y)}{P(y)} \tag{A.19}$$

bzw.

$$P(y \mid x)P(x) = P(x \cup y) = P(x \mid y)P(y) . \tag{A.20}$$

x und y heißen *unabhängig*, gdw. gilt: $P(x \cap y) = P(x) \cdot P(y)$. (In dem Fall: $P(x \mid y) = P(x)$ und $P(y \mid x) = P(y)$).

Beispiel: $P(\textit{Wetter} = \textit{sonnig} \mid \textit{Briefkasten} = \textit{leer}) = {}^{0.225}/_{0.9} = 0.25$, also gleich $P(\textit{Wetter} = \textit{sonnig})$, da die Variablen unabhängig sind.

Für Wahrscheinlichkeitsverteilungen bzw. -dichten gelten nach Definition die folgenden Zusammenhänge:

$$\sum_{x} P(x) = 1 \qquad\qquad \int_{x} P(x)\,\mathrm{d}x = 1$$

$$P(x) = \sum_{y} P(x, y) \qquad\qquad P(x) = \int_{y} P(x, y)\,\mathrm{d}y$$

$$P(x) = \sum_{y} P(x \mid y)P(y) \qquad\qquad P(x) = \int_{y} P(x \mid y)P(y)\,\mathrm{d}y \tag{A.21}$$

$$(\textit{diskret}) \qquad\qquad\qquad\qquad (\textit{kontinuierlich})$$

Der *Erwartungswert* E einer diskreten Zufallsvariablen X mit numerischem Wertebereich $x_1, \dots, x_n$ ist definiert als die Summe der Wahrscheinlichkeiten der möglichen Ergebnisse, multipliziert mit dem Wert des Ergebnisses, also

$$E(X) = \sum_{i=1}^{n} x_i P(X = x_i) \tag{A.22}$$

und repräsentiert damit das „erwartete" Ergebnis bei zufälligen Messungen.

Die *Varianz* V einer Zufallsvariablen X bezeichnet die Streuung der Abweichung von dem erwarteten Wert und ist definiert als das Quadrat der Standardabweichung, d.h.

$$V(X) \equiv \sigma_X^2 = E\left(\left(X - E(X)\right)^2\right) . \tag{A.23}$$

Die *Kovarianz* σ quantifiziert den Zusammenhang (Korrelation) zweier Zufallsvariablen; es gilt: Die Kovarianz ist

- ... positiv bei gleichsinnigem Zusammenhang

- ... negativ bei gegensinnigem Zusammenhang

- ... 0 bei Unkorreliertheit.

und ist definiert als:

$$\begin{aligned} \sigma_{XY} &= E(XY) - E(X)E(Y) \\ &= E\left(\left(X - E(X)\right)\left(Y - E(Y)\right)\right) . \end{aligned} \tag{A.24}$$

Unkorreliertheit bedeutet nicht notwendigerweise Unabhängigkeit, allerdings gilt im Falle der Unabhängigkeit zweier Zufallsvariablen, dass auch ihre Kovarianz Null ist.

Eine *Kovarianzmatrix* Σ listet die Kovarianzen aller Variablenpaare einer Menge von Zufallsvariablen $X_1, \ldots, X_n$ auf. Die Matrix ist symmetrisch, da offensichtlich $\sigma_{i,j} = \sigma_{j,i}$. Es gilt: $\sigma_{i,i} = \sigma_i^2$.

$$\Sigma = \begin{pmatrix} \sigma_{1,1} & \cdots & \sigma_{1,n} \\ \vdots & \ddots & \vdots \\ \sigma_{n,1} & \cdots & \sigma_{n,n} \end{pmatrix} . \tag{A.25}$$

Als *Gaußverteilung* (oder *Normalverteilung*) wird eine Wahrscheinlichkeitsverteilung mit Mittelwert μ und Standardabweichung σ bezeichnet, die definiert ist als

$$P(x) = \underbrace{\frac{1}{\sigma\sqrt{2\pi}}}_{\substack{\text{Normierungs-}\\\text{faktor } \alpha}} e^{-\frac{1}{2}\frac{(x-\mu)^2}{\sigma^2}} = \mathcal{N}\left(\mu, \sigma^2\right)(x) . \tag{A.26}$$

Man sagt im diesem Fall, dass die zugehörige Zufallsvariable X *normalverteilt* ist, Schreibweise: $X \sim \mathcal{N}\left(\mu, \sigma^2\right)$.

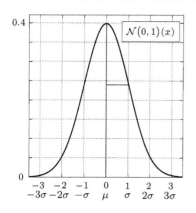
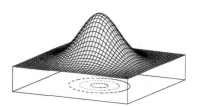

Abbildung A.3: Gaußsche Normalverteilung. Links: Eindimensionale Standard-Normalverteilung. Rechts: Zweidimensionale Normalverteilung.

Die *Standard-Normalverteilung* ist definiert als Normalverteilung mit $\mu = 0, \sigma = 1$, und damit

$$P(x) = \frac{e^{\frac{-x^2}{2}}}{\sqrt{2\pi}} \, . \tag{A.27}$$

n-dimensionaler Fall:

$$\mathcal{N}(\boldsymbol{\mu}, \boldsymbol{\Sigma})(\boldsymbol{x}) = \alpha e^{-\frac{1}{2}\left((\boldsymbol{x} - \boldsymbol{\mu})^T \boldsymbol{\Sigma}^{-1}(\boldsymbol{x} - \boldsymbol{\mu})\right)} \, , \tag{A.28}$$

die Skalierung α berechnet sich über

$$\alpha = \frac{1}{\sqrt{(2\pi)^n \det(\boldsymbol{\Sigma})}} \tag{A.29}$$

$\boldsymbol{x}, \boldsymbol{\mu}$: n-dimensionale Vektoren, $\boldsymbol{\mu}$ Mittelwert, $\boldsymbol{\Sigma}$: $(n \times n)$-dimensionale Kovarianzmatrix. Dabei wird vorausgesetzt, dass $\boldsymbol{\Sigma}$ nicht-singulär (also invertierbar) und damit auch die Determinante $\det(\boldsymbol{\Sigma}) \neq 0$. Generell gilt, dass $\boldsymbol{\Sigma}$ symmetrisch und positiv semi-definit ist und damit obige Bedingung erfüllt.

A.3 Lösen linearer Gleichungssysteme und die Methode der kleinsten Quadrate

Angenommen, das folgende lineare Gleichungssystem sei zu lösen:

$$A\hat{x} \approx b, \tag{A.30}$$

wobei A eine nicht-quadratische Matrix ist. Dies ist zum Beispiel der Fall, wenn das Gleichungssystem überbestimmt ist. In diesem Fall, ist es nicht möglich, A zu invertieren, und daher muss die optimale Lösung für folgendes Minimierungsproblem gefunden werden:

$$\|Ax - b\|^2 = 0 \tag{A.31}$$

Die Lösung von Gleichung (A.31) ist die Formulierung der Lösung von Gleichung (A.30) nach der Methode der kleinsten Quadrate. Um (A.31) zu lösen, entfernen wir den quadratischen Term durch

$$\|Ax - b\|^2 = ((Ax)_1 - b_1)^2 + ((Ax)_2 - b_2)^2 + \cdots ((Ax)_n - b_n)^2.$$

Hier bezeichnet der Index den Eintrag im Vektor. Daher gilt

$$= (Ax - b)^T (Ax - b) \tag{A.32}$$
$$= (Ax)^T (Ax) - 2(Ax)^T b + b^T b \,.$$

Um das Minimum zu bestimmen, berechnen wir die Ableitung und setzen sie Null. Damit ergibt sich

$$\frac{d}{dx}(Ax)^T (Ax) - 2(Ax)^T b = 2A^T A\hat{x} - 2Ab = 0. \tag{A.33}$$

und

$$A^T A\hat{x} = A^T b. \tag{A.34}$$

Die Lösung ist nun das so genannte Pseudoinverse

$$\hat{x} = (A^T A)^{-1} A^T b. \tag{A.35}$$

Weil $(A^T A)$ eine quadratische Matrix ist, existiert eine gute Chance, dass sie invertierbar ist. Zur Lösung von Gleichung (A.35) existieren verschiedene Algorithmen, z.B., die

Cholesky-Zerlegung. Falls A eine symmetrische und positive definite Matrix ist, dann können wir $Ax = b$ durch Berechnung der Cholesky-Zerlegung $A = LL^T$ lösen und anschließend $Ly = b$ lösen für y. Schließlich ergibt sich $L^T x = y$ für x.

QR-Zerlegung. Die QR-Zerlegung einer quadratischen Matrix A ist eine Zerlegung in $A = QR$, mit einer orthogonalen Matrix Q und einer oberen Dreiecksmatrix R. Analog zur Cholesky-Zerlegung wird die Lösung von (A.30) gefunden. Um die QR-Zerlegung durchzuführen, existieren verschiedene Strategien, nämlich die Gram-Schmidt Methode, Householder Reflektionen oder Givens Rotationen.

Singulärwertzerlegung (engl. *singular value decomposition*, SVD) ist die Lösungsvariante, die die größte numerische Stabilität aufweist. Hierbei ist $x = V\Sigma^{+}U^{*}b$ mit V, Σ und U als Ausgabe der Zerlegung. Falls die gegebene Matrix A eine $m \times n$-Matrix ist, dann existiert eine Faktorisierung der Form

$$M = U\Sigma V^{*}, \tag{A.36}$$

mit einer unitären $m \times m$ Matrix U. Die Matrix Σ hat die Dimension $m \times n$ und enthält positive Einträge auf der Diagonalen und Null sonst. V^{*} bezeichnet die $n \times n$ konjugierte und transponierte von V. Die Matrizen V, Σ, und U haben folgende Eigenschaften:

- Die Matrix V enthält eine Menge von orthonormalen „Eingabe" Basisvektoren für A.

- Die Matrix U enthält eine Menge von orthonormalen „Ausgabe" Basisvektoren von A.

- Die Matrix Σ enthält die Singulärwerte, die man sich als skalare Zuwachspunkte vorstellen kann. Multipliziert mit dem orthonormalen Eingabevektor erhält man die zugehörige Ausgabe.

A.4 Hauptkomponentenanalyse

Die Hauptkomponentenanalyse (PCA, engl. *Principal Component Analysis*) ist eine Methode, um nach statistischen Abhängigkeiten zu suchen, um die Eingabedaten so zu transformieren, dass unabhängige, also statistisch signifikante Differenzen hervorgehoben werden. Damit ist insbesondere eine Reduktion der Eingabe – in Form einer Reduktion der i.Allg. hochdimensionalen Daten in einen Raum mit niedriger, spezifizierbarer Dimension – unter möglichst geringem Informationsverlust realisierbar. Genauer bedeutet dies, dass zu einem Raum U ein Unterraum V fester Größe, mit $\dim(V) \leq \dim(U)$ gesucht wird, so dass der quadratische Fehler, also der Abstand zwischen einem Element in U und dem gleichen Element in V, minimal ist. Diese Eigenschaft liefert der durch die Eigenvektoren der Kovarianzmatrix der Eingabedaten aufgespannte Eigenraum. Die Eigenvektoren sind dabei in Richtung der größten Varianzen der Eingabe gemäß einer Dimension orientiert, der zugehörige

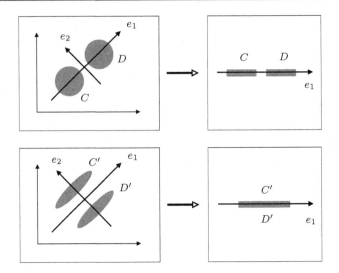

Abbildung A.4: Beispiel zweier Mengen C, D und Projektion gemäß des jeweiligen Haupt-Eigenvektors e_1. Die Längen der Eigenvektoren sind proportional zu ihren Eigenwerten gezeichnet. Oben: Die Verteilung der Mengen erlaubt eine Reduktion um eine Dimension und bleibt trotzdem (bzw. wird sogar einfacher) separierbar. Unten: Informationsverlust, was die Separierbarkeit angeht.

Eigenwert entspricht der Varianz in dieser Richtung. Es werden nun die Eigenvektoren berechnet, nach der Größe ihrer Eigenwerte geordnet, und die kleinsten, also jene mit der geringsten Varianz, gelöscht, da offensichtlich der quadratische Fehler des neuen Datenvektors im Eigenraum gering ist, wenn die Varianzen der entfernten Komponenten klein sind (Abbildung A.4).

Die Berechnung erfolgt über das charakteristische Polynom, welches auf einer Matrix $\boldsymbol{A}$ definiert ist als $\mathcal{X}_{\boldsymbol{A}}(\lambda) = \det(\lambda\mathbb{1} - \boldsymbol{A})$. Seien λ_i die Nullstellen von $\mathcal{X}_{\boldsymbol{A}}(\lambda)$, also die Lösungen von $\mathcal{X}_{\boldsymbol{A}}(\lambda) = 0$. Dies sind die Eigenwerte. Der Eigenvektor $\boldsymbol{v}_i \neq 0$ zu Eigenwert λ_i ist ein Einheitsvektor, der eine Lösung der Gleichung $(\boldsymbol{A} - \lambda_i\mathbb{1})\boldsymbol{v}_i$ darstellt.

Als Alternative der Analyse über die Kovarianzmatrix der Daten existieren die Verwendung der *Streumatrix*, die über Produkt $\boldsymbol{A}^T\boldsymbol{A}$ berechnet wird, also ohne Zentrierung um die Mittelwerte auskommt. Darüber hinaus lässt sich die *Korrelationsmatrix* benutzen, welche gleich der Kovarianzmatrix nach Standardisierung der Daten, d.h. Division durch die Standardabweichung ist, was eine Normalverteilung mit $\mu = 0, \sigma = 1$ der Daten liefert. Jedes dieser Vorgehen zeigt bei Daten bestimmter Verteilung Vorteile.

Über diese Sektion hinausgehende Informationen sind beispielsweise in [Kes06] zu finden. Im Folgenden stellen wir die einzelnen Schritte des PCA-Algorithmus der Reihe nach vor:

1. Gegeben seien n Merkmalvektoren $\boldsymbol{x}_j$ der Dimension d. Diese seien zusammengefasst in einer Matrix $\boldsymbol{X}^{d \times n}$, wobei $x_{i,j}$ der i-te Eintrag des j-ten Merkmalvektors ist. Der erste Schritt besteht aus der Subtraktion des Mittelwertes m_i einer jeden Dimension von jedem Datum:

$$m_i = \frac{1}{n} \sum_{j=1}^{n} x_{i,j} \qquad (\bar{x}_{i,j} = x_{i,j} - m_i)_{\substack{1 \leq i \leq d \\ 1 \leq j \leq n}} \qquad \text{(A.37)}$$

2. Aufstellen der Kovarianzmatrix $\boldsymbol{Q}^{d \times d} = \bar{\boldsymbol{X}} \bar{\boldsymbol{X}}^T$. Dies ist eine simple Matrixmultiplikation, mag jedoch durch Formel (A.38) auf intuitiv hilfreiche Weise dargestellt werden.

$$
\left.
\begin{pmatrix}
\bar{x}_{1,1} & \cdots & \bar{x}_{1,j} & \cdots \bar{x}_{1,d} \\
\vdots & & \vdots & \vdots \\
\bar{x}_{n,1} & \cdots & \bar{x}_{n,j} & \cdots \bar{x}_{n,d}
\end{pmatrix}
\right\} = \bar{X}^T
$$

$$
\underbrace{
\begin{pmatrix}
\bar{x}_{1,1} & \cdots & \bar{x}_{1,n} \\
\vdots & & \vdots \\
\bar{x}_{i,1} & \cdots & \bar{x}_{i,n} \\
\vdots & & \vdots \\
\bar{x}_{d,1} & \cdots & \bar{x}_{d,n}
\end{pmatrix}
}_{= \bar{X}}
\begin{pmatrix}
q_{1,1} & \cdots\cdots\cdots & q_{1,d} \\
\vdots & \ddots & \vdots \\
 & q_{i,j} & \\
\vdots & & \ddots \quad \vdots \\
q_{d,1} & \cdots\cdots\cdots & q_{d,d}
\end{pmatrix}
\longleftarrow = Q
\qquad \text{(A.38)}
$$

3. Berechnung der Eigenvektoren und Eigenwerte: Wie beschrieben, ist dieser Schritt äquivalent zum Suchen der Nullstellen des charakteristischen Polynoms $\mathcal{X}_{\boldsymbol{Q}}$, gegeben über:

$$
\mathcal{X}_{\boldsymbol{Q}} = \det(\boldsymbol{Q} - \lambda \mathbb{1}) =
\begin{vmatrix}
q_{1,1} - \lambda & q_{1,2} & \cdots & q_{1,d} \\
q_{2,1} & q_{1,2} - \lambda & \cdots & \vdots \\
\vdots & \vdots & & \vdots \\
q_{d,1} & \cdots\cdots & & q_{d,d} - \lambda
\end{vmatrix} .
\qquad \text{(A.39)}
$$

Da es sich hierbei um eine Funktion mit d Nullstellen handelt und die Dimension d üblicherweise groß ist, sind effiziente numerische Verfahren notwendig. Die Berechnung der Eigenwerte und Eigenvektoren geschieht hier über eine Singulärwertzerlegung: $\boldsymbol{Q} = \boldsymbol{E}\boldsymbol{\Sigma}\boldsymbol{E}^T$, wobei $\boldsymbol{E}^{d \times d}$ eine Matrix gebildet aus den d-dimensionalen Eigenvektoren von $\boldsymbol{Q}$ ist und $\boldsymbol{\Sigma}^{d \times d}$ eine Diagonalmatrix, deren quadrierte Diagonaleinträge $\sqrt{\lambda_i}$ die d Eigenwerte ergeben.

4. Auswahl der k Vektoren mit den größten Eigenwerten, $k \leq d$, führt zu einer reduzierten Matrix $\widetilde{\boldsymbol{E}}^{k \times d}$.

5. Die Projektion der adjustierten, d.h. Mittelwert-subtrahierten, Daten in den reduzierten, k-dimensionalen Eigenraum geschieht über Multiplikation mit den Eigenvektoren. Die projizierten Merkmalvektoren $\boldsymbol{\xi}_i$ errechnen sich damit über

$$\boldsymbol{\xi}_i = \widetilde{\boldsymbol{E}}^T \bar{\boldsymbol{x}}_i \qquad (0 \leq i \leq n) \,. \tag{A.40}$$

6. (*optional*) Schritt 5 stellt bereits das Ergebnis der Hauptkomponentenanalyse dar. Sollen die Ausgangsdaten basierend auf den reduzierten Merkmalvektoren rekonstruiert werden, so wird dies umgesetzt über

$$\boldsymbol{x}_i = \widetilde{\boldsymbol{E}} \boldsymbol{\xi}_i + \boldsymbol{m} \tag{A.41}$$

mit dem oben berechneten Vektor der Mittelwerte $\boldsymbol{m} = (m_i)_{i=1,\dots,d}$.

Eine exakte Rekonstruktion der Daten ist nur genau dann möglich, wenn $k = d$. Andernfalls liefert dieser Schritt eine Rekonstruktion der Variation der Daten gemäß der übernommenen Dimensionen, jedoch Verlust der nicht reduzierten Dimensionen, wie in Abbildung A.5 skizziert.

Das Buch [BH99] liefert eine leicht verständliche Einführung des Algorithmus, sowie diverse Heuristiken, die Anzahl der Hauptkomponenten zu schätzen, die nötig sind, um die Daten noch „gut" zu repräsentieren. Die Zahl solcher Heuristiken ist groß. Eine sehr einfache und trotzdem durchaus übliche Möglichkeit besteht darin, sich die Verteilung der Varianzen anzuschauen: Wenn das Verhältnis der ersten k Eigenwerte zu der gesamten Varianz 75% übersteigt, gilt das gewählte k als gut. Dieser mit Pcv (*Percent Cumulative Variance*) bezeichnete Wert berechnet sich somit über:

$$\text{Pcv}_k = \frac{\sum\limits_{i=1}^{k} \lambda_i}{\sum\limits_{i=1}^{d} \lambda_i} > 0.75 \,. \tag{A.42}$$

Die Grenze von 75% ist empirisch, aber nicht fest: Auch andere Schwellwerte sind gebräuchlich, abhängig von den zu Grunde liegenden Daten.

Eine weitere Heuristik betrachtet die mittlere Varianz: Sei $\bar{\lambda}$ definiert als

$$\bar{\lambda} = \frac{1}{d} \sum_{i=1}^{d} \lambda_i \,. \tag{A.43}$$

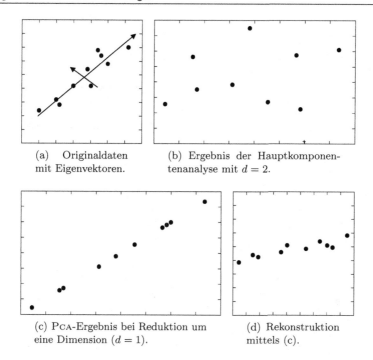

(a)   Originaldaten
mit Eigenvektoren.

(b) Ergebnis der Hauptkomponentenanalyse mit $d = 2$.

(c) PCA-Ergebnis bei Reduktion um
eine Dimension $(d = 1)$.

(d) Rekonstruktion
mittels (c).

Abbildung A.5: Vergleich der Ergebnisse der PCA-Methode auf einem zweidimensionalen Eingabebild (die Eigenvektoren sind proportional zu ihren Eigenwerten skaliert). Die Rekonstruktion in (d) basiert auf den reduzierten Daten (c). Eine Rekonstruktion mittels (b) würde wieder exakt die Eingabedaten ergeben.

Wenn gilt $\lambda_i < \bar{\lambda}$, so ist die i-te Hauptkomponente weniger „interessant" als
der Durchschnitt und kann somit vernachlässigt werden. Übrig bleiben die k
interessanten Hauptkomponenten.

Ebenfalls gebräuchlich ist die IND-Funktion, die abhängig von k definiert ist
und ein Minimum bei optimalem k besitzen soll:

$$\mathrm{IND}_k = \frac{\sqrt{k \sum_{j=k+1}^{d} \frac{\lambda_j}{nd(d-k)}}}{(d-k)^2} . \tag{A.44}$$

Darüber hinaus existiert noch eine Vielzahl weiterer Heuristiken, einige davon
durchaus rechenintensiv: Der RSc-Wert (*Reconstruction Score*) beispielsweise
betrachtet für ein k die Differenzen zwischen den Originaldaten und ihren
k-PCA-verarbeiteten und danach rekonstruierten Versionen.

B

Algorithmische Grundlagen

B.1 Suchverfahren

Aus der großen Anzahl Suchverfahren wollen wir hier drei kurz darstellen, die auch Anwendung in anderen Teilen dieses Buches gefunden haben. Dazu zählen zwei uninformierte Verfahren, namentlich die Tiefen- und die Breitensuche, sowie der informierte A*-Algorithmus. Vertiefende Einführungen dazu finden sich in jedem KI-Lehrbuch, beispielsweise in [Ert09, RN10]. Dort gibt es auch Hinweise auf weitere Suchverfahren.

B.1.1 Tiefen- und Breitensuche

Suchverfahren untersuchen systematisch einen gegebenen Graphen und ermitteln einen Pfad vom Startknoten zum Zielknoten. Bei einem gegebenen Graph werden Knoten expandiert, d.h. alle erreichbaren Knoten bestimmt, von denen einer ausgewählt wird, der tatsächlich besucht wird. Dazu halten Suchverfahren zwei Mengen aufrecht, nämlich die so genannte open- und closed-Menge. Damit lassen sich die Knoten in drei Typen einteilen: Unbekannte Knoten sind diejenigen Knoten, die bisher noch nicht untersucht wurden. Jeder Knoten außer dem Startknoten ist zu Beginn der Suche unbekannt. Alle bekannten Knoten werden zunächst in der open-Menge gespeichert. Aus dieser Menge wird während der Suche der nächste zu expandierende Knoten ausgewählt. Abschließend untersuchte Knoten werden in der closed-Menge gespeichert, damit sie nicht mehrfach untersucht werden. Die closed-Menge ist zu Beginn leer.

Verschiedene Suchstrategien unterscheiden sich in der Implementation der open- und closed-Menge. Tiefen- und Breitensuche sind uninformierte Suchverfahren. Die Tiefensuche expandiert den zuletzt erzeugten Knoten. Sie implementiert dazu die open-Menge als Liste und arbeitet nach dem LIFO-Prinzip (engl. *Last in First out*), die zu expandierenden Knoten werden also auf einem Stapel abgelegt. Die Breitensuche hingegen arbeitet nach dem FIFO-Prinzip (engl. *First in First out*), d.h. die open-Liste ist eine Warteschlange, und die Knoten werden in Erzeugungsreihenfolge expandiert.

Breitensuche findet garantiert einen optimalen Lösungsknoten, wenn die Bewertung der Tiefe im Suchbaum entspricht. Dafür muss sie für einen durchschnittliche Zahl von b Nachfolgern je Knoten und eine Tiefe d des ersten Lösungsknotens im Suchbaum $\mathcal{O}(b^d)$ Knoten in der open-Liste speichern; die Laufzeit ist ebenfalls $\mathcal{O}(b^d)$. Tiefensuche findet nicht garantiert einen Lösungsknoten, auch wenn es einen gibt: im schlimmsten Fall läuft sie in einen unendlichen Suchpfad; dafür beträgt ihr Speicherverbrauch für die open-Liste bei einer Tiefenschranke m der Suche im Suchbaum nur $\mathcal{O}(b \cdot m)$.

B.1.2 Der A*-Algorithmus

Der A*-Algorithmus ist ein informiertes Suchverfahren, er bewertet also die Güte der Knoten. A* dient zur Berechnung eines kürzesten Pfades zwischen zwei Knoten in einem Graphen mit positiven Kantengewichten. Im Gegensatz zu den in Abschnitt B.1.1 präsentierten uninformierten Suchalgorithmen verwendet der A*-Algorithmus eine Heuristik, um zielgerichtet zu suchen und damit die Laufzeit zu verringern. Der Algorithmus ist optimal. Das heißt, es wird immer die optimale Lösung gefunden, falls eine existiert.

Diejenigen Knoten, die einem Zielknoten schätzungsweise am nächsten liegen, sollten als erste untersucht werden. Um diese Knoten zu bestimmen, wird jedem Knoten x ein Wert $f(x)$ zugeordnet und derjenige Knoten mit dem geringsten Wert expandiert, d.h. als nächstes untersucht. Der Wert für $f(x)$ setzt sich zusammen aus den bisher entstandenen Wegkosten $g(x)$ und einer Schätzung $h(x)$ der Kosten zu einem nächsten Zielknoten.

$$f(x) = g(x) + h(x) \, . \tag{B.1}$$

Die Heuristik $h(x)$ darf die tatsächlichen Kosten nie *über*schätzen, damit Optimalität des A*-Algorithmus garantiert ist. Für das Beispiel der Pfadplanung zwischen zwei Punkten ist die Luftlinienentfernung eine geeignete Schätzung, da sie tatsächlich nie länger ist als die tatsächliche Strecke. Beispiel B.1 verdeutlicht das für eine solche Pfadplanungsaufgabe.

Im schlimmsten Fall (nämlich für die zulässige, aber komplett uninformierte Funktion $h(x) = 0$) degeneriert A*-Suche zur Breitensuche; folglich hat sie dasselbe *worst case*-Verhalten wie diese mit Speicherverbrauch und Laufzeit $\mathcal{O}(b^d)$. Praktisch resultiert Verwendung einer guten h-Funktion in deutlich reduziertem Zeit- und Speicheraufwand, bei nach wie vor garantierter Optimalität des Ergebnisses.

Beispiel B.1   *A* für kürzeste Wege*

Um den kürzesten Weg von Bonn
nach Bremen zu berechnen, speichert A* zunächst den Startknoten Bonn mit Entfernung 0 in der
open-Menge. Die grauen Zahlen
unter den Städtenamen im Bild
sind die bekannten Luftlinienent-
fernungen nach Bremen in Kilo-
metern; die Werte an den Kanten
geben die tatsächlichen Straßen-
kilometer an. Als erstes werden
bei der A*-Suche die Nachfolgerknoten von Bonn, d.h. alle von
dort erreichbaren Knoten generiert und in der open-Menge gespeichert. Diese Knoten werden
nun bewertet mit den tatsächlich
entstandenen Kosten zzgl. der
Schätzung der Kosten zum Ziel.
Im Beispiel ergibt sich folgende
open-Liste: (Koblenz, 85+397),
(Sankt Augustin, 10+325), (Osnabrück, 224+116).

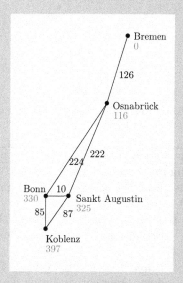

Demnach wird der Knoten Sankt Augustin als nächster expandiert und
aus der open-Menge entfernt. Gleichzeitig wird Bonn in der closed-Menge
gespeichert, um zu verhindern, dass er wiederholt berücksichtigt wird.
Da sich für den Knoten Osnabrück nun via Sankt Augustin den Wert
232+116 ergibt, dies aber schlechter ist, wird der vorhandene Eintrag
in der open-Menge nicht aktualisiert. A* setzt die Expansion nun mit
Osnabrück fort und erreicht anschließend Bremen.

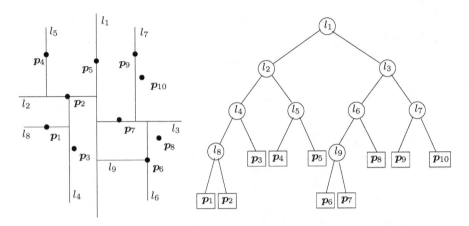

Abbildung B.1: kD-Baum für 2D-Punkte. Links: Punktmenge wird sukzessive unterteilt. Rechts: Baumstruktur, wobei nur die Blätter die Daten enthalten.

Algorithmus B.1: Aufbau eines kD-Baumes.

Eingabe : Menge von Punkten P und die aktuelle Baumtiefe t.
Ausgabe: Die Wurzel des kD-Baums, um die Punkte P zu speichern.
kD-BAUM-KONSTRUKTION(P, t)
  1: **if** P enthält nur einen Punkt **then**
  2:     Erzeuge ein Blatt v, das den Punkt enthält
  3: **else**
  4:     Unterteile die Punktmenge in P_1 und P_2 mit Hilfe einer Hyperebene deren Ausrichtung durch die Tiefe bestimmt ist.
  5:     $v_{\text{links}} \leftarrow k$D-BAUM-KONSTRUKTION($P_1$, $t+1$)
  6:     $v_{\text{rechts}} \leftarrow k$D-BAUM-KONSTRUKTION($P_2$, $t+1$)
  7:     Erzeuge einen inneren Knoten v, der die Zeiger v_{links} und v_{rechts}, sowie die Tiefe t enthält.
  8: **end if**
  9: **return** v

B.2 Bäume zur Raumrepräsentation

B.2.1 kD-Bäume

kD-Bäume sind eine Generalisierung eines einfachen binären Suchbaums. Jeder Knoten eines kD-Baums repräsentiert eine Aufteilung einer Punktmenge auf zwei Nachfolgerknoten. Demnach gibt die Wurzel die gesamte Punktmenge an. Die Blätter repräsentieren eine Partition der Punktmenge in kleine, disjunkte Punktmengen. Die Mengen an den Blättern werden Buckets genannt. Abbildung B.1 zeigt einen kD-Baum für 2D-Punkte (Dimension $k = 2$). Algorithmus B.1 zeigt den Algorithmus zum Aufbau des Baumes.

Algorithmus B.2: Suche nach dem nächsten Punkt in einem kD-Baum.

Eingabe : Wurzel v eines kD-Baumes, Anfragepunkt p_q, maximal zulässige Distanz d_{max}.

Ausgabe: nächsten Punkt p im kD-Baum.

1: $ptr p \leftarrow 0$ *// Zeiger zu aktuell nächsten Punkt*
2: $dp_{max} = d_{max}$ *// aktueller Abstand*
3: $v \rightarrow k$D-Baum-Suche()
4: **return** p

kD-Baum-Suche()
5: **if** v ist ein Blattknoten **then**
6:     $d = \|p - P_q\|$
7:     **if** $d < dp_{max}$ **then**   *// Blatt enthält einen nächsten Punkt*
8:        $ptr p \leftarrow p$ *// aktualisiere den bisher besten Punkt*
9:     **end if**
10: **else**
11:     **if** Region der Größe dp_{max} um den Anfragepunkt p_q liegt im linken Halbraum **then**
12:        $v_{links} \rightarrow k$D-Baum-Suche()
13:     **if** Region der Größe dp_{max} um den Anfragepunkt p_q liegt im rechten Halbraum **then**
14:        $v_{rechts} \rightarrow k$D-Baum-Suche()
15:     **end if**
16:     **end if**
17:     **if** Region der Größe dp_{max} um den Anfragepunkt p_q liegt im rechten Halbraum **then**
18:        $v_{rechts} \rightarrow k$D-Baum-Suche()
19:     **if** Region der Größe dp_{max} um den Anfragepunkt p_q liegt im linken Halbraum **then**
20:        $v_{links} \rightarrow k$D-Baum-Suche()
21:     **end if**
22:     **end if**
23: **end if**

Dem Algorithmus für die Suche nach nächsten Punkten in einem kD-Baum wird die Wurzel v, der Anfragepunkt p_q, sowie ein maximal zulässiger Abstand übergeben. Zunächst werden diese Werte in globalen Variablen gespeichert und anschließend die rekursive Suchprozedur ausgeführt. Hierbei wird eine Suchumgebung um den Anfragepunkt mit Hilfe des aktuell maximalen Abstandes konstruiert und in Abhängigkeit dieser Umgebung die beiden Teilbäume durchsucht. Diese Bedingung ist als Ball-Within-Bounds bekannt [Ben75, FBF77, GY03]. Ist ein Blatt erreicht, wird der nächste Punkt, sowie der Abstand zum Anfragepunkt aktualisiert. Algorithmus B.2 zeigt das Verfahren.

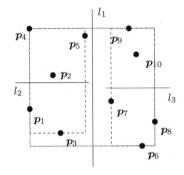 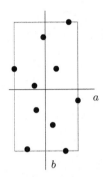

Abbildung B.2: Links: kD-Baum, der zusätzlich zur Trenn-Hyperebene noch die Grenzen der Punktmenge enthält. Nach der Unterteilung an l_1 werden auch die Grenzen neu berechnet. Rechts: Partitionierung einer Punktmenge. Die Anwendung des Teilers (b) resultiert in einer kompakten Aufteilung.

Für die Implementation von kD-Bäumen gibt es etliche Varianten. Üblicherweise enthalten kD-Baume noch die Grenzen der gespeicherten Punktmenge. Damit ist keine vollständige Zerlegung mehr gegeben, da es Bereiche um einen Knoten gibt, die nicht durch Nachfolgeknoten abgedeckt werden. Abbildung B.2 (links) zeigt eine solche Konstruktion.

Wesentlichen Einfluss auf die Performanz eines kD-Baumes hat die Ausrichtung und Position der Hyperebene. Optimal ist eine Position am Median, doch leider ist die Berechnung des Medians nicht effizient möglich, was sich sofort auf die benötigte Zeit für den Aufbau des Baumes niederschlägt (Es existiert nur ein randomisierter Algorithmus zur Berechnung des Medians in $\mathcal{O}(n)$). Daher wählt man in der Praxis den Mittelpunkt für die Position der Hyperebene. Die Ausrichtung der Ebene sollte so gewählt werden, dass möglichst kompakte Teilmengen entstehen. Bei kompakten Mengen ist es unwahrscheinlicher, dass beide Teilbäume untersucht werden müssen (vgl. Abbildung B.2, rechts).

Theorem 5. *Die Zeit für eine Suche nach den m nächsten Punkten in einem optimierten kD-Baum ist logarithmisch zu der Anzahl der Punkte N im kD-Baum.*

Beweis. Siehe [FBF77].

Für 3D-Datenwerte ist $k = 3$, aber es liegt immer noch ein binärer Baum vor. Der 3D-Baum enthält Separierungsebenen, die parallel zu der $(x, y, 0)$-, $(0, y, z)$- oder $(x, 0, z)$-Ebene verlaufen. Datenpunkte links neben der Ebene werden im linken Teilbaum gespeichert, während Punkte rechts neben der Ebene im zweiten Teilbaum abgelegt werden. Abbildung B.3 zeigt zwei Schnitte durch einen 3D-Baum.

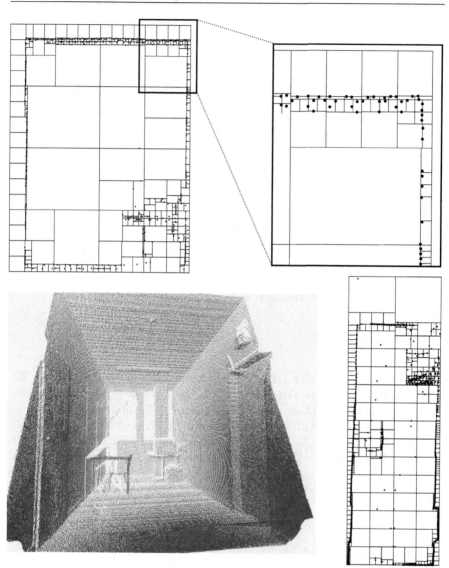

Abbildung B.3: 3D-Baum einer 3D-Punktwolke. Oben rechts: Schnitt durch den Baum in der (x, y)-Ebene bei einer Tiefe von zirka 5 m. Oben links: Ausschnittsvergrößerung. Unten links: 3D-Punktwolke. Unten rechts: Schnitt durch den Baum in der (x, z)-Ebene bei einer Höhe von 0.1 m.

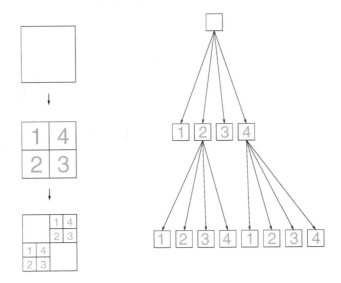

Abbildung B.4: Schema eines Quadtree.

B.2.2 Quadtrees

Ein Quadtree ist eine hierarchische Datenstruktur zur Organisation von 2D-Daten. Dabei werden die Daten in einem Gitter das eine Variable Zellengröße hat, gespeichert. Ausgehend von einer Gitterzelle, die mindestens alle Datenpunkte umfasst, unterteilt man während des Quadtree-Aufbaus rekursiv die Zellen in vier gleichgroße. Diese Unterteilung wird so lange fortgesetzt, bis die Grundauflösung der Daten erreicht ist, oder ein Schwellwert unterschritten wird. Leere Zellen werden abgeschnitten. Dies spart Speicherplatz. Durch Traversieren der Baumstruktur sind Zugriffe auf Daten in logarithmischer Zeit möglich. Abbildung B.4 zeigt das Schema eines Quadtrees.

B.2.3 Octrees

Der Octree erweitert das Konzept des Quadtrees von zwei auf drei Dimensionen. Er dient unter anderem zur Organisation von 3D-Daten und kann für Punktwolken als 3D-Reduktionsfilter eingesetzt werden. Mit Hilfe von Punktreduktion lässt sich die Laufzeit des 3D-Scanmatchings in Abschnitt 6.4.3 deutlich reduzieren. Die Octree-Methode zur Punktreduktion ist der de facto Standard für Reduktionen von Punktwolken.

Ausgehend vom größten Würfel, der die gesamte Punktwolke umschließt, werden drei Ebenen, die an den Achsen ausgerichtet sind, eingeführt, so dass der Würfel in acht gleich große Würfel unterteilt wird (vgl. Abbildung B.5). Das

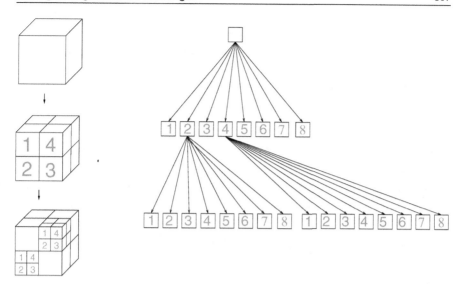

Abbildung B.5: Ein Octree repräsentiert einen Würfel, der in 8 kleinere Würfel aufgeteilt wird. Links: Rekursive Unterteilung. Rechts: Der korrespondierende Octree.

Aufteilen wird rekursiv fortgesetzt, wobei für jeden entstandenen Würfel getestet wird, ob dieser leer ist. Leere Würfel werden nicht weiter beachtet und der Baum wird hier abgeschnitten. Datenreduktion erreicht man mit diesem Verfahren dadurch, indem man zusätzlich eine Untergrenze für die minimal zulässige Boxgröße einführt. Eine reduzierte Punktwolke ergibt sich anschließend, wenn die Mittelpunkte der verbliebenen Octree-Würfel verwendet werden.

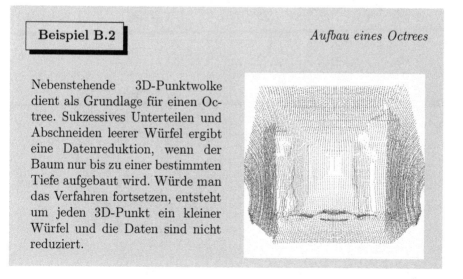

Beispiel B.2   *Aufbau eines Octrees*

Nebenstehende 3D-Punktwolke dient als Grundlage für einen Octree. Sukzessives Unterteilen und Abschneiden leerer Würfel ergibt eine Datenreduktion, wenn der Baum nur bis zu einer bestimmten Tiefe aufgebaut wird. Würde man das Verfahren fortsetzen, entsteht um jeden 3D-Punkt ein kleiner Würfel und die Daten sind nicht reduziert.

C

Regelungstechnische Grundlagen

Regelungstechnik beschäftigt sich mit dem Regeln von Systemen. Der Begriff Regeln ist dabei wie folgt definiert:

Das Regeln, die Regelung, ist ein Vorgang, bei dem fortlaufend eine Größe, die Regelgröße (zu regelnde Größe), erfasst, mit einer anderen Größe, der Führungsgröße, verglichen und im Sinne einer Angleichung an die Führungsgröße beeinflusst wird. (Deutsches Institut für Normung: DIN 19226)

Die Regelungstechnik wird in Geräten, Anlagen, Fahrzeugen eingesetzt und zwar mittels des Prinzips der Rückkopplung, so dass das Verhalten dieser Größen einem gewünschten Verhalten möglichst nahe kommt. Die Regelungstechnik stützt sich stark auf die Denkweisen und Methoden der Systemtheorie mit mathematischen Übertragungsmodellen [Wik]. Mit dieser Sichtweise lässt sich ein Roboterkontrollprogramm als Regelungsprogramm auffassen (vgl. Abbildung 1.1)

Die Regelstrecke ist der Teil des Regelkreises, in dem die beeinflussbaren Größen durch eine Regeleinrichtung konstant gehalten werden soll (vgl. Abbildung C.1). Regelstrecken zeigen recht unterschiedliches Verhalten bei auftretenden Störungen. Das Verhalten wird durch das Speichervermögen und Zeitverzögerungen zwischen Stellglied und Regelgrößenerfassung beeinflusst. Die Art, wie die Regelstrecke ohne angeschlossenen Regler auf Störungen reagiert,

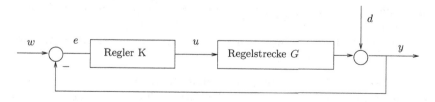

Abbildung C.1: Regelstecke.

gibt einen Hinweis darauf, welche Regeleinrichtung zur Beherrschung der Strecke eingesetzt werden muss. Die wichtigste Beschreibungsgröße eines linearen zeitinvarianten (beschreibbar durch eine lin. Differentialgleichung) Systems im Zeitbereich ist die Impulsantwort auf einen (idealen) Dirac-Impuls. Bei der experimentellen Analyse werden Systeme dagegen häufig mit der Sprungfunktion angeregt und die Sprungantwort gemessen, die das Übertragungsverhalten eines solchen Systems ebenfalls vollständig beschreibt. Anhand dieser Sprungantwort lässt sich oftmals ablesen, welcher Regler sich zur Beherrschung der Regelstrecke einsetzen lässt.

Zweipunktregler

Die einfachste Regelung entsteht durch Ein/Aus-Schaltung, wie sie beispielsweise in Thermostaten verwendet wird. Wenn die Temperatur unter den Sollwert fällt, schaltet sich die Heizung auf konstante, maximale Leistung ein. Wenn nun die Temperatur über dem Sollwert liegt, schaltet der Thermostat ab. Dabei weichen die Einschalt- und Ausschalttemperatur gering voneinander ab, so dass eine Hysterese entsteht und verhindert wird, dass der Thermostat permanent ein- und ausgeschaltet wird (vgl. Abbildung C.1). Die Fluktuationen in der Temperatur können jedoch wesentlich größer als die Hysterese sein, da das Heizelement eine nicht zu vernachlässigende Kapazität hat.

Der Proportional-Regler

Ein Proportional-, oder P-Regler versucht eine bessere Performanz als ein Zweipunktregler zu erzielen. Dabei wird die Stellgröße nicht nur ein- und ausgeschaltet, sondern ein Stellwert, der proportional zur Differenz von Ist- und Sollwert ist, eingestellt.

Proportional-Differential-Regler

Der Proportional-Differential-, oder PD-Regler erweitert den P-Regler um einen Differentialanteil. Stabilitäts- und Überschwingprobleme eines P-Reglers entstehen, wenn der P-Regler mit hohen Stellfaktor betrieben wird. Dies lässt sich durch einen Term abschwächen, der proportional zur zeitlichen Ableitung des Fehlersignals ist.

Das Einbeziehen der Ableitung führt zum PD-Regler. Über den Wert der Dämpfungskonstante kann das Überschwingen verhindert werden, aber ein zu hoher Wert kann zu einer zu langsamen Systemreaktion führen. Des Weiteren entsteht eine bleibende Regelabweichung.

Beispiel C.1   *Temperaturregelung mit Zweipunktregler*

Eine Änderung der Wassertemperatur bewirkt über das Gehirn eine Veränderung des Ventils und dadurch wiederum eine Veränderung der Temperatur. Dies ist das wesentliche Merkmal der Rückkopplung. Ein Zweipunktregler ersetzt die manuelle kontinuierliche Regelung durch den Menschen durch eine Relaischaltung.

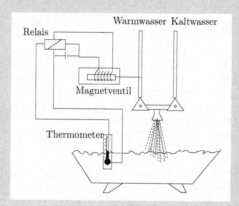

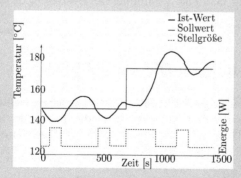

Abbildung C.2: Zweipunktregelung einer Temperatur. Durch Ein- und Ausschaltung der Stellgröße, beispielsweise der Zufuhr warmen Wassers, gelingt es, die Temperatur in einem gewünschten Bereich zu halten und auf eine Veränderung des Sollwertes zu reagieren.

Beispiel C.2 *Temperaturregelung mit P-Regler*

Für die Regelung einer Temperatur mit P-Regler muss die Wärmezufuhr kontinuierlich beeinflussbar sein. Bei einem P-Regler wird ein Faktor mit der Abweichung des Ist- vom Sollwert multipliziert, um die Wärmezufuhr zu bestimmen. Für die Temperaturregelung ergibt sich

$$W = P \ (T_{\text{Soll}} - T_{\text{Ist}}),$$

wobei P die Proportionalitätskonstante bzw. Stellfaktor, W die zuzuführende Energiemenge und T die Temperatur bezeichnen. Eine große Proportionalitätskonstante führt zu einer schnelleren Reaktion des Systems auf Veränderungen, jedoch auch zu geringer Dämpfung und damit verbundenem Überschwingen des Reglers. Letztlich können zu große Werte für P zu Instabilitäten führen. Zu kleine P-Werte führen zu langsamen Systemreaktionen und bleibenden Regelabweichungen.

Beispiel C.3 *Temperaturregelung mit PD-Regler*

Die Temperaturregelung mit einem PD-Regler bezieht die zeitliche Ableitung der Abweichung von Ist- und Sollwert über den Faktor D ein:

$$W = P \left((T_{\text{Soll}} - T_{\text{Ist}}) + D \ \frac{d}{dt}(T_{\text{Soll}} - T_{\text{Ist}}) \right).$$

Dadurch erreicht man eine Dämpfung der Systemreaktion auf Veränderungen.

Proportional-Integral-Differential-Regler

Obwohl der PD-Regler geschickt mit dem Überschwingproblem des P-Reglers umgehen kann, verhindert er aber nicht die bleibende Regelabweichung. Glücklicherweise lässt sich dies durch das Hinzufügen eines Integraltermes beseitigen: Ein PID-Regler entsteht.

Weitere Regler

Neben dem P-, PD- und PID-Regler findet man oft PI-Regler. Hier ist der Differentialanteil des PID-Reglers auf Null gesetzt, weil oftmals die Ablei-

---

Beispiel C.4 *Temperaturregelung mit PID-Regler*

Die Temperaturregelung mit einem PID-Regler hat zusätzlich einen Integralanteil mit dem Faktor I:

$$W = P \left((T_{\text{Soll}} - T_{\text{Ist}}) + D \frac{d}{dt}(T_{\text{Soll}} - T_{\text{Ist}}) + I \int (T_{\text{Soll}} - T_{\text{Ist}}) \, dt \right).$$

Durch den Integralanteil wird die Wärmezufuhr so lange verändert, bis die Temperaturdifferenz Null erreicht hat.

---

tung sehr fehlerhaft sein kann. Dies führt dann zu starken Fluktuationen und Schwankungen in der Stellgröße. Ursache für die Fehler in der Ableitung können fehlerbehaftete Sensorwerte sein, die sich nur schlecht filtern lassen.

Bei unscharfen, beziehungsweise Fuzzy-Reglern werden die Regelgesetze nicht durch einen mathematischen Term beschrieben, sondern durch linguistische Variablen. In jedem Regelungsschritt werden drei Teilschritte zum Bestimmen des Stellwerts aus der Regeldifferenz durchgeführt: die Fuzzyfizierung, die Inferenz und schließlich die Defuzzyfizierung. Unter Fuzzyfizierung versteht man die Auswertung von Fuzzy-Mengen zu jeder Eingangsgröße, also das Bestimmen der Werte der Zugehörigkeitsfunktionen für den gemessenen Wert. Die Inferenz verwendet die ausgewerteten Fuzzy-Regeln, um eine Ausgabe zu berechnen. Der Vorgang der Defuzzyfizierung ist die Bestimmung des scharfen Ausgangswertes für die Regelung. Beispiel C.5 verdeutlicht das.

Ein Fuzzy-Regler ist ein nichtlinearer Zustandsregler ohne innere Dynamik, was bedeutet, dass er kein „Gedächtnis" besitzt. Er bietet hohe Transparenz bei gleichzeitiger Flexibilität und ist daher in praktischen Anwendungen äußerst beliebt. Der Fuzzy-Regler eignet sich sehr gut dafür, Anwenderwissen in einen Regler umzusetzen, ohne dabei ein kompliziertes Systemmodell erstellen zu müssen.

Neben den hier vorgestellten Reglern gibt es viele praktische und theoretische Ergebnisse im Gebiet Regelungstechnik, die häufig Grundlage von Algorithmen für mobile Roboter sind. Da keine strikte Abgrenzung zwischen Robotik und Regelungstechnik vorliegt, kommt es zu unterschiedlicher Namensgebung gleicher Sachverhalte in den Gebieten.

Temperaturregelung mit Fuzzy-Regler

Für eine Temperaturregelung mit Fuzzy werden folgende drei linguistische Regeln definiert:
1. Das Wasser ist zu kalt, drehe Heißwasserventil auf.
2. Das Wasser ist angenehm, stelle Heißwasserventil auf mittel.
3. Das Wasser ist zu heiß, drehe Heißwasserventil zu.

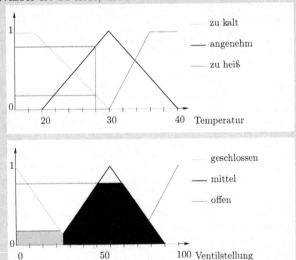

Bei 28° sind nur die ersten beiden Regeln gültig. Durch Anwendung von
Regel 1 erhält die Fuzzy-Regel „zu kalt" einen Wahrheitswert von 0.2,
während die Regel „angenehm" einen Wert von 0.8 bekommt. Für die
Ausgabe-Regeln „geschlossen" und „mittel" ergeben sich die markierten
Flächen, wobei die Überschneidung der Flächen nur einfach gezählt wird.
Defuzzyfizierung kann zum Beispiel mit Hilfe einer Schwerpunktberech-
nung der Fläche geschehen, so dass sich letztlich eine Ventilstellung von
48 ergibt.

Literatur

[ACF+98] ALAMI, R.; CHATILA, R.; FLEURY, S.; GHALLAB, M.; INGRAND, F.: An Architecture for Autonomy. In: *International Journal of Robotics Research (IJRR)* 17 (1998), Nr. 4, S. 315–337

[AHB87] ARUN, K. S.; HUANG, T. S.; BLOSTEIN, S. D.: Least Square Fitting of Two 3-D Point Sets. In: *IEEE Transactions on Pattern Analysis and Machine Intelligence (PAMI)* 9 (1987), September, Nr. 5, S. 698–700

[Alf] ALFRED KÄRCHER GMBH: *RoboCleaner RC 3000.* http://www.robocleaner.de,

[Ark98] ARKIN, R. C.: *Behavior Based Robotics.* MIT Press, 1998

[Atl] ATLAS MARIDAN: *SeaOtter MK II AUV.* http://www.maridan.atlas-elektronik.com,

[Bau01] BAUER, H.: *Wahrscheinlichkeitstheorie.* de Gruyter, 2001

[BB01] BENGTSSON, O.; BAERVELDT, A.-J.: Localization in Changing Environments – Estimation of a Covariance Matrix for the IDC Algorithm. In: *IEEE/RSJ International Conference on Intelligent Robots and Systems (IROS '01)* Bd. 4, 2001

[BBC+95] BUHMANN, J.; BURGARD, W.; CREMERS, A.B.; FOX, D.; HOFMANN, T.; SCHNEIDER, F.; STRIKOS, J.; THRUN, S.: The mobile robot Rhino. In: *AI Magazine* 16 (1995), Nr. 2, S. 31–38

[Bec05] BECKEY, G. A.: *Autonomous Robots – From Biological Inspiration to Implementation and Control.* MIT Press, 2005

[BEF96] BORENSTEIN, J.; EVERETT, H. R.; FENG, L.: *Where am I? Sensors and Methods for Mobile Robot Positioning.* University of Michigan, 1996

[BEL+08] BORRMANN, D.; ELSEBERG, J.; LINGEMANN, K.; NÜCHTER, A.; HERTZBERG, J.: Globally Consistent 3D Mapping with Scan Matching. In: *Journal Robotics and Autonomous Sytems (JRAS)* 65 (2008), Nr. 2, S. 130–142

[Ben75] BENTLEY, J. L.: Multidimensional binary search trees used for associative searching. In: *Communications of the ACM (c.acm)* 18 (1975), September, Nr. 9, S. 509–517

[BFG+97] BONASSO, P.; FIRBY, J.; GAT, E.; KORTENKAMP, D.; MILLER, D.; SLACK, M.: Experiences with an architecture for intelligent, reactive agents. In: *Journal of Experimental & Theoretical Artificial Intelligence (JETAI)* 9 (1997), S. 237–256

[BH99] BERTHOLD, M. (Hrsg.); HAND, D. J. (Hrsg.): *Intelligent Data Analysis: An Introduction.* Springer-Verlag, 1999

[BK89] BORENSTEIN, J.; KOREN, Y.: Real-time Obstacle Avoidance for Fast Mobile Robots. In: *IEEE Transactions on Systems, Man, and Cybernetics (TSMC)* 19 (1989), Nr. 5, S. 1179–1187

[BK91]   BORENSTEIN, J.; KOREN, Y.: The Vector Field Histogram – Fast Obstacle-
          Avoidance for Mobile Robots. In: *IEEE Journal of Robotics and Automation*
          7 (1991), Juni, Nr. 3, S. 278–288

[BK99]   BROCK, O.; KHATIB, O.: High-Speed Navigation Using the Global Dynamic
          Window Approach. In: *IEEE International Conference on Robotics and Au-
          tomation (ICRA '99)*. Detroit, USA, Mai 1999

[BK08]   BRADSKI, G.; KAEHLER, A.; LOUKIDES, Mike (Hrsg.): *Learning OpenCV: Com-
          puter Vision with the OpenCV Library*. O'Reilly Media, 2008

[BKI08]   BEIERLE, C.; KERN-ISBERNER, G.: *Methoden wissensbasierter Systeme*. 4. Auf-
          lage. Vieweg + Teubner, 2008

[BL02]   BROWN, M.; LOWE, D.: Invariant features from interest point groups. In:
          British Machine Vision Conference, 2002

[BL04]   BRACHMAN, R. J.; LEVESQUE, H. J.: *Knowledge Representation and Reasoning*.
          Morgan Kaufmann, 2004

[BLNe]   BORRMANN, D.; LINGEMANN, K.; NÜCHTER, A.; ET AL.: *3DTK – The 3D
          Toolkit*. http://threedtk.de/,

[BM92]   BESL, P.; MCKAY, N.: A method for Registration of 3-D Shapes. In: *IEEE
          Transactions on Pattern Analysis and Machine Intelligence (PAMI)* 14 (1992),
          Nr. 2, S. 239–256

[BNLT04] BOSSE, M.; NEWMAN, P. M.; LEONARD, J.; TELLER, S. J.: Simultaneous Loca-
          lization and Map Building in Large-Scale Cyclic Environments Using the Atlas
          Framework. In: *International Journal of Robotics Research* 23 (2004), Nr. 12,
          S. 1113–1139

[Bra86]   BRAITENBERG, V.: *Künstliche Wesen: Verhalten kybernetischer Vehikel*. View-
          eg, 1986

[Brä06]   BRÄUNL, T.: *Embedded Robotics: Mobile Robot Design and Applications with
          Embedded Systems*. Springer-Verlag, 2006

[Bro86]   BROOKS, R.: A robust layered control system for a mobile robot. In: *IEEE
          Journal Robotics and Automation* RA-2 (1986), Nr. 1, S. 14–22

[Bro91]   BROOKS, R.: Intelligence without representation. In: *Artificial Intelligence
          (AIJ)* 47 (1991), S. 139–159

[BSK03]   BRUYNINCKX, H.; SOETENS, P.; KONINCKX, B.: The Real-Time Motion Control
          Core of the Orocos Project. In: *IEEE International Conference on Robotics
          and Automation (ICRA '03)*. Taipei, Taiwan, 2003

[BSM05]   BALAKIRSKY, S.; SCRAPPER, C.; MESSINA, E.: Mobility Open Architecture
          Simulation and Tools Environment. In: *Knowledge Intensive Multi-Agent Sys-
          tems (KIMAS) Conference*. Waltham, MA, USA, April 2005

[BTG06]   BAY, H.; TUYTELAARS, T.; GOOL, L. V.: SURF: Speeded Up Robust Features.
          In: *European Conference on Computer Vision (ECCV '06)*, 2006

[CCC09]   CCC: *A Roadmap for US Robotics – From Internet to Robotics*. http://www.
          us-robotics.us/reports/CCC%20Report.pdf, 2009

[CM92]   CHEN, Y.; MEDIONI, G.: Object modelling by registration of multiple range
          images. In: *Image and Vision Computing* 10 (1992), April, Nr. 3, S. 145–155

[CN06]   CHRISTENSEN, H. I. (Hrsg.); NAGEL, H.-H. (Hrsg.): *Cognitive Vision Systems.
          Sampling the Spectrum of Approaches*. Springer-Verlag, 2006

[CS03]   CORADESCHI, S.; SAFFIOTTI, A.: An Introduction to the Anchoring Problem.
          In: *Journal Robotics and Autonomous Sytems (JRAS)* 43 (2003), Nr. 2-3, S.
          85–96. – Sonderheft Perceptual Anchoring.

[DAR]   DARPA: *Grand Challenge Home*. http://www.darpa.mil/grandchallenge
          05/,

[DBK+02] DELLAERT, F.; BALCH, T.; KAESS, M.; RAVICHANDRAN, R.; ALEGRE, F.; BER-
          HAULT, M.; MCGUIRE, R.; MERRILL, E.; MOSHKINA, L.; WALKER, D.: The
          Georgia Tech Yellow Jackets: A Marsupial Team for Urban Search and Rescue.
          In: *AAAI Mobile Robot Competition*. Edmonton, Alberta, Kanada, 2002

[Deu] DEUTSCHES ZENTRUM FÜR LUFT- UND RAUMFAHRT (DLR): *DLR-Hand.* http://www.dlr.de,

[DGS07] DOROFTEI, I.; GROSU, V.; SPINU, V.: Omnidirectional Mobile Robot – Design and Implementation. In: HABIB, M. K. (Hrsg.): *Bioinspiration and Robotics: Walking and Climbing Robots.* I-Tech Education and Publishing, Wien, Östereich, 2007, S. 511–528

[Dia10] DIANKOV, R.: An Analysis of the ROS and OpenRAVE Open-Source Tools Towards Intelligent Manipulation. In: *Journal of the Robotics Society of Japan* 28 (2010), Juni, Nr. 5

[Die06] DIEBEL, J.: *Representing Attitude: Euler Angles, Unit Quaternions, and Rotation Vectors.* 2006

[DJ00] DUDEK, G.; JENKIN, M.: *Computational Principles of Mobile Robotics.* Cambridge University Press, 2000

[DNC+01] DISSANAYAKE, M. W. M. G.; NEWMAN, P.; CLARK, S.; DURRANT-WHYTE, H. F.; CSORBA, M.: A Solution to the Simultaneous Localization and Map Building (SLAM) Problem. In: *IEEE Transactions on Robotics and Automation (TRA)* 17 (2001), Nr. 3, S. 229–241

[Ele] ELECTROLUX: *Trilobite 2.0.* http://trilobite.electrolux.de,

[Ert09] ERTEL, W.: *Grundkurs Künstliche Intelligenz: Eine praxisorientierte Einführung.* Vieweg+Teubner Verlag, 2009

[ETH] ETH ZÜRICH: *Shrimp.* http://www.asl.ethz.ch,

[Eve95] EVERETT, H. R.: *Sensors for mobile robots: theory and application.* A. K. Peters, Ltd., 1995

[FBF77] FRIEDMAN, J. H.; BENTLEY, J. L.; FINKEL, R. A.: An Algorithm for Finding Best Matches in Logarithmic Expected Time. In: *ACM Transactions on Mathematical Software* 3 (1977), September, Nr. 3, S. 209–226

[FBT97] FOX, D.; BURGARD, W.; THRUN, S.: The dynamic window approach to collision avoidance. In: *IEEE Robotics & Automation Magazine (RAM)* 4 (1997), Nr. 1, S. 23–33

[FIR] FIRA: *Federation of International Robot-Soccer Association.* http://www.fira.net/,

[FLB09] FONT-LLAGUNES, J.; BATLLE, A.: New Method that solves the Three-Point Resection Problem using Straight Lines Intersection. In: *Journal of Surveying Engineering* (2009)

[Fox01] FOX, D.: KLD-Sampling: Adaptive Particle Filters. In: *Advances in Neural Information Processing Systems 14,* MIT Press, 2001

[Fox03] FOX, D.: Adapting the sample size in particle filters through KLD-sampling. In: *International Journal of Robotics Research (IJRR)* 22 (2003), S. 985–1003

[FP02] FORSYTH, D. A.; PONCE, J.: *Computer Vision: A Modern Approach.* Prentice Hall, 2002

[Fra] FRAUNHOFER GESELLSCHAFT: *Institut für Intelligente Analyse- und Informationssysteme IAIS.* http://www.iais.fraunhofer.de/,

[Fre06] FRESE, U.: A Discussion of Simultaneous Localization and Mapping. In: *Autonomous Robots* 20 (2006), Nr. 1, S. 25–42

[Fre08] FRESE, U.: *A tutorial on least-square based SLAM.* http://www.informatik.uni-bremen.de/agebv/en/Research, 2008

[Fri01] FRINTROP, S.: *Robuste Roboterlokalisierung mit omnidirektionaler Bildsensorik,* Universität Bonn, Diplomarbeit, 2001

[Gat92] GAT, E.: Integrating planning and reacting in a heterogeneous asynchronous architecture for controlling real-world mobile robots. In: *National Conference on Artificial Intelligence (AAAI '92).* San Jose, CA, USA, Juli 1992

[GNT04] GHALLAB, M.; NAU, D.; TRAVERSO, P.: *Automated Planning: Theory and Practice.* Morgan Kaufmann, 2004

[GSB05]   GRISETTI, G.; STACHNISS, C.; BURGARD, W.: Improving Grid-based SLAM
            with Rao-Blackwellized Particle Filters by Adaptive Proposals and Selective
            Resampling. In: *IEEE International Conference on Robotics and Automation
            (ICRA '05)*. Barcelona, Spanien, 2005

[GTS+06]   GRISETTI, G.; TIPALDI, G. D.; STACHNISS, C.; BURGARD, W.; NARDI, D.:
            Speeding-Up Rao-Blackwellized SLAM. In: *IEEE International Conference
            on Robotics and Automation (ICRA '06)*. Orlando, FL, USA, 2006

[Gut00]   GUTMANN, J. S.: *Robuste Navigation autonomer mobiler Systeme*, Universität
            Freiburg, Diss., 2000

[GY03]   GREENSPAN, M.; YURICK, M.: Approximate K-D Tree Search for Efficient ICP.
            In: *IEEE International Conference on Recent Advances in 3D Digital Imaging
            and Modeling (3DIM '03)*. Banff, Kanada, Oktober 2003

[Haa10]   HAAR, A.: Zur Theorie der orthogonalen Funktionensysteme. In: *Mathemati-
            sche Annalen* (1910), S. 331–371

[Har]   HARNAD, S.: *Symbol grounding problem*. http://www.scholarpedia.org/
            article/Symbol_grounding,

[Har90]   HARNAD, S.: The symbol grounding problem. In: *Physica D* 42 (1990), S.
            335–346

[HC08]   HERTZBERG, J.; CHATILA, R.: AI Reasoning Methods for Robotics. In: *[SK08]*.
            Springer-Verlag, 2008, Kapitel 9, S. 207–223

[HF89]   HUANG, T.; FAUGERAS, O.: Some Properties of the E Matrix in Two-View
            Motion Estimation. In: *IEEE Transactions on Pattern Analysis and Machine
            Intelligence (PAMI)* 11 (1989), S. 1310–1312

[HHN88]   HORN, B. K. P.; HILDEN, H. M.; NEGAHDARIPOUR, Sh.: Closed–form solution
            of absolute orientation using orthonormal matrices. In: *Journal of the Optical
            Society of America A (JOSA)* 5 (1988), Nr. 7, S. 1127–1135

[HK96]   HERTZBERG, J.; KIRCHNER, F.: Landmark-Based Autonomous Navigation in
            Sewerage Pipes. In: *The First Euromicro Workshop on Advanced Mobile Ro-
            bots*, IEEE Press, 1996

[HLL+08]   HERTZBERG, J.; LINGEMANN, K.; LÖRKEN, C.; NÜCHTER, A.; STIENE, S.: Does
            it help a robot navigate to call navigability an affordance? In: *Towards
            Affordance-Based Robot Control*. Berlin, Heidelberg: Springer-Verlag LNAI
            Bd. 4760, 2008

[Hon]   HONDA: *Asimo*. http://asimo.honda.com,

[Hor87]   HORN, B. K. P.: Closed-form solution of absolute orientation using unit qua-
            ternions. In: *Journal of the Optical Society of America A (JOSA)* 4 (1987),
            April, Nr. 4, S. 629–642

[HR03]   HAFNER, R.; RIEDMILLER, R.: Reinforcement Learning on a Omnidirectional
            Mobile Robot. In: *IEEE/RSJ International Conference on Intelligent Robots
            and Systems (IROS '03)*. Las Vegas, Nevada, USA, 2003

[HS81]   HORN, B. K. P.; SCHUNCK, B. G.: Determining optical flow. In: *Journal
            Artificial Intelligence* 17 (1981), August, Nr. 1–3, S. 185–203

[HS08]   HERTZBERG, J. (Hrsg.); SAFFIOTTI, A. (Hrsg.): *Semantic Knowledge in Ro-
            botics*. Sonderheft Journal Robotics and Autonomous Systems 56, Nr. 11,
            S. 857–1014, 2008

[IC04]   INDIVERI, G.; CORRADINI, M. L.: Switching linear path following for bounded
            curvature car-like vehicles. In: *IFAC Symposium on Intelligent Autonomous
            Vehicles (IAV '04)*. Lissabon, Juli 2004

[Ind99]   INDIVERI, G.: Kinematic Time-invariant Control of a 2D Nonholonomic Vehicle.
            In: *IEEE Conference on Decision and Control (CDC '99)*. Phoenix, USA,
            Dezember 1999

[Inf]   INFINUVO: *Infinuvo CleanMate QQ-2*. http://www.mein-infinuvo.de,

[IPA11]   IPA: *Wirtschaftlichkeitsanalysen neuartiger Servicerobotik-Anwendungen
            und ihre Bedeutung für die Robotik-Entwicklung (EFFIROB)*. http:

//www.ipa.fraunhofer.de/fileadmin/www.ipa.fhg.de/Robotersysteme/
Studien/Studie_EFFIROB_72dpi_oI.pdf, 2011

[iRo] iROBOT: *Staubsaugerroboter, Wischroboter.* http://www.iroboteurope.de,

[JA04] JOSE, E.; ADAMS, M. D.: Millimetre Wave RADAR Spectra Simulation and Interpretation for Outdoor SLAM. In: *IEEE International Conference on Robotics and Automation (ICRA '04).* New Orleans, USA, April 2004

[JT08] JOHNS, K.; TAYLOR, T.: *Professional Microsoft Robotics Developer Studio.* John Wiley & Sons, 2008

[Käl94] KÄLVIÄINEN, H.: *Randomized Hough Transform: New Extensions,* Lappeenranta University of Technology, Finnland, Diss., 1994

[KB91] KUIPERS, B.; BYUN, Y.-T.: A robot exploration and mapping strategy based on a semantic hierarchy of spatial representations. In: *Journal Robotics and Autonomous Systems (JRAS)* 8 (1991), Nr. 1-2, S. 47–63

[Kes06] KESSLER, W.: *Multivariate Datenanalyse in der Bio- und Prozessanalytik.* Wiley-VCH, 2006

[KF07] KAWASAKI, H.; FURUKAWA, R.: Dense 3D Reconstruction method using Coplanarities and Metric Constraints for Line Laser Scanning. In: *International Conference on 3D Digital Imaging and Modeling.* Montreal, Kanada: IEEE Press, August 2007

[KL08] KAVRAKI, L. E.; LAVALLE, S. M.: Motion Planning. In: *[SK08].* Springer-Verlag, 2008, Kapitel 5, S. 109–131

[Kle05] KLEIN, R.: *Algorithmische Geometrie.* 2. Springer-Verlag, 2005

[Kre02] KRENGEL, U.: *Einführung in die Wahrscheinlichkeitstheorie und Statistik.* Vieweg, 2002

[KS03] KYRIAKOPOULOS, K.J.; SKOUNAKIS, N.: Moving obstacle detection for a skid-steered vehicle endowed with a single 2-D laser scanner. In: *IEEE International Conference on Robotics and Automation (ICRA '03).* Taipei, Taiwan, 2003

[KS08] KORTENKAMP, D.; SIMMONS, R.: Robotic Systems Architectures and Programming. In: *[SK08].* Springer-Verlag, 2008, Kapitel 8, S. 187–206

[KUK] KUKA: *Robotertechnik.* http://www.kuka.com,

[Lat91] LATOMBE, J.-C.: *Robot Motion Planning.* Norwell, MA, USA: Kluwer Academic Publishers, 1991

[LaV06] LAVALLE, S. M.: *Planning Algorithms.* Cambridge University Press, 2006

[LehoJ] LEHMANN, B.: *Skript zur Vorlesung Vermessungskunde 1.* Fachhochschule Trier, o.J.

[Lin04] LINGEMANN, K.: *Schnelles Pose-Tracking auf Laserscan-Daten für autonome mobile Roboter,* Universität Bonn, Diplomarbeit, 2004

[LiS] LiSA: *Assistenzroboter in Laboren von Life-Science-Unternehmen.* http://www.lisa-roboter.de/,

[LK81] LUCAS, B. D.; KANADE, T.: An iterative image registration technique with an application to stereo vision. In: *DARPA Imaging Understanding Workshop,* 1981

[LLSW04] LATECKI, L. J.; LAKAEMPER, R.; SUN, X.; WOLTER, D.: Building Polygonal Maps from Laser Range Data. In: *ECAI International Cognitive Robotics Workshop,* 2004

[LM94] LU, F.; MILIOS, E.: Robot Pose Estimation in Unknown Environments by Matching 2D Range Scans. In: *IEEE Computer Vision and Pattern Recognition Conference (CVPR '94),* 1994

[LM97a] LU, F.; MILIOS, E.: Globally Consistent Range Scan Alignment for Environment Mapping. In: *Autonomous Robots* 4 (1997), October, Nr. 4, S. 333–349

[LM97b] LU, F.; MILIOS, E.: Robot Pose Estimation in Unknown Environments by Matching 2D Range Scans. In: *Journal of Intelligent and Robotic Systems* 18 (1997), Nr. 3, S. 249–275

[LM02]   LIENHART, R.; MAYDT, J.: An Extended Set of Haar-like Features for Rapid
            Object Detection. In: *IEEE Conference on Image Processing*. New York, USA,
            September 2002

[LNHS05]   LINGEMANN, K.; NÜCHTER, A.; HERTZBERG, J.; SURMANN, H.: About the
            Control of High Speed Mobile Indoor Robots. In: *European Conference on
            Mobile Robotics (ECMR '05)*. Ancona, Italien, September 2005

[LNJS01]   LAMON, P.; NOURBAKHSH, I.; JENSEN, B.; SIEGWART, R.: Deriving and mat-
            ching image fingerprint sequences for mobile robot localization. In: *IEEE In-
            ternational Conference on Robotics and Automation (ICRA '01)*, 2001

[Lös]   LÖSLER, M.: *Verfahren zur Bestimmung eines Neupunktes mittels Rück-
            wärtsschnitt inkl. Genauigkeitsabschätzung korrelierter Beobachtungen durch
            Monte-Carlo-Simulation.* http://diegeodaeten.de/rueckwaertsschnitt.
            html,

[Low99]   LOWE, D. G.: Object Recognition from Local Scale-Invariant Features. In:
            IEEE International Conference on Computer Vision (ICCV '99), 1999

[Low04]   LOWE, D.: Distinctive Image Features from Scale-Invariant Keypoints. In:
            International Journal of Computer Vision (IJCV) Bd. 20, 2004

[LS87]   LUMELSKI, V. J.; STEPANOV, A. A.: Path-Planning Strategies for a Point Mo-
            bile Automaton Moving Amidst Unknown Obstacles of Arbitrary Shape. In:
            Algorithmica 2 (1987), S. 403–430

[LSNH05]   LINGEMANN, K.; SURMANN, H.; NÜCHTER, A.; HERTZBERG, J.: High-speed laser
            localization for mobile robots. In: *Journal Robotics and Autonomous Systems
            (JRAS)* 51 (2005), Nr. 4

[Lu95]   LU, F.: *Shape Registration using Optimization for Mobile Robot Navigation*,
            University of Toronto, Master-Arbeit, 1995

[LV11]   LACEVIC, B.; VELAGIC, J.: Evolutionary Design of Fuzzy Logic Based Positi-
            on Controller for Mobile Robot. In: *Journal Intelligent Robotics Systems* 63
            (2011), September, S. 595–614

[MA]   MOUNT, D. M.; ARYA, S.: *ANN: A Library for Approximate Nearest Neighbor
            Searching.* http://www.cs.umd.edu/~mount/ANN/,

[Mac]   MACHINE LEARNING LAB, U. FREIBURG: *Gallery.* http://ml.informatik.
            uni-freiburg.de/gallery/main.php,

[McD92]   MCDERMOTT, D.: Robot Planning. In: *AI Magazine* 13 (1992), Nr. 2, S. 55–79

[ME85]   MORAVEC, H.; ELFES, A. E.: High Resolution Maps from Wide Angle Sonar.
            In: *IEEE International Conference on Robotics and Automation (ICRA '85)*,
            1985

[Mia]   MIAG: *Mecanumrad – Das Antriebskonzept.* http://www.miag.de/Produkte/
            OCS/Mecanumrad/mecanumrad.html,

[Mic04]   MICHEL, O.: Webots: Professional Mobile Robot Simulation. In: *International
            Journal of Advanced Robotic Systems* 1 (2004), Nr. 1, S. 39–42

[MM08]   MATARIC, M.; MICHAUD, F.: Behavior-Based Systems. In: *[SK08]*. Springer-
            Verlag, 2008, Kapitel 38, S. 891–909

[Mon03]   MONTEMERLO, M.: *FastSLAM: A Factored Solution to the Simultaneous Lo-
            calization and Mapping Problem with Unknown Data Association.* Pittsburgh,
            PA, USA, Robotics Institute, Carnegie Mellon University, Diss., Juli 2003

[Mor08]   MORGAN, S.: *Programming Microsoft Robotics Studio.* Microsoft Press, 2008

[MR01]   *Kapitel* Rao-Blackwellised Particle Filtering for Dynamic Bayesian Networks.
            In: MURPHY, Kevin; RUSSELL, Stuart: *Sequential Monte Carlo Methods in
            Practice.* Springer-Verlag, 2001

[MRT03]   MONTEMERLO, M.; ROY, N.; THRUN, S.: Perspectives on standardization in
            mobile robot programming: The Carnegie Mellon Navigation (CARMEN) Tool-
            kit. In: *IEEE/RSJ International Conference on Intelligent Robots and Systems
            (IROS '03)*. Las Vegas, Nevada, USA, Oktober 2003

[NASa]   NASA: *Mars Exploration Rover Mission: Home.* http://marsrovers.jpl.
            nasa.gov/,

[NASb]   NASA: *Special-Effects Spirit in "Columbia Hills"*. http://photojournal.jpl.
nasa.gov/jpeg/PIA03230.jpg,

[Neh02]   NEHMZOW, U.: *Mobile Robotik. Eine praktische Einführung*. Springer-Verlag,
2002

[NESP10]   NÜCHTER, A.; ELSEBERG, J.; SCHNEIDER, P.; PAULUS, D.: Study of Parameteri-
zations for the Rigid Body Transformations of The Scan Registration Problem.
In: *Journal Computer Vision and Image Understanding (CVIU)* 114 (2010),
August, Nr. 8, S. 963–980

[Nil84]   NILSSON, N.J.: Shakey the robot / SRI International. 1984 (TN 323). – For-
schungsbericht

[Nüc09]   NÜCHTER, A.: *Springer Tracts in Advanced Robotics (STAR)*. Bd. 52: *3D
Robotic Mapping: The Simultaneous Localization and Mapping Problem with
Six Degrees of Freedom*. Springer-Verlag, 2009

[O'R87]   O'ROURKE, J.: *Art Gallery Theorems and Algorithms*. Oxford University
Press, 1987

[PBR95]   PAI, Dinesh K.; BARMAN, Roderick A.; RALPH, Scott K.: Platonic Beasts:
Spherically Symmetric Multilimbed Robots. In: *Journal Autonomous Robots*
2 (1995), Nr. 4, S. 191–201

[Pfe05]   PFEIFFER, F.; CRUSE, H. (Hrsg.): *Autonomes Laufen*. Springer-Verlag, 2005

[PFH01]   PALETTA, L.; FRINTROP, S.; HERTZBERG, J.: Robust localization using context
in omnidirectional imaging. In: *IEEE International Conference on Robotics
and Automation (ICRA '01)*, 2001

[POP98]   PAPAGEORGIOU, C.; OREN, M.; POGGIO, T.: A general framework for object
detection. In: *International Conference on Computer Vision (ICCV)*. Bombay,
Indien, Januar 1998

[PS99]   PFEIFER, R.; SCHEIER, Ch.: *Understanding Intelligence*. MIT Press, 1999

[QBN07]   QUIGLEY, M.; BERGER, E.; NG, A. Y.: STAIR: Hardware and Software Architecture. In: *AAAI 2007 Robotics Workshop*. Vancouver, B.C, August 2007

[QCG+09]   QUIGLEY, M.; CONLEY, K.; GERKEY, B. P.; FAUST, J.; FOOTE, T.; LEIBS, J.;
WHEELER, R.; NG, A. Y.: ROS: an open-source Robot Operating System.
In: *IEEE International Conference on Robotics and Automation (ICRA '11)*,
Workshop on Open Source Software, 2009

[Raj06]   RAJAMANI, R.: *Vehicle dynamics and control*. Springer-Verlag, 2006

[Ran97]   RANDOW, G. von: *Roboter, unsere nächsten Verwandten*. Rowohlt, 1997

[RC11]   RUSU, R. B.; COUSINS, S.: 3D is here: Point Cloud Library (PCL). In: *IEEE
International Conference on Robotics and Automation (ICRA '11)*. Shanghai,
China, Mai 2011

[RCM+01]   ROCCHINI, C.; CIGNONI, P.; MONTANI, C.; PINGI, P.; SCOPIGNOY, R.: A low
cost 3D scanner based on structured light. In: *Eurographics 2001* 20 (2001),
Nr. 3

[RN10]   RUSSELL, S.; NORVIG, P.: *Artificial Intelligence: A Modern Approach*. 3. Auf-
lage. Pearson, 2010

[Roba]   ROBHAZ: *Robot for Hazardous Application*. http://www.robhaz.com,

[Robb]   ROBOCUP: *Robot World Cup Soccer Games and Conferences*. http://www.
robocup.org,

[ROS]   ROS: *Documentation – ROS Wiki*. http://www.ros.org/,

[Ros06]   ROSEMANN, N.: *Formvergleich auf 2D-Laserscandaten als Trackingverfahren*,
Universität Osnabrück, Master-Arbeit, 2006

[RSNS11]   R. SIEGWART, R.; NOURBAKHSH, I. R.; SCARAMUZZA, D.: *Introduction to Autonomous Mobile Robots*. MIT Press, 2011 (Intelligent Robotics and Autonomous
Agents)

[SCH]   SCHUNK/AMTEC: *PowerCube Arm LWA-3*. http://www.schunk.com,

[SHP95]   SURMANN, H.; HUSER, J.; PETERS, L.: A fuzzy system for indoor mobile robot
navigation. In: *IEEE International Conference on Fuzzy Systems and The
International Fuzzy Engineering Symposium*, 1995

[SK08]   SICILIANO, B. (Hrsg.); KHATIB, O. (Hrsg.): *Springer Handbook of Robotics.* Springer-Verlag, 2008

[SLL02]   SE, S.; LOWE, D.; LITTLE, J.: Mobile robot localization and mapping with uncertainty using scale-invariant visual landmarks. In: *International Journal of Robotics Research (IJRR)* 21 (2002), Nr. 8, S. 735–758

[SN04]   SIEGWART, R.; NOURBAKHSH, I. R.: *Introduction to Autonomous Mobile Robots.* Cambridge, MA: MIT Press, 2004

[SNH03]   SURMANN, H.; NÜCHTER, A.; HERTZBERG, J.: An autonomous mobile robot with a 3D laser range finder for 3D exploration and digitalization of indoor environments. In: *Journal Robotics and Autonomous Systems (JRAS)* 45 (2003), Nr. 3, S. 181–198

[Sol03]   SOLDA, E.: *Verbesserung der Selbstlokalisation von mobilen Robotern durch Sensordatenfusion*, Technische Hochschule Aachen, Diplomarbeit, 2003

[Son]   SONY ROBOT: *Aibo.* http://support.sony-europe.com/aibo/,

[SRA09]   SRA: *Robotic Visions to 2020 and Beyond. The Strategic Research Agenda for Robotics in Europe.* http://www.robotics-platform.eu/cms/upload/SRA/2010-06_SRA_A4_low.pdf, 2009

[SRI]   SRI: *SHAKEY.* http://www.ai.sri.com/shakey,

[SSC90]   SMITH, R.; SELF, M.; CHEESEMAN, P.: Estimating uncertain spatial relationships in robotics. In: *Autonomous robot vehicles.* Springer-Verlag, 1990, S. 167–193

[SSS06]   SNAVELY, N.; SEITZ, S. M.; SZELISKI, R.: Photo Tourism: Exploring image collections in 3D. In: *ACM Transactions on Graphics (Proceedings of SIGGRAPH 2006)* 25 (2006), Juli, Nr. 3, S. 835–846

[SSS08]   SNAVELY, N.; SEITZ, S. M.; SZELISKI, R.: Modeling the World from Internet Photo Collections. In: *International Journal of Computer Vision (IJCV)* 80 (2008), November, Nr. 2, S. 189–210

[Sti09]   STIENE, S.: *Multisensorfusion zur semantisch gestützten Navigation eines autonomen Assistenzroboters*, Universität Osnabrück, Deutschland, Diss., März 2009

[Swa93]   SWAIN, M. J.: Interactive Indexing Into Image Databases. In: *Storage and Retrieval for Image and Video Databases*, 1993

[SWH04]   SOLDA, E.; WORST, R.; HERTZBERG, J.: Poor-Man's Gyro-Based Localization. In: *IFAC Symposium on Intelligent Autonomous Vehicles (IAV '04).* Lissabon, Portugal, Juni 2004

[TBF05]   THRUN, S.; BURGARD, W.; FOX, D.: *Probabilistic Robotics.* MIT Press, 2005

[Tec]   TECHNISCHE UNIVERSITÄT BRAUNSCHWEIG: *Hough Transformation in Normal Form.* http://www.rob.cs.tu-bs.de/content/04-teaching/06-interactive/HNF.html,

[The]   THE STANFORD RACING TEAM: *Stanford Racing Home.* http://cs.stanford.edu/group/roadrunner/old/,

[Thr02]   THRUN, S.: Robotic Mapping: A Survey. In: LAKEMEYER, G. (Hrsg.); NEBEL, B. (Hrsg.): *Exploring Artificial Intelligence in the New Millenium.* Morgan Kaufmann, 2002, S. 1–35

[TK92]   TOMASI, C.; KANADE, T.: Shape and motion from image streams under orthography: a factorization method. In: *International Journal of Computer Vision (IJCV)* 9 (1992), November, Nr. 2, S. 137–154

[TMHF00] TRIGGS, B.; MCLAUCHLAN, P.; HARTLEY, R.; FITZGIBBON, A.: Bundle Adjustment – A Modern Synthesis. In: TRIGGS, Bill (Hrsg.); ZISSERMAN, Andrew (Hrsg.); SZELISKI, Richard (Hrsg.): *Vision Algorithms: Theory and Practice* Bd. 1883. Springer, 2000, S. 153–177

[Tok]   TOKYO INSTITUTE OF TECHNOLOGY: *Ninja-1.* http://www-robot.mes.titech.ac.jp/home.html,

[TZ99]   TESCH, G.; ZIMMER, U. R.: Acoustic-based room discrimination for the navi-
           gation of autonomous mobile robots. In: *IEEE International Symposium on
           Computational Intelligence in Robotics and Automation (CIRA '99)*. Monte-
           rey, USA, 1999

[UNE10]   UNECE: *Executive Summary of World Robotics 2010*. http://www.roboned.
           nl/iiprn/downloads/2010_executive_summary.pdf, 2010

[Unia]   UNIVERSITÄT FREIBURG, MACHINE LEARNING LAB: *Brainstormers Tribots*.
           http://ml.informatik.uni-freiburg.de/research/tribots/,

[Unib]   UNIVERSITÄT OSNABRÜCK, AG TECHNISCHE INFORMATIK: *CARL – Cree-
           ping Adaptive Robot for Learning demonstrations*. http://www.inf.uos.de/
           techinf/robotics.htm,

[Unic]   UNIVERSITÄT UPPSALA: *Ratatosk*. http://www.robocup.it.uu.se/itp2005/
           ratatosk,

[VG07]   *Kapitel* Reusable robot code and the Player/Stage Project. In: VAUGHAN,
           R. T.; GERKEY, B. P.: *Software Engineering for Experimental Robotics*.
           Springer-Verlag, 2007 (Springer Tracts on Advanced Robotics (STAR)), S. 267–
           289

[VJ01]   VIOLA, P.; JONES, M.: Robust Real-time Object Detection. In: *International
           Workshop on Statistical and Computational Theories of Vision – Modeling,
           Learning, Computing and Sampling*. Vancouver, Kanada, Juli 2001

[VJ04]   VIOLA, P.; JONES, M.: Robust Real-Time Face Detection. In: *International
           Journal of Computer Vision (IJCV)* 57 (2004), Mai, Nr. 2, S. 137–154

[VL07]   VALGREN, C.; LILIENTHAL, A. J.: SIFT, SURF and Seasons: Long-term Out-
           door Localization Using Local Features. In: *The European Conference on Mo-
           bile Robots (ECMR '07)*. Freiburg, September 2007

[WA97]   WEST, M.; ASADA, H.: Design of ball wheel mechanisms for omnidirectional
           vehicles with full mobility and invariant kinematics. In: *Journal of Mechanical
           Design* 119 (1997), Nr. 2, S. 153–161

[WB95]   WELCH, G.; BISHOP, G.: An Introduction to the Kalman Filter. Chapel Hill,
           NC, USA: University of North Carolina at Chapel Hill, 1995 (TR95-041). –
           Forschungsbericht

[WBLS08]   WYOBEK, K.; BERGER, E.; LOOS, H. F. M. d.; SALISBURY, K.: Towards a
           personal robotics development platform: Rationale and design of an intrinsi-
           cally safe personal robot. In: *IEEE International Conference on Robotics and
           Automation (ICRA '08)*. Rasadena, CA, USA, Mai 2008

[Wik]   WIKIPEDIA: *Regelungstechnik*. http://de.wikipedia.org/wiki/Regelungs
           technik,

[WIT]   WITAS PROJECT: *The Wallenberg laboratory for research on Information
           Technology and Autonomous Systems*. http://www.ida.liu.se/ext/witas,

[WL04]   WOLTER, D.; LATECKI, L. J.: Shape matching for robot mapping. In: *Pacific
           RIM International Conference on Artificial Intelligence (PRICAI)*. Auckland,
           Neuseeland, August 2004

[WMW06]   WINKELBACH, S.; MOLKENSTRUCK, S.; WAHL, F. M.: Low-Cost Laser Range
           Scanner and Fast Surface Registration Approach. In: *Jahrestagung Deutsche
           Arbeitsgemeinschaft für Mustererkennung (DAGM 2006)*. Berlin, Heidelberg:
           Springer-Verlag, 2006 (Lecture Notes of Computer Science, Bd. 4174)

[WP95]   WEISS, G.; PUTTKAMER, E. von: A Map based on Laserscans without Geome-
           tric Interpretation. In: *Intelligent Autonomous Systems (IAS '95)*. Karlsruhe,
           Deutschland, 1995

[WP07]   WIRTH, S.; PELLENZ, J.: Exploration Transform: A stable exploring algorithm
           for robots in rescue environments. In: *Workshop on Safety, Security, and
           Rescue Robotics*, 2007

[WSV91]   WALKER, M. W.; SHAO, L.; VOLZ, R. A.: Estimating 3-D location parameters
           using dual number quaternions. In: *CVGIP: Image Understanding* 54 (1991),
           November, S. 358–367

[WWP94]   WEISS, G.; WETZLER, C.; PUTTKAMER, E. von: Keeping Track of Position and
          Orientation of Moving Indoor Systems by Correlation of Range-Finder Scans.
          In: *IEEE/RSJ International Conference on Intelligent Robots and Systems
          (IROS '94)*, 1994

[Zha92]   ZHANG, Z.: Iterative point matching for registration of free–form curves /
          INRIA–Sophia Antipolis. Valbonne, France, 1992 (RR-1658). – Forschungsbe-
          richt

[Zha94]   ZHANG, Z.: Iterative Point Matching for Registration of free-form Curves and
          Surfaces. In: *International Journal of Computer Vision (IJCV)* 13 (1994), Nr.
          2, S. 119–152

Index